计 算 机 类 专 业
系统能力培养系列教材

CPU Design and Practice

CPU设计实战

汪文祥　邢金璋　著

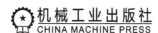
机械工业出版社
CHINA MACHINE PRESS

图书在版编目（CIP）数据

CPU 设计实战 / 汪文祥，邢金璋著 . -- 北京：机械工业出版社，2021.1（2024.11 重印）
（计算机类专业系统能力培养系列教材）
ISBN 978-7-111-67413-9

I. ① C…　　II. ①汪… ②邢…　　III. ①微处理器 - 系统设计 - 高等学校 - 教材　　IV. ① TP332

中国版本图书馆 CIP 数据核字（2021）第 009159 号

　　本书面向 CPU 设计的初学者，采用循序渐进、层层推进的方式介绍 CPU 的完整开发过程。全书
包括三部分：第一部分（第 1 ～ 3 章）介绍工程化 CPU 的研发过程以及设计 CPU 需要掌握的基础知识；
第二部分（第 4 ～ 10 章）从一个基本的单周期 CPU 设计开始，逐步引入流水线、指令、例外、中断等
功能，并完成总线、TLB MMU、高速缓存等功能的设计；第三部分（第 11 章）为进阶设计内容，涵
盖 Linux 内核、提升主频、双发射流水线、动态调度、访存优化、多核处理器等功能的实现。

　　本书内容新颖、理论联系实际、图文并茂，适合作为高校计算机及相关专业计算机组成、计算机体
系结构、CPU 设计等课程的教材或参考书，也可作为从事 CPU 设计的技术人员的参考读物。

出版发行：机械工业出版社（北京市西城区百万庄大街 22 号　邮政编码：100037）
责任编辑：朱　劼　　　　　　　　　　　　　　　责任校对：殷　虹
印　　刷：固安县铭成印刷有限公司　　　　　　　版　　次：2024 年 11 月第 1 版第 5 次印刷
开　　本：186mm×240mm　1/16　　　　　　　　印　　张：23.5
书　　号：ISBN 978-7-111-67413-9　　　　　　　定　　价：99.00 元

客服电话：（010）88361066　68326294

丛书序言

人工智能、大数据、云计算、物联网、移动互联网以及区块链等新一代信息技术及其融合发展是当代智能科技的主要体现，并形成智能时代在当前以及未来一个时期的鲜明技术特征。智能时代来临之际，面对全球范围内以智能科技为代表的新技术革命，高等教育正处于重要的变革时期。目前，全世界高等教育的改革正呈现出结构的多样化、课程内容的综合化、教育模式的学研产一体化、教育协作的国际化以及教育的终身化等趋势。在这些背景下，计算机专业教育面临着重要的挑战与变化，以新型计算技术为核心并快速发展的智能科技正在引发我国计算机专业教育的变革。

计算机专业教育既要凝练计算技术发展中的"不变要素"，也要更好地体现时代变化引发的教育内容的更新；既要突出计算机科学与技术专业的核心地位与基础作用，也需兼顾新设专业对专业知识结构所带来的影响。适应智能时代需求的计算机类高素质人才，除了应具备科学思维、创新素养、敏锐感知、协同意识、终身学习和持续发展等综合素养与能力外，还应具有深厚的数理理论基础、扎实的计算思维与系统思维、新型计算系统创新设计以及智能应用系统综合研发等专业素养和能力。

智能时代计算机类专业教育计算机类专业系统能力培养 2.0 研究组在分析计算机科学技术及其应用发展特征、创新人才素养与能力需求的基础上，重构和优化了计算机类专业在数理基础、计算平台、算法与软件以及应用共性各层面的知识结构，形成了计算与系统思维、新型系统设计创新实践等能力体系，并将所提出的智能时代计算机类人才专业素养及综合能力培养融于专业教育的各个环节之中，构建了适应时代的计算机类专业教育主流模式。

自 2008 年开始，教育部计算机类专业教学指导委员会就组织专家组开展计算机系统能力培养的研究、实践和推广，以注重计算系统硬件与软件有机融合、强化系统设计与优化能力为主体，取得了很好的成效。2018 年以来，为了适应智能时代计算机教育的重要变化，计算机类专业教学指导委员会及时扩充了专家组成员，继续实施和深化智能时代计算机类专业教育的研究与实践工作，并基于这些工作形成计算机类专业系统能力培养 2.0。

本系列教材就是依据智能时代计算机类专业教育研究结果而组织编写并出版的。其中的教材在智能时代计算机专业教育研究组起草的指导大纲框架下，形成不同风格，各有重点与侧重。其中多数将在已有优秀教材的基础上，依据智能时代计算机类专业教育改革与发展需求，优化结构、重组知识，既注重不变要素凝练，又体现内容适时更新；有的对现有计算机专业知识结构依据智能时代发展需求进行有机组合与重新构建；有的打破已有教材内容格局，支持更为科学合理的知识单元与知识点群，方便在有效教学时间范围内实施高效的教学；有的依据新型计算理论与技术或新型领域应用发展而新编，注重新型计算模型的变化，体现新型系统结构，强化新型软件开发方法，反映新型应用形态。

本系列教材在编写与出版过程中，十分关注计算机专业教育与新一代信息技术应用的深度融合，将实施教材出版与MOOC模式的深度结合、教学内容与新型试验平台的有机结合，以及教学效果评价与智能教育发展的紧密结合。

本系列教材的出版，将支撑和服务智能时代我国计算机类专业教育，期望得到广大计算机教育界同人的关注与支持，恳请提出建议与意见。期望我国广大计算机教育界同人同心协力，努力培养适应智能时代的高素质创新人才，以推动我国智能科技的发展以及相关领域的综合应用，为实现教育强国和国家发展目标做出贡献。

智能时代计算机类专业教育计算机类专业系统能力培养 2.0 研究组

2020 年 1 月

序

　　与汪文祥老师相识源于 2016 年筹办全国大学生计算机系统能力大赛。彼时,以本科生开发 CPU、操作系统、编译器为目标的系统能力培养教学改革已进入第 10 个年头。在教育部高等学校计算机类专业教学指导委员会(以下简称"教指委")的大力推动下,在北京大学、北京航空航天大学、国防科技大学、南京大学、清华大学、上海交通大学、浙江大学、中国科学技术大学这 8 所系统能力培养示范高校的带动下,全国数十所高校加入教学改革的行列,系统能力培养逐渐成为计算机类专业教学研究与改革的热点之一。面对教学改革蓬勃推进的态势,一个关键问题摆在我们面前:如何检验教学改革后的学生能力培养成效?

　　在教指委的支持和指导下,经过深入考虑和多方调研,我们决定举办面向全国大学生的系统能力大赛,希望通过大赛来检验教学改革的成效,进一步推进教学改革,同时将企业融入人才培养的生态。这个想法得到了龙芯公司的积极响应,并指派汪老师加入大赛的技术组。

　　大赛从哪个环节开始呢?从技术来看,CPU 是计算机系统乃至信息技术领域的基石。从产业的角度,如果我国有一大批熟知 CPU 等硬件系统原理与特性的人才,那么他们必将在我国信息技术产业中发挥重要作用。从教学改革成熟度的角度,CPU 相关的教学改革历史久、体系全、影响大。从学生培养的角度,能做出 CPU 的学生必定是一流的学生,其专业基础与能力毋庸置疑,更重要的是这些学生有过做出 CPU 的"巅峰体验",这势必极大地增强其挑战未来的信心与雄心。最终,我们决定于 2017 年先行启动 CPU 赛道,一定程度上这也是为其他赛道"探路"。

　　从 2017 年到 2020 年,连续四届大赛让我们看到了学生们对 CPU 设计的热情,他们的学习能力、工程能力与创新能力超乎我们的想象。更可喜的是,一些高校将系统能力大赛的技术方案融入课程教学中,实现了教学支撑竞赛、竞赛牵引教学的良性迭代。同时,我们也看到,参赛团队主要由本科二年级、三年级的学生组成。虽然他们具有极强的学习热情与能力,但无论从技术还是工程上,开发一个 CPU 对于他们来说都并非易事。

　　人才培养的核心要义在于普惠。因此,教育者必须努力寻找和构建一个适合绝大多数学生的技术路线,不仅要降低他们的学习曲线的陡峭程度,还应使他们能运用工程化的方法完成具有挑战性的成果。如何才能让更多仅学习和实践过有限的 CPU 知识的学生参与 CPU 设计呢？这就必须要进一步缩小教学与竞赛的难度差。

在我们技术组几位成员的"游说"下，汪老师勇挑重担，用了一年多的时间为零基础的读者编写了这本 CPU 设计实战之书。这本书的独特之处很多，印象最深的有以下几点：

1）对初学者非常友好。这本书从介绍工业界真实的 CPU 设计流程开始，一步步带领读者从单周期 CPU 设计逐步深入到流水线、添加指令、增加异常与中断的支持，并完成 AXI 总线接口、TLB MMU 和 Cache 的设计，最终开发出一个入门级 CPU。在此基础上还可以增加指令、运行 Linux，进一步完善 CPU 的功能和性能。读者完全可以按照书中的指导设计出自己的 CPU。

2）融入了很多工程经验。产品化的 CPU 开发要考虑很多工程因素、注意很多工程细节，这些知识通常在教科书中是不会讲到的。汪老师结合自己丰富的开发经验，在书中给出了很多提示和指引来帮助读者解决设计过程中那些看似不起眼但常常会困扰大家的问题。甚至对如何阅读、理解指令系统规范，汪老师也分享了自己的经验。对于读者来说，这些实践中的真知灼见不仅对于设计 CPU 是非常宝贵的，对于未来的工作也具有重要的参考价值。

3）适合作为计算机组成、体系结构相关课程的配套实践教材。汪老师长期兼任国科大本科体系结构课程的教师，深谙系统类课程实践教学中的痛点和难点。本书很多素材来源于汪老师在教学中的实践和思考。这套实践方案很好地将理论课程中离散的知识点熔接为一套系统化的知识体系，从而有助于提升教学的质量。

系统能力培养是计算机类专业的一次教育、教学改革的重大探索与实践。面对正在或即将开展系统能力培养教学改革的众多高校与任课教师，面对积极备战全国大学生计算机系统能力大赛的广大参赛选手，我们热切期盼更多志同道合之士加入这个行列，将更多优质的教学资源提供给广大学子。

祝各位阅读愉快！

高小鹏

北京航空航天大学

前　言

　　CPU，中文全称为中央处理单元，简称处理器，是现代电子计算机的核心器件。如果你想了解一台计算机是如何构建并工作的，那么深入了解CPU的设计非常有用。不过，这个美好的愿望是否会遭遇"骨感"的现实呢？毕竟一谈及CPU，大家马上想到的是英特尔（Intel）、超微半导体（AMD）、苹果（Apple）、安谋（ARM）、高通（Qualcomm）这些国际知名公司生产的产品，进而认为CPU设计是一件遥不可及的事情，普通学习者要想掌握它简直就是天方夜谭。

　　那么CPU设计到底难不难呢？实话说，要做出具有世界一流水平的产品确实不容易。别看CPU个头不大，它却是一个复杂度极高的系统。设计CPU挑战的是一个团队进行复杂系统工程研发的能力。不过，从20世纪60年代第一款CPU问世至今，CPU设计所涉及的基本技术已经很成熟了。同时，自动化设计工具的水平也有了大幅度提升。普通学习者想在CPU设计领域初窥堂奥，不再是无法实现的梦想。

　　本书作者在给新入行的工程师进行培训以及给高校学生授课的过程中，得到的反馈却并不乐观。对于大多数新手来说，设计一个入门级的CPU还是很有难度的。结合我们在研发工作中的成长经历，以及在培训和教学过程中获得的反馈，我们认为最大的难点在于设计一个CPU需要综合掌握多方面的知识，而初学者往往在"综合"这个环节遇到了困难。毫不夸张地说，对于设计一个入门级CPU所需要的各方面知识，我们都能找出很多优秀的教材、讲义、论文、代码。如果仅仅把这些资料交给一个初学者，让他通过自学这些资料来设计CPU，那么能把CPU设计出来的只有少数"悟性高"的人。我们都知道，一个国家要想提高某项体育运动的水平，关键的因素是从事该项运动的人数足够多。同理，要想在信息技术的核心领域做到世界一流，没有一大批"懂行"的技术开发人员是很难实现的。面对当前急需芯片开发人才的形势，要想在短时间内培养出大量行业急需的高素质人才，仅仅指望学习者自身"悟性高"是行不通的，需要找到行之有效的学习和训练方法。

　　本书作者所在的龙芯团队自主研发CPU产品近20年，在CPU设计方面积累了丰富的实战经验。在本书中，我们将结合自身的研发实践，尽可能深入浅出地介绍如何从零开始一步步设计出一个入门级的CPU，以及在这个过程中应该掌握哪些知识、遵守哪些设计原则、规避哪些设计风险、使用哪些开发技巧。我们希望这些从工程实践中总结的经验能作为高校课程教学中知识讲授环节的有益补充，帮助更多初学者更快、更扎实地掌握 CPU 设计的知识，具备 CPU 设计能力。

本书的内容安排

本书分为三个部分。第 1 ～ 3 章为第一部分，介绍业界进行 CPU 研发的过程以及硬件 / 云端平台、FPGA 设计、Verilog 等 CPU 设计中必要的基础知识。第 4 ～ 10 章为第二部分。在第二部分，我们从设计一个简单的单周期 CPU 开始，逐步引入流水线设计，添加指令，增加例外和中断的支持，并完成 AXI 总线接口、TLB MMU 和高速缓存（Cache）的设计与实现，最终完成一个入门级 CPU 的设计。这样一个处理器核已经不再是用来玩"过家家"游戏的玩具，而是一个能够满足绝大多数实际的嵌入式应用场景需求、可以运行教学用的操作系统的真实产品。第 11 章为第三部分，在这里，我们会对一些进阶设计内容给出建议，例如会介绍如何在第二部分完成的产品基础上添加少量的指令和功能，再在 CPU 上运行 Linux 内核。

各章的内容简要介绍如下。

第 1 章介绍 CPU 芯片产品的研发过程，使读者对 CPU 产品开发的全过程有初步的认识和了解，为后续各章的学习奠定基础。

第 2 章介绍硬件实验平台及 FPGA 设计流程，包括"龙芯 CPU 设计与体系结构教学实验系统"硬件实验平台的介绍，以及 FPGA 的一般设计流程和基于 Vivado 工具的 FPGA 设计流程。

第 3 章介绍数字逻辑电路设计。这一章会结合 CPU 的实际设计开发工作，对如何使用 Verilog 代码进行数字逻辑电路设计给出建议，并给出 CPU 设计中常用的数字逻辑电路的可综合 Verilog 描述。此外，这一章还会介绍数字逻辑电路功能仿真中常见的错误及其调试方法。对于缺少电路仿真调试经验的初学者来说，这部分内容具有很好的指导作用。

第 4 章介绍简单流水线 CPU 设计。这一章将从一个支持 19 条指令的单周期 CPU 设计开始，先讨论如何将其改造成不考虑相关冲突的流水线，然后考虑用阻塞解决相关冲突，最后引入数据前递设计。在介绍设计方法的同时，这一章还对书中所采用的实验开发环境进行介绍，并讲解相关的仿真调试技术。

第 5 章介绍如何在流水线 CPU 中添加运算类指令。主要内容包括如何在第 4 章完成的简单流水线 CPU 基础之上添加算术逻辑运算类指令、乘除法运算类指令，以及乘除法配套的数据搬运指令。

第 6 章介绍如何在流水线 CPU 中添加转移指令和访存指令。主要内容包括如何在第 5 章完成的 CPU 基础之上添加条件分支、间接跳转和 Link 类转移三类转移指令，以及添加对齐与非对齐访存指令。

第 7 章介绍例外和中断。这一章首先对例外和中断的基本概念，以及 MIPS 指令系统中的例外和中断的定义进行简要的梳理，然后介绍如何在第 6 章完成的 CPU 基础之上添加对于例外和中断的支持。CPU 有了这两部分的支持之后，就可以运行一些简单的嵌入式操作系统了。

第 8 章介绍 AXI 总线接口设计。这一章首先对完成 CPU 设计所需要的 AXI 总线协议的相关内容加以回顾，然后通过实现类 SRAM 总线接口、实现类 SRAM-AXI 转接桥、集成类 SRAM-AXI 转接桥三个阶段性任务来完成 CPU 中 AXI 总线接口的添加。

第 9 章介绍 TLB MMU 的设计。这一章首先对 TLB 相关的知识点进行梳理，然后通过 TLB 模块的设计实现、TLB 相关 CP0 寄存器与指令的实现、将 TLB 模块集成到流水线中完成虚实地址转换功能并支持 TLB 例外这三个阶段性任务来完成整个 TLB MMU 的设计。

第 10 章介绍高速缓存（Cache）设计。这一章只介绍最简单的 Cache 设计，其设计任务同样被分解成 Cache 模块设计、Cache 模块集成、CACHE 指令支持三个循序渐进的阶段性任务。

第 11 章就一些进阶设计问题给出我们的建议，主要涉及启动内核需要补充哪些设计、如何进一步提升主频、如何进行超标量设计、如何设计动态调度机制、如何设计转移预测器、如何优化访存性能、如何设计动态调度机制以及如何添加多核支持。

本书的附录分别对本书案例相关的开发板、Vivado 的安装与进阶使用、MIPS 指令系统规范、在线调试等内容进行了补充介绍。

可以看到，本书主体内容是围绕着一系列进阶任务展开的。在第二部分的每一章中，都会给出有针对性的任务，同时给出与之对应的知识点与设计建议。完成本书各章"任务与实践"部分所需资源可登录机工网站（www.cmpreading.com）下载。我们希望读者在时间和精力允许的情况下，先尝试根据自己的想法完成设计任务，有了自己的深入思考和亲身实践后，再来看书中给出的讲解，相信会有不一样的体会，正所谓"不愤不启，不悱不发"。之所以推荐这种比较"虐"自己的学习方式，源于作者在长期的研发工作中得到的一个感悟：好的工程师是 bug "喂" 出来的。对于 CPU 设计与开发这种工程性、实践性极强的工作来说，眼观千遍不如手过一遍。前辈们千叮咛、万嘱咐不要犯的错，非要自己错过一次才能刻骨铭心；教科书上、论文中已经写得清清楚楚的设计思路，只有自己在设计的路上碰壁无数次之后才会有如获至宝的欣喜。要想真正进入 CPU 设计的大门，仅仅靠坐在图书馆里看书几十个小时是远远不够的，它需要走路、吃饭甚至是睡觉的时候都在思考如何设计的那种"为伊消得人憔悴"，更需要通宵达旦调试的那份执着与坚持。

致谢

本书的写作得到了作者所任职的龙芯中科技术有限公司的大力支持。正是在多个部门的众多同事的帮助之下，我们才能从零开始写完本书并完成了所有的实验任务的开发。在此感谢他们对本书无私的支持！特别感谢龙芯公司芯片研发部 IP 组的全体同事、通用事业部和教育事业部的同事们，没有他们的辛勤付出，本书将无法面世。

我们非常感谢教育部高等学校计算机类专业教学指导委员会、系统能力培养教学研究专家组、机械工业出版社的各位专家和老师，感谢所有致力于我国大学生计算机系统能力培养的老师们，正是他们的满腔热情和不懈努力激励着我们写出这本书。我们衷心希望这本书能为我国大学生计算机系统能力培养事业尽一份绵薄之力。

我们还要特别感谢中国科学院大学参与计算机体系结构研讨课的同学们，以及历届"龙芯杯"全国大学生计算机系统能力培养大赛的参赛选手们，他们的反馈让这本书的内容更加充实和完整。

由于 CPU 设计和开发工作体系庞大、内容繁多，尽管我们已经尽力展现其中的核心内容，但难免有挂一漏万之处，恳请各位老师和读者批评、指正。

作者

目 录

第1章

CPU 芯片研发过程概述

作为一本注重实战性的书籍，在开始讲述 CPU 设计的内容之前，我们先给大家科普一下业界研发 CPU 芯片的大致过程。这部分内容可以帮助你建立对 CPU 的研发的认识，进而了解本书各章中讲授的技术对应真实工作中的哪个研发环节。毕竟，好的工程师不能"只见树木不见森林"。

1.1 处理器和处理器核

首先，我们需要分清楚处理器（CPU）和处理器核（CPU Core）这两个概念。在三四十年前，晶体管集成密度还没有现在这么高，一款处理器芯片的主体就是一个处理器核。随着集成电路工艺的快速演进，芯片上晶体管的集成密度越来越高。现在常见的处理器芯片不再是传统意义上的"运算器 + 控制器"，而已经是一个片上系统（System on Chip，SoC），处理器核只是这个片上系统的一个核心 IP。

以龙芯 3 号芯片中的 3A4000 为例，大家平时看到的芯片实物是图 1-1a 中的样子。芯片底部是一个有很多引脚的电路板，上面有一个塑料或金属的外壳，芯片中最核心的硅片部分被封装这个管壳中。图 1-1b 给出的电路版图对应的就是芯片中的硅片部分。

a）芯片实物图

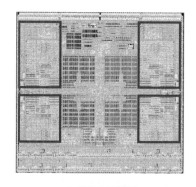

b）芯片电路版图

图 1-1　龙芯 3A4000 芯片实物图及电路版图

龙芯 3A4000 芯片是一款集成了四个 GS464V 处理器核的处理器芯片。为了方便大家查看，我们在图 1-1b 中用矩形框将四个 GS464V 处理器核的位置和形状标识了出来。大家可以很清楚地看到，处理器核是处理器芯片的重要组成部分，一个处理器芯片中包含的并不只是处理器核。对于龙芯 3A4000 芯片来说，除处理器核外，还包含多核共享的三级高速缓存（L3 Cache）、Hyper Transport 高速总线接口控制器和 PHY、DDR3/DDR4 内存控制器和 PHY以及一系列其他功能模块。

我们很难在一本书里讲清楚一款现代处理器芯片的设计过程，龙芯 3A4000 处理器芯片中集成的 DDR3/DDR4 内存控制器和 Hyper Transport 高速总线接口控制器的设计都可以分别写成一本书。在本书中，我们关注的只是处理器芯片中的处理器核，它是处理器芯片中真正执行指令、进行运算和控制的核心。因此，在本书接下来的内容中，我们将不再严格区分"处理器"和"处理器核"这两个词。

1.2　芯片产品的研制过程

处理器芯片产品的研制过程与一般的芯片产品大致相同，通常需要经历下面五个阶段：

1）**芯片定义**：在芯片定义阶段，需要进行市场调研，针对客户需求制定芯片的规格定义，并进行可行性分析、论证。

2）**芯片设计**：芯片设计阶段的工作可以进一步划分为硅片设计和封装设计。（大家平时看到的芯片是已经将硅片封装进管壳之后的样子。）

3）**芯片制造**：硅片设计和封装设计完成后，将被交付到工厂，进入芯片制造阶段。芯片制造又包含掩模制造、晶圆生产和封装生产几个方面。

4）**芯片封测**：当晶圆和封装管壳都生产完毕后，就进入芯片封测阶段。通常需要先对晶圆进行中测（有些低成本芯片没有此环节），然后进行划片封装，最后对封装后的芯片进行成测。中测和成测都通过后，就能确保这些芯片不会有生产环节引入的错误，可以对其展开最终的验证了。

5）**芯片验证**：在最终验证环节中，光有芯片是不够的，需要将芯片焊接到预先设计和生产好的电路板上，装配成机器并加载软件后，才能开始验证。在验证阶段，要对芯片的各个技术指标进行测评，当发现异常时，需要找到出错原因。如果是芯片设计的问题，那么就需要修正设计错误，再次进行制造、封测和验证阶段的工作。

目前在产业界，将芯片设计和制造分离已经成为主流趋势。芯片设计（Fabless）企业关注芯片定义和设计，制造和封测多采用委托外协的方式（如苹果、高通、AMD、ARM等公司）。芯片制造（Foundry）企业则聚焦于芯片的制造，它们自己不做设计，如台积电（TSMC）、中芯国际（SMIC）等公司。在这种产业分工合作体系之下，一款芯片的价值主要是由芯片的设计环节所赋予的。

1.3　芯片设计的工作阶段

对于一个 CPU 来说，其硅片设计的工作可进一步划分为如下 9 个阶段：

1）明确设计规格。

2）制定设计方案。

3）进行设计描述（编写 RTL 代码）。

4）功能和性能验证。

5）逻辑综合。

6）版图规划。

7）布局布线。

8）网表逻辑验证、时序检查、版图验证。

9）交付流片。

无论是硬件产品还是软件产品，设计之初必然要明确其设计规格，确定设计的边界约束情况。对于 CPU 设计开发来说，典型的设计规格包括支持的指令集，主频、性能、面积和功耗指标以及接口信号定义。

明确了设计规格之后，就要给出相应的设计方案。这个设计方案通常是用自然语言或高级建模语言从较为抽象的角度对 CPU 的微结构设计所做的行为级描述。例如，CPU 划分为多少级流水、每一级流水线最多处理多少条指令、有多少个运算部件、指令的执行调度机制是什么，等等，这些内容都要在设计方案中详细地给出。

有了设计方案之后，接下来就需要将行为级描述进一步转换为 EDA 综合工具可以处理的 RTL 级描述。这个过程通常是由人完成的。近年来出现了不少高层次综合的工具，可以将一个非自然语言的行为级描述转换为 HDL 语言甚至直接综合为门级电路。不过就目前的技术发展来看，针对 CPU 设计，有经验的工程师设计出的电路质量还是远高于高层次综合工具的。由于 CPU 产品具有"赢者通吃"的特性，单纯地缩短上市周期并不能获得持久的商业优势，因此 CPU 对于电路质量的要求比领域专用加速器的要求要高得多。

RTL 级描述使得我们可以在这个层次展开功能和性能的验证。所谓功能和性能验证，是指证明设计的功能正确性和性能指标是否符合设计规格中的定义，它发现并修正的是设计描述阶段引入的逻辑实现错误。如果发现功能或性能上的错误，就需要返回设计描述阶段进行修改，甚至要返回设计方案阶段对不合理的地方进行修改，然后再进行功能和性能验证。在整个设计过程中，会在这几个阶段反复迭代，直至所有的功能和性能验证都通过。这里我们反复提到了"验证"这个概念，它与软件开发中的"测试"非常相似。之所以不用"测试"这个词，是因为在芯片设计制造领域"测试"这个概念另有所指。芯片设计制造领域的测试虽然也是检测电路的功能和性能是否符合设计指标，但是它发现并修正的是芯片在生产制造环节中引入的电路故障。

通过验证环节的检验，确定功能和性能指标都符合预期后，RTL 级描述的 HDL 语言将通过 EDA 综合工具转化成门级网表。综合工具将根据设计者给出的约束，尽力保证综合出的门级网表满足时序、面积和功耗方面的要求。

接下来的工作是对最终实现的电路版图进行设计规划，即对电路的接口引脚、各主要数据通路的相对位置关系进行平面布局规划。通常，这个过程需要大量的人工参与。版图规划完成之后，自动布局、布线工具将读入之前综合所得的网表并生成电路的版图。

生成电路版图以后，除了要对版图自身进行设计规则检查和电路/版图一致性检查外，还需要针对最终设计进行静态时序分析和功耗分析以确保达到频率和功耗目标，同时将提取出的延迟信息反标至网表中，进行带有反标 SDF 的延迟和时序检查的功能仿真验证。各类验证检测无误后，就可以将版图交付给工厂进行生产。

总的来说，CPU 的设计开发流程与其他类型的超大规模数字集成电路的设计开发流程基本一致。毕竟从电路的角度来看，CPU 就是一种数字逻辑电路。但 CPU 又是一种特殊的数字逻辑电路，它在设计、实现与功能验证三个方面具有其自身的特点。对于 CPU 设计的初学者而言，学习的难点也常集中在这三个方面。本书后面各章将针对这三个方面展开论述。

C H A P T E R 2

第 2 章

硬件实验平台及 FPGA 设计流程

【本章学习目标】

- 了解本书各实践任务所使用的硬件实验平台。
- 熟练掌握基于 Xilinx Vivado 集成设计环境,以图形界面下操作的 Project 方式,完成 RTL 到比特流文件的 FPGA 设计流程。

【本章实践目标】

本章只有一个实践任务,请读者在学习完本章内容后,按照本章的介绍完成实践任务。

2.1 硬件实验平台

在本书中,我们使用"龙芯 CPU 设计与体系结构教学实验系统"或"龙芯计算机系统能力培养远程实验平台"作为实验代码的验证平台,其中"龙芯 CPU 设计与体系结构教学实验系统"是针对本地验证而设计的,"龙芯计算机系统能力培养远程实验平台"是针对远程验证而设计的。

2.1.1 龙芯 CPU 设计与体系结构教学实验系统

"龙芯 CPU 设计与体系结构教学实验系统"(以下简称"实验箱")采用本地使用的方式,即用户可以将综合好的设计文件通过 JTAG 线缆直接下载到实验箱的 FPGA 中,同时可以直接操作实验箱内 FPGA 开发板上的外设。

1. 简介

打开实验箱,可以看到其内部有一块 FPGA 开发板(图 2-1 中的 A)和一系列配件和线缆,包括 1 个电源适配器(图 2-1 中的 B)、1 根连接 FPGA 下载适配器的 USB 线缆(图 2-1 中的 C)、1 根串口线(图 2-1 中的 D)、1 个 USB 转串口接头(图 2-1 中的 E),部分实验箱中还有 1 根 USB 延长线(图 2-1 中的 F)和 1 根网线(图 2-1 中的 G)。

除拓展任务外,本书实践任务中仅需要使用电源适配器(图 2-1 中的 B)和 FPGA 下载适配器的 USB 线缆(图 2-1 中的 C)。建议大家将其余线缆保持在最初的收纳状态,以防损坏、丢失。

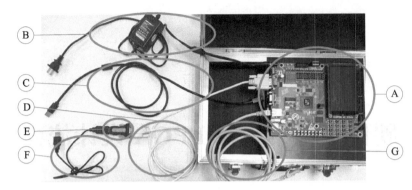

图 2-1   实验箱总体视图

当需要将综合好的比特流文件下载到实验箱进行调试时，请先将电源适配器的直流接口插入 FPGA 开发板上的电源插口（图 2-2 中的 A），并将 FPGA 下载适配器的 USB 线缆的方口插入 FPGA 开发板左侧下方的下载适配器接口中（参考图 2-1 中 C 线的连接），将该线缆的 USB 口连接到调试主机上，随后拨动 FPGA 开发板上的电源开关（图 2-2 中的 B），正常情况下可见 FPGA 开发板上电源指示灯（图 2-2 中的 C）亮起，表明 FPGA 开发板已经上电，可以进行后续操作。

FPGA 开发板上的核心器件是中央偏左的 FPGA 芯片（图 2-2 中的 D），图中选用的是一款 Xilinx 公司的 Airtx-7 系列 FPGA 芯片，型号为 XC7A200T-FBG676，其内部逻辑单元数目多，芯片引脚数目多，属于 Airtx-7 系列中的高端产品。

图 2-2   FPGA 开发板顶视图

相比大多数用于嵌入式系统开发的 Xilinx FPGA 开发板而言，实验箱中所集成的 FPGA 开发板针对数字电路、组成原理、体系结构、操作系统等课程的实验教学需求，集成了丰富的外设，这些外设占据了开发板的大部分面积。这里仅介绍与本书实践任务相关的外设接口，包括：双色 LED 灯（图 2-2 中的 E）、单色 LED 灯（图 2-2 中的 F）、数码管（图 2-2 中的 G）、FPGA 复位按键（图 2-2 中的 H）、拨码开关（图 2-2 中的 I）、脉冲开关（图 2-2 中的 J）和 4×4 键盘（图 2-2 中的 K）。读者若对其他接口感兴趣，可以参考附录 A 的介绍。

2. 实验箱的使用小贴士

根据以往的使用情况，我们总结一些实验箱使用的建议如下：

1）每次用完实验箱之后，应将配件、线缆收纳整齐，然后缓慢合上实验箱盖。若感觉合上箱盖的阻力较大，请打开箱盖理顺配件、线缆，再尝试合上箱盖，强行合上箱盖可能会损坏实验设备。

2）实验箱仅在功能仿真验证通过且顺利生成比特流文件之后，进行上板调试的时候才需要。在此之前，不需要给实验箱通电并连接到电脑上。

3）使用实验箱时，请将其置于一个平整、稳定且有足够接触面积的地方。切勿将实验箱放在大腿上、书包上、桌子角等地方。

4）下载比特流文件前，请连接好电源线和下载线，并确保 FPGA 板已上电、确保 FPGA 板已上电、确保 FPGA 板已上电（重要的事情说三遍）！

5）绝对不能用导体（导线、潮湿的手、茶或咖啡……）连接 FPGA 上任何裸露的引脚、插针。

2.1.2　龙芯计算机系统能力培养远程实验平台

"龙芯计算机系统能力培养远程实验平台"（以下简称"远程 FPGA"）采用远程使用的方式。在该实验平台中，多块 FPGA 开发板构成的开发板阵列（如图 2-3 所示）以服务器的形式置于云端，使用者在本地通过网络登录到 FPGA 服务器上，间接完成对 FPGA 的操作。

图 2-3　远程 FPGA 服务器硬件环境

使用者可以在交互模式的网页上看到一个虚拟的 FPGA 板卡操作界面（如图 2-4 所示）。这个界面中的图标对应 FPGA 板卡上的一些简单外设，包括：界面上部自左向右的 2 个数码管、16 个单色 LED 灯，界面下部自左向右的 32 个拨码开关、复位开关、单步时钟开关和 4 个脉冲开关。当使用者在网页上点击操作界面中的开关时，该操作将通过网络发送至云端的 FPGA 服务器，并由服务器转换成对于硬件 FPGA 板卡的实际操作。同时，FPGA 板卡上输出的各类信息被服务器接收后，也将通过网络反馈到使用者所看到的网页交互界面上。有关"龙芯计算机系统能力培养远程实验平台"的更多信息，可以查阅该实验平台提供的在线帮助文档。

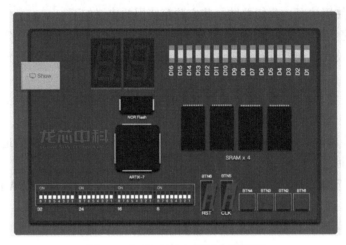

图 2-4　远程 FPGA 网页交互界面

因为本地和远程两类实验平台在具体操作内容上并无显著差异，所以本书后面有关实践任务的内容将主要针对本地实验平台进行讲解。本书配套的实践任务资料将依照实验平台的不同以不同版本发布，读者可以根据实际情况选择相应的版本。

2.2　FPGA 的设计流程

FPGA（Field Programmable Gate Array，现场可编程门阵列）是一种特殊的集成电路。这种特殊性体现在它的电路功能在芯片被制造出来以后，可以通过编程配置进行调整，而传统的专用集成电路（Application Specific Integrated Circuit，ASIC）则不具备这种特性。打个比方，传统的专用集成电路芯片设计就像是在一张纸上画画，画好之后就没办法再修改了；而 FPGA 芯片设计就像是在黑板上画画，画好以后觉得不合适可以擦掉重新画。FPGA 的这种可编程的特点为我们开展数字电路、组成原理、体系结构等实验课程提供了绝佳的硬件平台。首先，它是一个实实在在的集成电路芯片，不是仿真软件下电路行为的模拟，可以让硬件实验课能够真正"硬"起来，让学习者的实践经历更加贴近工业界的实际研发工作流程。其次，在 FPGA 上调整设计不需要重新流片或是重新设计焊接 PCB，只需要调整设计代码后重新运行一遍 FPGA 的综合实现流程，短到几分钟长不过数天就可以获得一个功能调整后的芯片用于调试，省时又省钱。

2.2.1 FPGA 的一般设计流程

FPGA 是一种特殊的集成电路，这意味着它首先是一种集成电路。现在的集成电路绝大多数都是晶体管集成电路，大家日常接触最多的是 CMOS 晶体管集成电路。晶体管集成电路是什么？通俗来说，就是用金属导线把许许多多由晶体管构成的逻辑门、存储单元连接成一个电路，具备一定的逻辑功能。不过，各位读者设计数字逻辑电路时，是否进行过用导线连接晶体管的实验？显然没有。大家一般是用一种硬件描述语言（比如 VerilogHDL）写写代码，然后运行综合软件（比如 Vivado），电路就设计出来了。这一流程并不是各类课程实验中所独有的，它其实与现在工业界常见的 ASIC 设计流程是一致的。FPGA 的设计流程一般有 5 个步骤：

1）电路设计。
2）代码编写。
3）功能仿真。
4）综合实现。
5）上板调试。

1. 电路设计

首先，需要根据需求规格制定电路设计方案。例如，需求是设计一个 MIPS CPU，我们要把这个需求一步步分解、细化，得到一个能够满足需求的电路设计方案。我们要决定分成几个流水级，这里放几个触发器，那里放几个运算器，它们之间怎么连接，整个电路的状态转换行为是怎样的，等等。通常，我们将电路设计细化到**寄存器传输级**（Register Transfer Level，RTL）就可以了，无须精确到逻辑门级别或是晶体管级别。

2. 代码编写

代码编写阶段的工作是把第 1 步中完成的电路设计方案用**硬件描述语言**（Hardware Description Language，HDL）表述出来，成为一种 EDA 工具能够看得懂的形式。本书中我们使用 VerilogHDL 语言。

3. 功能仿真

功能仿真阶段的工作是对第 2 步中用 HDL 语言描述出来的设计进行功能仿真验证。所谓功能仿真验证，就是通过软件仿真模拟的方式查看电路的逻辑功能行为是否符合最初的设计需求。通常我们给电路输入指定的激励，观察电路输出是否符合预期，如果不符合则表明电路逻辑功能有错误。这种错误要么是因为第 1 步的电路设计就有错误，要么是第 2 步编写的代码不符合电路设计。发现功能错误后需要返回前面相应的步骤进行修正，然后再按照流程一步步推进。如此不断迭代，直到不再发现错误，就可以进入下一阶段了。

需要指出的是，由于我们对电路是在 RTL 级建模，因此功能仿真阶段不考虑电路的延迟。

4. 综合实现

综合实现阶段完成从 HDL 代码到真实芯片电路的转换过程。这个过程类似于编译器把高级语言转换成目标机器的二进制代码的过程。这个阶段分为综合和实现两个子阶段。综合阶段将 HDL 描述的设计编译为由基本逻辑单元连接而成的逻辑网表，不过此时的网表还不是最终的门级电路网表。实现阶段才会将综合出的逻辑网表映射为 FPGA 中的具体电路，即将逻辑网表中的基本逻辑单元映射到 FPGA 芯片内部固有的硬件逻辑模块上（称为"布局"）。随后，基于布局的拓扑，利用 FPGA 芯片内部的连线资源，将各个映射后的逻辑模块连接起来（称为"布线"）。

如果整个综合实现过程没有发生异常，EDA 工具将生成一个**比特流**（Bitstream）文件。通俗来说，这个比特流文件描述的就是最终的电路，但这个文件只有 FPGA 芯片能读得懂。

5. 上板调试

俗话说："是骡子是马拉出来遛遛"。不管功能仿真得多正确，最终还是要看实际电路能否正常工作。在上板调试阶段，首先要将综合实现阶段生成的比特流文件下载到 FPGA 芯片中，随后运行电路观察其工作是否正常，如果发生问题就要调试、定位出错的原因。

小结一下，上面介绍的 FPGA 一般设计流程给出了总的脉络，以便读者先建立一个正确的整体概念。FPGA 设计流程中还包含很多细节，我们会在后续的章节中陆续介绍这些细节，以免读者一时间难以全部消化吸收。实际上，FPGA 设计流程中还有一些步骤，因为在本书实践任务中不涉及，所以没有列举出来，读者在今后的学习、工作中可以根据实际需要自行学习。

2.2.2 基于 Vivado 的 FPGA 设计流程

前面提到的 FPGA 的一般设计流程中，"功能仿真""综合实现"和"上板调试"这三个步骤都要使用 EDA 工具。我们的硬件实验平台选用的是 Xilinx 公司的 FPGA 芯片，因此很自然地会使用 Xilinx 公司提供的 Vivado 集成设计开发环境。尽管 Vivado 这个软件的功能仿真和波形调试功能不是特别丰富，但是我们设计的 CPU 比较小，使用 Vivado 也能满足要求。

Vivado 针对 FPGA 设计提供了两种工作方式：Project 方式和 Non-Project 方式。其中，Project 方式可以在 Vivado 的图形界面下操作或以 Tcl 脚本方式在 Vivado Tcl Shell 中运行；Non-Project 方式只能以 Tcl 脚本方式运行，而且该脚本和 Project 方式下的脚本命令是不同的。本书中采用 Project 方式，且以图形界面方式进行操作。相比 Tcl 脚本这种适合大规模工程开发的进阶开发方式，图形界面方式更适合初学者。

下面以一个通过拨码开关控制 LED 灯的电路设计为例，介绍基于 Vivado 的 FPGA 设计流程。虽然我们对这个例子的介绍是基于 Vivado 2019.2 进行的，但这里所介绍的内容完全适用于 Vivado 2017.1 至最新版的各个 Vivado 版本。

1. 创建工程

通过双击桌面快捷方式或开始菜单的"Xilinx Design Tools → Vivado 2019.2"打开 Vivado 2019.2，在界面上的"Quick Start"下选择"Create Project"，如图 2-5 所示。

图 2-5　Vivado 启动界面

这时即可新建工程向导，点击"Next"，如图 2-6 所示。

图 2-6　新建工程向导

在图 2-7 所示界面中输入工程名称，选择工程的存储路径，并勾选"Create project subdirectory"选项，为工程在指定存储路径下建立独立的目录。设置完成后，点击"Next"。

（注意：工程名称和存储路径中不能出现中文和空格，建议工程名称以字母、数字、下划线来组成。）

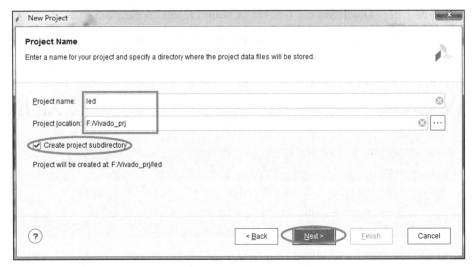

图 2-7　设置工程名称和位置

在图 2-8 所示的界面中选择"RTL Project"，并勾选"Do not specify sources at this time"（勾选该选项是为了跳过在新建工程的过程中添加设计源文件，如果要在新建工程时添加源文件则不勾选这个选项）。点击"Next"。

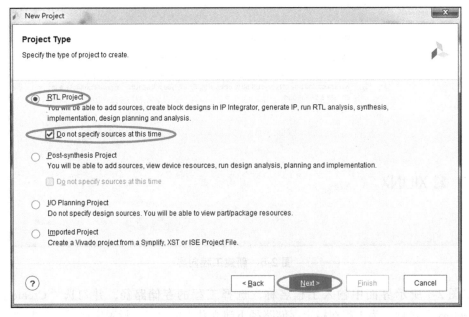

图 2-8　设置工程类型

在图 2-9 所示的界面中,根据使用的 FPGA 开发平台,选择对应的 FPGA 目标器件。根据实验平台搭载的 FPGA,在"Family"中选择"Artix 7",在"Package"中选择"fbg676",在筛选得到的型号里面选择"xc7a200tfbg676-1"。点击"Next"。

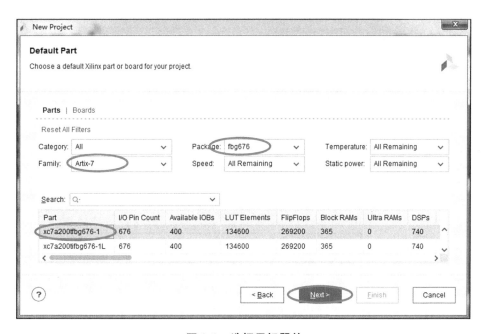

图 2-9 选择目标器件

在图 2-10 所示的界面中确认工程的设置信息是否正确。如果正确,则点击"Finish";如果不正确,则点击"上一步",返回相应步骤进行修改。

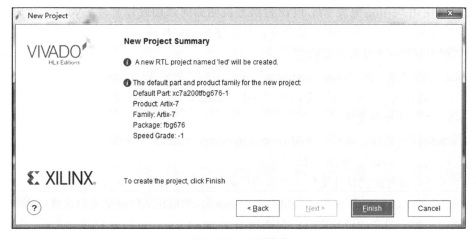

图 2-10 工程信息

完成工程新建后的界面如图 2-11 所示。

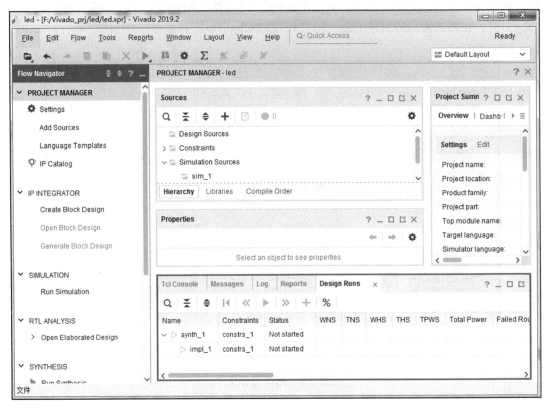

图 2-11 新建工程完成的界面

2. 添加设计文件

我们以使用 Verilog 完成 RTL 设计为例来说明如何添加设计文件。Verilog 代码都是以 ".v"为后缀名的文件，可以先在其他文件编辑器里写好代码，再添加到新建的工程中，也可以在工程中新建一个文件再编辑它。

首先添加源文件。在"Flow Navigator"窗口下的"PROJECT MANAGER"下点击"Add sources"，或者点击"Sources"窗口下"Add Sources"按钮（参见图 2-12），也可以使用快捷键"Alt + A"添加源文件。

然后添加设计文件。选择"Add or create design sources"来添加或新建 Verilog/VHDL 源文件，再点击"Next"，如图 2-13 所示。

接下来添加或者新建设计文件。如添加已有设计文件或者添加包含已有设计文件的文件夹，可以选择"Add Files"或者"Add Directories"，然后在文件浏览窗口选择已有的设计文件完成添加；如创建新的设计文件，则选择"Create File"。这里选择新建文件，如图 2-14 所示。

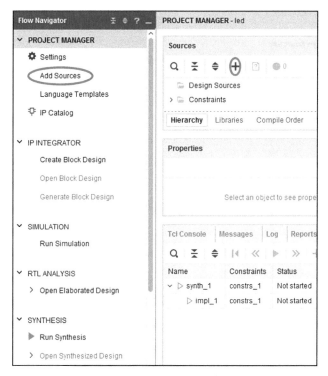

图 2-12　添加源文件

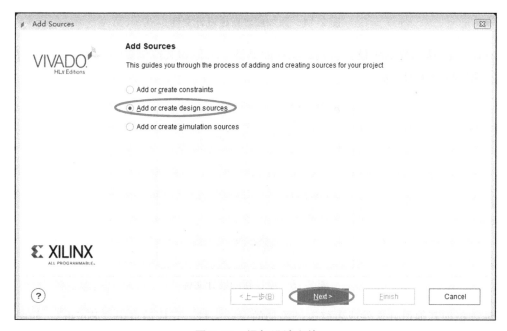

图 2-13　添加设计文件

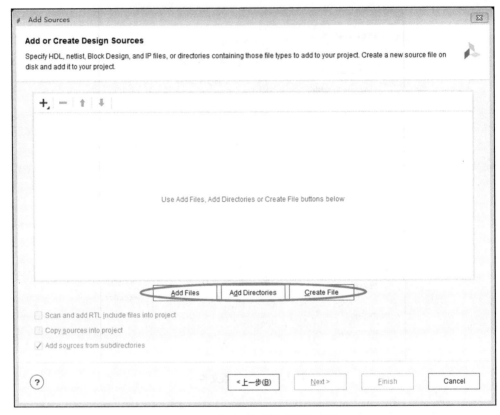

图 2-14　添加或者新建设计文件

在图 2-15 所示界面中设置新创建文件的类型、名称和文件位置。注意：文件名称和位置中不能出现中文和空格。

图 2-15　设置新的设计文件

继续添加其他设计文件或者修改已添加的设计文件。完成后点击"Finish"，如图 2-16所示。

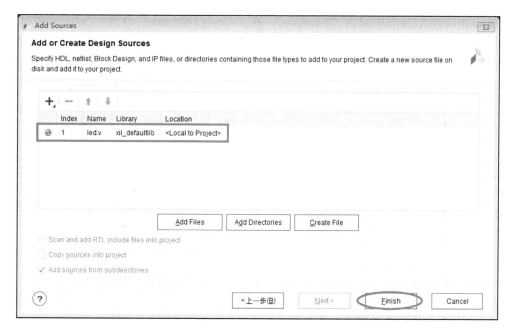

图 2-16 完成设计文件的添加

下一步是进行模块端口设置。在"Module Definition"中的"I/O Port Definitions"处输入设计模块所需的端口，并设置端口方向。如果端口为总线型，勾选"Bus"选项，并通过"MSB"和"LSB"参数确定总线宽度。完成后点击"OK"。端口设置若在编辑源文件时已完成，在这一步可以直接点击"OK"跳过。如图 2-17 所示。

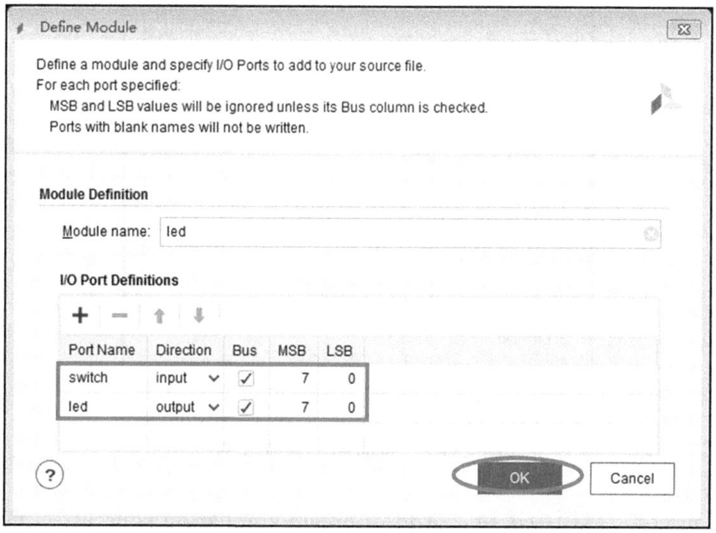

图 2-17 模块端口设置

在图 2-18 所示界面中双击"Sources",在"Design Sources"下的"led.v"中打开文件,输入相应的设计代码。如果设置时文件位置按默认的 <Local to Project>(见图 2-15),则设计文件位于工程目录下的"\led.srcs\sources_1\new"中。完成的设计文件如图 2-18 所示。

图 2-18 编辑设计文件

3. 功能仿真

Vivado 中集成了仿真器 Vivado Simulator,可以用它来进行功能仿真。

首先添加测试激励文件。在"Source"中"Simulation Sources"处右击鼠标,选择"Add source",如图 2-19 所示。

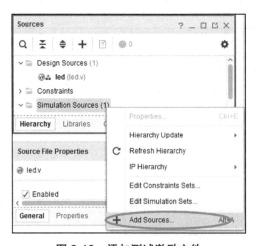

图 2-19 添加测试激励文件

在"Add Sources"界面中选择"Add or create simulation sources",点击"Next",如图 2-20 所示。

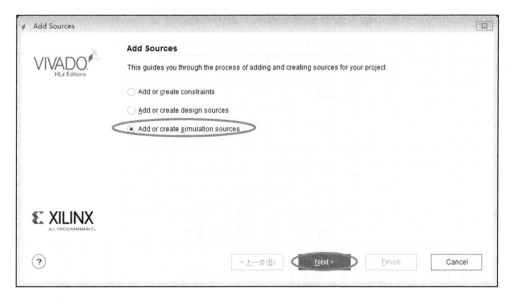

图 2-20 添加和新建测试文件

选择"Create File",新建一个激励测试文件,如图 2-21 所示。

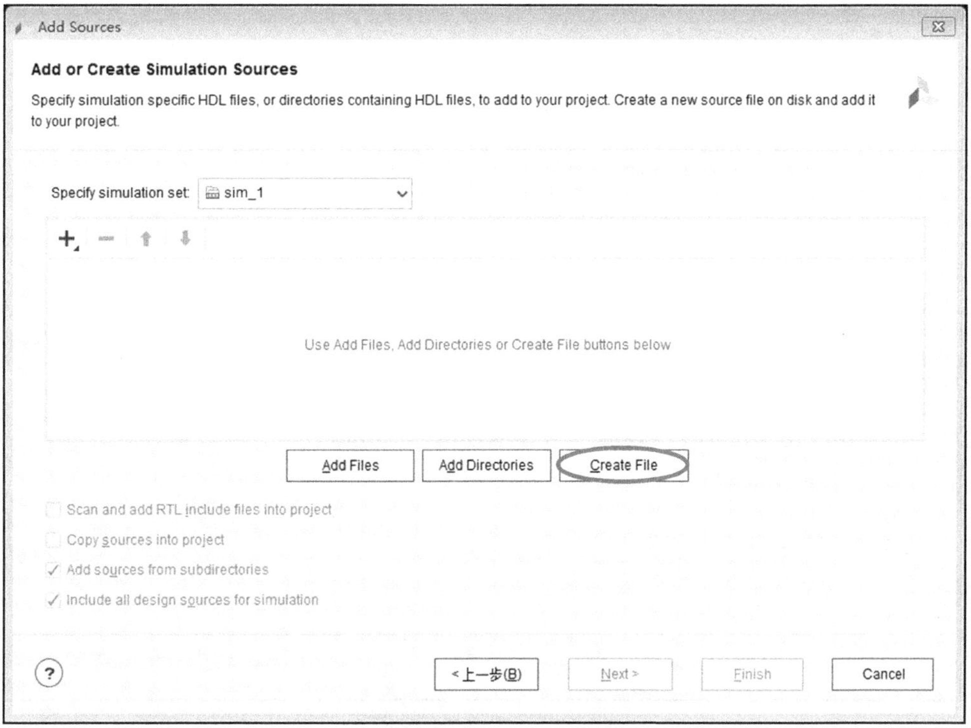

图 2-21 新建测试文件

在图 2-22 所示界面中输入激励测试文件名，点击"OK"。

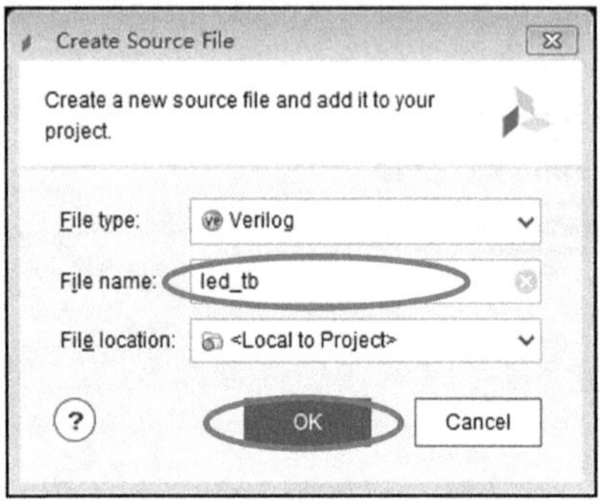

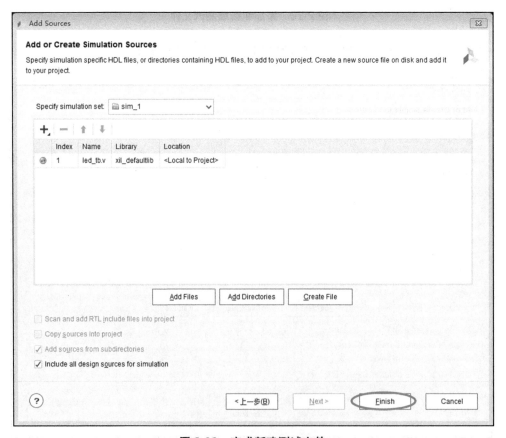

图 2-22 新建测试文件设置

完成新建测试文件后，点击"Finish"，如图 2-23 所示。

图 2-23 完成新建测试文件

接下来对测试激励文件进行 Module 端口定义。由于激励测试文件不需要有对外的接口，因此不用进行 I/O 端口设置，直接点击"OK"，即可完成空白的激励测试文件的创建。如图 2-24 所示。

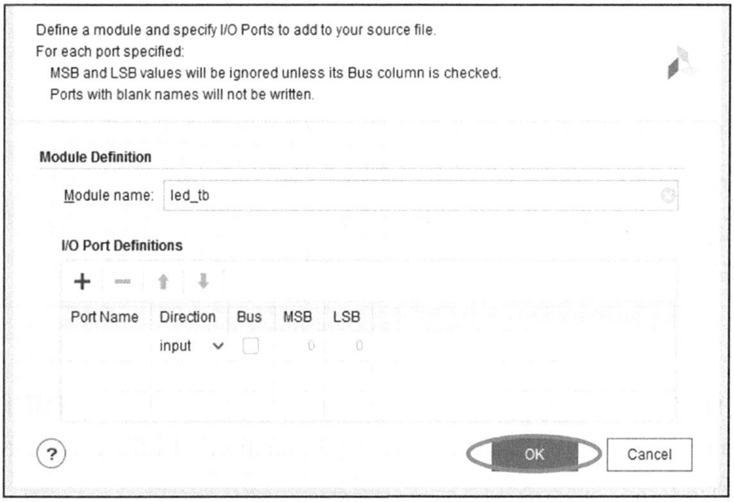

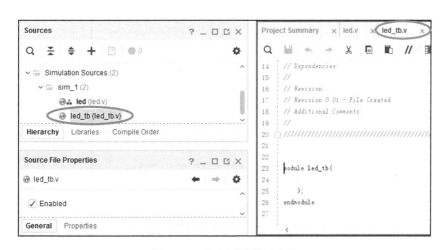

图 2-24　不需要进行端口设置

在"Sources"窗口下双击打开空白的激励测试文件。测试文件 led_tb.v 位于工程目录下"\led.srcs\sim_1\new"文件夹下。如图 2-25 所示。

图 2-25　空白测试激励文件

完成对将要仿真的 Module 的实例化和激励代码的编写，代码如图 2-26 所示。

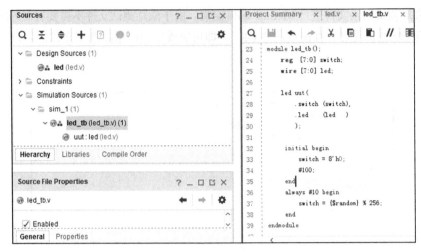

图 2-26　完成测试激励文件

接下来进行仿真。在左侧的"Flow Navigator"窗口中点击"SIMULATION"下的"Run Simulation"选项，选择"Run Behavioral Simulation"（如图 2-27 所示），进入仿真界面（如图 2-28 所示）。

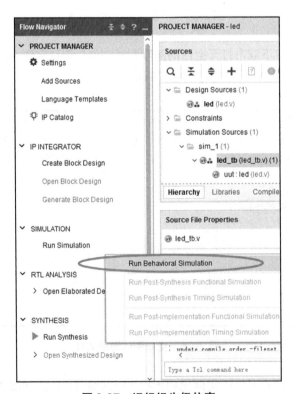

图 2-27　运行行为级仿真

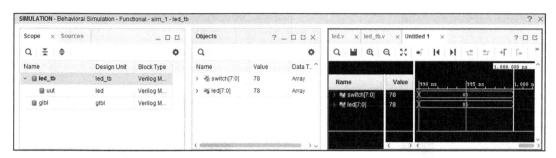

图 2-28　行为级仿真界面

可通过图 2-28 左侧"Scope"一栏中的目录结构定位到想要查看的 Module 内部信号，在"Objects"对应的信号名称上右击鼠标选择"Add To Wave Window"，将信号加入波形图中（如图 2-29 所示）。仿真器默认显示 I/O 信号，由于这个示例不存在内部信号，因此不需要添加观察信号。

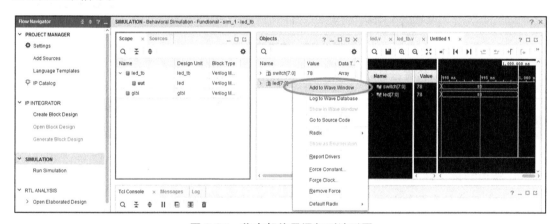

图 2-29　将内部信号添加到波形图

可通过选择工具栏中的选项来进行波形的仿真时间控制。如图 2-30 所示，工具条中的工具分别是复位波形（即回到仿真 0 时刻）、运行仿真、运行特定时长的仿真、仿真时长设置、仿真时长单位、单步运行、暂停、重启动（重新编译设计和仿真文件并重启仿真波形界面）。

我们可以观察仿真波形是否符合预期功能。在波形显示窗口上侧是波形图控制工具，由左到右分别是：查找、保存波形配置、放大、缩小、缩放到全显示、转到光标、转到时刻 0、转到最后时刻、前一个跳变、下一个跳变、添加标记、前一个标记、下一个标记、交换光标，参见图 2-31。

图 2-30　仿真控制工具　　　　　图 2-31　波形图控制工具

可通过右键选中信号来改变信号值的显示进制数。如图 2-32 所示，将信号改为二进制显示。

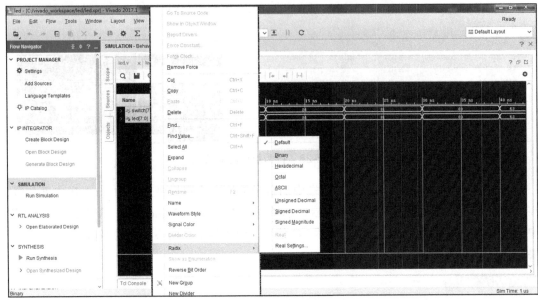

图 2-32　仿真波形窗口

查看波形，可以检查设计功能的正确性，如图 2-33 所示。

图 2-33　仿真波形结果

4. 添加约束文件

添加约束文件有两种方法，一种是利用 Vivado 中 I/O Planning 功能，另一种是直接新建 XDC 的约束文件，手动输入约束命令。下面主要介绍第二种方法。

首先新建约束文件。点击“Add Sources”，选择“Add or create constraints”，点击“Next”，如图 2-34 所示。

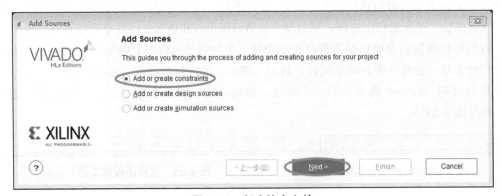

图 2-34　新建约束文件

然后添加或创建约束文件。点击"Create Files"添加约束文件，如图 2-35 所示。

图 2-35　添加或创建约束文件

设置新建的 XDC 文件，输入 XDC 文件名，点击"OK"。默认文件位于工程目录下的"\led.srcs\constrs_1\new"中。参见图 2-36。

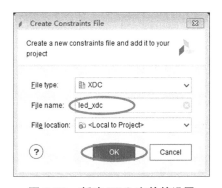

图 2-36　新建 XDC 文件的设置

完成新建 XDC 文件的工作，点击"Finish"，如图 2-37 所示。

图 2-37 完成新建 XDC 文件

在"Sources"窗口的"Constraints"下双击打开新建好的 XDC 文件"led_xdc.xdc"，并参照图 2-38 所示的约束文件格式，输入相应的 FPGA 管脚约束信息和电平标准。

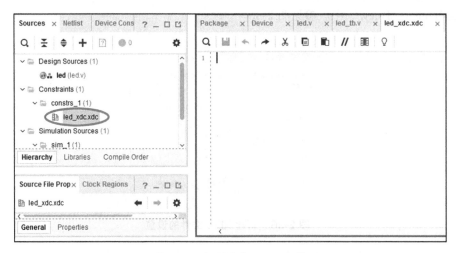

图 2-38 打开空白 XDC 文件

约束文件可参考如下代码：

```
set_property PACKAGE_PIN H8 [get_ports {led[7]}]
set_property PACKAGE_PIN G8 [get_ports {led[6]}]
set_property PACKAGE_PIN F7 [get_ports {led[5]}]
set_property PACKAGE_PIN A4 [get_ports {led[4]}]
set_property PACKAGE_PIN A5 [get_ports {led[3]}]
set_property PACKAGE_PIN A3 [get_ports {led[2]}]
set_property PACKAGE_PIN D5 [get_ports {led[1]}]
set_property PACKAGE_PIN H7 [get_ports {led[0]}]
set_property PACKAGE_PIN Y6 [get_ports {switch[7]}]
set_property PACKAGE_PIN AA7 [get_ports {switch[6]}]
set_property PACKAGE_PIN W6 [get_ports {switch[5]}]
set_property PACKAGE_PIN AB6 [get_ports {switch[4]}]
set_property PACKAGE_PIN AC23 [get_ports {switch[3]}]
set_property PACKAGE_PIN AC22 [get_ports {switch[2]}]
set_property PACKAGE_PIN AD24 [get_ports {switch[1]}]
set_property PACKAGE_PIN AC21 [get_ports {switch[0]}]
set_property IOSTANDARD LVCMOS33 [get_ports {led[7]}]
set_property IOSTANDARD LVCMOS33 [get_ports {led[6]}]
set_property IOSTANDARD LVCMOS33 [get_ports {led[5]}]
set_property IOSTANDARD LVCMOS33 [get_ports {led[4]}]
set_property IOSTANDARD LVCMOS33 [get_ports {led[3]}]
set_property IOSTANDARD LVCMOS33 [get_ports {led[2]}]
set_property IOSTANDARD LVCMOS33 [get_ports {led[1]}]
set_property IOSTANDARD LVCMOS33 [get_ports {led[0]}]
set_property IOSTANDARD LVCMOS33 [get_ports {switch[7]}]
set_property IOSTANDARD LVCMOS33 [get_ports {switch[6]}]
set_property IOSTANDARD LVCMOS33 [get_ports {switch[5]}]
set_property IOSTANDARD LVCMOS33 [get_ports {switch[4]}]
set_property IOSTANDARD LVCMOS33 [get_ports {switch[3]}]
set_property IOSTANDARD LVCMOS33 [get_ports {switch[2]}]
set_property IOSTANDARD LVCMOS33 [get_ports {switch[1]}]
set_property IOSTANDARD LVCMOS33 [get_ports {switch[0]}]
```

5. 综合实现和生成比特流文件

在"Flow Navigator"中点击"PROGRAM AND DEBUG"下的"Generate Bitstream"选项，工程会自动完成综合、布局布线、比特流文件生成的工作。如图 2-39 所示。完成之后，可点击"Open Implemented Design"来查看工程实现结果。

图 2-39　生成比特流文件

如果出现图 2-40 所示的提示，意味着综合过期，需重新运行综合和实现。这时点击"Yes"，在弹出的"Launch Runs"窗口点击"OK"。

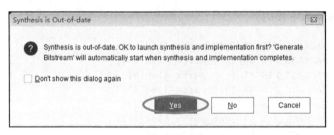

图 2-40　提示重新运行综合和实现

6. 本地 FPGA 烧写配置

如果选用的是本地 FPGA 实验平台，那么在比特流文件生成后就可以进入烧写配置 FPGA 的阶段了。具体操作是：在比特流文件生成完成的窗口选择"Open Hardware Manager"，点击 OK，进入硬件管理界面，如图 2-41 所示。连接 FPGA 开发板的电源线和与电脑的下载线，打开 FPGA 电源。

图 2-41　打开硬件程序和调试管理

在"Hardware Manager"窗口的提示信息中，点击"Open target"下拉菜单的"Open New Target"（或在"Flow Navigator"下的"PROGRAM AND DEBUG"中展开"Open Hardware Manager"，点击"Open Target → Open New Target"），也可以选择"Auto Connect"来自动连接器件，如图 2-42 所示。

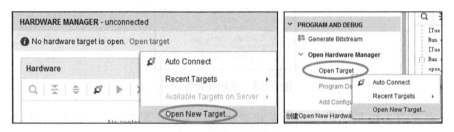

图 2-42　打开新目标

在"Open Hardware Target"向导中，先点击"Next"，进入 Server 选择向导，如图 2-43 所示。

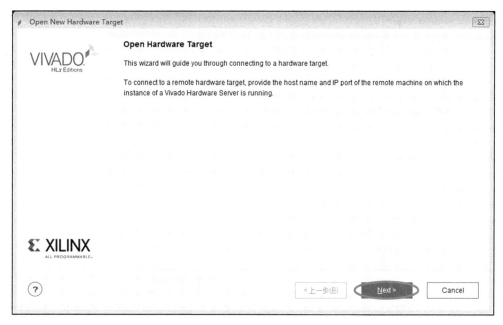

图 2-43　Open Hardware Target 向导

选择连接到"Local server"，点击"Next"，如图 2-44 所示。

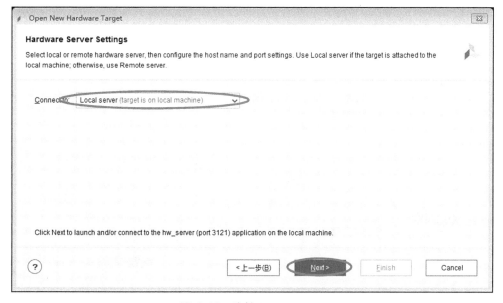

图 2-44　连接 Local server

在图 2-45 所示的界面中选择目标硬件，点击"Next"。

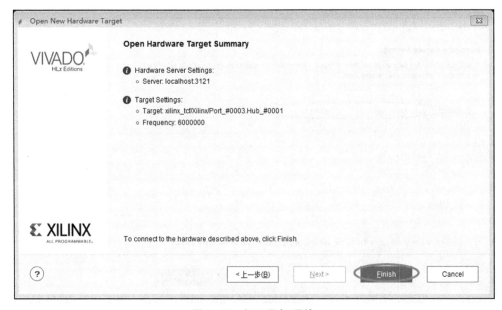

图 2-45　选择目标硬件

打开目标硬件，点击"Finish"，如图 2-46 所示。

图 2-46　打开目标硬件

接下来对目标硬件编程。在"Hardware"窗口右键单击目标器件"xc7a200t_0",选择"Program Device";或者在"Flow Navigator"窗口中点击"PROGRAM AND DEBUG → Hardware Manager → Program Device"。如图2-47所示。

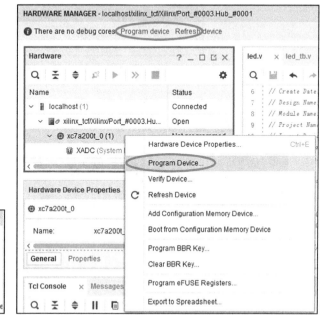

图2-47 对目标器件编程

选择下载的比特流文件,点击"Program",如图2-48所示。

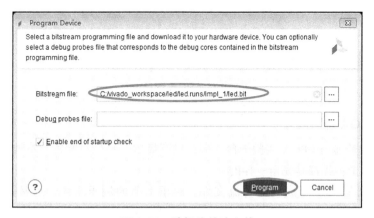

图2-48 选择比特流文件

完成下载后,"Hardware"窗口下的"xc7a200t_0"的状态变成"Programmed",如图2-49所示。

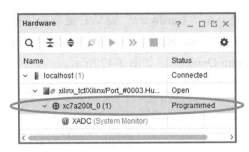

图 2-49 完成 FPGA 编程

此时，在 FPGA 开发板上，8 个拨码开关 SW18 ~ SW25 对应控制 8 个 Led 灯 LED1 ~ LED8 的亮灭。设计完成。运行结果如图 2-50 所示。

图 2-50 FPGA 运行结果

7. 远程 FPGA 烧写配置

如果选用的是远程 FPGA 实验平台，那么只有最后一步烧写配置与本地 FPGA 实验平台不同，前面的各个步骤都是完全一样的。

首先，找到 Vivado 生成的比特流文件。对于本节的例子来说，通常是在 led\led.runs\ impl_1\ 目录下的 led.bit 文件。当工程项目名称发生变化时，将上述路径和文件名中的 led 换成新工程的名字即可。

然后，在浏览器中打开"计算机系统能力培养远程实验平台"的登录页面，进入平台之后，在如图 2-51 所示的界面中选择好比特流文件之后，点击"上传并开始"。

图 2-51 远程 FPGA 实验平台比特流文件上传界面

比特流文件上传完成后，将进入如图 2-52 所示的远程 FPGA 开发板操作界面。根据页面上的提示进行相应的操作即可。

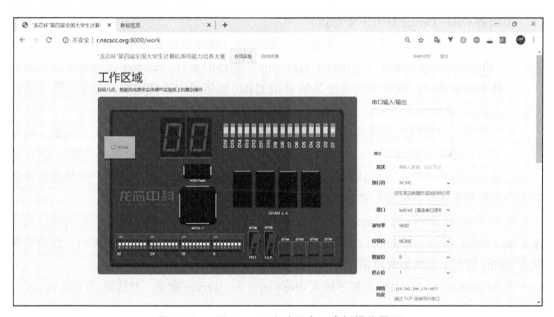

图 2-52 远程 FPGA 实验平台开发板操作界面

2.2.3 Vivado 使用小贴士

根据以往的使用情况，我们总结了一些 Vivado 使用的建议如下：

1）不要在虚拟机下安装并使用 Vivado。Vivado 在综合实现过程中需要较大的内存，因此在虚拟机下运行 Vivado 的时间会增加，而且是非线性的增加，特别是当虚拟机的内存只有区区 2GB 的时候，等待的时间会长得让人难以忍受。

2）如果电脑上已经安装了 Vivado，那么不需要重新安装，直接升级到最新版本即可。

3）如果在裸机上安装了 Linux 系统，那么直接安装 Linux 版的 Vivado 即可，这比 Windows 版的 Vivado 速度要快一点。不过，这时很有可能会在 FPGA 下载电缆驱动的安装上出现问题。因为这方面问题的原因五花八门，请自行上网查找解决方法。不过，既然你已经在裸机上安装 Linux 系统了，相信你早已经有了相应的思想准备。

4）不要让工程所在位置的路径上出现中文，也不要让工程所在目录太深导致路径的长度过长。

5）电脑的用户名不要设置为中文，否则会出现各种诡异的问题。虽然在网上可以找到一些解决的方法，但并不能保证对所有问题都适用。

6）在上板调试环节如果发现 Vivado 不能正常识别开发板，请按照下列步骤排查：

① 检查 FPGA 开发板是否上电。如果确实已上电，但不放心的话，可以断电后再上一次电。

② 检查 FPGA 下载适配器的 USB 线缆是否与电脑以及适配器正常连接。

③ 检查 Cable Driver 是否正常安装。

- 如果是在 Windows 系统下，若驱动正常安装，就可以在设备管理器的界面中看到 "Programming cables → Xilinx USB Cable" 这样的条目。如果在设备管理器界面中找不到该条目，说明下载适配器的 USB Cable 的驱动未正常安装，参考步骤④进行安装。

- 如果是在虚拟机上安装的系统，还需要检查虚拟机软件中与 USB 相关的配置，确保 USB 全部转发到虚拟机。对于 Virtualbox 而言，选择 "指定虚拟机→设置→USB 设备→添加筛选器"。（默认添加一个各个域的值都为空的 USB 筛选器，此筛选器将会匹配所有连接到电脑上的 USB 设备。）

④ 如果在 Windows 或 Linux 下发现下载适配器的 USB Cable 的驱动未正常安装，请参考 https://china.xilinx.com/support/answers/59128.html 安装驱动。如果该方法不行，推荐在谷歌或 Xilinx 官网上寻找针对问题的解决方法。

⑤ 在 Vivado Tcl Console 面板下输入 disconnect_hw_server 命令，并选择 "Open target → Auto Connect"。

⑥ 重启 Vivado 软件，重复步骤⑤。

⑦ 重启你的电脑，重复步骤③～步骤⑤。

⑧ 如果可以，用另外一台电脑试试该实验箱，或用另一个实验箱试试当前电脑，以确认是实验箱有问题还是电脑有问题。

2.3　任务与实践[⊖]

完成本章的学习后，请读者完成以下实践任务：

1）使用 lab1.zip 里提供的三个文件：led.v（设计文件）、led.xdc（约束文件）和 testbench.v（测试文件），完成跑马灯设计的仿真和上板。

为完成以上实践任务，需要参考的文档包括但不限于：

1）本章内容（如果没有实验箱或者不进行上板实验，可以跳过 2.2 节）。

2）本书附录 B。

本章实践任务需要使用的环境为 lab1.zip，其目录结构如下：

```
|--led.v            跑马灯的设计源文件
|--led.xdc          跑马灯的设计约束文件
|--testbench.v      跑马灯的仿真源文件
```

⊖　本书各章"任务与实践"部分所需资源可登录华章网站（www.hzbook.com）下载。

第 3 章

数字逻辑电路设计基础

【本章学习目标】

- 复习设计 CPU 必须掌握的数字逻辑电路和 Verilog 描述的知识。
- 理解同步 RAM 和异步 RAM 的区别及其仿真行为。
- 初步掌握进行数字逻辑电路功能仿真时常见的错误及其调试方法。

【本章实践目标】

本章有三个实践任务，请读者在学习完本章内容后，依次完成这些任务。
- 3.1 节和 3.3 节的内容对应实践任务一和实践任务二。
- 3.2 节和 3.3 节的内容对应实践任务三。

3.1 数字逻辑电路设计与 Verilog 代码开发

掌握数字逻辑电路的知识、具备 Verilog 语言编程能力是完成 CPU 设计的基础。在以往的教学中，我们发现大部分学生对数字逻辑电路的知识掌握得还不错，毕竟数字逻辑电路是一门要学习一学期的课程，但是 Verilog 语言编程水平就参差不齐了。不少学生耗费时间过多就是因为 Verilog 编程能力不过关。对于这个现象，我们一度很困惑，因为 Verilog 语言的语法很简单，而且设计 CPU 时只需要使用其中的一个子集（称为"可综合 Verilog 子集"），但学生们为什么掌握得不好呢？后来，我们想明白了，语言只是一种手段，对编程语言掌握程度与语言本身无关。比如，C 语言的语法很简单，用很短的时间就能学会，但在短时间内学会语法就能成为 C 语言编程高手吗？当然不可能。高水平的 C 语言编程人员往往在数据结构和算法方面有良好的基础，并且透彻掌握了编译、汇编、链接等方面的知识。对于 Verilog 语言也是一样，要想达到比较高的 Verilog 编程水平，首先要有电路设计的意识，其次要知道不同的电路如何用 Verilog 语言来描述，还要知道 EDA 工具在仿真、综合、实现的时候如何对所编写的 Verilog 代码进行处理。从这个角度来看，学好 Verilog 语言确实不容易。

如果你原来只是对 Verilog 有初步的了解和认识，我们并不指望你学完这一章就能顿悟，你还是需要大量的动手实践才能体会 Verilog 编程中的各种细节。所以，这一节将以实例讲解为主要形式，先给大家提供一个模仿的基础，再通过后续的多次实践，让大家在动手过程中不断体会，最终学会用 Verilog 语言写出一个可综合的数字逻辑电路。

即使你认为自己的 Verilog 编程水平已经很不错，我们也建议你参考一下本节中代码的风格。从我们的工程实践经验来看，这种代码风格是合理且高效的。如果你已经有很好的 Verilog 编程能力，想继续精进，那么我们推荐你看看 Stuart Sutherland 和 Don Mills 编写的 *Verilog and System Verilog Gotchas: 101 Common Coding Errors and How to Avoid Them*，这本书的内容没有丰富的实战经验是写不出来的，你可以从这本书中学习到丰富的工程实践知识。

3.1.1　面向硬件电路的设计思维方式

如果想用 Verilog 语言写出一个真正可以在物理上实现的电路，必须先进行电路设计。进行电路设计必须采用面向硬件电路的设计思维方式。那么，这是怎样一种思维方式呢？

面向硬件电路的设计思维方式的核心实际上就是"**数据通路**（Datapath）+ **控制逻辑**（Control Logic）"。

首先来说数据通路。我们这里不探讨数据通路的精准定义，但是直观来说，数据通路说的是一个空间上的事情。一个电路是你看得见摸得着的一个物体。比如，你看到一块电路板，上面有一个个电子器件以及连接这些器件的导线，这些器件和导线就构成了一个电路。芯片内部也类似，既有器件也有导线，只不过物理尺寸小一些而已。电路中这些器件之间传递的是什么？电磁信号。当我们把这些电磁信号离散化之后，可以进一步认为这些器件之间传递的是数据。数据从一个电路系统的输入端传入，经由各个通路完成各种处理之后，最终从电路系统的输出端传输出来。电路系统中这些数据流经的通路就是数据通路。显然，数据通路是电路系统的重要组成部分。在数字逻辑电路的教材中，描述电路设计方案时经常会画图，这种图不是流程图，而是电路结构图。电路结构图主要是用来刻画电路中的数据通路设计的。

数据通路的一个突出特点是：如果实现了它，它就一直在那里，不会消失；如果没有实现它，它就一直不存在，也不会凭空出现。打个比方，家里既要有卧室也要有厨房，你在卧室睡觉的时候，厨房始终存在，不是你要做饭的时候临时出现的。回到电路设计，当你设计一个 CPU 的 ALU 时，不是在遇到加法指令时就调用一个加法器来处理一下，遇到移位指令时就调用一个移位器来处理一下。ALU 要支持加法指令和移位指令的处理，ALU 里就既要有加法器，也要有移位器。做加法指令的时候，流入 ALU 的数据要流到加法器，加法器处理完的输出流到 ALU 的输出；做移位指令的时候，流入 ALU 的数据要流到移位器，移位器处理完的输出流到 ALU 的输出。这时候你的设计里面就出现了下面两条路径："ALU 入口→加法器入口→加法器出口→ ALU 出口"和"ALU 入口→移位器入口→移位器出口→ ALU 出口"。那么问题又来了：如何保证处理加法指令的时候让数据只走加法器的这条路径，处理移位指令的时候让数据只走移位器的这条路径呢？你肯定想到在路径上加开关，是不是？这个思路是对的。不过在这种 CMOS 电路上，通常很难实现电路的物理开关。怎么办？我们变通一下，用逻辑开关来解决这个问题。我们可以在"加法器出口→ALU 出口"和"移位器出口→ALU 出口"这个位置加一个功能为"二选一"的选择器。它选择哪一个输出取决于指令的类型：当遇到加法指令时，这个选择器输出选择的是加法器出口传过来的值；当遇到移位指令时，这个选择器输出选择的是移位器出口传过来的值。

进行电路设计时，数据通路是基础，控制逻辑是基于数据通路的。数据通路就像人体的骨骼、肌肉、呼吸系统、血液循环系统、消化系统，而控制逻辑就像人体的神经系统，它由一个中枢（大脑）连接身体的各个部位。在设计电路系统的时候，只有确定了数据通路，才能在控制逻辑设计中考虑该如何控制这个通路上各个多路选择器的选择信号、各个存储器件写入的使能信号。

再次强调，一定要先想清楚电路设计，再开始写代码。

3.1.2　行为描述的 Verilog 编程风格

设计好电路之后，接下来的工作就是如何用 Verilog 语言把它描述出来。通常来说，使用 Verilog 描述电路时可以采用两种编程风格，一种称为行为描述，一种称为电路描述。顾名思义，行为描述侧重于对模块行为进行描述，而电路描述则直接对电路的逻辑进行描述。通过实例化一系列逻辑门并将它们连接起来的描述方式就是电路描述风格。采用行为描述风格写出来的代码表达直观、编码效率高、易维护，所以我们推荐大家采用行为描述的编程风格。

采用基于行为描述的 Verilog 编程风格时需要注意一个问题：EDA 工具在综合阶段根据 Verilog 代码推导出的电路行为是否与设计者的预期一致。在这里我们不对这个问题展开分析和讨论，而是采取一种更加接近实战的方式：我们给出 CPU 设计中常见电路的 Verilog 行为描述示例，读者可以"照葫芦画瓢"，从模仿入手加以学习。根据我们多年的实践经验，示例中给出的描述风格对于目前主流的 EDA 工具都是安全适用的。读者可以通过模仿快速掌握 Verilog 编程。

3.1.3　自顶向下的设计划分过程

在考虑一个较为复杂的电路系统的设计方案时，读者往往不知道从何处下手。我们建议采取"**自顶向下、模块划分、逐层细化**"的设计步骤。下面通过例子来说明。

假设现在我们要设计一个 CPU，先在纸上画一个方框，表示它是 CPU。然后想想这个 CPU 有什么输入和输出？首先，CPU 其实是一个同步的有限自动状态机电路，所以它要有时钟和复位输入。其次，CPU 要访问内存、I/O，因此需要画上内存访问的接口和 I/O 访问的接口。我们通过一番深入的分析和思考，知道了 CPU 内部有取指、译码、执行、访存、写回这几个功能模块，就可以在前面 CPU 的那个大框里画出五个小框，分别对应这几个模块。

这几个模块之间可以用带箭头的线连接。这几个模块还可以细分。比如,译码模块可划分出根据指令码生成控制信号的部分和读寄存器堆的部分。模块要细分到什么程度呢? 作者个人的习惯是,当可以一气呵成地用 Verilog 把模块对应的框中的内容表述出来的时候,细分工作就可以结束了。可见,划分的粒度和设计者的经验有很大关系。如果各位读者经验还不丰富,那么建议划分的粒度细一些。

上述电路结构设计通常不可能只考虑一遍就获得最佳设计方案,需要反复迭代、多次调整,之后才能动手写代码,正所谓"谋定而后动"。**我们强烈建议读者先把电路结构设计考虑周全,再动手写 Verilog 代码**。在实际工作中,有的人喜欢"加一点,调试一下,再加一点,再调试一下"的增量代码开发方法,这种方法可能适合各类 APP 软件的开发,但是不适合电路系统的设计,至少不适合 CPU 的设计。因为 CPU 中各部分之间的关系十分紧密,常出现牵一发而动全身的情况,所以往往改动一处就要涉及相关的很多地方的改动。改动的地方越多,出错的概率也越大,进而导致要改动更多的地方,最终陷入一种恶性循环。这样的代码开发过程很容易呈现发散的状态,无法在可控的时间内收敛到一个稳定状态。本书中的CPU 设计相对简单,大约用数千行 Verilog 代码就能实现,测试程序集也很少,读者采用试错的代码开发方法也可能在规定时间内完成,但我们还是希望读者养成"谋定而后动"的设计习惯,把迭代放到设计方案的制定阶段而不是代码编写阶段。有一个学生曾和我分享他设计 CPU 的过程,这个学生对每个设计过程都要反复思考、权衡,"纠结"好几天,等设计思路理顺、方案成熟了,真正动手写代码也就花了一两个小时。调试过程也很顺利,发现的错误主要是由于笔误引入的语法错误,仅出现一两个逻辑错误,这是因为之前没有想到这种情况。这个同学的表现说明他已经初步掌握了 CPU 设计的精髓,希望各位读者也朝这个方向努力。

3.1.4 常用数字逻辑电路的 Verilog 描述

按照我们上面介绍的面向硬件电路的设计思维方式,采用自上而下、逐层分解的设计方法,一个 CPU 可以看成由一系列数字逻辑电路的"小积木"搭建起来的。本节会列出 CPU设计中需要的各种"积木"的 Verilog 代码,大家可以先"照葫芦画瓢"。请大家务必掌握这些电路的描述方式。如果你在开始学习时对于一些 Verilog 语法要素不太理解,请自行查阅 Verilog 语言的教材。通过不断的模仿、实践、学习、思考就能逐步掌握数字逻辑电路的Verilog 编程。

1. 一些硬性规定

在 CPU 设计中,有一些必须遵守的硬性规定,包括:

1)代码中**禁止**出现 initial 语句。

2)代码中**禁止**出现 casex、casez。

3)代码中**禁止**用"#"表达电路延迟。

4)时钟信号 clock **只允许**出现在 always @(posedge clock)语句中。

5）代码中所有带复位的触发器，**要么全部**是同步复位，**要么全部**是异步复位。

2. 模块声明和实例化

因为 Verilog 是用于描述电路的，所以定义了"模块"。

在学习具体代码示例之前，我们先讨论一个初学者不好把握的问题——什么时候将一些逻辑封装到一个模块中使用？其实，这个问题并没有标准答案，和设计者的个人经验有很大关系。作者的经验是：

1）如果一个逻辑至少会使用两次，而且这个逻辑采用实例化模块的方式后代码的易读性（代码行数、代码含义）优于直接写逻辑，那么应该封装成模块，如译码器、多路选择器。

2）如果一个逻辑的功能规格十分明确，且与外界的交互信号数量不是很多，那么应该封装成模块，如 ALU、regfile 等。

3）现有的一个模块已经达到数千行代码的规模，可以考虑将其拆分成若干个小模块，比如将一个 CPU 按照流水线划分成若干个模块。

4）建议一个文件中只包含一个模块，便于后期代码维护。

与模块相关的语法包括模块的声明和模块的实例化，这类似于 C 语言里面的函数声明和调用。下面给出模块声明和实例化的代码示例。

```verilog
module bottom #
(
    parameter A_WIDTH = 8,
    parameter B_WIDTH = 4,
    parameter Y_WIDTH = 2
)
(
    input   wire [A_WIDTH-1:0] a,
    input   wire [B_WIDTH-1:0] b,
    input   wire [       3:0] c,
    output  wire [Y_WIDTH-1:0] y,
    output  reg              z
);
    ......
endmodule


module top;

wire [15:0] btm_a;
wire [ 7:0] btm_b;
wire [ 3:0] btm_c;
wire [ 3:0] btm_y;
wire        btm_z;

bottom #(
    .A_WIDTH (16),
```

```
.B_WIDTH ( 8),
.Y_WIDTH ( 4)
)
inst_btm(
.a    (btm_a),    // I
.b    (btm_b),    // I
.c    (btm_c),    // I
.y    (btm_y),    // O
.z    (btm_z)     // O
);

endmodule
```

这里需要注意下面三点：

1）强烈建议采用示例中的端口声明方式。

2）强烈建议进行模块实例化的时候采用示例中的名字相关的端口赋值方式。

3）如果存在两个模块对接的端口，建议把两边的端口定义成一样的名字或是相似度很高的名字。

至于上面例子中将端口宽度参数化的示例，不要求大家必须掌握，很多 Verilog 教材中没有这个例子，写在这里只是方便大家查阅。

3. 基础逻辑门

基础逻辑门的 Verilog 描述如下：

```
wire [7:0] a;
wire [7:0] b;

assign y1 = ~a;          // 反相器
assign y2 = a & b;       // 与
assign y3 = a | b;       // 或
assign y4 = a ^ b;       // 异或
assign y5 = ~(a & b);    // 与非
assign y6 = ~(a | b);    // 或非
```

这些都是位操作，请注意是"&"不是"&&"，是"|"不是"||"。

如果运算符两边的信号都是单比特，应该用"&"和"|"还是用"&&"和"||"呢？我们建议的代码风格是：当代码想表述一种逻辑关系，如"条件 A1 满足且条件 A2 满足，或者条件 B 满足"，那么用"&&"和"||"；当代码想表述的是逻辑门，如先行进位加法器的先行进位生成逻辑、乘法器里的华莱士树，那么用"&"和"|"。

4. 运算符的优先级

这里要强调一下 Verilog 运算符的优先级，见图 3-1。大家要注意，二元操作"+"和"-"的优先级很高，比如"assign res[31:0] = a[31:0] + b[0]&&c[0];"，表达式右侧的运行结果是一个 1bit 的结果，而不是我们认为的 32bit 的结果，上述语句等效于"assign res[31:0] = (a[31:0] + b[0]) && c[0];"。

+ − ! ~（一元操作）	高优先级
**	
* / %	
+ −（二元操作）	
<< >> <<< >>>	
< <= > >=	
== != === !==	
& ~&	
^ ^~ ~^	
| ~|	
&&	
||	
?:	低优先级

图 3-1　Verilog 运算符的优先级

利用好 Verilog 运算符的优先级，可以把表达式写得简洁、易于阅读，因为有时候括号太多会增加阅读的难度。不过，如果对运算符的优先级记得不是很清楚，那么赶紧查看优先级的规定，或者老老实实地加括号来区分，毕竟保证正确性是第一位的。

5. 译码器

下面给出一个 3-8 译码器的 Verilog 描述。

```
module decoder_3_8(
    input  [2:0] in,
    output [7:0] out
);

assign out[0] = (in == 3'd0);
assign out[1] = (in == 3'd1);
assign out[2] = (in == 3'd2);
assign out[3] = (in == 3'd3);
assign out[4] = (in == 3'd4);
assign out[5] = (in == 3'd5);
assign out[6] = (in == 3'd6);
assign out[7] = (in == 3'd7);

endmodule
```

通过上面的例子，你应该能够很容易地模仿写出 2-4 译码器、4-16 译码器。当然，如果碰到 6-64、7-128 等规格的译码器，用上述写法比较麻烦。感兴趣的读者可以自行查阅资料，用 generate 语句改善编码效率。

实际上，我们希望通过上面的例子让读者体会用行为描述电路的感觉。在这个 3-8 译码器的例子中，输出 out 的第 0 比特如何生成呢？当输入等于 0 的时候置 1，否则置 0，所以

Verilog 代码就写成 assign out[0] = (in == 3'd0)。

举一反三，在设计 CPU 的过程中，如何写出从 32 位指令码生成当前指令是 ADD 指令的信号 inst_is_add 呢？通过查阅指令手册，我们知道 ADD 指令的指令码定义如下：

31　　　　　26	25　　　　21	20　　　　16	15　　　　11	10　　　　6	5　　　　　0
000000	rs	rt	rd	00000	100000
6	5	5	5	5	6

上述定义意味着 ADD 指令的第 31 ~ 26 比特必须为 6'b000000，10 ~ 6 比特必须为 5'b00000，5 ~ 0 比特必须为 6'b100000，其余的比特都用来表达寄存器操作数的寄存器号，是变量。因此，inst_is_add 可以描述如下：

```
assign inst_is_add = (inst[31:26]==6'b000000)
                   && (inst[10:6]==5'b00000) && (inst[5:0]==5'b100000);
```

这种描述方法是不是挺直观？

6. 编码器

我们以 8-3 编码器的 Verilog 描述为例，可以采用下面的写法：

```
module encoder_8_3(
    input  [7:0] in,
    output [2:0] out
);
assign out = in[0] ? 3'd0 :
             in[1] ? 3'd1 :
             in[2] ? 3'd2 :
             in[3] ? 3'd3 :
             in[4] ? 3'd4 :
             in[5] ? 3'd5 :
             in[6] ? 3'd6 :
                     3'd7;
endmodule
```

采用这种写法，功能是没有问题的，但是实现上会有点冗余。这其实是一个优先级编码器，如果能保证设计输入 in 永远至多只有一个 1，即所谓 at-most-one-hot 向量，那么可以采用下面的写法：

```
module encoder_8_3(
    input  [7:0] in,
    output [2:0] out
);
assign out = ({3{in[0]}} & 3'd0)
           | ({3{in[1]}} & 3'd1)
           | ({3{in[2]}} & 3'd2)
           | ({3{in[3]}} & 3'd3)
           | ({3{in[4]}} & 3'd4)
           | ({3{in[5]}} & 3'd5)
```

```
                | ({3{in[6]}} & 3'd6)
                | ({3{in[7]}} & 3'd7);
    endmodule
```

在 CPU 设计中，编码器逻辑的一个应用场景是：根据指令译码后的结果生成 ALU 模块的操作码 alu_op。由于处理器中的译码部件在任何时刻只处理一条指令，因此 alu_op 的编码过程可以采用后一种编码方式。

7. 多路选择器

多路选择器是 CPU 设计中常用的一种逻辑，建议大家要熟练掌握。通常，数字逻辑电路的教材中是用与非、或非等逻辑门来描述多路选择器。如果按照这种方式编写多路选择器的 Verilog 代码，会很麻烦，特别是需要写一个几十选一的多路选择器的时候。那么应该如何解决这类问题呢？

我们先来看选择信号 select 还没有译码的情况。这里特意假定被选择的输入个数不是 2 的幂次方，同时假定当 select 输入值超过可选择范围时输出全 0。Verilog 描述如下：

```
module mux5_8b(
    input  [7:0] in0, in1, in2, in3, in4,
    input  [2:0] sel,
    output [7:0] out
);
assign out = (sel==3'd0) ? in0 :
             (sel==3'd1) ? in1 :
             (sel==3'd2) ? in2 :
             (sel==3'd3) ? in3 :
             (sel==3'd4) ? in4 :
                           8'b0;
endmodule
```

同 case 语句相比，上面这种表达方式简明直观。而且，case 语句还有一个很大的缺点，就是明明是个组合逻辑，却要将输出的变量声明成 reg 型。所以，我们没有必要用 case 语句来编写多路选择器。

另外，上面的例子引入了不必要的优先级关系，例如 sel 为 1 的时候自然不为 0。所以，这个多路选择器可以采用下面的写法：

```
module mux5_8b(
    input  [7:0] in0, in1, in2, in3, in4,
    input  [2:0] sel,
    output [7:0] out
);
assign out = ({8{sel==3'd0}} & in0)
           | ({8{sel==3'd1}} & in1)
           | ({8{sel==3'd2}} & in2)
           | ({8{sel==3'd3}} & in3)
           | ({8{sel==3'd4}} & in4);
endmodule
```

若采用上面这种写法，一定不要忘了写"{8{}}"中的 8，否则结果 out 只有第 0 位是正确的，[7:1] 位都会变为 0。要特别小心这种笔误，因为它不是语法错，调试工具不会报出这类错误。

如果 select 信号已经是译码后的位向量形式，也很容易写出来，写法如下：

```verilog
module mux5_8b(
    input  [7:0] in0, in1, in2, in3, in4,
    input  [4:0] sel,
    output [7:0] out
);
assign out = ({8{sel[0]}} & in0)
           | ({8{sel[1]}} & in1)
           | ({8{sel[2]}} & in2)
           | ({8{sel[3]}} & in3)
           | ({8{sel[4]}} & in4);
endmodule
```

回顾一下前面译码器的写法，会发现本节中的例子是把译码器和基于译码后向量的多路选择器合在一起写出来的。

8. 简单 MIPS CPU 中的 ALU

我们用一个简单的 MIPS CPU 中的 ALU 作为一个较复杂的组合逻辑设计的例子。在一个简单的 MIPS CPU 中，ALU 除了要完成加减运算、比较运算，还要完成移位运算、逻辑运算，那么它的电路应该如何设计呢？分析可知，ALU 内部包含做加减操作、比较操作、移位操作和逻辑操作的逻辑，ALU 的输入同时传输给这些逻辑，各逻辑同时运算，最后通过一个多路选择电路将所需的结果选择出来作为 ALU 的输出。整个电路的结构如图 3-2 所示。

整个 ALU 的控制信号 alu_control 采用 12 位的独热码，暂不考虑溢出例外的判定。其 Verilog 的描述示例如下：

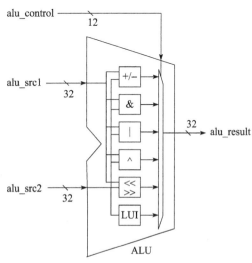

```verilog
module simple_alu(
    input  [11:0] alu_control,
    input  [31:0] alu_src1,
    input  [31:0] alu_src2,
    output [31:0] alu_result
);

wire op_add;    // 加法操作
wire op_sub;    // 减法操作
wire op_slt;    // 有符号比较，小于置位
wire op_sltu;   // 无符号比较，小于置位
wire op_and;    // 按位与
wire op_nor;    // 按位或非
wire op_or;     // 按位或
wire op_xor;    // 按位异或
wire op_sll;    // 逻辑左移
wire op_srl;    // 逻辑右移
wire op_sra;    // 算术右移
```

图 3-2　简单 MIPS CPU 中 ALU 的电路结构

```
wire op_lui;    // 高位加载

assign op_add  = alu_control[ 0];
assign op_sub  = alu_control[ 1];
assign op_slt  = alu_control[ 2];
assign op_sltu = alu_control[ 3];
assign op_and  = alu_control[ 4];
assign op_nor  = alu_control[ 5];
assign op_or   = alu_control[ 6];
assign op_xor  = alu_control[ 7];
assign op_sll  = alu_control[ 8];
assign op_srl  = alu_control[ 9];
assign op_sra  = alu_control[10];
assign op_lui  = alu_control[11];

wire [31:0] add_sub_result;
wire [31:0] slt_result;
wire [31:0] sltu_result;
wire [31:0] and_result;
wire [31:0] nor_result;
wire [31:0] or_result;
wire [31:0] xor_result;
wire [31:0] sll_result;
wire [31:0] srl_result;
wire [31:0] sra_result;
wire [31:0] lui_result;


assign and_result = alu_src1 & alu_src2;
assign or_result  = alu_src1 | alu_src2;
assign nor_result = ~or_result;
assign xor_result = alu_src1 ^ alu_src2;
assign lui_result = {alu_src2[15:0], 16'b0};


wire [31:0] adder_a;
wire [31:0] adder_b;
wire        adder_cin;
wire [31:0] adder_result;
wire        adder_cout;

assign adder_a   = alu_src1;
assign adder_b   = (op_sub | op_slt | op_sltu) ? ~alu_src2 : alu_src2;
assign adder_cin = (op_sub | op_slt | op_sltu) ?      1'b1 :      1'b0;
assign {adder_cout, adder_result} = adder_a + adder_b + adder_cin;

assign add_sub_result = adder_result;


assign slt_result[31:1] = 31'b0;
```

```
assign slt_result[0]    = (alu_src1[31] & ~alu_src2[31])
                        | (~(alu_src1[31]^alu_src2[31]) & adder_result[31]);

assign sltu_result[31:1] = 31'b0;
assign sltu_result[0]    = ~adder_cout;

assign sll_result = alu_src2 << alu_src1[4:0];

assign srl_result = alu_src2 >> alu_src1[4:0];

assign sra_result = ($signed(alu_src2)) >>> alu_src1[4:0];

assign alu_result = ({32{op_add|op_sub }} & add_sub_result)
                  | ({32{op_slt        }} & slt_result)
                  | ({32{op_sltu       }} & sltu_result)
                  | ({32{op_and        }} & and_result)
                  | ({32{op_nor        }} & nor_result)
                  | ({32{op_or         }} & or_result)
                  | ({32{op_xor        }} & xor_result)
                  | ({32{op_sll        }} & sll_result)
                  | ({32{op_srl        }} & srl_result)
                  | ({32{op_sra        }} & sra_result)
                  | ({32{op_lui        }} & lui_result);

endmodule
```

对于上面的示例代码，读者要关注以下问题：

1）写代码时给变量起个好名字非常重要。变量名既不要太长也不要太短，还要尽可能贴切地表达变量的含义。好代码的特点之一就是"代码即注释"。有时候，一些看似无用的代码，如上面示例中将 alu_control 逐位赋值给 op_XXX 变量的代码，会让代码的可读性大幅度提升。

2）代码中的空格、对齐、空行如同文章中的标点和段落，规范使用它们也能够大幅度提升代码的可读性。

3）可以直接用"＋"运算符描述加法器，用"＜＜""＞＞"和"＞＞＞"运算符描述移位器。这是因为现在的 EDA 综合工具已经相当"聪明"，能够从这些运算符推导出设计者需要的是加法器、移位器等较为复杂的电路的哪一种，工具会根据实现约束从自身携带的 IP 库中挑选出合适的电路嵌入到设计中。

4）在 Verilog 中，"＞＞"只被当作逻辑右移处理，所以算术右移操作需要做特殊的考虑。上面的例子直接使用了"$signed"内置函数和"＞＞＞"运算符来完成算术右移操作。

9. 触发器

触发器是我们在 CPU 设计中使用最为频繁的时序器件，大家务必要对触发器的 Verilog 描述了如指掌。

1）对于普通的上跳沿触发的 D 触发器，其 Verilog 描述如下：

```
module dff(
    input        clk,
    input        din,
    output reg   q
);
always @(posedge clk) begin
    q <= din;
end
endmodule
```

D 触发器的时序特性如图 3-3 所示。

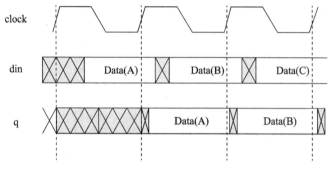

图 3-3 D 触发器的时序特性

2）带同步复位的 D 触发器的 Verilog 描述有两种写法。

● 写法一

```
module dff_r(
    input        clk,
    input        rst,
    input        din,
    output reg   q
);
always @(posedge clk) begin
    if (rst) q <= 1'b0;
    else     q <= din;
end
endmodule
```

● 写法二

```
module dff_r(
    input        clk,
    input        rst,
    input        din,
    output reg   q
);
always @(posedge clk) begin
    q <= ~rst & din;
```

```
    end
endmodule
```

采用上述两种写法实现的电路功能是一样的，但我们推荐采用写法一这种更行为化的风格。因为 rst 清 0 操作通常具有最高优先级，采用 if…else…的写法可以使人在阅读代码的时候一目了然，不容易犯错。

3）带使能端的 D 触发器的 Verilog 描述也有两种写法。

● **写法一**

```
module dff_en(
    input           clk,
    input           en,
    input           din,
    output reg      q
);
always @(posedge clk) begin
    if (en) q <= din;
end
endmodule
```

● **写法二**

```
module dff_en(
    input           clk,
    input           en,
    input           din,
    output reg      q
);
always @(posedge clk) begin
    q <= en ? din : q;
end
endmodule
```

采用上述两种写法实现的电路功能是一样的。我们同样推荐采用写法一，原因与前面一样，这种写法看起来更直观，而且会带来一些额外的好处，因为大多数综合工具只为采用第一种风格的代码自动插入门控时钟或者引入带门控的触发器。

这里的例子都是单比特的触发器，读者可以自行将其推广到多比特的情况。

10. MIPS CPU 中的寄存器堆

通俗地说，寄存器堆是采用二维组织形式的"一堆寄存器"。在一个单发射五级流水的简单 MIPS CPU 中，GR 对应一个 32 项、每项 32 位的寄存器堆。为了支持流水，该寄存器堆要具备每周期读出两个 32 位数、写入一个 32 位数的能力。同时，MIPS CPU 还有一个特殊之处，即 0 号寄存器恒为 0。其对应的 Verilog 代码如下：

```
module regfile(
    input           clk,
```

```
    input    [ 4:0] raddr1,
    output [31:0] rdata1,
    input    [ 4:0] raddr2,
    output [31:0] rdata2,
    input          we,
    input    [ 4:0] waddr,
    input    [31:0] wdata
);
reg [31:0] reg_array[31:0];
// WRITE
always @(posedge clk) begin
    if (we) reg_array[waddr]<= wdata;
end
// READ OUT 1
assign rdata1 = (raddr1==5'b0) ? 32'b0 : reg_array[raddr1];
// READ OUT 2
assign rdata2 = (raddr2==5'b0) ? 32'b0 : reg_array[raddr2];
endmodule
```

在上面的例子中，rf[waddr]、rf[raddr1]、rf[raddr2] 意味着需要由综合工具推导出针对写地址和读地址的译码电路。实际上，更具体的描述如下所示。这里我们假设 decoder_5_32 是一个 5-32 译码器的模块。

```
module regfile(
    input          clk,
    input    [ 4:0] raddr1,
    output [31:0] rdata1,
    input    [ 4:0] raddr2,
    output [31:0] rdata2,
    input          we,
    input    [ 4:0] waddr,
    input    [31:0] win
);
reg   [31:0] reg_array[31:0];
wire [31:0] waddr_dec, raddr1_dec, raddr2_dec;

decoder_5_32 U0(.in(waddr ), .out(waddr_dec));
decoder_5_32 U1(.in(raddr1), .out(raddr1_dec));
decoder_5_32 U2(.in(raddr2), .out(raddr2_dec));

// WRITE
always @(posedge clk) begin
    if (we & waddr_dec[ 0]) reg_array[ 0]<= wdata;
    if (we & waddr_dec[ 1]) reg_array[ 1]<= wdata;
    ......
    if (we & waddr_dec[31]) reg_array[31]<= wdata;
end
// READ OUT 1
assign rdata1 = ({32{raddr1_dec[ 1]}} & reg_array[ 1])
              | ({32{raddr1_dec[ 2]}} & reg_array[ 2])
              ......
```

```
              | ({32{raddr1_dec[31]}} & reg_array[31]);
// READ OUT 2
assign rdata2 = ({32{raddr2_dec[ 1]}} & reg_array[ 1])
              | ({32{raddr2_dec[ 2]}} & reg_array[ 2])
              ......
              | ({32{raddr2_dec[31]}} & reg_array[31]);
endmodule
```

第二种写法只是为了加深读者对于 rf[addr] 这种写法的理解，因为虽然代码很短，但是其对应的逻辑很多。在平时的设计中，我们还是推荐大家采用第一种写法。

请大家思考一个问题，当写有效（we=1）且写地址和读地址相同时，读出的结果是寄存器中的旧值还是新写入的值？

11. RAM

我们这里说的 RAM 指的是 SRAM，通常用来在 CPU 中实现指令存储器、数据存储器。它在逻辑行为方面与前述的寄存器堆相似，但是两者的底层实现完全不同。在编写 Verilog 代码的时候，我们通常无法用行为推导的方式来描述 RAM，而是要采用实例化 RAM IP 的方式。

12. 流水线

首先要说明的是，流水线电路纯粹是一个数字电路的概念，大家不要一谈到流水线就想到处理器中的流水线。

我们先来看如何设计一个无阻塞的 3 级流水线电路。这个流水线的电路结构如图 3-4 所示，其中 pipe1_data、pipe2_data、pipe3_data 都是触发器，里面存储着各级流水的数据。

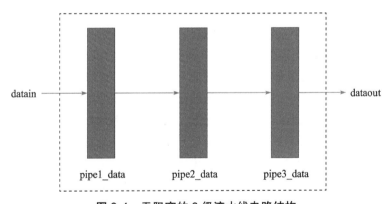

图 3-4　无阻塞的 3 级流水线电路结构

下面是这个流水线电路的 Verilog 代码示例。可以看到，无阻塞流水线其实就是依次串接起来的多组触发器。

```
module non_stall_pipeline #
(
    parameter WIDTH = 100
)
```

```verilog
(
    input              clk,
    input  [WIDTH-1:0] datain,
    output [WIDTH-1:0] dataout
);
reg [WIDTH-1:0] pipe1_data;
reg [WIDTH-1:0] pipe2_data;
reg [WIDTH-1:0] pipe3_data;

always @(posedge clk) begin
    pipe1_data <= datain;
end

always @(posedge clk) begin
    pipe2_data <= pipe1_data;
end

always @(posedge clk) begin
    pipe3_data <= pipe2_data;
end

assign dataout = pipe3_data;

endmodule
```

但是，很多时候流水线会被阻塞。这就意味着一旦后面的流水线被阻塞，前面的流水线也立刻被阻塞。因为此时后面的流水线不通，系统没有办法接收新数据，所以前面的流水线必须把原有的数据保持在本流水线（即被阻塞）。若前一级流水线仍然把数据送往后一级流水线，数据就会丢失。除非整个系统在上层协议栈中有数据丢失的检测和重传机制，否则就需要底层的流水线电路具备在出现阻塞的情况下避免数据丢失的机制。

从上面的分析来看，为了使流水线能够应对阻塞，我们需要设法把数据保持在一级流水级。回想一下我们在前面介绍的带使能的触发器的时序行为特征。只要触发器的写使能无效，即使触发器的 D 输入上的数值发生变化，触发器存储的内容也保持不变。寄存器堆、RAM 也具有相似的特性，即只要它的写使能信号保持无效，它内部存储的数据就保持不变。可见，要使流水线应对阻塞的情况，核心在于控制好各级流水线缓存的写使能信号。

那么如何控制这些写使能信号呢？这里给出两套设计策略。我们以一条人工生产流水线为例来说明。

- 策略一：配备一个生产流水线监管人员，他能同时看到各级流水线的状态，并对所有流水线下达命令。一旦在某一时刻该监管人员发现某个流水级出现阻塞，就向这级流水线之前的所有流水线发出下一时刻停止向前传送的命令。
- 策略二：为每级流水线分配一个监管人员，他和前后级流水线的监管人员相互沟通情况，决定下一时刻是否向前传送东西。就某一级流水线而言，它会向其后一级发出一个"下一时刻我有东西传送给你"的请求，同时向其前一级发出"下一时刻我可以接收你传送来的东西"的反馈。由于流水线串联起来环环相扣，因此某一级流水线会同时收到后一级传来的下一时刻是否可以接收东西的反馈信息，以及前一级传来的下一时刻它是否有东西传递过来的请求。如果某一级流水线当前时刻有东西并想在下一时刻传给后一级流水线，但是后一级流水线说它下一时刻无法接收传来的东西，那么该流水级在下一时刻要继续持有当前时刻的东西，即产生阻塞。

显然，两种策略都可以完成任务。我们接下来介绍的电路设计采用的是第二种设计策略，因为在为 CPU 添加 AXI 接口时，第二种设计策略更友好。

我们设计的流水线的电路结构如图 3-5 所示。图中的箭头分别表示流水级之间交互并决定本级流水线缓存写使能控制的逻辑和信号。

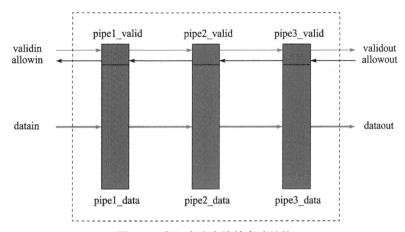

图 3-5　有阻塞流水线的电路结构

下面是这个流水线电路的 Verilog 代码示例。

```
module stallable_pipeline #
(
    parameter WIDTH = 100
)
(
    input              clk,
    input              rst,
    input              validin,
    input  [WIDTH-1:0] datain,
    input              out_allow,
    output             validout,
    output [WIDTH-1:0] dataout
);
reg              pipe1_valid;
reg [WIDTH-1:0] pipe1_data;
reg              pipe2_valid;
reg [WIDTH-1:0] pipe2_data;
reg              pipe3_valid;
```

```verilog
    reg [WIDTH-1:0] pipe3_data;

// pipeline stage1
wire            pipe1_allowin;
wire            pipe1_ready_go;
wire            pipe1_to_pipe2_valid;
assign pipe1_ready_go = ······
assign pipe1_allowin = !pipe1_valid || pipe1_ready_go && pipe2_allowin;
assign pipe1_to_pipe2_valid = pipe1_valid && pipe1_ready_go;
always @(posedge clk) begin
    if (rst) begin
        pipe1_valid <= 1'b0;
    end
    else if (pipe1_allowin) begin
        pipe1_valid <= validin;
    end
    if (validin && pipe1_allowin) begin
        pipe1_data <= datain;
    end
end


// pipeline stage2
wire            pipe2_allowin;
wire            pipe2_ready_go;
wire            pipe2_to_pipe3_valid;
assign pipe2_ready_go = ......
assign pipe2_allowin = !pipe2_valid || pipe2_ready_go && pipe3_allowin;
assign pipe2_to_pipe3_valid = pipe2_valid && pipe2_ready_go;
always @(posedge clk) begin
    if (rst) begin
        pipe2_valid <= 1'b0;
    end
    else if (pipe2_allowin) begin
        pipe2_valid <= pipe1_to_pipe2_valid;
    end

    if (pipe1_to_pipe2_valid && pipe2_allowin) begin
        pipe2_data <= pipe1_data;
    end
end

// pipeline stage3
wire            pipe3_allowin;
wire            pipe3_ready_go;
assign pipe3_ready_go = ......
assign pipe3_allowin = !pipe3_valid || pipe3_ready_go && out_allow;
always @(posedge clk) begin
    if (rst) begin
        pipe3_valid <= 1'b0;
    end
    else if (pipe3_allowin) begin
        pipe3_valid <= pipe2_to_pipe3_valid;
```

```
        end

        if (pipe2_to_pipe3_valid && pipe3_allowin) begin
            pipe3_data <= pipe2_data;
        end
    end

    assign validout = pipe3_valid && pipe3_ready_go;
    assign dataout  = pipe3_data;

endmodule
```

上面代码中的 pipeX_valid 称为第 X 级流水级的有效位，它采用触发器实现。其值为 1 表示第 X 级流水上当前时钟周期存在有效的数据，其值为 0 表示第 X 级流水上当前时钟周期为空。定义流水级有效位的好处是，清空流水线的时候不用把各级流水线 data 域的值都置为无效值，只需要将流水级的 valid 位置 0 就可以了，从而节约逻辑资源。需要注意的是，根据各级流水线的 data 域信息产生控制信号时，不要忘记将其和这一级的 valid 信号进行"与"运算。

pipeX_allowin 信号是从第 X 级传递给第 X–1 级的信号。它的值为 1 表示下一拍第 X 级可以接收第 X–1 流水送来的数据，值为 0 则表示不能接收数据。

pipeX_ready_go 信号描述第 X 级当前拍状态。它的值为 1 表示数据在第 X 级的处理任务已完成，可以传递到后一级流水。比如，CPU 的执行流水级用迭代方式运算除法，需要多时钟周期才能完成，那么在执行流水级的除法没有完成前，执行流水级的 ready_go 信号将一直为 0。

pipeX_to_pipeY_valid 信号是从第 X 级传递给第 X+1 级的信号。它的值为 1 表示第 X 级有数据需要在下一时钟周期传给第 X+1 级。

理解了上述信号的含义后，读者可自行推演、体会整个电路是如何实现对于流水线阻塞的控制的。

3.2 数字逻辑电路功能仿真的常见错误及其调试方法

根据经验，在进行 CPU 设计的时候，最花费时间的环节是制定设计方案和功能仿真调试。人无完人，再优秀的设计人员也无法保证其写出的代码没有错误（bug），所以 bug 调试是程序员的必备能力之一。在硬件设计过程中，查找 bug 并进行调试的工作可以在功能仿真阶段进行，也可以在实际电路测试阶段进行。由于从代码编写到进行功能仿真的周期短，而且功能仿真时观测信息丰富，因此我们通常会在功能仿真阶段尽可能多地发现错误。在本书中，我们建议每个实践任务必须在通过功能仿真阶段之后再进入上板调试阶段。

对于初学者，用 Verilog 语言进行电路编程、调试的经验比较少，且 Verilog 语言是描述电路的，与 C、C++、Java、Python 等编程语言描述的对象不一样，因此 Verilog 语言在调试的技巧上与一般的编程语言有较大差异，读者很难把 C、C++ 程序的调试技巧借鉴到 Verilog 语言中。举个简单的例子，很多程序员会采用"print 大法"来调试 C 程序（虽然方法土了点，但能解决问题），可是这种方法在调试一个 Verilog 程序的时候完全不适用。鉴于此，接下来介绍一些数字逻辑电路设计中常用的调试方法。

3.2.1　功能仿真波形分析

在介绍集成电路设计工作者的影像资料中，我们常常会看到集成电路设计工作者进行调试工作时，手边放着万用表、示波器、逻辑分析器等检测工具。这些工具确实是集成电路设计者进行实际电路调试时的"利器"，因为这些仪器所获取的信息能够为我们定位、分析错误提供客观依据。现实世界中，就是通过各种仪器来观察调试过程和结果的，所以我们在仿真时通过各种观察手段来"仿"出仪器结果这个"真"，体现出来就是仿真波形。可以想象，我们有一台功能极其强大的逻辑分析仪，可以将你所设计的电路在运行过程中每个时刻的每一个信号都抓取出来，并显示给你看。所以，在对数字逻辑电路设计进行功能仿真调试时，总是需要通过观察仿真波形来确定电路出错的位置。说到这里，有的人可能会有不同意见：不，我是通过仿真打印出的信息调试的，具体方法是通过在 testbench（测试程序）里添加监控代码，对设计中的某些信号进行检查，发现异常值就打印出错信息。我不能说这种方式是错误的，但大家仔细想想就会发现两种观察方式的本质是一样的：观察的对象都是电路设计中的信号，只不过一种方式是将信号显示为图像让人用眼睛看，另一种方式是将信号表示为数据文件，然后用程序进行分析。两种方式各有其适用场景，可以结合使用。不过，直接观察仿真波形是一种更方便的方法，大家都应该掌握。

上一章在介绍基于 Vivado 的 FPGA 设计流程时，已经演示了如何进行功能仿真，并介绍了仿真调试界面。这些是功能仿真波形分析的基本手段，大家务必要熟练掌握。要达到这一目标别无他法，就是通过实践任务多练习。接下来，将介绍一些与功能仿真波形分析相关的进阶知识。

1. 观察仿真波形的思路

分析问题的时候最讲究思路，否则就是蛮干。同样是看波形定位错误，为什么不同人之间会存在巨大的效率差异呢？我们的经验是：会看波形的人自有"套路"。接下来我们就说一说在实践中摸索出的这些"套路"。

第一步，熟悉待调试的设计。

设计都没搞清楚就去调试，就好比在没有地图的情况下寻找宝藏，其效率之低是可想而知的。大家可能会觉得这么简单的道理还用强调吗？但事实上，学习者最容易忽视的就是这一点。除非整个设计的代码都是你自己编写的，否则总会在调试过程中涉及别人写的代码，甚至有的人连自己的设计都说不清楚。我们常常遇到下面这样令人哭笑不得的场景：

学生：老师，我这儿调试不出来了，您帮我看看？

老师：好的，我来看看。（老师查看波形，发现异常，但是看代码的时候不懂了。）同学，这个地方的代码是什么意思？你的设计意图是什么？

学生：这个……这个就是……（支支吾吾一番后就没有然后了。）

老师：（老师对代码经过一番阅读理解）哦，你是不是最初想设计成……

学生：对对对，就是这个意思。哦，我知道哪里写错了。

亲爱的读者们，我们衷心希望这样的场景不会出现在你们身上。所以，开始调试之前，一定要问问自己，是不是充分了解了设计。如果有不清楚、不明白的地方，一定要先把问题搞清楚，磨刀不误砍柴工。

第二步，找到一个你能明确的错误点。

一旦设计功能仿真出错，一定意味着在某个时刻某些信号的值不对，这些点都是错误点（但它们并不都是问题的源头）。开始调试的时候，你必须找到一个错误点。对于简单电路设计来说，错误点很容易找到，因为一个健全的功能验证平台会在仿真过程中对设计的输出等信号进行监控，一旦出现不符合预期的输出就会报错。从报错信息中你就能知道出错的信号是什么，并发现出错点所处的仿真时刻⊖。然而，对于一些复杂的设计，如 CPU 的设计，其功能仿真出错时的输出信息通常不会直接告诉你是哪个信号出错了。在这种情况下如何从输出信息定位到出错信号呢？我们在后面开始 CPU 设计实践的时候再做详细介绍。

最后，沿着设计的逻辑链条逆向逐级查看信号，直至找到出错源头。

我们找到的出错点未必是造成错误的源头，但是修正错误时必须要从错误的源头着手。数字逻辑电路里各信号的状态变化是环环相扣、遵循严格的逻辑因果关系的，所以从一个错误点出发，沿着这条逻辑链条向前追溯，就一定能找到错误的源头。在进行逆向追溯的过程中，大部分人对于单纯的组合逻辑的逆向分析比较熟练，但是对于含有时序逻辑的电路显得有些"怵"。因此，我们重点说说这种情况下应该怎么看波形。

观察含有时序逻辑的电路的波形时，首先要把需要观察的电路所用的时钟信号抓取出来。这里的重点是不要把错误的时钟信号抓出来。在刚开始学习时，大家接触的设计往往只有一个全局时钟，但是，真实设计中经常会有多个时钟，例如 CPU 用一个时钟，外设用另一个时钟。由于时钟信号一般都称为 clk 或 clock，因此若抓错了时钟信号，在波形窗口中很难看出问题。但错误的时钟信号会给你的分析工作带来不必要的困扰。

有了时钟信号之后，我们再明确所观察的时序器件（如触发器、同步 RAM）是用时钟上升沿还是下降沿来触发。如果我们从组合逻辑一路追溯到某个触发器或 RAM 的 Q 端上，那么就要把这个触发器或 RAM 的非时钟输入端信号都抓取出来，然后在波形上沿着时间轴向前（在波形图上就是向左查找）找到这个错误值写入的那个时钟上升（下降）沿，然后再对生成这个触发器或 RAM 输入的组合逻辑继续追溯。在沿着时间轴向前查找的过程中，一定要找到错误值写入的真正时刻。这里举几个典型的例子。

【例一】没有任何写使能信号的触发器 如果当前拍是触发器的 Q 端值首先出现错误的那一拍，那么就分析前一拍生成触发器 D 输入的组合逻辑。

【例二】有写使能信号的触发器 如果当前拍是触发器的 Q 端值首先出现错误的那一拍，

⊖ 这仅限于验证平台的出错信息开发得比较规范。读者若是自行开发验证平台，应在出错信息中体现出错时间、出错信号、期望值、观察值等信息，其中出错信号要体现出模块的层次。

我们要从这一拍开始沿着时间轴往前找到最近一个写使能信号有效的那一拍。然后，我们根据设计的意图来判断这一拍写使能信号是否应该置起。如果它应该置起，那么问题出在写入数据上，我们要继续追溯生成触发器 D 输入的组合逻辑。如果它不应该置起，那么问题就出在写使能信号上，我们要继续追溯生成触发器写使能信号的组合逻辑。但是，有时候你会发现这个时刻的写使能信号应该置起，写入的数据也是对的，那么这就是另一种出错的情形了，即在该时刻之后出现某个写使能信号该置起的时候没有置起的情况。这时就需要基于设计的意图，从触发器 Q 端最早出错的那一拍开始，向前逐拍观察写使能和 D 输入的配合是否符合预期，直到找到写使能未能正常置起的那一拍。

【例三】单端口同步 RAM　首先要从 Q 端值首次出错的那一拍开始沿时间轴向前找到最近的一个有效的读命令。再次提醒，有效的读命令意味着 RAM 的片选和读使能信号都是有效的，但是写使能是无效的[⊖]。在这个有效读命令发起的时钟周期，应先检查一下此刻 RAM 的地址输入是否正确。如果不正确，就要追溯生成地址输入的组合逻辑。如果此刻地址输入是正确的，那么要分两种情况来考虑。

- 情况 1：我们怀疑最近一次对 RAM 这个地址的写出错了。
- 情况 2：我们怀疑后面某时刻本应该发出的一个读命令没有发出。

情况 1 又分两种情况。

情况 1-1：最近一次对该地址发出写命令的时刻，确实需要对 RAM 的这个地址写入，但是写入的数据错了。这时候我们就停在写入错误的那一拍，继续追溯生成写入数据的组合逻辑。

情况 1-2：最近一次对该地址发出写命令的时刻，并不需要对 RAM 的这个地址写入，这又有两种出错的可能性。

> **情况 1-2-1**：原本需要在这个时刻写另一个地址，但是地址错误地变成了当前地址，那么我们需要追溯生成地址的组合逻辑。
>
> **情况 1-2-2**：原本在这个时刻根本不应该对 RAM 写入，但是片选、写使能信号错误地被置起，且地址恰好是这个地址，那么此时需要追溯生成片选、写使能的组合逻辑。

对于情况 2，从最近的这个读命令向后，按照设计意图逐拍检查生成 RAM 片选、写使能的组合逻辑，找到那个你原本期望片选有效、写使能无效的时刻（也就是读的时刻），查看是什么原因造成它没有置起。

寄存器堆的追查方式与同步 RAM 相似，这里就不再详细讲述了。

2. 提高波形分析效率的实用技巧

（1）一次仿真记录所有信号的数据

采用前一节所述的"沿着设计的逻辑链条逆向逐级查看信号"的波形查看分析方法，我

⊖　尽管有的 RAM 在接收写命令的下一拍时 Q 端也会有明确的输出，但是我们不建议读者在设计中利用这种情况下 RAM 的 Q 端输出。换言之，我们建议凡是需要从 RAM 读出一个值的时候，就老老实实地先发一个读命令，不要利用写命令的副作用来达到这个目的。

们经常会在分析的过程中将新的信号加入波形窗口中。但是，如果你创建 Vivado 工程之后没有做任何特别的处理，那么就会发现新加入的信号只有在加入后继续运行的仿真时间中才出现。这就导致在需要从当前时刻向前查看波形（这种情况其实还挺常见的）的时候，不得不重新运行一次仿真。如果出错的时刻比较靠后，那么等待仿真重新执行到出错点附近就会非常耗时。有没有仿真一次就能把所有信号都记录下来的方式呢？有！但是要特别设置。

在 Vivado 的工程视图下，点击左侧 "PROJECT MANAGER" → "Settings"，在弹出的设置界面中选择 "Project Settings" → "Simulation"，此时弹出的设置界面如图 3-6 所示。在其右部选择 "Simulation" 标签，然后在下面找到 "xsim.simulate.log_all_signals" 选项并勾选，点击 OK 保存配置。这样操作后再进行仿真时（如果已经开启仿真，请关闭仿真界面重新运行），就会一次性地将所有信号都记录下来。你在波形查看过程中添加任何新的信号，其从仿真 0 时刻开始的所有波形都会立刻显示出来。

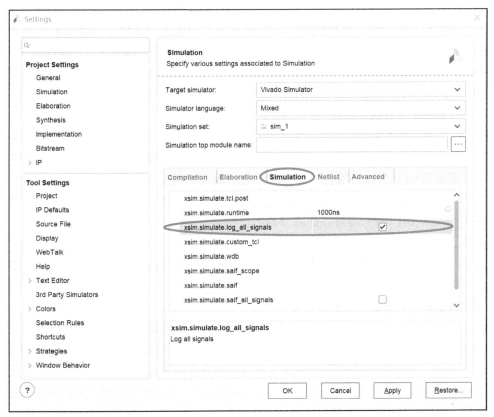

图 3-6 一次性记录所有信号的设置界面

这是一个非常必要的设置。作者最初使用 Vivado 时因为不知道可以这样配置，所以在调试时基本上是放弃使用 Vivado 自带的 XSim 的。该配置对于调试效率的影响非常大，建议大家把它作为一个默认配置。

（2）给重要的时刻做标记

通过前面的描述，我们知道了在查看一个存在时序逻辑的电路的仿真波形时，免不了要沿着时间轴向前 / 向后查找。当我们分析到某一个出错时刻时，会发现导致此错误点的路径可能有好几条。通常，我们只能先沿着一条路径追溯下去，如果发现这条路径没有问题，就回到刚才找到的那个出错时刻，从另外一条路径接着追查。很多初学者会在"回到刚才找到的那个出错时刻"这个动作上花费大量的时间，因为面对茫茫的一片信号完全不记得是哪个时间点了。所以我们强烈建议：在波形分析过程中，要及时给你认为重要的时刻做**标记**（Marker）。

做标记的方法很简单。在波形上你关注的时刻处左击鼠标，此时**游标**（Cursor）将出现在你关注的时刻，点击波形上方工具条中的 ▪⌐，就做好了一个标记。之后，无论你是直接将波形移动到 Marker 处还是使用波形上方工具条中的 ⌐▪ ｜ ▪⌐ 快速定位到标记处，都会大幅度提高定位效率。

（3）熟练使用波形缩小和放大功能

除了使用标记功能外，熟练使用波形缩小和放大功能也能加快沿时间轴前后移动的速度。基本的操作方法是，在准备进行大范围前后移动时，先点击波形上方工具条中的 🔍 将波形缩小至合适程度，然后拖动波形下方的滚动条至想观察的时刻附近，单击波形将游标落在这一时刻，再点击波形上方工具条中的 🔍 放大波形至可以观察清楚信号的程度。

（4）对关联信号分割、分组

在调试复杂设计的时候，往往会在波形里加入很多信号，这样会导致上下翻看信号时出现混乱。我们建议此时把相关联的信号通过**分割**（Divider）或者**分组**（Group）区分开来。比如，分析流水线 CPU 的波形时，可以把属于同一级流水的信号放在同一个组里。建立分割的方法是，在你在想加分割空行的位置的上一个信号处，对着信号名点击鼠标右键打开菜单栏，选择"New Divider"即可。删除分割的方法就是点击分割，按 Del 键即可。建立分组的方法是，选择准备放入一组的信号，然后右键打开菜单栏选择"New Group"即可。用户可以为分组起名字，当分组的数量超过一个时，建议为分组起名字以便区分。分为一组的信号可以视调试的需要收起或是展开。

（5）用值查找快速定位多位宽信号

有时候需要从某一时刻开始向前或向后找到一个多位宽信号等于某个值的时刻。除非你很明确要找的结果就在该时刻前后几个时钟周期内出现，否则强烈建议采用**值查找**（Find Value）的方法，而不是用鼠标拖着信号下面的滚动条人工查找。值查找的方法是，点击待查找信号的信号名，右键打开菜单栏选择"Find Value"，之后会在波形上方出现与搜索相关的工具栏，根据其提示输入数据就可以了。可惜的是，Vivado 的 XSim 的值查找不支持通配符，使用者只能通过调整查找工具栏中 Matching 的方式来部分实现模糊查找的功能。

3.2.2 波形异常类错误的调试

波形异常类错误是指不需要分析电路设计的功能，通过直接观察波形图就能判断出来的错误，比如波形中信号出现"X"。波形出错是浅层次的错误，很容易找到出错原因，但是初学者因为经验少，在面对这类错误的时候也常常会无从下手。

我们将波形异常类错误细分为以下几类：

1）信号为"Z"。

2）信号为"X"。

3）波形停止。

4）越沿采样，即上升沿采样到被采样数据在上升沿后的值。

5）波形怪异，即仿真波形图显示怪异，这是与设计的电路功能无关的错误。

1. 信号为"Z"

"Z"表示高阻，比如电路断路就会显示为高阻，这种错误往往是以下两个原因导致的：

1）RTL 里声明为 wire 型的变量从未被赋值。

2）模块调用的信号未连接导致信号悬空。

下面的图 3-7 显示了第 2 种情况的一个例子。

 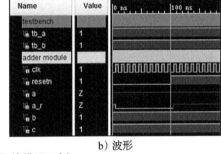

a）源码　　　　　　　　　　　　　　b）波形

图 3-7　信号为"Z"的错误示例

在上面的示例中，需要注意以下几点：

1）模块调用是信号未连接。未连接包括两种类型：显式的未连接，如图 3-7a 中的 .c()；隐式的未连接，如图 3-7a 中模块 adder 调用时，a 端口的未连接就是隐式未连接。显式的未连接一般是人为故意设置的，只针对 output 类接口；隐式的未连接多是疏忽造成的，属于代码不规范造成的错误，往往也是导致信号为"Z"的主要原因。

2）在 adder 模块里，a 端口未连接导致 a 为"Z"，c 端口也未连接，但 c 是固定值。这是因为 a 端口是 input，c 端口是 output。output 类接口未连接是主模块里不使用该信号造成的，可能是人为故意设置的，而所有的 input 类接口被调用时不允许悬空。

3）在 adder 模块里，a 信号从 0 时刻开始就是"Z"，而 a_r 信号是在 100ns 左右才变成"Z"。这是因为 a 信号为端口，被调用时就未连接，故从 0 时刻就为"Z"，但 a_r 信号是内部寄存器，从 100ns 时刻才使用 a 信号参与赋值，从而变成了"Z"。

针对以上问题，我们有以下几点建议：

1）编写 RTL 时要注意代码规范，特别是模块调用时，要按接口顺序一一对应。

2）所有 input 类接口被调用时不允许悬空。

3）一旦发现一个信号为"Z"，应向前追溯产生该信号的因子信号，看是哪个信号为"Z"，一直追踪到该模块里的 input 接口，随后进行修正。

4）可能"Z"只出现在向量信号里的某几位上，这时也采用同样的追溯方式。调用时某个接口存在宽度不匹配，也会造成该接口上某些位为"Z"。

2. 信号为"X"

"X"表示不定值，这种错误往往是以下两个原因之一导致的：

1）RTL 里声明为 reg 型的变量从未被赋值。

2）RTL 里多驱动的代码有时候也可能导致这种类型的错误。有些多驱动的代码不会导致"X"，因为有些多驱动代码可能会被 Vivado 自动处理，但这种情况其实是有风险的；有些多驱动代码则会导致综合时失败，并且会明确报出多驱动的错误。

第 1 种情况如图 3-8 所示。

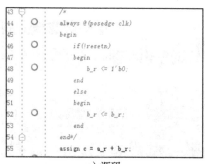

a）源码

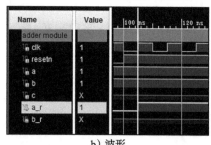

b）波形

图 3-8   信号为"X"的错误

在图 3-8 中，由于 b_r 信号声明后始终未赋值，导致其值为"X"，后续 c 信号由于使用了 b_r 信号，导致其值也为"X"。

Vivado 对于多驱动（2 个及 2 个以上电路单元驱动同一信号），仿真时也会产生"X"，如图 3-9 所示。这种情况下追溯信号为"X"的原因可能比较困难，可以尝试先进行综合，观察 Critical warning 的提示，此时会报出多驱动的警告，如图 3-10 所示。

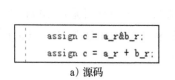

a）源码

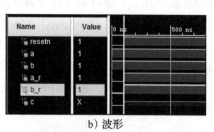

b）波形

图 3-9   多驱动引发"X"的示例

图 3-10 Vivado 中多驱动报出 Critical warning

针对信号为"X"情况，我们有以下几点建议：

1）一旦发现仿真错误来自某个出现"X"的信号，则向前追溯产生该信号的因子信号，看是哪个信号为"X"，一直追溯到某个信号未赋值，随后修正。

2）如果因子信号都没有为"X"的，则可能是多驱动导致的。此时先进行综合，然后排查 Error 和 Critical warning。

3）寄存器信号如果没有复位值，在复位阶段其值可能也为"X"，但这种情况可能不会带来错误。

4）"X"和 1 进行或运算结果为 1，"X"和 0 进行与运算结果为 0。

3. 波形停止

波形停止是指仿真在某一时刻停止，再也无法前进分毫，而仿真却显示仍然在运行，这种错误往往是 RTL 里存在组合环路导致的。波形停止示例如图 3-11 所示。

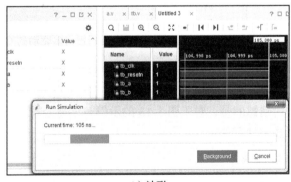

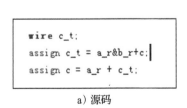

a）源码 b）波形

图 3-11 波形停止示例

有些波形停止错误的表现是：点击"run all"，但是波形立即停止，并提示检测到 fatal。如图 3-12 所示，可以看到，这里是仿真模拟时的迭代达到了 10 000 次的限制，造成这种情况的原因是模拟组合环路的计算达到次数上限后自动停止仿真了。

```
FATAL_ERROR: Iteration limit 10000 is reached. Possible zero delay oscillation detected where simulation time can not advance. Please check your source code. Note that the i
Time: 710 ns  Iteration: 10000
relaunch_sim: Time (s): cpu = 00:00:02 ; elapsed = 00:00:09 . Memory (MB): peak = 753.813 ; gain = 0.000
run all
ERROR: [Simulator 45-1] A fatal run-time error was detected. Simulation cannot continue.
```

图 3-12　波形停止的另一种表现

并不是所有的组合环路都会导致波形停止，有些复杂的组合环路（比如跨多个模块形成的组合环路）可能会被工具自动处理，但这种处理是有风险的，可能导致"仿真通过，上板不过"。

所谓组合环路，是指信号 A 的组合逻辑表达式中某个产生因子为 B，而 B 的组合逻辑表达式中又用到了信号 A，如图 3-12 中的源码 c_t 用到了 c，而 c 又用到 c_t。仿真器会在每个周期内计算该周期的所有表达式，组合逻辑循环嵌套会造成仿真器循环计算，导致其无法退出，最终导致波形停止的现象。

出现波形停止时，排查哪部分代码出现组合环路并不容易，我们建议按以下步骤处理：

1）一旦发现波形停止，就先对设计进行综合。

2）查看综合产生的 Error 和 Critical warning 提示，并尝试修正。比如图 3-12 示例中的组合环路，经过 Vivado 的综合后变成了一个多驱动的 Critical warning 提示，如图 3-13 所示。

图 3-13　组合逻辑报出多驱动的 Critical warning

另外，Vivado 工程中的 Tcl 命令 report_timing_summary 会检查组合环路，并报出检查结果。Vivado 经常将组合环路报在触发器的 Q 端，但其实是触发器 D 端输入的逻辑中存在组合环。遗憾的是，对于图 3-13 的示例，该命令并没有检查出组合环路，很有可能和综合时变成了多驱动有关。

4. 越沿采样

越沿采样是指一个被采样的信号在上升沿采样到了其在上升沿后的值，一般情况下认为这是一个错误，是 RTL 里阻塞赋值"="和非阻塞赋值"<="使用不当导致的。

越沿采样是一个隐藏较深的错误，往往可能和逻辑错误混在一起。初看起来，其波形是很正常的，而且在发生越沿采样后，要再执行很长时间才会出错。因此，大家可以先按照逻辑错误进行调试，如果发现数据采样有异常，就需要甄别是否出现了越沿采样的错误。

图 3-14 给出了一个越沿采样的示例。

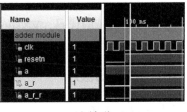

a）源码   b）波形

图 3-14 越沿采样示例

如图 3-14 所示，在 105ns 时刻，clk 上升沿到来，a_r 和 a_r_r 同时变为 1（也就是 a 的值）。a_r 在 105ns 时刻前是 0，在 105ns 时刻后是 1。从源码来看，a_r_r 是在上升沿采样 a_r 的值，结果在 105ns 时刻采样到 a_r 为 1 的值，也就是采样到 a_r 在同一上升沿后的值。这就属于越沿采样。

造成这一现象更深层的原因是 Verilog 里阻塞赋值 "="和非阻塞赋值 "<="混用。在图 3-14 的源码中，a_r 采用阻塞赋值，而 a_r_r 采用非阻塞赋值。每一次赋值分为两步：第一步是计算等式右侧的表达式；第二步是赋值给左侧的信号。这两步简记为计算和赋值。在一个上升沿到来时，所有由上升沿驱动的信号按以下顺序进行处理：

1）先处理阻塞赋值，即完成计算和赋值，同一信号完成计算后立刻完成赋值。同一 always 块里的阻塞赋值从上到下按顺序串行执行，不同 always 块里的阻塞赋值根据所用工具实现确定顺序的串行执行，一一完成计算和赋值。

2）进行非阻塞赋值的计算。对于所有非阻塞赋值，其等式左侧的值都同时计算好。

3）上升沿结束时，所有非阻塞赋值同时完成最终的赋值动作。

从以上描述可以看到，非阻塞赋值是在上升沿的最后一个时间步里完成处理的，晚于阻塞赋值的处理。所以在图 3-14 的示例中，a_r_r 的赋值晚于 a_r 的赋值，造成了越沿采样的情况。

除非特意设计，一般认为越沿采样是一个设计错误。针对越沿采样，我们有以下几点建议：

1）编写 RTL 时注意代码规范，所有 always 写的时序逻辑只允许采用非阻塞赋值。

2）一旦发现越沿采样的情况，追溯被采样信号，直到追溯到某一个阻塞赋值的信号，随后进行修正。

5. 波形怪异

我们将目前未能想到的波形出错的类型都归为波形怪异。当出现波形怪异类的错误时，需要区分是仿真工具出错还是 RTL 代码出错。

1）观察出错的信号，分析其生成原因。如果确认 RTL 没有出错，而波形显示又太怪异（比如始终为 32'hxx?x0x?），则很可能是仿真工具出错。此时，可以重启 Vivado 或电脑，甚至重建工程，看能否解决此类问题。

2）如果实在无法从波形里区分错误的类型，可以尝试先进行综合，看综合后的 Error、

Critical warning 和 warning 提示。其中，Error 是必须要修正的，Critical warning 是强烈建议要修正的，warning 是建议尽量修正的。

3）对于某些不符合规范的代码，Vivado 也不会报出 warning，这就需要仔细复核代码。

3.3 进一步使用 Vivado

3.3.1 定制同步 RAM IP 核

Vivado 中集成了一些常用的 IP 单元，比如 RAM、AXI 转换桥、以太网控制器等。定制一个单周期返回的同步 RAM IP 的方法如下。

1）打开或新建一个 Vivado 工程后，在"PROJECT MANAGER"里点击"IP Catalog"，如图 3-15 所示。

2）在右侧列表中双击选择"Memories and Storage

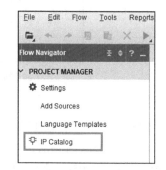

图 3-15 在"PROJECT MANAGER"里点击"IP Catalog"

Elements → RAMs & ROMs & BRAM"中的"Block Memory Generator"，如图 3-16 所示。

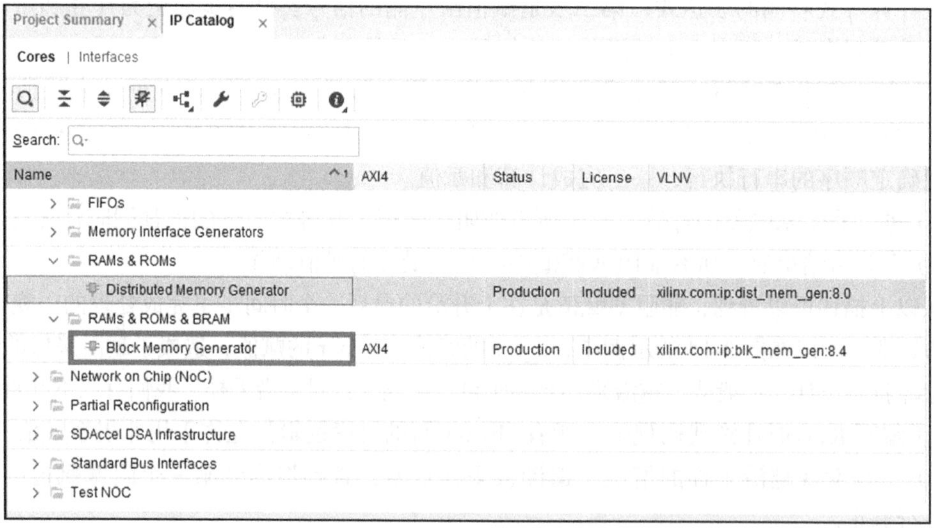

图 3-16 在"IP Catalog"里选择"Block Memory Generator"

3）在打开的 IP 定制界面中设置 RAM 参数。

①在 RAM 界面的"Basic"选项卡里将 IP 重命名为 block_ram，内存类型设为单端口 RAM，不要勾选"Byte Write Enable"，如图 3-17 所示。

②在"Port A Options"选项卡中将 RAM 深度设为 65536、宽度设为 32，使能端口设为"Always Enabled"，不要勾选"Primitives Output Register"。其他保持默认设置即可，然后点击"OK"。如图 3-18 所示。

图 3-17　设置同步 RAM 的 Basic 参数

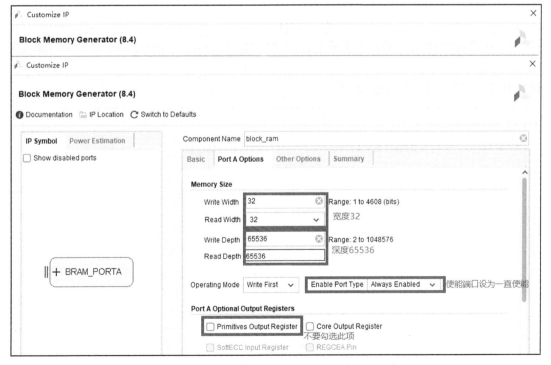

图 3-18　设置同步 RAM 的 Port A Options 参数

3.3.2 定制异步 RAM IP 核

与定制同步 RAM IP 核类似，定制一个异步 RAM IP 的方法如下。

1）打开或新建一个 Vivado 工程后，在"PROJECT MANAGER"里点击"IP Catalog"。

2）在右侧列表中双击选择"Memories and Storage Elements → RAMs & ROMs"中的"Distributed Memory Generator"，如图 3-19 所示。

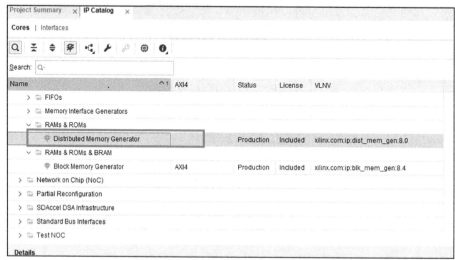

图 3-19　在"IP Catalog"里选择"Distributed Memory Generator"

3）在打开的 IP 定制界面中设置 RAM 参数。在"memory config"界面将 IP 重命名为 distributed_ram，内存类型设为单端口 RAM，深度设为 65536，宽度设为 32。其他保持默认设置即可，点击"OK"。如图 3-20 所示。

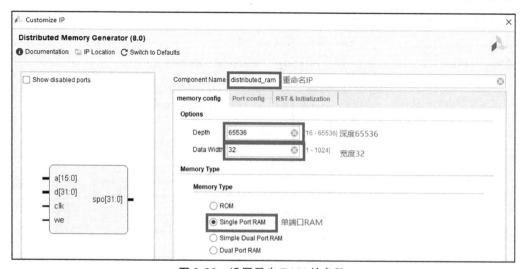

图 3-20　设置异步 RAM 的参数

3.3.3 查看时序结果和资源利用率

在对 Vivado 进行综合和实现后，我们可以查看时序结果和资源利用率（请确保已经完成了综合实现），如图 3-21 所示。

1）在 Vivado 的 "Design Runs" 界面查看时序结果（WNS 和 TNS 栏）。WNS 表示最长路径的违约值，TNS 表示所有违约路径的总违约值。WNS 和 TNS 为红色负值表示有违约。WNS 为非负值表示时序满足极好，WNS 违约值不超过 300ps 表示时序满足较好，WNS 违约值超过 300ps 表示时序很糟糕，设计有可能无法上板运行。WNS 违约越多，设计上板失败的可能性越大。

2）在 Vivado 的 "Project Summary" 界面查看资源利用率。LUT 为主要资源，也就是查找表的资源（FPGA 的实现原理主要就是查找表），LUTRAM 是用来实现分布式（distributed）RAM 所耗费的 LUT 资源，IO 为 FPGA I/O 接口的资源，BUFG 为 FPGA 内部集成的 BUF 的资源。

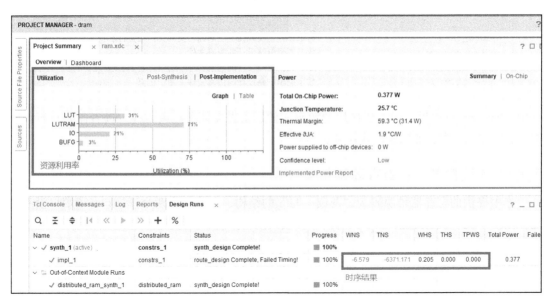

图 3-21 查看综合实现后的时序结果和资源利用率

除了以上方法，我们也可以在左侧导航栏 Implementation 下，打开实现结果（Open Implementation design），生成时序报告（report timing summary）或资源报告（report utilization）。

3.4 任务与实践

完成本章的学习后，读者应完成以下三个实践任务：

1）寄存器堆仿真（参见 3.4.1 节，实践资源见 lab2.zip）。

2）同步、异步 RAM 仿真、综合实现（参见 3.4.2 节，实践资源见 lab2.zip）。

3）数字逻辑电路的设计与调试（参见 3.4.3 节，实践资源见 lab2.zip）。

为完成以上实践任务，需要参考的文档包括但不限于：

1）本章内容。

2）第 2 章的内容。

完成本章实践任务需要使用的环境为 lab2.zip，其目录结构如下：

```
|--regfile_task/          目录，包含实践任务一的源码文件和仿真文件
|    |--regfile.v         寄存器堆源码文件
|    |--rf_tb.v           寄存器堆仿真文件
|
|--ram_task/              目录，包含实践任务二的源码文件、约束文件和仿真文件
|    |--block_ram_top.v      同步 RAM（Block RAM）的源码顶层文件
|    |--distributed_ram_top.v 异步 RAM（Distributed RAM）的源码顶层文件
|    |--ram.xdc           两种 RAM 的约束文件，用于综合和实现
|    |--ram_tb.v          两种 RAM 的仿真文件，用于仿真
|
|--debug_task/            目录，包含实践任务三的源码文件、约束文件和仿真文件
|    |--show_sw.v         数字逻辑电路设计的源码文件
|    |--show_sw.xdc       数字逻辑电路设计的约束文件，用于综合和实现
|    |--tb.v              数字逻辑电路设计的仿真文件，用于仿真
```

其中，lab2.zip 只提供工程需要使用的源码文件、仿真文件和约束文件。读者需要自行新建工程，添加这三类文件完成实践任务。

3.4.1 实践任务一：寄存器堆仿真

本书提供的寄存器堆源码为"两读一写"的结构，也就是有两个读端口（读端口没有使能位控制，表示永远使能）和一个写端口。接口信号如表 3-1 所示。

表 3-1 寄存器堆接口信号列表

名称	宽度	方向	描述
时钟			
clk	1	input	时钟信号
读端口一			
raddr1	5	input	寄存器堆读地址 1
rdata1	32	output	寄存器堆读返回数据 1
读端口二			
raddr2	5	input	寄存器堆读地址 2
rdata2	32	output	寄存器堆读返回数据 2
写端口			
we	1	input	寄存器堆写使能
waddr	5	input	寄存器堆写地址
wdata	32	input	寄存器堆写数据

请参考下列步骤完成本实践任务：

1）学习 3.1 和 3.3 节的内容。

2）使用 Vivado 新建一个工程。

3）点击"Add Sources"，选择添加设计源码（design sources），加入 lab2.zip 里的 regfile_task/regfile.v。

4）点击"Add Sources"，选择添加仿真源码（simulation sources），加入 lab2.zip 里的 regfile_task/rf_tb.v。

5）对工程进行仿真测试，结合波形观察寄存器堆的读写行为。

3.4.2　实践任务二：同步 RAM 和异步 RAM 仿真、综合与实现

本实践任务要求为同步 RAM、异步 RAM 各建立一个工程，调用 Xilinx 库 IP 实例化同步 RAM、异步 RAM，会提供一个设计的顶层文件，将它们封装成相同的模块名和接口。封装后的 RAM 接口信号如表 3-2 所示。

表 3-2　RAM 顶层接口信号列表

名称	宽度	方向	描述
clk	1	Input	时钟信号
ram_wen	1	Input	RAM 的写使能信号：为 1 表示写入操作，为 0 表示读取操作
ram_addr	16	Input	RAM 的地址信号，读和写的地址都由该信号指示
ram_wdata	32	Input	RAM 的写数据信号，表示写入的数据
ram_rdata	32	Output	RAM 的读数据信号，表示读出的数据

注意：封装后的 RAM 接口没有使能（或者称为片选）信号，表示永远使能（使能信号在 RAM 内部恒为 1）。

新建同步 RAM 工程的参考步骤如下：

1）使用 Vivado 新建一个工程。

2）点击"Add Sources"，选择添加设计源码（design sources），加入 lab2.zip 里的 ram_task/block_ram_top.v。

3）点击"Add Sources"，选择添加约束文件（constraints），加入 lab2.zip 里的 ram_task/ram.xdc。

4）点击"Add Sources"，选择添加仿真源码（simulation sources），加入 lab2.zip 里的 ram_task/ram_tb.v。

5）参考 3.1 节，调用 Xilinx 库 IP 生成同步 RAM（Block RAM，深度为 65536，宽度为 32，使能信号设为一直使能）。

新建异步 RAM 工程的参考步骤如下：

1）使用 Vivado 新建一个工程。

2）点击"Add Sources"，选择添加设计源码（design sources），加入 lab2.zip 里的 ram_task/distributed_ram_top.v。

3）点击"Add Sources"，选择添加约束文件（constraints），加入 lab2.zip 里的 ram_task/ram.xdc。

4）点击"Add Sources"，选择添加仿真源码（simulation sources），加入 lab2.zip 里的 ram_task/ram_tb.v。

5）参考 3.3 节，调用 Xilinx 库 IP 生成异步 RAM（Distributed RAM，深度为 65536，宽度为 32）。

在完成工程的创建后，对它们进行仿真，对比读写行为的异同。

在完成工程的仿真后，对它们进行综合和实现，参考 3.3 节介绍的方法查看时序结果和资源利用率，并结合读写时序进行分析。

在实践过程中，应特别注意以下几点：

1）生成 IP 时，请将对应 IP 命名为 block_ram 和 distributed_ram，如命名错误，IP 将会报错。若遇到已生成 IP 无法改名的情况，可以删除该 IP，重新生成。

2）生成 IP 时，可以点击窗口左侧的图查看接口信息。当参数正确时，端口名和宽度应与指定的顶层文件中的调用相对应。

3）有兴趣的读者可以自行调研、参考同步 / 异步 RAM 定制的资料，并根据仿真波形对比参数的作用。

4）对程序进行综合之前请确保已正确加载约束文件（ram.xdc）。

5）添加 testbench 时请注意选择 add simulation source，否则会导致顶层文件错误，综合结果不正确。

6）对程序进行综合时，所用的计算机不同，综合时间会有一定的差异。综合时会耗费大量时间，所以应提前计划，安排好时间。

7）时序报告和资源报告的生成需要查看综合、实现完成后的结果。

3.4.3　实践任务三：数字逻辑电路的设计与调试

本实践任务提供了一个有 5 个 bug 的数字逻辑电路设计源码。该设计的正确功能是：

1）获取开发板最右侧 4 个拨码开关的状态（记为"拨上为 1，拨下为 0"，实际开发板上拨码开关的电平是"拨上为低电平，拨下为高电平"），共有 16 个状态（数字编号是 0 ~ 15）。

2）最左侧数码管实时显示 4 个拨码开关的状态。数码管只支持显示 0 ~ 9，如果拨码开关状态是 10 ~ 15，则数码管的显示状态不更改（显示上一次的显示值）。

3）最右侧的 4 个单色 LED 灯会显示上一次的拨码开关的状态，支持显示 0 ~ 15（拨码开关拨上，对应 LED 灯亮）。

比如，初始状态下，4 个拨码开关拨下，按复位键，则数码管显示 0，LED 灯都不亮；拨码开关拨为 1，则数码管显示 1，LED 灯还是都不亮；拨码开关再拨为 3，则数码管显示

3，LED 灯显示 1。

提供的设计源码中包含 5 个 bug，其中 4 个是 3.2.2 节中提到的波形异常的前 4 种情况：波形为"Z"、波形为"X"、波形停止和越沿采样，另外的 1 个 bug 是功能 bug。

本任务提供的示例设计的顶层接口如表 3-3 所示。

表 3-3　示例设计的顶层信号列表

名称	宽度	方向	描述
clk	1	input	时钟信号
resetn	1	input	复位信号
switch	4	input	对应开发板上最右侧 4 个拨码开关
num_csn	8	output	数码管的片选信号
num_a_g	7	output	数码管的 7 段信号
led	4	output	对应开发板上最右侧 4 个单色 LED 灯

请参考下列步骤完成实践任务三：

1）学习本章 3.2 节和 3.3 节的内容。

2）使用 Vivado 新建一个工程。

3）点击"Add Sources"，选择添加设计源码（design sources），加入 lab2.zip 里的 debug_task/show_sw.v。

4）点击"Add Sources"，选择添加约束文件（constraints），加入 lab2.zip 里的 debug_task/show_sw.xdc。

5）点击"Add Sources"，选择添加仿真源码（simulation sources），加入 lab2.zip 里的 debug_task/tb.v。

6）理解示例设计的功能，分析仿真顶层 tb.v，并理解仿真的行为。

注意，开发板上拨码开关的电平是"拨上为低电平，拨下为高电平"，单色 LED 灯的电平行为是"高电平不亮，低电平亮"。仿真顶层 tb.v 也是按此电平设计的。

7）进行仿真，并充分利用仿真的辅助小技巧（分割、分组、颜色变化、标志等）进行调试，找出所有的 bug。

8）仿真完成后，进行综合、实现并生成比特流文件。

9）生成比特流文件后，连接开发板，进行上板验证。（如果没有实验箱，请略过本步骤。）

第 4 章

简单流水线 CPU 设计

通过前面的学习，我们介绍了相关的实验平台，也对开展 CPU 设计工作必须掌握的数字逻辑电路和 Verilog 编程的知识进行了回顾。从这一章开始，我们将进入本书的关键部分——CPU 设计。我们将从设计一个实现十几条 MIPS 指令的简单 CPU 开始，逐步添加指令和其他功能，最终设计出一个可以运行操作系统的 CPU。

我们的 CPU 设计将从流水线 CPU 开始。不过，万事开头难。从单周期 CPU 到流水线 CPU，对于初学者来说确实存在很大的困难。为了让学习曲线不过于陡峭，我们进一步将简单流水线 CPU 的设计分解成三个阶段、逐级递进的小任务：

- 第一阶段：我们会带领读者重温一遍单周期 CPU 的设计，在此基础上引入流水线。这里暂时不考虑处理各类相关所引发的冲突，同时我们会给出针对这个设计的 Verilog 实现，供读者进一步学习、体会。
- 第二阶段：我们会介绍流水线中各类相关所引发的冲突，并给出用阻塞方式解决冲突的设计方案。在本章的实践任务中，读者可根据我们给出的设计方案，基于第一阶段的 CPU 实现进行改进。
- 第三阶段：我们会介绍流水线前递技术，并给出一种设计方案。在本章的实践任务中，读者可根据我们给出的设计方案，基于第二阶段的 CPU 实现进行设计和调整。

上述三阶段的安排，读者应在学习、理解的基础上，辅以有针对性的练习。

【本章学习目标】

- 建立设计方案与 Verilog 代码实现之间的联系的认知。
- 形成良好的 Verilog 代码编写习惯。
- 掌握一些 CPU 功能仿真验证中调试错误的技术，具备初步的调试能力。

【本章实践目标】

本章有三个实践任务，请读者在学习完本章内容后，依次完成。

- 4.1 ～ 4.4 节的内容对应实践任务一。

- 4.5 节的内容对应实践任务二。
- 4.6 节的内容对应实践任务三。

4.1　设计一个简单的单周期 CPU

4.1.1　设计单周期 CPU 的总体思路

在开始设计之前，我们首先要问自己一个问题：设计单周期 CPU 的时候，设计输入是什么，设计输出又是什么？答案是：设计输入是指令系统规范，设计输出是一个数字逻辑电路，这个数字逻辑电路能够实现指令系统规范所定义的各项功能。明确了这个问题，我们自然就知道，接下来的工作首先是要了解指令系统规范，然后基于数字逻辑电路的一般性设计方法设计出 CPU 的电路结构。

1. 指令系统规范

指令系统是计算机硬件的语言系统，也叫作机器语言，是计算机软件和硬件的接口，能够反映计算机所拥有的基本功能。关于指令系统的基础知识，请参阅《计算机体系结构基础（第 2 版）》的第 2 章或第 3 章以及其他文献。如果你不清楚指令系统的相关基础知识，那么理解本章后续内容可能会有一些困难。

指令系统规范是指令系统的规范文件，它对一个指令系统中的各个要素给出明确的定义。本书将要实现的 CPU 的指令系统选取了 MIPS32 指令系统的一个子集。该子集功能完备，能够支撑常见教学用操作系统的运行。这套指令系统规范的相关内容请参阅本书附录 C，各位读者务必阅读这份文档。下面我们来说说如何阅读这份规范性的文档。

首先要强调的是，规范性文档不是教材，其中很少会有例子，因此看起来难免觉得困难。雪上加霜的是，大多数规范性文档采用的都是严格书面化的语言，阅读的痛苦程度不亚于读各种法律文书。我们的建议是：如果遇到看不懂的地方，请放慢阅读的速度，必要时甚至要把句子里面的主语、谓语、宾语、状语、定语标出来。为了减轻读者的负担，我们在附录中提供的指令集规范文档是基于我们对 MIPS 指令集的理解而编写的，已经尽量使用简洁的句式以降低阅读难度。

其次要强调的是，规范性文档是很严谨的，它包含大量细节，但是又没有课后习题，不可能通过做作业的方式帮助你巩固和加深理解。我们的建议是：反复看几遍，关注正文和注解中的每个字、每个上下标、每个符号。通常，规范性文档中是没有废话的，文档中的内容都是有意义的。比如，对于 ADDIU 这条指令，其汇编助记符中字母"U"是英文单词 Unsigned 的首字母，那么如果看到这个名字但没有仔细看下面的指令定义，就很容易想当然地对立即数进行无符号扩展，导致设计出错。再比如，对于 SRLV 这条指令，其移位量来自 rs 寄存器中的值，但是当这个值大于 31 的时候结果是多少呢？是全 0 还是其他值？你只有认真阅读过文档才知道，用于移位的偏移永远是 rs 寄存器中的 4..0 位，和 rs 寄存器的 31..5

位的值没有关系。

最后要强调的是，我们采用渐进的方式来设计一个 CPU 时，不需要一上来就把整个指令系统规范的所有内容仔细看一遍，暂时用不到的概念看过了也容易忘记。对于本章的三个实践任务，重点要仔细看完其中的第 1 部分"编程模型"、第 2 部分"操作模式"、第 3 部分"指令定义"中的 3.1 和 3.2 节、3.3 节中与动手实践相关的指令描述和定义，以及第 4 部分"存储管理"中的 4.1 节，其余部分以后再看也可以。

2. CPU 的一般性设计方法

回到本节开始提出的那个问题。既然我们设计出的 CPU 是一个数字逻辑电路，那么它的设计就应该遵循数字逻辑电路设计的一般性方法。CPU 不但要完成运算，也要维持自身的状态，所以 CPU 这个数字逻辑电路一定是既有组合逻辑电路又有时序逻辑电路的。CPU 输入的、运算的、存储的、输出的数据都在组合逻辑电路和时序逻辑电路上流转，我们常称这些逻辑电路为**数据通路**（Datapath）。因此，要设计 CPU 这个数字逻辑电路，首要的工作就是设计数据通路。同时，因为数据通路中会有多路选择器、时序逻辑器件，所以还要有相应的控制信号，产生这些控制信号的逻辑称为控制逻辑。所以，从宏观的视角来看，设计一个 CPU 就是设计它的"数据通路 + 控制逻辑"。

那么，怎么根据指令系统规范中的定义设计出"数据通路 + 控制逻辑"呢？基本方法是：对指令系统中定义的指令逐条进行功能分解，得到一系列操作和操作的对象。显然，这些操作和操作的对象必然对应其各自的数据通路，又因为指令间存在一些相同或相近的操作和操作对象，所以我们可以只设计一套数据通路供多个指令公用。对于确实存在差异无法共享数据通路的情况，只能各自设计一套，再用多路选择器从中选择出所需的结果。

接下来，我们将遵循这个一般性方法，具体介绍如何分析指令的功能以及如何设计出数据通路。

4.1.2　单周期 CPU 的数据通路设计

我们选取 19 条 MIPS 指令作为第一阶段的设计目标。这些 MIPS 指令是 LUI、ADDU、ADDIU、SUBU、SLT、SLTU、AND、OR、XOR、NOR、SLL、SRL、SRA、LW、SW、BEQ、BNE、JAL、JR。

1. ADDU 指令

我们来分析一下 ADDU 指令需要哪些数据通路部件。

首先，这条指令要从内存里面取出来。怎么取？使用这条指令的 PC 将其作为虚地址进行虚实地址转换，得到访问内存的物理地址。这意味着需要的数据通路部件有：PC、虚实地址转换部件和内存。

（1）PC

因为实现的是一个 32 位的处理器，所以 PC 的指令宽度是 32 比特。我们用一组 32 位的触发器来存放 PC。（后面为了行文简洁，在不会导致混淆的情况下，我们用 PC 代表这组用于存放 PC 的 32 位触发器。）PC 的输出将送到虚实地址转换部件进行转换。目前来看，PC 的输入有两个，一个是复位值 0xBFC00000，一个是复位撤销之后每执行完一条指令更新为当前 PC+4 得到的值。这里的 4 代表寻址 4 个字节，即一条指令的宽度，所以 PC+4 就是当前指令之后一条指令的 PC 值。PC 的复位值 0xBFC00000 来自 MIPS 指令系统规范的定义。

（2）虚实地址转换

刚才讲过，PC 将被输入到虚实地址转换部件进行地址转换。这个部件在大多数教科书中是没有提到的。但是我们希望读者牢记，**任何时候 CPU 上运行的程序中出现的地址都是虚地址，而 CPU 本身访问内存、I/O 所用的地址都是物理地址**。即使某种指令系统规范中规定物理地址的值永远等于虚地址值，那也只是两者的值相等，并不代表这两个概念是等价可替换的。我们一开始就着重强调虚实地址转换部件，目的是让读者后期实现 TLB MMU 时知道从何处下手。

那么虚实地址如何转换呢？在实现 TLB MMU 之前，我们设计的 CPU 都将采用固定映射（Fixed Mapping）的地址映射机制。该机制不是以页表为单位，而是以段为单位进行虚实地址转换，且转换的方式是硬件固定的而不是软件可配置的。其映射算法是：虚地址 kseg0 段（0x80000000 ~ 0x9FFFFFFF）映射到物理地址最低 512MB（0x00000000 ~ 0x1FFFFFFF），虚地址 kseg1 段（0xA0000000 ~ 0xBFFFFFFF）也映射到物理地址最低 512MB（0x00000000 ~ 0x1FFFFFFF），其余 3 个段均是物理地址的值等于虚地址的值。详细描述参见附录 C 的 4.1 节。

（3）指令 RAM

得到取指所需的物理地址后，接下来就要将该地址送往内存。我们沿袭各类教科书中的经典模式，采用片上的 RAM 作为内存，并且将 RAM 进一步分拆为指令 RAM 和数据 RAM 两块物理上独立的 RAM 以简化设计。

● 异步读的指令 RAM

通过第 3 章的实践任务，读者应该对于 RAM 的时序特性有了明确的认识。目前工程实践常用的 RAM 都是"同步读 RAM"[一]，即第 1 拍发读请求和读地址，第 2 拍 RAM 才会输出读数据。但是用这种 RAM 是无法实现单周期 CPU 的。除非不实现任何 load 指令，否则它一定是一个多周期的 CPU。因此，我们在单周期 CPU 设计中暂时使用"异步读 RAM"[二]来实现指令 RAM 和数据 RAM。"异步读 RAM"的读时序行为类似于寄存器堆的读，当拍给地址、当拍出数据，其写时序行为和同步读 RAM 的一样。

由于所实现 CPU 的指令宽度是 32 比特，因此指令 RAM 的宽度至少是 32 比特，否则无法保证理想情况下每个周期执行一条指令的需求。因为指令 RAM 实质上是内存，它的寻址单位是字节，所以指令 RAM 自身的地址输入端口不能直接连接虚实地址转换之后的物理地址。在给出的设计中，我们将指令 RAM 的宽度确定为 32 比特，此时指令 RAM 的地址输入就是取指地址除以 4 之后取整的结果。

　　⊖　对应 Xilinx FPGA 中的 block RAM。
　　⊜　对应 Xilinx FPGA 中的 distributed RAM。

尽管指令 RAM 暂时实现为异步读的行为，但我们还是要为其保留一个读使能输入端口。这是为了后面实现流水线 CPU 过程中，确保在 RAM 更换为同步 RAM 时接口的统一。指令 RAM 的读使能作为控制信号将在后面统一介绍。

● 取出的指令

指令 RAM 输出的 32 位数据就是指令码。本书中我们实现的 CPU 采用小尾端的寻址，所以指令 RAM 输出的 32 位数据与指令系统规范中的定义的字节顺序是一致的，不需要做任何字节序调整。

● 指令定义分析

取指部分的数据通路搭建完成，指令也取回来了，该指令剩下的功能就必须根据指令定义来设计了。查看指令系统规范文档，得到 ADDU 指令的定义如下：

31 26	25 21	20 16	15 11	10 6	5 0
000000	rs	rt	rd	00000	100001
6	5	5	5	5	6

汇编格式：ADDU rd, rs, rt
功能描述：将寄存器 rs 的值与寄存器 rt 的值相加，结果写入 rd 寄存器中。
操作定义：GPR[rd] ← GPR[rs] + GPR[rt]
例外：无

我们先介绍指令系统规范的文档风格。

在指令定义中，最上面的表格定义了指令的编码格式。它表明：ADDU 指令码的 31..26 位（op 域）必须是 0b000000（前导字符 "0b" 表示后续是二进制数），第 5..0 位（func 域）必须是 0b100001，第 10..6 位（sa 域）必须是 0b00000。一旦指令码的这三个域满足这三个值，那么这条指令就是 ADDU 指令。此时，指令码的 25..21 位的数值表示 rs 寄存器号，20..16 位的数值表示 rt 寄存器号，15..11 位的数值表示 rd 寄存器号。

表格下面的第一行给出了该指令在汇编语言中的格式。这里要记住，目的操作数的寄存器号放在第一位，随后依次是源操作数 rs 和 rt 的寄存器号。大家在后面调试 CPU 的时候，一定会查看测试程序（绝大多数用汇编语言编写）的源代码和编译后可执行文件的反汇编代码，所以读懂每一条指令的含义是必须具备的技能。

接下来的功能描述和操作定义两部分都是对指令功能的定义，只不过一种是自然语言，一种是伪代码。这一套伪代码的表达形式很直观，即使不查看各符号的定义，也能理解其含义。两套描述不是简单重复。通常，操作定义中的伪代码描述很少出现歧义，而功能描述中可以通过自然语言强调更多技术细节。所以，这两部分内容都要仔细看。

最后一行列出了这条指令可能触发的例外类型。

回到对 ADDU 这条指令的具体分析。我们了解到，ADDU 指令是要读出第 rs 号通用寄存器和第 rt 号通用寄存器的数值，将两数相加求和后，将结果写到第 rd 号通用寄存器中。这意味着数据通路中需要添加通用寄存器堆、加法器。

- 通用寄存器堆

上一章我们在回顾数字逻辑电路知识的时候，已经介绍了寄存器堆的概念。根据指令系统规范中的定义，我们设计的 CPU 中应该有一个 32 项、每项 32 位宽的寄存器堆。同时，根据 ADDU 指令的定义，要想在一个周期内就把 ADDU 指令完成，这个寄存器堆至少需要两个读端口和一个写端口。我们在做 CPU 顶层设计时，将通用寄存器堆视为一个子模块。也就是说，在这个层次进行设计时，我们不考虑通用寄存器堆模块内部的设计实现，只关注它的接口和对外体现的功能特性。这里主要关注通用寄存器堆输入 / 输出端口的连接。

我们将读端口 1 的地址输入连接到指令码的 rs 域，读端口 2 的地址输入连接到指令码的 rt 域，写端口的地址输入连接到指令码的 rd 域。我们将读、写端口的使能信号当作控制信号处理，这部分内容将在后面统一介绍。

- 加法器

ADDU 指令的操作需要一个加法器，它接收两个 32 位的输入 src1、src2，输出一个 32 位的结果 result。与上面提到的通用寄存器堆类似，现阶段我们也将加法器视为一个子模块，只关注其输入 / 输出端口的连接。

我们将通用寄存器堆读端口 1 的输出 rdata1（也就是第 rs 号寄存器的值）连接到加法器的 src1，将通用寄存器堆读端口 2 的输出 rdata2（也就是第 rt 号寄存器的值）连接到加法器的 src2，将加法器的输出 result 连接到通用寄存器堆写数据端口 wdata。

（4）模块划分的考虑

介绍到这里，ADDU 指令所需的数据通路都已经设计完成了。在开始新指令的分析之前，我们先来讨论一下如何划分模块。这个问题在前面曾简单提到过，但那里给出的例子太简单，难以让读者有效地理解这个问题。在上一章中介绍，是因为这是工程经验问题，必须结合实例进行说明，否则容易变成空洞的说教。

从 ADDU 的数据通路设计过程中，读者应该能体会到，把 RAM、寄存器堆、加法器封装成模块是有好处的，这样我们在进行 CPU 顶层设计时不需要涉及过多底层的电路细节。那么应该如何划分模块呢？根据自身经验，我们给出如下建议：

1）如果在某个层次的设计细节很多，很难把结构示意图画清楚，那么就可以考虑把一部分逻辑封装成一个模块，从而在结构示意图中把这部分内容替换为一个框。

2）模块的接口不要太复杂。显然，封装的模块不应该有太多接口，否则示意图还是很难画清楚。如果划分出来的模块仍然有近百个甚至数百个接口信号，那么可能划分的位置不是太好。这里针对的主要是偏底层的模块，靠近顶层的模块往往会有很多接口。

3）可以在一个设计中被多处使用，或者功能标准、普适，可以在多个设计中复用的逻辑，也适合封装成模块。比如，译码器、多路选择器、寄存器堆、RAM、FIFO 等。如果有余力，还应该尽可能把这些模块开发成参数化配置的，这样就可以在新的设计中复用它们，还可以节省部分模块级验证的工作。很多人都认为 Chisel 语言的生产效率高,其中一个很重要的原因是 Chisel 中有很多基本的数字电路模块事先被设计出来,作为内建的库供设计者调用。

4)对于分布在两个模块中的组合逻辑,其上的数据应尽量呈现为单方向流动,至多一去一回。如果数据在两个模块间的组合逻辑之间往复多次,一定是模块划分得不合理。

2. ADDIU 指令

查看指令系统规范文档中关于 ADDIU 指令的定义,将其与前面 ADDU 指令进行对比可以发现,ADDIU 指令和 ADDU 指令完成的功能高度相似,差别仅在于 ADDIU 指令中用于相加的第二个源操作数不是来自寄存器,而是从指令码中的立即数域直接获得。两条指令的功能相似意味着对于取指、运算、结果写回部分而言,绝大多数的数据通路是可以复用的。但是,ADDIU 和 ADDU 毕竟是存在差异的,如何既兼顾差异性,又能够最大限度地复用数据通路,是设计过程中考虑 ADDIU 指令的主要工作。我们从差异入手进行分析。

首先,加法器完全可复用应该是理所当然的,只不过处理 ADDU 指令时,第二个源操作数是通用寄存器堆读端口 2 的输出数据 rdata2,而处理 ADDIU 指令时,第二个源操作数是指令码的 15..0 位有符号扩展至 32 位后所形成的数据。加法器的第二个输入数据来源要分情况处理,电路设计上是通过引入一个 32 位的"二选一"部件来体现的。具体来说,我们将这个"二选一"部件的数据输入端口 in0 连接至通用寄存器堆读端口 2 的输出数据 rdata2,数据输入端口 in1 连接至指令码的 15..0 位有符号扩展至 32 位后所形成的数据,数据输出端口 out 连接到加法器的第二个数据输入上。显然,这个"二选一"部件还有一个选择信号输入没有连接。我们将这些多路选择器的选择信号输入都作为控制信号处理,在后面会统一介绍。这里只提示一点,ADDIU 和 ADDU 的指令编码定义是可区分的,可以利用这一信息来产生多路选择器的控制信号。

剩下的一个差异是 ADDU 指令的求和结果写到第 rd 号通用寄存器中,而 ADDIU 指令的求和结果写到第 rt 号通用寄存器中。由此可知,通用寄存器堆写端口的写地址输入不再唯一。我们需要引入另一个"二选一"部件,从指令码的 rd 域数值和 rt 域数值中选择出合适的结果,再连接到通用寄存器堆写端口的写地址输入端口 waddr 上。

至此,在进一步考虑 ADDIU 指令后对 CPU 数据通路的设计调整完毕。

3. SUBU 指令

查看指令系统规范文档中 SUBU 指令的定义,基本能得到这样一个认识,即 SUBU 指令与 ADDU 指令功能大致相同,区别仅在于后者做加法而前者做减法。这就意味着,除了运算部件外,实现 SUBU 指令所需的其他数据通路都可以复用 ADDU 指令的。

对于存在差异的运算部件,最直接的实现方式是添加一个减法器,然后将其结果和加法器的结果经过二选一得到所需的结果。这种实现方式是正确的,但我们还可以进一步优化。考虑到补码加减运算中有如下属性[⊖]:

⊖ $[A]_{补}$ 表示数值 A 的补码表示。

$$[A]_补 - [B]_补 = [A-B]_补 = [A]_补 + [-B]_补 = [A]_补 + (\sim[B]_补) + 1$$

这意味着只要对补码加法器的输入做一些简单的改动，就可以让其既能做加法又能做减法。具体做法是，对加法器的源操作数 2 输入和进位输入分别添加"二选一"部件。源操作数 2 输入在处理加法时是 src2，在处理减法时是 src2 按位取反；进位输入在处理加法时是 0，在处理减法时是 1。这些新增的"二选一"部件的选择信号将在后面作为控制信号统一处理，同样也是通过不同指令间指令码的差异实现控制信号的区分。

至此，在进一步考虑 SUBU 指令后对 CPU 数据通路的设计调整完毕。

4. LW 指令

查看指令系统规范文档中 LW 指令的定义，在暂时不考虑例外相关内容的情况下，可知 LW 指令在取指方面的功能与 ADDU 等运算指令是一样的。继续分析其在执行方面的功能，可以得到如下三个要点：

1）将基址寄存器 rs 的值和指令码中的立即数 offset 相加，得到虚地址 vaddr。

2）将虚地址 vaddr 通过虚实地址映射得到物理地址 paddr。

3）根据 paddr，从内存中读出数据。

（1）访存地址生成

仔细对比上面第 1 点需要完成的计算和 ADDIU 指令的计算，会发现两者功能是完全一样的。这就意味着 LW 指令可以完全复用 ADDIU 在执行阶段的数据通路，且通路中"二选一"端的控制信号数值也和 ADDIU 指令一样。

第 2 点中虚实地址的翻译过程和取指过程中 PC 翻译成物理地址的过程遵循同样的规范。不过，因为此处转换后的访存物理地址将用于取数据而非指令，所以需要一个单独的虚实地址转换部件。其输入连接到加法器的结果输出，输出将连接到内存——具体设计中是数据 RAM。

（2）数据 RAM

此处，为了实现每周期执行一条 LW 指令的目的，数据 RAM 采用与指令 RAM 一样的"异步读 RAM"来实现。至于 RAM 的具体规格，由于 LW 指令每次要访问一个 32 位宽的字，因此 RAM 的宽度应该不小于 32 比特。在给出的设计中，我们将数据 RAM 的宽度确定为 32 比特，此时数据 RAM 的地址输入就是访存物理地址除以 4 后取整的值，而数据 RAM 的数据输出即为 LW 指令执行的结果[⊖]。

尽管数据 RAM 暂时实现为异步读的行为，但是我们还是要为其保留一个读使能输入端口。这是为了在后面实现流水线 CPU 的过程中，确保将 RAM 更换为同步 RAM 时接口的统一。数据 RAM 的读使能作为控制信号将在后面统一介绍。

（3）寄存器堆写回结果选择

随着 LW 指令的引入，写入通用寄存器堆的结果数据出现了两个来源，一个是加法器的

⊖ 这里的描述正确需要一个隐含的前提，即 LW 的访存地址是 4 的倍数。当地址不是 4 的倍数时，执行 LW 会触发地址错例外。

结果（对应于 ADDU 和 ADDIU 指令），另一个则是数据 RAM 的输出。显然，我们又要引入一个"二选一"部件，其数据输入 in0 接入加法器的结果，in1 接入数据 RAM 的输出，选择的结果连接至通用寄存器堆写端口的数据输入 wdata。至于 LW 指令写入通用寄存器堆的第几项，是由指令码中的 rt 域决定的，这与 ADDIU 指令一样，所以通用寄存器堆写端口的地址输入的生成逻辑可以复用已有逻辑。

至此，在进一步考虑 LW 指令后对 CPU 数据通路的设计调整完毕。

5. SW 指令

查看指令系统规范文档中 SW 指令的定义并将其与 LW 指令的定义进行比较，可知两者在取指、地址计算、虚实地址转换部分是完全相同的，区别在于 LW 读 RAM 写通用寄存器，而 SW 读通用寄存器写 RAM。所以，已有的数据通路基本上都可以复用，仅需要对写 RAM 功能增加新的数据通路。

我们将 RAM 的写使能作为控制信号放在后面统一介绍，此处主要解决 RAM 写端口数据输入数据通路的设计。根据指令定义可知，写入内存的是第 rt 号寄存器的值，所以我们将通用寄存器堆读端口 2 的输出 rdata2 连接到数据 RAM 的写数据输入端口 wdata 上。

6. BEQ 和 BNE 指令

查看指令系统规范文档中 BEQ 和 BNE 指令的定义，我们总结出分支指令具有如下三个功能要点：

1）判断分支条件，决定是否跳转。

2）计算跳转目标。

3）如果跳转，则修改取指 PC 为跳转目标，否则 PC 加 4。

（1）判断分支条件

BEQ 和 BNE 指令判断分支条件的方式是对来自寄存器的两个源操作数进行数值比较，根据比较结果决定是否跳转。怎样设计分支比较判断逻辑呢？一种思路是复用 ALU 中的加法器，对两个源操作数做减法，看结果是否为全 0；另一种思路是实现独立的分支判断比较逻辑。如果只看当前这两条指令，且 CPU 实现为单周期，第一种思路其实是可行的。不过，考虑到接下来更多转移指令的实现，以及流水线 CPU 中控制相关冲突的简便处理，第二种思路将更为合理。我们在这里直接选用第二种设计思路。

这里要说几句题外话。在真实的工程中，CPU 结构设计的思考过程是一个反复迭代、逐步求精的过程，不像教科书中讲得那样行云流水、一气呵成。对于初学者来说，这个迭代的过程就更有必要了。读者在进行 AXI、TLB 等实践任务的时候，往往会有将之前的设计推翻重来的冲动。出现这种情况大多是因为卡在一个功能点的实现上，用"头疼医头，脚疼医脚"的打补丁的方式很难得到正确的代码，反而越改越乱，最后恨不得把整个设计推翻重做。其实，出现这种现象是正常的，不要觉得是自己能力不够。我们想提醒大家的是，之所以想推翻重来，就是因为之前顶层设计时考虑的情况不够全面，所以重新设计必须是基于更全面考虑的重构。倘若你还没有那种登高之后一览众山小的豁然开朗的感觉，那就不要匆忙地推翻设计。

回到 BEQ 指令和 BNE 指令的分支判断比较逻辑。该逻辑的主体是一个 32 位的比较器，得出的两数是否相等的中间结果与分支指令是 BEQ 还是 BNE 的情况一起产生分支跳转条件是否成立的最终结果。

（2）计算跳转目标

在 MIPS 指令中，计算跳转目标有一个小陷阱需要注意，请看下面 BEQ 指令定义中特殊标记出的两处，即**该分支对应延迟槽指令的 PC** 加 offset。

31　　　　　　26	25　　　　　21	20　　　　16	15　　　　　　　　　　　　0
000100	rs	rt	offset
6	5	5	16

汇编格式：BEQ rs, rt, offset

功能描述：如果寄存器 rs 的值等于寄存器 rt 的值则转移，否则顺序执行。转移目标由立即数 offset 左移 2 位并进行有符号扩展的值加上该分支指令对应的延迟槽指令的 PC 计算得到。

操作定义：I:　condition ← GPR[rs] = GPR[rt]

　　　　　　　target_offset ← Sign_extend(offset$\|0^2$)

　　　　I+1:　if condition then

　　　　　　　　　PC ← PC+ target_offset

　　　　　　　endif

例外：无

这个有些反直觉的定义是何用意呢？这其实是与 MIPS 指令集中规定的转移延迟槽有密切关系。转移延迟槽指令紧跟在转移指令之后，位于这个位置的指令的特点是，无论其对应的转移指令跳转与否，这条指令都必须执行。这意味着，假设有一个 PC 为 A 的转移指令，跳转到 B 这个 PC 上，那么处理器执行的轨迹是 A、A+4、B……由此可知，对于一条需要跳转的转移指令，处理器真正将 PC 调整到跳转目标的时机是在执行转移延迟槽指令的时候。此时获得转移延迟槽指令的 PC 是直截了当的，获得转移指令的 PC 反而是比较麻烦的，所以计算跳转目标用转移延迟槽指令的 PC 就显得方便了。可能读者还有一点困惑，那就是计算跳转目标时虽然容易获得 PC，但是 offset 还是转移指令的 offset，必须要保存下来，那是不是 MIPS 转移指令计算目标地址的规则还是有不合理的地方呢？其实并不是这样。在进行到后面的流水线设计时，大家就会发现其实转移指令的 offset 也是可以从流水线中直接获得的。

说句题外话，传统 MIPS 指令集中有关转移延迟槽的定义是一个与微结构紧密关联的设计。在 John Henessy 等人设计 MIPS 指令的时候，这是一个软硬件协同解决问题的好思路，然而随着微结构的不断发展，这个设计反而渐渐成为一个负担。不过，对于单发射五级流水 CPU 设计来说，这个设计是有利的，会便于处理转移指令的控制相关。

（3）PC 更新

在考虑了转移指令之后，处理器中 PC 的更新就不仅仅是当前 PC 加 4 这一种情况了，而是新增了转移指令跳转时更新为跳转目标这种情况。在设计上，我们引入一个"二选一"部件，将两种情况对应的下一条指令的 PC 选出来后成为用于更新 PC 的 nextPC。

这里需要着重强调的是 PC 更新的时机问题。具体到我们的设计中，就是"二选一"部件的选择端输入何时置为 1 的问题。大家在这里务必要考虑转移延迟槽指令。由于转移延迟槽指令的存在，转移指令判断出需要跳转的结果后，不能立即将生成 nextPC 的"二选一"部件的选择输入立刻置为 1，而是要将这个是否跳转的结果用触发器保存下来，等到执行该转移指令的延迟槽指令时，再根据保存下来的跳转结果置生成 nextPC 的"二选一"部件的选择输入。

进一步考虑 nextPC"二选一"部件的选择输入信号的设置。在给出的设计中，PC 加 4 的结果接入"二选一"部件的 in0，转移指令跳转目标地址接入"二选一"部件的 in1。那么，选择 in0 的条件有两个：一是当前执行的指令不是转移延迟槽指令；二是当前执行的指令是转移延迟槽指令，但其对应的转移指令不跳转。选择 in1 的条件只有一个：当前执行的指令是转移延迟槽指令，并且其对应的转移指令跳转。

至此，在进一步考虑 BEQ 和 BNE 指令后对 CPU 数据通路的设计调整完毕。

7. JAL 指令

我们再来看另一类转移指令。查看指令系统规范文档中关于 JAL 指令的定义并将其与 BEQ、BNE 指令的定义比较，可以发现 JAL 指令作为转移指令具有如下特点：

1）不用进行分支条件判断，一定会跳转。

2）跳转目标地址还是通过计算转移延迟槽指令的 PC 与指令码中的立即数得到，但是**采用的计算方式是拼接而不是相加**。

3）不仅要修改 PC，还要写通用寄存器。

对于前两点，设计中需要将生成 nextPC 的"二选一"部件调整为"三选一"部件。该"三选一"部件的输入 in0 和 in1 与原有"二选一"部件的输入 in0 和 in1 一致，新增的 in2 输入为 PC 高位与保存下来的 JAL 指令中的 instr_index 左移两位进行拼接的结果。相应地，"三选一"部件的选择信号输入也要进行调整，不过其应该是直截了当的，请读者自行思考一下。

link 操作

JAL 是"Jump And Link"的缩写。Jump 意指跳转，比较好理解。现在来解释一下 Link 的含义，这与前面分析中的第 3 个特点紧密相关。大家都知道，高级语言中的函数调用会引入 call 和 return 两个跳转。call 跳转到被调用函数的入口，return 则回跳到调用点后面的那条指令。由于一个函数可能会在多个地方被调用，因此 return 对应的回跳目标是无法静态确定的，它只能在动态执行的过程中确定。那么，MIPS 指令系统是如何完成这一系列操作的呢？方法是用带"link 操作"的跳转指令来完成 call 操作，跳转中的 link 操作会将该跳转的延迟槽指令的 PC 加 4 写入一个通用寄存器（通常是第 31 号寄存器）中，也就是说，这个调用点对应的返回地址被写入一个通用寄存器中。要完成 return 跳转的功能，只需要将保存在这个通用寄存器中的值取出，作为跳转目标地址完成跳转就可以。具体来说是使用间接跳转指令，如 JR 指令来完成。

用 JAL 指令完成 link 操作时，返回地址默认会写入 31 号寄存器。查看指令编码格式定义，就会发现这个目的操作数的寄存器号并不是编码在 rs、rt 这样的域，它是隐含的。这就需要我们对现有数据通路中通用寄存器堆写端口的地址输入 waddr 的生成逻辑进行调整，将已有的"二选一"部件调整为"三选一"部件，增加一个固定数值 31 作为第三个数据输入。

由于 JAL 指令将返回地址写入 31 号寄存器的操作是在 JAL 执行的时候完成的，此时 CPU 的数据通路上并没有 JAL 延迟槽指令 PC 加 4 的数值（也就是 JAL 指令 PC+8），因此我们只能通过运算逻辑将这个值算出来。显然，我们会想到利用加法器来完成这个计算。但是我们需要将这个加法的两个源操作数准备好。当前加法器的源操作数 1 仅来自通用寄存器堆的数据输出端口 1，需要在这中间增加一个 32 位的"二选一"部件，in0 接入通用寄存器堆的数据输出端口 1，in1 接入当前指令的 PC。加法器的源操作数 2 输入逻辑的"二选一"部件调整为"三选一"部件，在原有基础上增加一个常值 8 作为新增的输入 in2。

至此，在进一步考虑 JAL 指令后对 CPU 数据通路的设计调整完毕。

8. JR 指令

JR 指令是一条间接跳转指令。查看指令系统规范文档中关于 JR 指令的定义，我们可以总结出如下几个特点：

1）不需要进行条件判断，一定会跳转。

2）跳转的目标地址来自通用寄存器堆的第 rs 项。

根据上述两个特点，我们需要将设计中生成 nextPC 的"三选一"部件进一步调整为"四选一"部件，其数据输入 in0 ～ in2 与原有"三选一"部件的 in0 ～ in2 一致，新增的第四个数据输入 in3 来自通用寄存器堆读端口 1 的输出 rdata1。

至此，在进一步考虑 JR 指令后对 CPU 数据通路的设计调整完毕。

9. SLT 和 SLTU 指令

查看指令系统规范文档中 SLT 和 SLTU 指令的定义，我们发现这两条指令也是算术运算类指令。如果将其和 ADDU、SUBU 指令相比，差异仅是从源操作数输入到结果的运算过程不一样，其他方面都是一致的。功能一致的部分自然可以复用已有的数据通路。这里主要考虑如何调整数据通路以支持新指令所需的其他功能。

首先，我们来看一种最直观的实现方式，即增加一个能处理两个 32 位数据有符号和无符号大小比较的"比较器"。该比较器的两个数据输入与连接到加法器的数据输入相同，一个控制信号输入用于标识是有符号比较还是无符号比较，输出比较结果为 0 或 1。然后，在加法器输出端口增加一个 32 位的"二选一"部件，in0 接入原有加法器的输出，in1 接入比较器的结果。

按照上面的设计思路继续考虑如何实现比较器。我们会发现一个问题，如果用"<"这个运算符来描述的话，"<"只能产生无符号数的比较结果，那么该如何描述有符号数的比较呢？方法肯定有，但需要额外的电路逻辑。此外还有一个问题是，在 Verilog 中写了一个"<"来描述两个数的无符号比较的功能后，真正的电路是 EDA 综合工具读到这个表达式后，根据时序、面积的约束条件从自带的电路库中挑选出来的。通常，这个比较器的电路只是比加法器的电路简单一些，也是要消耗一定的逻辑电路资源的。想想人们是如何判断两个数的大小的。一般是将两个数相减，通过结果的正负情况来确定。那是不是意味着我们能复用加法器的电路进行两个数相减的操作，然后根据相减的结果来生成 SLT 和 SLTU 的结果呢？答案是肯定的。这样我们能节省一个比较器的资源，而且两种设计最终实现的电路延迟相差不大⊖。接下来，我们看看如何复用加法器来实现 SLT 和 SLTU 的运算逻辑。

由于前面已经分析了 SUBU 指令的实现，因此不再赘述如何用加法器做减法，复用已有的数据通路即可。我们先看如何处理有符号数的比较。按照人的思维，首先会看两个数的正负情况：在一正一负的情况下，肯定是负数小于正数；仅当两个数符号相同的时候才需要看相减的结果，结果是负数表明被减数小于减数。无符号数的处理稍微复杂一些。因为此时两个数都是非负数，所以只能根据相减的结果来判断。但这时候不能通过查看结果的第 31 位来判断正负，因为符号位是在第 32 位。但是第 32 位的值在哪里呢？一种做法是，把 32 位加法器改成 33 位的。当处理非 SLTU 指令的时候，32 位的输入数据有符号扩展到 33 位；当处理 SLTU 指令的时候，32 位的输入数据零扩展到 33 位。这样，结果的第 33 位就直接体现了结果的正负情况。还有一种做法是，用 32 位加法器的进位结果 Cout 来做判断，Cout 为 1 表示相减结果是正，Cout 为 0 表示相减结果是负。这两套处理方式在逻辑上是等价的，读者可以自行推导一下。

总结一下，通过复用加法器进行 GR[rs]-GR[rt] 的运算，然后根据源操作数的正负、和（Sum）的正负和进位（Cout）的正负就可以得到 SLT 和 SLTU 的结果了。这些结果和原有的加法器结果通过一个"二选一"部件得到运算类指令的执行结果，然后输入到产生最终写通用寄存器值的那个"二选一"部件的输入上。这样，SLT 和 SLTU 所需的数据通路就设计好了。

10. SLL、SRL 和 SRA 指令

查看指令系统规范文档，可知 SLL、SRL 和 SRA 是三条移位指令，分别表示逻辑左移、逻辑右移和算术右移。三条指令的源操作数均有两个，一个来自通用寄存器堆的第 rt 项，另一个是指令码中的 sa 域的数值。三条指令的结果均写入通用寄存器堆的第 rd 项。读取通用寄存器堆第 rt 项和写通用寄存器堆第 rd 项的数据通路均已经存在，可以复用。余下的移位运算功能显然无法通过加法器实现，我们需要添加一个"移位器"的数据通路。

⊖ 由于不同工艺、约束条件和 EDA 工具的综合策略都会对最终的电路延迟产生影响，此处电路延迟相差不大的结论是根据我们实践中通常观察到的现象得出的，并非来自严格的数学证明。

（1）移位器的输入 / 输出

移位器有两个数据输入，即 32 位的被移位数值 src 和 5 位的移位量 sa，还有一个控制输入用于确定移位操作的类型 op，以及最终输出的 32 位移位结果 res。其中，src 来自通用寄存器堆读端口 2 的输出 rdata2，sa 来自指令码中的 sa 域。同时，运算类指令的执行结果的最终选择电路也要从 "二选一" 扩展为 "三选一"，将移位器的输出 res 作为新的数据输入 in2。

（2）移位器的内部实现

移位器内部实现的最直接方式是用 " shft_src << shft_amt " " shft_src >> sfht_amt " 和 " $signed(shft_src) >>> shft_amt " 分别描述逻辑左移、逻辑右移和算术右移的逻辑，然后将三个结果通过一个 "三选一" 部件根据 shft_op 选择出最终的结果 shft_res。

由于移位逻辑本质上是译码逻辑和多路选择逻辑，因此 32 位数的移位就是对 32 个 32 位数进行 32 选 1，这套逻辑的面积大、延迟长。采用三个独立的移位运算符的方式来实现就意味着有三套 32 位的 "32 选 1" 部件，然后再做一个 32 位的 "3 选 1" 部件，面积开销比较大。

这里介绍一种面向面积优化的电路设计，其基本思想是将被移位的数据逆序排列后，左移操作就被转换为右移操作。具体的实现示意如下：

```
assign shft_src = op_srl ? {
                            src[ 0], src[ 1], src[ 2], src[ 3],
                            src[ 4], src[ 5], src[ 6], src[ 7],
                            src[ 8], src[ 9], src[10], src[11],
                            src[12], src[13], src[14], src[15],
                            src[16], src[17], src[18], src[19],
                            src[20], src[21], src[22], src[23],
                            src[24], src[25], src[26], src[27],
                            src[28], src[29], src[30], src[31]
                            }
                          : src[31:0];
assign shft_res = shft_src[31:0] >> shft_amt[4:0];
assign sra_mask = ~(32'hffffffff >> shft_amt[4:0]);
assign srl_res  = shft_res;
assign sra_res  = ({32{src[31]}} & sra_mask) | shft_res;
assign sll_res  = {
                    shft_res[ 0], shft_res[ 1], shft_res[ 2], shft_res[ 3],
                    shft_res[ 4], shft_res[ 5], shft_res[ 6], shft_res[ 7],
                    shft_res[ 8], shft_res[ 9], shft_res[10], shft_res[11],
                    shft_res[12], shft_res[13], shft_res[14], shft_res[15],
                    shft_res[16], shft_res[17], shft_res[18], shft_res[19],
                    shft_res[20], shft_res[21], shft_res[22], shft_res[23],
                    shft_res[24], shft_res[25], shft_res[26], shft_res[27],
                    shft_res[28], shft_res[29], shft_res[30], shft_res[31]
                    };
```

在上面的描述方式中，只有生成 shft_res 的逻辑是一个完整的 32 位移位器，sra_mask 的生成逻辑虽然也使用了 ">>" 运算符，但由于被移位的数据是常值，综合工具会对生成的电路进行常值传递优化，其实际消耗的逻辑资源远少于一个完整的 32 位移位器。生成 shft_ src 和 sll_res 的逻辑中均有一个 32 位数据的逆序操作,这些逻辑综合为电路的时候都表示为简单的连线,并不会产生额外的逻辑资源。上述第二种描述方式虽然减少了逻辑资源开销,但是其电路的延迟会略有增加,算是有得亦有失。选择哪种描述方式,需要根据具体的设计需求来决定,如果主频要求不高或移位器逻辑并不位于整个 CPU 的关键路径上,那么显然第二种描述方式更好。

至此,进一步考虑 SLL、SRL 和 SRA 指令的数据通路设计调整完毕。

11. LUI、AND、OR、XOR 和 NOR 指令

进一步考虑 LUI、AND、OR、XOR 和 NOR 指令,除 LUI 外,其他指令均是按位逻辑运算的指令。所有逻辑运算指令的操作模式均是将通用寄存器堆第 rs 项的值和通用寄存器堆第 rt 项的值按位进行相应的逻辑运算后,将结果写入通用寄存器的第 rd 项。可以看到,这些指令的读、写通用寄存器的功能都可以复用现有的数据通路,要增加的只是完成具体逻辑运算的数据通路。对于 LUI 指令来说,其源操作数只需要指令码中低 16 位的立即数,结果写入通用寄存器堆的第 rt 项,这两个功能也可以复用现有的数据通路。至于 LUI 的具体运算,其实就是将低 16 位立即数与 16 比特 0 拼接起来。

12. ALU

到目前为止,我们可以将 ADDU、ADDIU、SUBU、SLT、SLTU、SLL、SRL、SRA、LUI、AND、OR、XOR 和 NOR 指令处理运算的逻辑集中到一个模块中。该模块用于处理这些算术、逻辑运算,故称为 **ALU**(Arithmetic Logic Unit,算术逻辑单元)。引入 ALU 模块这一级划分的主要目的是将 CPU 中部分数据通路所需的控制信号进行两级译码处理,降低设计复杂度,优化电路时序。有关两级译码的具体内容,将在后面控制信号生成部分予以详细介绍。

ALU 模块有两个 32 位的输入 alu_src1 和 alu_src2、一个 32 位的结果输出 alu_res 以及控制信号输入 alu_op。除此之外,还有一个 32 位的输出 mem_addr。该输出直接来自 ALU 内部加法器的计算结果,用于 LW 和 SW 指令访问 RAM 地址。有的读者可能会问,在执行 LW 和 SW 指令的时候,这个 mem_addr 输出和 alu_res 输出的值不是一样吗?为什么不直接用 alu_res 而要用这个 mem_addr 呢?答案是为了优化时序。ALU 模块的 alu_res 输出的延迟比 mem_addr 输出的延迟多几级选择逻辑,而访问 RAM 的地址不可能来自移位器或是其他逻辑,因而 RAM 地址直接采用 mem_addr 能够减少该路径上无谓的延迟开销。

至此,一个考虑了 19 条 MIPS 指令的单周期 CPU 的数据通路就设计完成了。在这个数据通路中包含多个多路选择器、PC 寄存器、通用寄存器堆、指令 RAM 和数据 RAM,这些电路都需要控制信号。接下来将介绍如何生成控制信号。

4.1.3 单周期 CPU 的控制信号生成

在本节中,我们从 PC 开始沿着数据通路梳理所有的控制信号。

1)PC 的输入生成逻辑 GenNextPC 中包含一个"四选一"部件。其四个输入依次是:

in0 对应顺序取指的 PC（即 PC+4），in1 对应 PC 加上保存下来的分支指令的 offset，in2 对应 PC 高位拼接上保存下来的直接跳转指令的 instr_index，in3 对应通用寄存器堆读端口 1 的数据读出。将该"四选一"部件的选择信号 sel_nextpc 设计为"零 – 独热码"，即信号宽 4 个比特，每个比特对应一个数据输入，任何合法的选择信号中至多有一个比特置为 1。

2）对于指令 RAM 的片选信号 inst_ram_en，高电平有效。对于目前考虑的这些指令，在实现单周期 CPU 时，每个周期都能执行完一条。所以，只要 CPU 的复位撤销，该信号就恒为 1。我们会将指令 RAM 的读使能恒置为 1。

3）对于指令 RAM 的写使能信号 inst_ram_wen，高电平有效。我们目前的设计暂不考虑自修改代码之类的操作，所以指令 RAM 不会有来自 CPU 的写请求。同时，指令 RAM 的内容初始化是由 FPGA 内部电路自行加载完成，并不是通过外部设备（如 DMA）写入的，所以 inst_ram_wen 信号恒为 0。

4）ALU 的源操作数输入 alu_src1 的生成逻辑 GenALUSrc1 中包含一个"三选一"部件，其三个输入依次是：in0 对应通用寄存器堆读端口 1 的数据读出，in1 对应 PC，in2 对应指令码的 sa 域零扩展至 32 位。该"三选一"部件的选择信号 sel_alu_src1 设计为"零 – 独热码"，共 3 比特。

5）ALU 的源操作数输入 alu_src2 的生成逻辑 GenALUSrc2 中包含一个"三选一"部件，其三个输入依次是：in0 对应通用寄存器堆读端口 2 的数据读出，in1 对应指令码的 imm 域符号扩展至 32 位，in2 对应常值 32'd8。该"三选一"部件的选择信号 sel_alu_src2 设计为"零 – 独热码"，共 3 比特。

6）ALU 内部的多路选择器的选择信号经由 alu_op 再次译码产生。alu_op 设计为"零 – 独热码"，每一位对应 ALU 支持的一种操作，共 12 位，每一位与操作之间的对应关系如表 4-1 所示。

表 4-1　ALU 中 alu_op 与指令的对应关系

位	操作	对应指令
0	op_add	ADDU, ADDIU, LW, SW, JAL
1	op_sub	SUBU
2	op_slt	SLT
3	op_sltu	SLTU
4	op_and	AND
5	op_nor	NOR
6	op_or	OR
7	op_xor	XOR
8	op_sll	SLL
9	op_srl	SRL
10	op_sra	SRA
11	op_lui	LUI

通过表 4-1 的第 2 列和第 3 列能够看到，ALU 支持的一种操作可能对应多条指令。通过将不同指令间相同的操作提取出来，可以生成相同的 ALU 操作码。这样做得在设计 ALU 内部数据通路的控制信号时只关注 ALU 所实现的操作而不再是指令，进而降低了设计的复杂度。这一点将随着后面实践中指令的不断增加而更加明显。

7）对于数据 RAM 的片选信号 data_ram_en，高电平有效。与指令 RAM 相似，我们也会将数据 RAM 的读使能信号恒置为 1。

8）对于数据 RAM 的写使能信号 data_ram_wen，高电平有效。

9）通用寄存器堆的写使能信号为 rf_we。

10）通用寄存器堆写地址生成逻辑 GenRFDst 中包含一个"三选一"部件。其三个输入依次是：in0 对应指令的 rd 域，in1 对应指令的 rt 域，in2 对应常值 32'd31。该"三选一"部件的选择信号 sel_rf_dst 设计为"零 – 独热码"，共 3 比特。

11）通用寄存器堆写数据生成逻辑 GenRFRes 中包含一个"二选一"部件。其两个输入依次是：in0 对应 ALU 计算结果 alu_res，in1 对应从 RAM 读出的 load 操作的返回值 ld_res。该"二选一"部件的 1 比特选择信号 sel_rf_res 为 0 表示选择 alu_res，为 1 表示选择 ld_res。

梳理完单周期 CPU 数据通路中所需的 11 组控制信号之后，我们对每条指令逐个分析，得到每条指令与所有控制信号的对应关系，如表 4-2 所示。

表 4-2　单周期 CPU 中的控制信号生成列表

指令	sel_nextpc	inst_ram_en	inst_ram_wen	sel_alu_src1	sel_alu_src2	alu_op	data_ram_en	data_ram_wen	rf_we	sel_rf_dst	sel_rf_res
ADDU	0001	1	0	001	001	000000000001	0	0	1	001	0
ADDIU	0001	1	0	001	010	000000000001	0	0	1	010	0
SUBU	0001	1	0	001	001	000000000010	0	0	1	001	0
LW	0001	1	0	001	010	000000000001	1	0	1	010	1
SW	0001	1	0	001	010	000000000001	1	1	0	000	0
BEQ	0010	1	0	000	000	000000000000	0	0	0	000	0
BNE	0010	1	0	000	000	000000000000	0	0	0	000	0
JAL	0100	1	0	010	100	000000000001	0	0	1	100	0
JR	1000	1	0	000	000	000000000000	0	0	0	000	0
SLT	0001	1	0	001	001	000000000100	0	0	1	001	0
SLTU	0001	1	0	001	001	000000001000	0	0	1	001	0
SLL	0001	1	0	100	001	000100000000	0	0	1	001	0
SRL	0001	1	0	100	001	001000000000	0	0	1	001	0
SRA	0001	1	0	100	001	010000000000	0	0	1	001	0
LUI	0001	1	0	000	010	100000000000	0	0	1	010	0
AND	0001	1	0	001	001	000000010000	0	0	1	001	0
OR	0001	1	0	001	001	000001000000	0	0	1	001	0
XOR	0001	1	0	001	001	000010000000	0	0	1	001	0
NOR	0001	1	0	001	001	000000100000	0	0	1	001	0

　　上面这张指令与控制信号之间对应关系的表是设计控制信号生成逻辑的关键。在后面的实践中，随着指令的不断添加，表的两个维度都会进一步扩展，但是基本的原理是一样的。各位读者一定要掌握这张表的内容。

　　有了上面这张表之后，具体的控制信号生成逻辑是怎样的呢？我们给出的设计方案是：首先根据指令码产生各个指令的 1 比特标识信号，然后利用这些指令的标识信号产生最终的控制信号。指令标识信号逻辑的 VerilogHDL 描述如下：

```
assign op   = inst[31:26];
assign sa   = inst[10: 6];
assign func = inst[ 5: 0];

decoder_6_64 u_dec0(.in(op  ), .out(op_d  ));
decoder_6_64 u_dec1(.in(func), .out(func_d));
decoder_5_32 u_dec5(.in(sa  ), .out(sa_d  ));

assign inst_addu   = op_d[6'h00] & func_d[6'h21] & sa_d[5'h00];
assign inst_subu   = op_d[6'h00] & func_d[6'h23] & sa_d[5'h00];
assign inst_addiu  = op_d[6'h09];
assign inst_lw     = op_d[6'h23];
assign inst_sw     = op_d[6'h2b];
......
```

　　下面给出生成 data_ram_en 信号的 VerilogHDL 描述：

```
assign data_ram_en = inst_lw | inst_sw;
```

　　通过上面的例子可以看到，只要把指令和控制信号的对应关系梳理清楚，控制信号的生成逻辑写起来就很简单了，即使不使用 case 语句，也能够一目了然。所以，我们再次强调，不要用 always+case 来写译码逻辑。

4.1.4　复位的处理

　　既然是复位信号，那么在其有效期间就应该将 CPU 中所有软件可感知的状态都初始化到一个唯一确定的状态。这句话听起来有些绕，但实际上复位要达到的效果就是，无论一个 CPU 重启多少次，它每次运行同一个程序的行为都是一致的。例如，CPU 上电复位之后第一条指令从哪里取，这个状态就必须确定，MIPS 指令系统规范中对此也有明确规定。那么通用寄存器堆的状态呢？内存的状态呢？我们发现 MIPS 指令系统规范中对这些问题没有明确规定，这就意味着 CPU 的电路不用在复位信号有效期间将这些存储中的值置为某个确定的值，它们的复位（初始化）将由软件完成。

　　我们给出的参考设计中只考虑复位信号是同步复位的情况。对于 CPU 这样的数字逻辑电路来说，复位信号是采用同步复位还是异步复位，就如同考虑大尾端好还是小尾端好一样，是一个没有必要争论的问题。每个用户按照自己的喜好选择就可以。但是切记，一旦决定了，那么在一个设计中就只能使用所选择的那种方式。

最后，我们要澄清一个初学者最容易犯的错误——在复位信号有效期间就对外发起第一条指令的取指请求。就目前我们所接触的设计场景来说，这种设计是可行的，因为指令 RAM 多读一次或少读一次都不会产生副作用。但是，在绝大多数真实系统中，处理器核复位后的第一条指令不是从内部的指令 RAM 取回来的，而是从处理器核外部的 ROM 甚至是 CPU 芯片外部的 Flash 芯片中取回来的。处理器核访问这些 ROM 或 Flash 通常是通过发起（片上）总线访问请求来实现的。处理器核通常是整个 CPU 芯片上较晚结束复位的部件，所以在处理器核硬件复位的后期，外部总线和设备模块大多已经复位结束，并进入可以工作的状态，如果这个时候处理器核已经开始持续地向外部总线发起访问请求，总线和外设就会响应这些访问请求，但是此时处理器核还在复位过程中，所以处理器核并不会响应外部总线。等到复位撤销后，处理器核所认为的外部总线的工作状态和总线实际的工作状态会发生不一致，进而导致出错。

4.2 不考虑相关冲突的流水线 CPU 设计

在完成了单周期 CPU 设计之后，接下来我们进入流水线 CPU 设计的阶段。这一节我们只解决两个设计问题：一是把单周期 CPU 的数据通路切分成多个阶段，二是让多个阶段"流起水"来。所谓"流起水"，就是在理想情况下，流水线每一级都有指令且每个时钟周期都能处理完一条指令。

4.2.1 添加流水级间缓存

回想一下上一节提到的流水线电路的一般性设计，我们知道将电路流水线化的初衷是缩短时序器件之间组合逻辑关键路径的时延，在不降低电路处理吞吐率的情况下提升电路的时钟频率。从电路设计最终的实现形式来看，是将一段组合逻辑按照功能划分为若干阶段，在各功能阶段的组合逻辑之间插入时序器件（通常是触发器），前一阶段的组合逻辑输出接入时序器件的输入，后一阶段的组合逻辑输入来自这些时序器件的输出。

1. 流水线的划分

由于我们设计的 CPU 是一个数字逻辑电路，因此 CPU 电路的流水化也遵循上面的设计思路。在真实的 CPU 设计过程中，最困难的地方是决定将单周期 CPU 中的组合逻辑划分为多少个阶段以及各个阶段包含哪些功能。这个设计决策需要结合 CPU 产品的性能（含主频）、功耗、面积指标以及具体采用的工艺特性来完成。对于初学者而言，这部分设计涉及的内容过多、过细、过深，因此我们将直接采用经典的单发射五级流水线划分。所划分的五级流水从前往后依次为：取指阶段（IF）、译码阶段（ID）、执行阶段（EXE）、访存阶段（MEM）和写回阶段（WB）。取指阶段的主要功能是将指令取回，译码阶段的主要功能是解析指令生成控制信号并读取通用寄存器堆生成源操作数，执行阶段的主要功能是对源操作数进行算术逻辑类指令的运算或者访存指令的地址计算，访存阶段的主要功能是取回访存的结果，写回阶段的主要功能是将结果写入通用寄存器堆。结合这个流水线阶段的划分方案，我们将之前设计的单发射 CPU 的数据通路拆分为五段，并在各段之间加入触发器作为流水线缓存。

　　这里要解释下流水级间缓存数据所用的触发器如何命名。很多教科书都是以两个流水级的名字来标识这些触发器，例如，位于取指阶段和译码阶段之间的触发器记作"IF/ID reg"。我们不采用这种标识方式。我们将触发器归到它的输出对应的那一个流水阶段。因此，位于取指阶段和译码阶段之间的触发器记作"ID reg"。这种命名风格来自我们进行仿真波形调试时的观察习惯，即除了触发器时钟采样边沿附近那段建立保持时间（当采用零延迟仿真时，这段时间可以看作瞬时、无穷小）外，触发器中存储的内容都是与它输出那一级流水的组合逻辑相关联的。这里所说的只是一种命名的习惯，没有对错、优劣之分。本书后面将统一采用这种单级流水线标识的方式。

2. 流水线缓存中存放的内容

　　流水线缓存的内容分为控制内容和数据内容。

　　目前我们设计的流水线 CPU 只需要考虑各流水级缓存是否有效，所以缓存中的控制内容只需要 1 比特的缓存有效位（valid）就可以了。其值为 0 表示这一级流水线缓存中存放的数据内容无效，其值为 1 表示存放的数据内容有效。

　　接下来的主要设计工作是考虑每一级缓存中有哪些数据内容。显然，原有单周期 CPU 中的信号线（**既包括数据信号也包括控制信号**）如果被插入了流水线缓存，那么**这些**流水线缓存的数据内容肯定要包含将被隔断的信号。我们用加粗着重号标识"这些"二字，是为了提醒各位一根信号线可能会被多级流水线缓存多次隔断。那么，这几级缓存的数据部分都要包含这根信号线所携带的数据信息。下面举三个例子来说明一下。

　　【例一】指令在 ID 阶段得到其对通用寄存器的写使能信号和写地址信号，但是这些信号直到指令位于 WB 阶段才被使用，即这些信号被 EXE、MEM、WB 三级流水线缓存隔断，所以这些信号在这三级流水线的缓存中都要存放。

　　【例二】指令在 ID 阶段生成 ALU 的控制信号 alu_op，在 EXE 阶段使用，中间被 EXE 级流水级缓存隔断，所以 EXE 级流水线缓存中需要存放 alu_op。

　　【例三】ALU 的结果 alu_res 在 EXE 阶段产生，数据 RAM 读出的 load 访问结果在 MEM 阶段产生，那么从 ALU 结果和 load 访问结果中选出通用寄存器堆写入值的逻辑最早只能是在 MEM 阶段完成，所以 MEM 级流水级缓存中需要存放 alu_res。

　　总结一下，插入流水线缓存后，从信号产生的流水线阶段开始到使用它的流水线阶段，途经的各级流水线缓存中都要存放该信号。

4.2.2　同步 RAM 的引入

　　前面在讲述单周期 CPU 数据通路设计时曾说过，为了保证单周期能完成一条指令，暂时使用"异步读 RAM"来实现指令 RAM 和数据 RAM, 等到设计流水线 CPU 的时候再调整回同步读 RAM。我们现在就来讨论这个设计调整。

首先我们回顾一下同步读 RAM 与异步读 RAM 在时序特性上的不同之处——同步读 RAM 一次读数操作需要跨越两个时钟周期, 第一个时钟周期向 RAM 发出读使能和读地址, 第二个时钟周期 RAM 才能返回读结果。

在使用异步读 RAM 的时候, CPU 在 IF 阶段向指令 RAM 发出读使能和读地址, 同一时钟周期内就能得到指令 RAM 的返回结果 (指令码), 因此可以在时钟上升沿到来时将指令码写入 ID 阶段的流水线缓存中。显然, 当我们把指令 RAM 从异步读 RAM 换为同步读 RAM 后, 时钟上升沿到来时还无法得到指令码, 所以需要调整 CPU 的数据通路设计。

一种设计考虑是, 将 IF 阶段设计为占用两个时钟周期, 第一个周期发送读使能和读地址, 第二个周期获得 RAM 返回数据后再进入 ID 阶段。这显然是个笨办法。最理想的情况下, 这个 CPU 也只能做到每两个周期处理一条指令, 性能损失非常严重。

另一种设计考虑是, 流水线缓存的触发器都采用时钟上升沿触发, 而指令 RAM 采用时钟下降沿触发。这种设计属于"听上去不错"的解决方案。感兴趣的读者可以在 FPGA 上实现一下, 就会发现最终实现的电路的频率会大幅度下降。其原因与 FPGA 的底层电路实现机制有关, 此处就不深入解释了。其实不仅是 FPGA, 即便是 ASIC 实现的时候, 我们也要尽量避免在同一个设计中使用同一个时钟的上升沿和下降沿, 以减轻物理设计的负担。

在否定了上面两种设计考虑后, 我们考虑将指令 RAM 的访问分布到流水线中连续的两个阶段, 这样既能满足同步读 RAM 的时序特性, 也能达到每周期处理一条指令的吞吐率理论峰值。在不增加流水级数的情况下, 只有两种设计方案:

- **方案一**: 将指令 RAM 的读请求发起放在 IF 阶段, 这样指令 RAM 的输出是在指令位于 ID 阶段时完成的。
- **方案二**: 在"更新 PC 的阶段"发起指令 RAM 的读请求 (也就是以 nextPC 为指令 RAM 的读地址, 而不是以 PC 为指令 RAM 的读地址), 这样指令 RAM 的输出是在指令位于 IF 阶段时完成的。

在方案二中, 所谓"更新 PC 的阶段"并不是一个真正的流水线阶段, 可以说它是一个"伪流水线阶段", 因为这个阶段自身没有流水级缓存, 它的组合逻辑的输入来自 IF、ID 等阶段的流水级缓存, 输出为 nextPC, 我们记为 pre-IF 阶段。这一设计可以理解为将取指流水级拆分为 pre-IF 和 IF 两个流水级, pre-IF 级只负责生成 nextPC, nextPC 被送到 IF 级更新 PC 寄存器。习惯上, 我们还是将 pre-IF 和 IF 级合称为取指级。

那么这两种方案又该如何选择呢? 如果是采用 ASIC 方式实现, 第二种方案更好。因为对于 AISC 实现来说, 同步 RAM 的 clk-to-Q 延迟远比它的输入端口的 Setup 延迟大, 也会远远大于触发器的 clk-to-Q 延迟。如果采用第一种方案, ID 阶段就会出现" RAM 读出→通用寄存器堆读出"和" RAM 读出→指令译码→ ALU 源操作数选择"这两条路径, 两条路径上的通用寄存器读出和指令译码的时延已经不短, 再加上 RAM 读出所需的 RAM 的 clk-to-Q

延迟，会导致整条路径的延迟变得非常大。如果采用 FPGA 来实现，情况就有所不同了。由于 FPGA 上同步时序行为的 RAM 是用所谓的"block RAM"来实现的，这些 RAM 对应的底层电路就是 RAM。对于 Xilinx 7 系列及更先进的 FPGA 来说，这些 RAM 的最高频率通常在数百 MHz 以上，我们用 FPGA 实现一个像 CPU 这样略有些复杂的电路时，RAM 以外的逻辑部分至多达到 100 ～ 200MHz，此时 RAM 的 clk-to-Q 所引入的电路时延就不再是主要矛盾了。

在我们给出的参考设计中，仍然采用第二种设计方案。虽然第一种设计方案在当前设计要求下比较容易实现，但是在后续的实践中会带来一定的麻烦，这是因为 ID 阶段的指令直接来自 RAM 的读出端口，当 ID 阶段的指令因为阻塞需要持续多拍时，如何维护 RAM 读出的指令不变是一个令人头疼的问题。如果读者愿意在实践中尝试第一种设计方案，我们也不反对，但是前提是对同步 RAM 的时序行为已经了然于胸了。我们还要特别提醒的是，如果采用了第一种方案，一定不要把指令 RAM 读出的内容保存到 ID 阶段的流水线缓存中再去实现译码、读寄存器堆，必须直接用指令 RAM 读出的内容去实现译码、读寄存器堆。

讨论完指令 RAM 的同步 RAM 设计调整之后，数据 RAM 的设计调整完全可以采用同样的思路来完成。请读者结合这里的参考设计方案自行体会。提示一下，在给出的参考设计中，数据 RAM 的读请求或写请求是在指令位于 EXE 阶段时发出的，数据 RAM 的读数据是在指令位于 MEM 阶段时返回的。

同步 RAM 的读保持功能

这里要讨论的同步 RAM 的读保持功能是指对于有的 RAM 来说，从采样到上一个有效的读命令的时钟沿开始，RAM 的 Q 端将保持这个读操作对应的数据，直至采样到下一个有效的命令。请注意，这里的命令必须是有效的，例如，读命令只有在 RAM 的片选使能信号有效的情况下才可能有效，所以当 RAM 的片选使能信号无效时，即使 RAM 的地址不停地发生变化，RAM 也没有接收到任何新的读命令。

对于不同 IP 厂商提供的 RAM 来说，这里所说的 RAM 读保持功能在细节上可能存在差异。例如，有的情况下 RAM 的 Q 端保持是在相邻的两个读命令之间实现的，也就是说，先发送一个读命令，过一会儿再发送一个写命令的话，RAM 的 Q 端还是保持前一个读的结果。又例如，有的情况下要想实现 RAM 的 Q 端保持，在发送完读命令之后，RAM 的时钟必须一直提供不能关断。虽然目前各 IP 提供厂商提供的 RAM 大多都具有读保持功能，但如果要使用这个特性，务必在使用前查阅 RAM 的技术文档，明确相关行为。

虽然在本节所涉及的范围内不会用到 RAM 读保持功能，但是，在后续的实践中，流水线 CPU 是可以被阻塞停顿的。这就意味着，指令有可能在这一拍发出了 RAM 的读请求，但是在下一拍无法进入后一个流水阶段，此时就需要保证指令最终到达后一个流水阶段的时候，仍然能够从 RAM 的输出端口上得到需要的正确内容。如果利用 RAM 的读保持功能，可以适度简化 RAM 地址输入的生成逻辑，只是 RAM 的片选使能信号需要控制得更精细一些。

4.2.3   调整更新 PC 的数据通路

1. 调整转移指令更新 PC 的数据通路

在设计单周期 CPU 的时候，为了处理好转移指令更新 PC，我们需要在处理转移指令的时候，将是否跳转的结果以及跳转目标地址计算所需的信息都保存在触发器中，等到处理转移延迟槽指令的时候，才利用存储的信息完成对于 PC 的更新。当我们将 CPU 调整为流水线设计时，可以对这部分数据通路进行调整，使其得到简化。

因为计算跳转目标地址的信息来自指令码和通用寄存器堆，所以转移指令在 ID 阶段就能够计算出正确的跳转方向和目标，此时 IF 阶段的指令是转移延迟槽指令，即将 PC 更新为下一条指令。显然，ID 阶段的跳转信息正好可以传递过来以计算即将更新的 PC 值，所以流水线缓存中不需要花费额外的资源来存储这些信息。在不考虑取指阻塞的情况下，这种设计所假想的情景显然是成立的。

2. 调整复位更新 PC 的数据通路

本章给出的参考设计在复位信号有效期间会将 PC 寄存器复位成 0xBFBFFFFC，而不是 MIPS 指令系统规范中规定的 0xBFC00000，这只是一个节省逻辑的小技巧。由于发给指令 RAM 的请求是来自 pre-IF 阶段的 next_pc 而不是 IF 阶段的 PC，所以这样处理之后，可以在不增加任何新的多路选择器逻辑的情况下，使得复位撤销之后第一个发出的取指请求的地址是 0xBFC00000。

4.2.4   不考虑相关冲突情况下流水线控制信号的设计

前面我们给出了流水线电路的一般性设计方法。这里我们结合不考虑相关冲突的流水线的实际情况，对电路中与流水线相关的控制信号予以调整，这主要涉及各级的 ready_go 信号如何设置。

对于 IF 流水阶段来说，由于目前只从指令 RAM 中取回指令，因此当指令位于 IF 阶段的时候，指令 RAM 一定可以返回指令码，于是 IF 阶段的 ready_go 信号恒为 1。

对于 ID 流水阶段来说，如果我们暂时不考虑上一节所说的转移指令在 ID 阶段等待延迟槽指令取回的话，那么由于译码、读寄存器堆都是一拍之内一定可以完成的，所以 ID 阶段的 ready_go 信号恒为 1。

对于 EXE 流水阶段来说，由于目前处理的所有指令在这一阶段均只需要一拍就可以完成，所以 EXE 阶段的 ready_go 信号恒为 1。

对于 MEM 流水阶段来说，由于目前只从数据 RAM 中取回数据，因此当 load 类指令位于 MEM 阶段的时候，数据 RAM 一定可以返回数据，于是 MEM 阶段的 ready_go 信号恒为 1。

对于 WB 流水阶段来说，由于写回寄存器堆在一拍之内一定可以完成，因此 WB 阶段的 ready_go 信号恒为 1。

综上所述，五级流水的 ready_go 信号都是 1。这里着重逐个说明的目的有两个：一是提醒大家对于这些信号为什么恒置 1 要心中有数；二是提醒大家不要急着把这些常值 1 带到生成其他控制信号的逻辑中进行化简。随着设计复杂度的提升，这些 ready_go 信号将变得越来越复杂。

至此，在不考虑相关冲突的情况下，一个支持 19 条指令的流水线 CPU 就设计完成了。

4.3　CPU 设计开发环境（CPU_CDE）

前面我们比较详细地介绍了 CPU 设计的过程和思路。俗话说 "好马配好鞍"，要顺利完成 CPU 设计，还离不开合适的设计环境。从本章开始，各位读者就要开始 CPU 的设计工作了，为此我们要先熟悉设计所使用的开发环境—— CPU_CDE。在 AXI 总线接口设计之前的所有 CPU 设计工作都要使用这套开发环境。

4.3.1　快速上手 CPU 设计的开发环境

在使用 CPU 设计开发环境时，主要包括以下几项工作。

1. 解压环境

将提供的开发环境压缩包解压到一个路径中没有中文字符的位置上，并且要确保能在这个位置运行 Vivado 软件。

2. 设计你的 CPU

用你习惯使用的文本编辑器[⊖]将所设计的 CPU 的 Verilog 代码描述出来。重点注意顶层模块的模块名和接口信号必须按照规定要求定义。

3. 集成你的 CPU

将写好的 CPU 的 Verilog 代码拷贝到 mycpu_verify/rtl/myCPU/ 目录下。

4. 编译测试程序

1）如果是在 Windows 操作系统下运行 Vivado，那么先确保虚拟机中运行着一个已经安装了 MIPS-GCC 交叉编译工具的 Linux 操作系统，将 soft/func 目录设置为虚拟机共享目录。在虚拟机的 Linux 操作系统中进入 soft/func 目录，先运行 make clean，再运行 make。回到 Windows 操作系统下，确认 soft/func/obj/ 目录下的内容确实是最新编译更新的。

2）如果是在 Linux 操作系统下运行 Vivado，那么先确保 Linux 系统已经安装了 MIPS-GCC 交叉编译工具。进入 func 目录先运行 make clean，再运行 make 就可以了。

5. 生成比对 Trace

进入 cpu132_gettrace/run_vivado/cpu132_gettrace/ 目录，打开 Vivado 工程 cpu132_gettrace，

⊖ Vivado 中集成的文本编辑器功能比较简单，强烈建议各位使用一个专门用于代码开发的文本编辑软件来编写代码。

进行仿真，生成参考结果 golden_trace.txt。特别要注意的是，此时 inst_ram 和 data_ram 加载的是第 4 步编译出的结果。要等仿真运行完成后，golden_trace.txt 才有完整的内容。

6. myCPU 仿真

进入 mycpu_verify/run_vivado/mycpu/ 目录，打开 Vivado 工程 mycpu，将第 3 步完成的 CPU 代码拷贝至 mycpu_verify/rtl/myCPU/ 目录下，并将它们作为设计文件添加到工程中，然后进行仿真。观察仿真 log 输出来确定是否出现结果异常。如果有结果异常，则进行调试，直至功能仿真通过。特别要注意的是，此时 inst_ram 和 data_ram 加载的是第 4 步编译出的结果，即 soft/func/obj/ 目录下的内容。

7. myCPU 上板

若仿真结果正常，即可进入上板检测环节。回到第 6 步打开的 mycpu 工程中，进行综合实现，成功后即上板进行检测，观察实验箱上数码管的显示结果是否与要求的结果一致。若一致，则此次实验成功；否则转到第 8 步进行问题排查。

8. myCPU 调试

请按照下列步骤排查问题，并重复第 7 步和第 8 步，直至结果正确。

1）复核生成、下载的比特文件是否正确。

① 如果判断生成的比特文件不正确，则重新生成比特文件。

② 如果判断生成的比特文件正确，转到下面的步骤 2）。

2）复核仿真结果是否正确。

① 如果判断仿真结果不正确[○]，则回到前面的步骤 6。

② 如果判断仿真结果正确，转到下面的步骤 3）。

3）检查实现时的时序报告（Vivado 界面左侧选择"IMPLEMENTATION → Open Implemented Design → Report Timing Summary"）。

① 如果发现时序不满足，则在 Verilog 设计里对不满足的路径调优，或者降低 SoC_lite 的运行频率，即降低 clk_pll 模块的输出端频率。完成这些改动后，回到前面的步骤 7。

② 如果实现时的时序是满足的，转到下面的步骤 4）。

4）认真排查综合和实现时的 warning。

① Critical warning 是强烈建议要修正的，warning 是建议尽量修正的，然后回到前面的步骤 7。

② 如果没有可修正的 warning，转到下面的步骤 5）。

5）人工检查 RTL 代码，避免多驱动、阻塞赋值乱用、模块端口乱接、时钟复位信号接错、模块调用处的输入 / 输出接反等错误（根据我们的经验，很多"仿真通过，上板不过"的现象都是这些问题导致的），查看那些从别处模仿来的"酷炫"风格的代码，查找是否有仿

○ 很好奇如果仿真都没有通过，你是哪里来的勇气敢于上板检测？

真时被 force 住的值导致仿真和上板不一致，等等。如果代码实在检查不出问题，转到下面的步骤 6）。

6）参考附录 C 的第 1 部分进行板上在线调试。如果经过调试仍然无法解决问题，转到下面的步骤 7）。

7）冥想。真的，现在除了冥想还能干什么？

这里要再次强调，根据我们以往的经验，很多"仿真通过，上板不过"的现象都是以下问题之一导致的：

1）多驱动。

2）模块的输入 / 输出端口接入的信号方向不对。

3）时钟复位信号接错。

4）代码不规范，乱用阻塞赋值，随意使用 always 语句。

5）仿真时控制信号有"X"。仿真时，如果遇到"X"问题，则调"X"；如果遇到"Z"问题，则调"Z"。特别是设计的顶层接口上不要出现"X"和"Z"。

6）时序违约。

7）模块里的控制路径上的信号未进行复位。

所以，如果遇到"仿真通过，上板不过"的问题，请务必按照上述提示逐一检查，大多数情况下可以查出问题的原因并进行修正。

9. MIPS-GCC 交叉编译工具的安装

MIPS-GCC 交叉编译工具的下载地址为 http://ftp.loongnix.org/toolchain/gcc/release/gcc-4.3-ls232.tar.gz。

安装步骤如下：

1）在终端下进入 gcc-4.3-ls232.tar.gz 所在目录，运行以下命令：

```
[abc@www ~]$ sudo tar -zxvf gcc-4.3-ls232.tar.gz -C /
```

2）执行后，请确保目录"/opt/gcc-4.3-ls232/bin"存在，随后执行以下命令：

```
[abc@www ~]$ echo 'export PATH=/opt/gcc-4.3-ls232/bin:$PATH' >> ~/.bashrc
```

3）对于 64 位系统，还要安装 lsb-core，命令如下：

```
[abc@www ~]$ sudo apt-get install lsb-core lib32z1 lib32ncurses-dev
```

完成上述工作后如果可以输入 mipsel-linux-gcc -v 命令，并可以正确查看版本号，则说明配置正确。

4.3.2　CPU 设计开发环境的组织与结构

整个 CPU 设计开发环境（CPU_CDE）的目录结构及各主要部分的功能如下所示。其中只有标黑色的部分是需要大家自行开发的，其余部分都已经设计好了。

```
|-cpu132_gettrace/                       用龙芯开源 GS132 处理器核生成参考 trace 的部分
|   |--rtl/                              SoC_lite 设计代码目录
|   |   |--soc_lite_top.v                SoC_lite 的顶层文件
|   |   |--CPU_gs132/*                   龙芯开源 GS132 处理器核设计
|   |   |--CONFREG/                      confreg 模块, 用于访问 CPU 与开发板上的数码管、拨码开关等外设
|   |   |--BRIDGE/                       1×2 的桥接模块, CPU 的 data sram 接口同时访问 confreg 和 data_ram
|   |   |--xilinx_ip/                    定制的 Xilinx IP, 包含 clk_pll、inst_ram、data_ram
|   |--testbench/                        功能仿真验证目录
|   |   |--tb_top.v                      仿真顶层, 该模块会抓取 debug 信息生成到 golden_trace.txt 中
|   |--run_vivado/                       Vivado 工程的运行目录
|   |   |--soc_lite.xdc                   Vivado 工程设计的约束文件
|   |   |--cpu132_gettrace/              创建的 Vivado 工程, 名字为 cpu132_gettrace
|   |   |   |--cpu132_gettrace.xpr       Vivado 创建的工程文件
|   |-- golden_trace.txt                 利用 GS132 处理器核运行 func 测试程序所生成的参考 trace
|
|-soft/                                  功能验证所用测试程序代码及其编译环境所在目录
|   |--func_labXX_/                      第 XX 次任务所用的功能验证测试程序
|   |   |--include/                      功能验证测试程序共享的头文件所在目录
|   |   |   |--asm.h                     MIPS 汇编需用到的一些宏定义的头文件, 比如 LEAF(x)
|   |   |   |--regdef.h                  MIPS o32 ABI 下, 32 个通用寄存器的汇编助记定义
|   |   |   |--cpu_cde.h                 SoC_Lite 相关参数的宏定义, 如访问数码管的 confreg 的基址
|   |   |   |--inst_test.h               各功能测试点的验证程序使用的宏定义头文件
|   |   |--inst/                         各功能测试点的汇编程序文件
|   |   |   |--Makefile                  子目录里的 Makefile, 会被上一级目录中的 Makefile 调用
|   |   |   |--n*.S                      各功能测试点的验证程序, 用汇编语言编写
|   |   |--obj/                          功能验证测试程序编译结果存放目录
|   |   |   |--*                         详见后面 "编译结果说明" 部分
|   |   |--start.S                       功能验证测试的引导代码及主函数
|   |   |--Makefile                      编译功能验证测试程序的 Makefile 脚本
|   |   |--bin.lds.S                     链接脚本源码
|   |   |--bin.lds                       编译 bin.lds.S 得到的结果, 可被 make reset 命令清除
|   |   |--convert.c                     生成 coe 和 mif 文件的处理工具的 C 程序源码
|   |   |--convert                       convert.c 的本地编译后生成的可执行文件, 可被 make reset 命令清除
|   |   |--rules.make                    子编译脚本, 被 Makefile 调用
|   |--*                                 其他功能或性能测试程序
|
|-mycpu_verify/                          读者实现的 CPU 的验证环境
|   |--rtl/                              SoC_lite 设计代码目录
|   |   |--soc_lite_top.v                SoC_lite 的顶层文件
|   |   |--myCPU/*                       自己实现的 CPU 的 RTL 代码
|   |   |--CONFREG/                      confreg 模块, 用于访问 CPU 与开发板上的数码管、拨码开关等外设
|   |   |--BRIDGE/                       1×2 的桥接模块, CPU 的 data sram 接口同时访问 confreg 和 data_ram
|   |   |--xilinx_ip/                    定制的 Xilinx IP, 包含 clk_pll、inst_ram、data_ram
|   |--testbench/                        功能仿真验证平台
|   |   |--mycpu_tb.v                    功能仿真顶层, 该模块会抓取 debug 信息与 golden_trace.txt 进行比对
|   |--run_vivado/                       Vivado 工程的运行目录
|   |   |--soc_lite.xdc                   Vivado 工程设计的约束文件
|   |   |--mycpu_prj1/                   创建的第一个 Vivado 工程, 名字为 mycpu_prj1
|   |   |   |--*.xpr                      Vivado 创建的工程文件, 可直接打开
|   |   |   |--*                          创建的其他 Vivado 工程
```

1. 验证所用的计算机硬件系统

单纯实现一个 CPU 没有什么实用价值，通常我们需要基于 CPU 搭建一个计算机硬件系统。在本书中，我们也是基于 CPU 搭建一个计算机硬件系统，然后通过在这个计算机硬件系统上运行测试程序来完成 CPU 的功能验证。

在引入 AXI 总线接口设计之前，我们将采用一个简单的计算机硬件系统。这个硬件系统将通过 FPGA 开发板实现。其核心是在 FPGA 芯片上实现的一个片上系统（System On Chip，SoC）。这个 SoC 芯片通过引脚连接电路板上的时钟晶振、复位电路，以及 LED 灯、数码管、按键等外设接口设备。SoC 芯片内部也是一个小系统，其顶层为 SoC_Lite，内部结构如图 4-1 所示，对应的 RTL 代码均位于 mycpu_verify/rtl/ 目录下。我们重点关注 SoC_Lite 这个小系统。可以看到，SoC_Lite 的核心是我们将要实现的 CPU——myCPU。这个 CPU 与指令 RAM（iram）和数据 RAM（dram）进行交互，完成取指和访存的功能。除此之外，这个小系统中还包含 PLL、confreg 等模块。

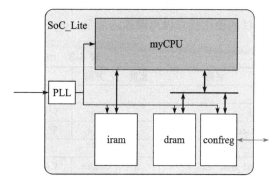

图 4-1　基于 myCPU 的简单硬件系统

指令 RAM 和数据 RAM 与 CPU 之间的关系大家已经了解了。这里简单解释一下 PLL、confreg 以及 myCPU 与 dram、confreg 之间的二选一功能。

我们在开发板上给 FPGA 芯片提供的时钟（来自时钟晶振）主频是 100MHz。如果直接使用这个时钟作为 SoC_Lite 中各个模块的时钟，则意味着 myCPU 的主频至少要能达到 100MHz。对于初学者来说，这可能是个比较严格的要求，因此我们添加了一个 PLL IP，将其输出时钟作为 myCPU 的时钟输入。这个 PLL 以 100MHz 输入时钟作为参考时钟，输出时钟频率可以配置为低于 100MHz。

confreg 是 "configuration register" 的简称，它是 SoC 内部的一些配置寄存器。在本书所搭建的 SoC 系统中，myCPU 通过访问 confreg 来驱动板上的 LED 灯、数码管，接收外部按键的输入。其操控的原理如下：外部的 LED 灯、数码管以及按键都是通过导线直接连接到 FPGA 的引脚上的，通过控制 FPGA 输出引脚上的电平的高、低就可以控制 LED 灯和数码管。同样，也可以通过观察 FPGA 输入引脚上电平的变化来判断一个按键是否按下。这些 FPGA 引脚又进一步连接到 confreg 中某些寄存器的某些位上，所以 myCPU 可以通过写 confreg 寄存器控制输出引脚的电平来控制 LED 灯和数码管，也可以通过读 confreg 寄存器来知晓连接到按键的引脚是高电平还是低电平。

myCPU 和 dram、confreg 之间有一个 "一分二" 部件。这是因为在 MIPS 指令系统架构下，所有 I/O 设备的寄存器都是采用 Memory Mapped 方式访问的。我们这里实现的 confreg 也不例外。Memory Mapped 访问方式意味 I/O 设备中的寄存器各自有一个唯一内存编址，所以

CPU 可以通过 load、store 指令对其进行访问。不过，dram 作为内存也是通过 load、store 指令进行访问的。对于一条 load 或 store 指令来说，如何知晓它访问的是 confreg 还是 dram？我们在设计 SoC 的时候可以用地址对其进行区分。因此在设计 SoC 的数据通路时就需要在这里引入一个"一分二"部件，它的选择控制信号是通过对访存的地址范围进行判断而得到的。

这里要提醒读者的是，因为整个 SoC_Lite 的设计都要实现到 FPGA 芯片中，所以在进行综合实现的时候，你选择的顶层应该是 SoC_Lite，而不是你自己写的 myCPU。

myCPU 的顶层接口

为了让各位读者设计的 CPU 能够直接集成到本书所提供的 CPU 实验环境中，我们要对 CPU 的顶层接口做出明确的规定。myCPU 顶层接口信号的详细定义如表 4-3 所示。

表 4-3   myCPU 顶层接口信号的描述

名称	宽度	方向	描述
时钟与复位			
clk	1	input	时钟信号，来自 clk_pll 的输出时钟
resetn	1	input	复位信号，低电平同步复位
取指端访存接口			
inst_sram_en	1	output	RAM 使能信号，高电平有效
inst_sram_wen	4	output	RAM 字节写使能信号，高电平有效
inst_sram_addr	32	output	RAM 读写地址，字节寻址
inst_sram_wdata	32	output	RAM 写数据
inst_sram_rdata	32	input	RAM 读数据
数据端访存接口			
data_sram_en	1	output	RAM 使能信号，高电平有效
data_sram_wen	4	output	RAM 字节写使能信号，高电平有效
data_sram_addr	32	output	RAM 读写地址，字节寻址
data_sram_wdata	32	output	RAM 写数据
data_sram_rdata	32	input	RAM 读数据
debug 信号，供验证平台使用			
debug_wb_pc	32	output	写回级（多周期最后一级）的 PC，需要 myCPU 里将 PC 一路传递到写回级
debug_wb_rf_wen	4	output	写回级写寄存器堆（regfiles）的写使能，为字节写使能，如果 myCPU 写 regfiles 为单字节写使能，则将写使能扩展成 4 位即可
debug_wb_rf_wnum	5	output	写回级写 regfiles 的目的寄存器号
debug_wb_rf_wdata	32	output	写回级写 regfiles 的写数据

2. 功能仿真验证

数字逻辑电路的功能验证的作用是检查所设计的数字逻辑电路在功能上是否符合设计目标。简单来说，就是检查设计的电路功能是否正确。各位读者如果开发过 C 语言程序，就知道写完程序后要测试一下其正确性。我们这里所说的功能验证与软件开发里的功能测试的意图是一样的。但是，要注意，我们使用了"**验证**"（Verification）这个词，这是为了避免和本领域另一个概念"**测试**"（Test）相混淆。在集成电路设计领域，测试通常指检查生产出的电路没有物理上的缺陷和偏差，能够正常体现设计所期望的电路行为和电气特性。

　　所谓数字电路的功能仿真验证，就是用（软件模拟）仿真的方式而非电路实测的方式进行电路的功能验证。图 4-2 给出了数字电路功能仿真验证的基本框架。

　　在这个基本框架中，我们给待验证电路（DUT）一些特定的输入激励，然后观察 DUT 的输出结果是否和预期一致。俗话说"不管白猫、黑猫，只要抓到老鼠就是好猫"，这里的"老鼠"就是激励，期望的结果是"抓到老鼠"，只要被验证对象在激励下得到期望的结果，我们就认为它是一只"好猫"。

　　我们对 CPU 设计进行功能仿真验证时，沿用的依然是上面的思路，但是在输入激励和输出结果检查方面的具体处理方式与简单的数字逻辑电路设计有区别。对简单数字逻辑电路进行功能仿真验证时，通常是产生一系列变化的激励信号，输入到被验证电路的输入端口上，然后观察电路输出端口的信号，以判断结果是否符合预期。对于 CPU 来说，其输入 / 输出端口只有时钟、复位和 I/O，采用这种直接驱动和观察输入 / 输出端口的方式，验证效率太低。

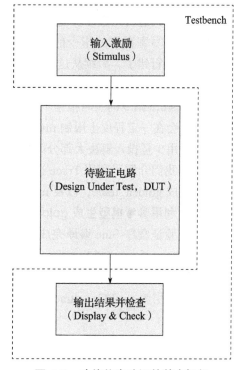

图 4-2　功能仿真验证的基本框架

　　我们采用测试程序作为 CPU 功能验证的激励，即输入激励是一段测试指令序列，这个指令序列通常是用汇编语言或 C 语言编写、用编译器编译出来的机器代码。我们通过观察测试程序的执行结果是否符合预期来判断 CPU 功能是否正确。这样做可以大幅度提高验证的效率，但是验证过程中出错后定位出错点的调试难度也相应提升了。考虑到初学者尚不具备强大的调试能力，我们提供了一套基于 Trace 比对的调试辅助手段，以帮助大家在调试过程中更加快速地定位错误。

（1）基于 Trace 比对的调试辅助手段

　　读者在调试 C 程序的时候应该都用过单步调试这种调试手段。在通过单步调试这样的"慢动作"来运行程序的每一行代码的情况下，能够看到每一行代码的运行行为是否符合预期，从而及时定位到出错点。我们在本书开发环境中提供给读者的这套基于 Trace 比对的调试辅助手段，借鉴的就是这种单步调试的策略。

　　这套策略的具体实现方式是：先用一个已知的功能上正确的 CPU（如开源的龙芯 GS132

处理器）运行一遍测试指令序列，将每条指令的 PC 和写寄存器的信息记录下来，记为 golden_trace；然后在验证 myCPU 的时候运行相同的指令序列，在 myCPU 每条指令写寄存器的时候，将 myCPU 中的 PC 和写寄存器的信息同之前的 golden_trace 进行比对，如果不一样，那么立刻报错并停止仿真。

熟悉 MIPS 指令的读者可能马上会问：分支指令和 store 指令不写寄存器，不就没办法用上面的方式进行判断了？这个问题提得很对。不过，一旦分支跳转不对，那么错误路径上第一条会写寄存器的指令的 PC 就会和 golden_trace 中的不一致，就会报错并停止运行。store 指令执行错了，后续从这个位置读数的 load 指令写入寄存器的值就会与 golden_trace 中的不一致，也会报错并停下来。虽然报错的位置稍微靠后，但总体上还是有规律可循的。分支指令和 store 指令的及时报错不是不可以实现，只不过这样会增加 myCPU 上调试接口的复杂度，也会在一定程度上限制 myCPU 实现分支指令和 store 指令的自由度。权衡利弊后，我们采取了用少量投入解决大部分问题的设计思路。

上面我们介绍了利用 Trace 进行功能仿真验证错误定位的基本思路，下面再具体介绍一下如何生成 golden_trace，以及 myCPU 验证的时候是如何利用 golden_trace 进行比对的。

（2）利用参考模型生成 golden_trace

功能验证程序 func 编译完成后，就可以使用验证平台里的 cpu132_gettrace 运行仿真生成参考 Trace 了。cpu132_gettrace 工程中所用的 SoC_Lite 和验证 myCPU 所用的 SoC_Lite 架构相同，唯一的区别就是所用的处理器核不一样。

仿真顶层为 cpu132_gettrace/testbench/tb_top.v，与抓取 golden_trace 相关的重要代码如下：

```
......
`define TRACE_REF_FILE "../../../../../../golden_trace.txt"     // 参考 trace 的存放目录
`define END_PC 32'hbfc00100                      // func 测试完成后会在 32'hbfc00100 处死循环
......
assign debug_wb_pc        = soc_lite.debug_wb_pc;
assign debug_wb_rf_wen    = soc_lite.debug_wb_rf_wen;
assign debug_wb_rf_wnum   = soc_lite.debug_wb_rf_wnum;
assign debug_wb_rf_wdata  = soc_lite.debug_wb_rf_wdata;
......
// open the trace file;
integer trace_ref;
initial begin
    trace_ref = $fopen(`TRACE_REF_FILE, "w");                // 打开 trace 文件
end

// generate trace
always @(posedge soc_clk)
begin
    if(|debug_wb_rf_wen && debug_wb_rf_wnum!=5'd0)           // Trace 采样时机
    begin
        $fdisplay(trace_ref, "%h %h %h %h" , `CONFREG_OPEN_TRACE ,
            debug_wb_pc, debug_wb_rf_wnum, debug_wb_rf_wdata_v);// Trace 采样信号
```

```
        end
    end
    ......
```

Trace 采样的信号包括：

1）CPU 写回级（Write Back，WB）的 PC，要求大家将每条指令的 PC 一路带到写回级。

2）写回级的写回使能。

3）写回级写回的目的寄存器号。

4）写回级写回的目的操作数。

显然，CPU 并不是每时每刻都有写回，因此 Trace 采样需要有一定的时机：WB 级写通用寄存器堆信号有效，且写回的目的寄存器号非 0。大家可以思考下，为什么此处要判断写回目的寄存器非 0 时才进行采样？

（3）使用 golden_trace 监控 myCPU

myCPU 功能验证所使用的 SoC_Lite 与 cpu132_gettrace 工程中 SoC_Lite 的架构一致，但 Testbench 就与 cpu132_gettrace 里的有所不同了，参见 mycpu_verify/testbench/mycpu_tb.v。重点部分代码如下：

```verilog
    ......
    `define TRACE_REF_FILE "../../../../../../../cpu132_gettrace/golden_trace.txt"
                                                    // 参考 Trace 的存放目录
    `define CONFREG_NUM_REG soc_lite.confreg.num_data  // confreg 中数码管寄存器的数据
    `define END_PC 32'hbfc00100              // func 测试完成后会在 32'hbfc00100 处死循环
    ......
    assign debug_wb_pc          = soc_lite.debug_wb_pc;
    assign debug_wb_rf_wen      = soc_lite.debug_wb_rf_wen;
    assign debug_wb_rf_wnum     = soc_lite.debug_wb_rf_wnum;
    assign debug_wb_rf_wdata    = soc_lite.debug_wb_rf_wdata;
    ......
    // get reference result in falling edge
    reg [31:0] ref_wb_pc;
    reg [4 :0] ref_wb_rf_wnum;
    reg [31:0] ref_wb_rf_wdata_v;
    always @(negedge soc_clk)                        // 下降沿读取参考 Trace
    begin
        if(|debug_wb_rf_wen && debug_wb_rf_wnum!=5'd0 && !debug_end && `CONFREG_OPEN_TRACE)
        // 读取 trace 时机与采样时机相同
        begin
            $fscanf(trace_ref, "%h %h %h %h" , trace_cmp_flag ,
                    ref_wb_pc, ref_wb_rf_wnum, ref_wb_rf_wdata); // 读取参考 Trace 信号
        end
    end

    // compare result in rsing edge
    always @(posedge soc_clk)                        // 上升沿将 debug 信号与 Trace 信号对比
    begin
        if(!resetn)
```

```
        begin
            debug_wb_err <= 1'b0;
        end
        else if(|debug_wb_rf_wen && debug_wb_rf_wnum!=5'd0 && !debug_end && `CONFREG_OPEN_TRACE)
        // 对比时机与采样时机相同
        begin
            if (  (debug_wb_pc!==ref_wb_pc) || (debug_wb_rf_wnum!==ref_wb_rf_wnum)
               ||(debug_wb_rf_wdata_v!==ref_wb_rf_wdata_v) )      // 对比时机与采样时机相同
            begin
                $display("--------------------------------------------------------------");
                $display("[%t] Error!!!",$time);
                $display("    reference: PC = 0x%8h, wb_rf_wnum = 0x%2h, wb_rf_wdata = 0x%8h",
                        ref_wb_pc, ref_wb_rf_wnum, ref_wb_rf_wdata_v);
                $display("    myCPU    : PC = 0x%8h, wb_rf_wnum = 0x%2h, wb_rf_wdata = 0x%8h",
                        debug_wb_pc, debug_wb_rf_wnum, debug_wb_rf_wdata_v);
                $display("--------------------------------------------------------------");
                debug_wb_err <= 1'b1;                            // 标记出错
                #40;
                $finish;                                         // 对比出错，则结束仿真
            end
        end
    end
end
......
// monitor test
initial
begin
    $timeformat(-9,0," ns",10);
    while(!resetn) #5;
    $display("===============================================================");
    $display("Test begin!");
    while(`CONFREG_NUM_MONITOR)
    begin
        #10000;     // 每隔 10000ns 打印一次写回级 PC，帮助判断 CPU 是否死机或死循环
        $display ("          [%t] Test is running, debug_wb_pc = 0x%8h", debug_wb_pc);
    end
end

// test end
wire global_err = debug_wb_err || (err_count!=8'd0);
always @(posedge soc_clk)
begin
    if (!resetn)
    begin
        debug_end <= 1'b0;
    end
    else if(debug_wb_pc==`END_PC && !debug_end)
    begin
        debug_end <= 1'b1;
        $display("===============================================================");
        $display("Test end!");
        $fclose(trace_ref);
```

```
        #40;
        if (global_err)
        begin
            $display("Fail!!!Total %d errors!",err_count);      // 全局出错，打印 Fail
        end
        else
        begin
            $display("----PASS!!!");                            // 全局无错，打印 PASS
        end
        $finish;
    end
end
......
```

3. func 程序说明

func 程序分为 func/start.S 和 func/inst/*.S 两部分，它们都是 MIPS 汇编程序：

1）func/start.S：主函数，执行必要的启动初始化后调用 func/inst/ 下的各汇编程序。

2）func/inst/*.S：针对每条指令或功能点有一个汇编测试程序。

主函数 func/start.S 中的主体部分代码如下，包括三个部分，具体作用如注释所示。

```
......
# 以下是设置程序开始的 LED 灯和数码管显示，单色 LED 全灭，双色 LED 灯一红一绿
    LI (a0, LED_RG1_ADDR)
    LI (a1, LED_RG0_ADDR)
    LI (a2, LED_ADDR)
    LI (s1, NUM_ADDR)

    LI (t1, 0x0002)
    LI (t2, 0x0001)
    LI (t3, 0x0000ffff)
    lui s3, 0
    NOP4

    sw t1, 0(a0)
    sw t2, 0(a1)
    sw t3, 0(a2)
    sw s3, 0(s1)
# 以下是运行各功能点测试，每个测试完执行 wait_1s 等待一段时间，且数码管显示加 1
inst_test:
    jal n1_lui_test    #lui
    nop
    jal wait_1s
    nop
    jal n2_addu_test   #addu
    nop
......
# 以下是显示测试结果，PASS 则双色 LED 灯亮两个绿色，单色 LED 灯不亮；
#Fail 则双色 LED 灯亮两个红色，单色 LED 灯全亮
test_end:
```

```
    LI  (s0, TEST_NUM)
    NOP4
    beq s0, s3, 1f
    nop

    LI (a0, LED_ADDR)
    LI (a1, LED_RG1_ADDR)
    LI (a2, LED_RG0_ADDR)

    LI (t1, 0x0002)
    NOP4


    sw zero, 0(a0)
    sw t1, 0(a1)
    sw t1, 0(a2)
......
```

每个功能点的测试程序名为 n#_*_test.S，其中“#”为编号，如果有 15 个功能点测试，则从 n1 编号到 n15。每个功能点的测试代码大致如下。其中红色部分标出了关键的 3 处代码。

```
......
LEAF(n1_lui_test)
    .set noreorder
    addiu  s0, s0, 1    # 加载功能点编号 s0++
    addiu  s2, zero, 0x0
    lui    t2, 0x1
    ###test inst
    addiu  t1, zero, 0x0
    TEST_LUI(0x0000, 0x0000)
    ......                  # 测试程序，省略
    TEST_LUI(0xf0af, 0xf0a0)
    ###detect exception
    bne s2, zero, inst_error
    nop
    ###score ++         #s3 存放功能测试计分，每通过一个功能点测试，则加 1
    addiu s3, s3, 1
    ###output a0|s3
inst_error:
    sll t1, s0, 24
    NOP4
    or t0, t1, s3       #s0 高 8 位为功能点编号，s3 低 8 位为通过功能点数，相与的结果显示到数码管上
    NOP4
    sw t0, 0(s1)        #s1 存放数码管地址
    jr ra
    nop
END(n1_lui_test)
```

从以上代码可以看到，测试程序的行为是：当通过第一个功能测试后，数码管会显示 0x0100_0001，随后执行 wait_1s；执行第二个功能点测试时，再次通过数码管会显示

0x0200_0002，执行 wait_1s；依次类推。显然，如果每个功能点的测试通过，数码管高 8 位和低 8 位应当永远一样。如果中途数码管显示从 0x0500_0005 变成了 0x0600_0005，则说明运行第六个功能点测试时出错。

最后，再来看看 wait_1s 函数的代码，这里其实使用了一个循环来暂停测试程序执行。

```
wait_1s:
    LI (t0,SW_INTER_ADDR)
    LI (t1, 0xaaaa)
    #initial t3        // 读取 confreg 模块里的 switch_interleave 的值
    lw    t2, 0x0(t0) #switch_interleave: {switch[7],1'b0, switch[6],1'b0...switch[0],1'b0}
    NOP4
    xor   t2, t2, t1   // 拨码开关拨上为 0，故要 xor 来取反
    NOP4
    sll   t3, t2, 9    #t3 = switch interleave << 9
    NOP4

sub1:
    addiu t3, t3, -1     // t3 累减 1

    #select min{t3, switch_interleave} // 获取 t3 和当前 switch_interleave 的最小值
    lw    t2, 0x0(t0)    #switch_interleave: {switch[7],1'b0, switch[6],1'b0...switch[0],1'b0}
    NOP4
    xor   t2, t2, t1
    NOP4
    sll   t2, t2, 9      #switch interleave << 9
    NOP4                 // 以上 lw-xor-sll 三条指令再次获取 switch_interleave
    sltu  t4, t3, t2     // 无符号比大小，如果 t3 比 switch_interleave 小则置 t4=1
    NOP4
    bnez  t4, 1f         // t4!=0，意味着 t3 比 switch_interleave 大，则跳到 1f
    nop
    addu  t3, t2, 0      // 否则，将 t3 赋值为更小的 switch_interleave
    NOP4
1:
    bne   t3,zero, sub1 // 如果 t3 没有减到 0，则返回循环开头
    nop
    jr ra                // 结束 wait_1s
    nop
```

从以上代码可以看到，wait_1s 会依据拨码开关的状态设定循环次数。在仿真环境下，我们会模拟拨码开关为全拨下的状态，以使 wait_1s 循环次数最小。之所以这样设置，是因为 FPGA 的运行速度远远快于仿真的速度。假设 CPU 运行一个程序需要 10^6 个 CPU 周期，CPU 在 FPGA 上的运行频率为 10MHz，那么其在 FPGA 上运行完一个程序只需要 0.1 秒。同样，假设我们仿真设置的 CPU 运行频率也是 10MHz，那么仿真完这个程序也只需要 0.1 秒吗？显然这是不可能的。仿真是通过软件模拟 CPU 运行情况的，也就是说它要模拟每个周期 CPU 内部的变化，运行完这一个程序需要模拟 10^6 个 CPU 周期。我们在一台 2016 年产的主流 X86 台式机上进行实测发现，Vivado 自带的 XSim 仿真器运行 SoC_Lite 的仿真时，每模拟一

个周期大约需要 600us，这意味着在 XSim 上模拟 10^6 个周期所花费的实际时间约为 10 分钟。

对于同一个程序，运行仿真测试大约需要 10 分钟，而在 FPGA 上运行只需要 0.1 秒（甚至更短，比如在 50MHz 主频下，CPU 运行完程序只需要 0.02 秒）。所以，如果我们不控制好仿真运行时的 wait_1s 函数，就会陷入 wait_1s 长时间等待中；类似地，如果我们上板时设定 wait_1s 函数时间很短（比如拨码开关全拨下），则会导致我们无法看到数码管累加的效果。

如果大家在 CPU 上板运行过程中，发现数码管累加跳动太慢，请调小拨码开关代表的数值；如果发现数码管累加跳动太快，则应调大拨码开关代表的数值。

4. 编译脚本说明

功能仿真验证测试程序的编译脚本为验证平台目录下的 func/Makefile，了解 Makefile 的读者可以看一下该脚本。该脚本支持以下命令：

- make help：查看帮助信息。
- make：编译得到仿真下使用的结果。
- make clean：删除 *.o、*.a 和 ./obj/ 目录。
- make reset：执行命令 make clean，且删除 convert、bin.ld。

5. 编译结果说明

func 编译结果位于 func/obj/ 下，共有 8 个文件，各文件的具体说明见表 4-4，文件生成关系见图 4-3。

表 4-4　编译生成文件

文件名	说明
data_ram.coe	重新定制 data ram 所需的 coe 文件
data_ram.mif	仿真时 data ram 读取的 mif 文件
inst_ram.coe	重新定制 inst ram 所需的 coe 文件
inst_ram.mif	仿真时 inst ram 读取的 mif 文件
main.bin	编译后的代码段，可以不用关注
main.data	编译后的数据段，可以不用关注
main.elf	编译后的 elf 文件
test.s	对 main.elf 反汇编得到的文件

6. 测试程序的装载

我们开发的测试程序用 GCC 工具编译之后会形成一个 ELF 格式的可执行文件——main.elf。那么我们是要在自己开发的 CPU 上直接运行这个 ELF 格式的可执行文件吗？显然不是。我们测试的环境俗称"裸机"，它是一台没有运行任何操作系统或者监控环境的硬件系统，所以也

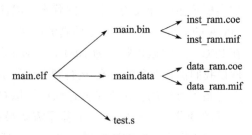

图 4-3　编译得到的文件生成关系

没有任何文件系统、可执行程序的加载器等软件。

我们真正需要的其实是 main.elf 的代码和初始数据。只要能把这些代码和初始数据提取出来,将代码放到指令 RAM 中,将初始数据放到数据 RAM 中,就可以让 CPU 运行起来了。所以,我们用工具链中的 objcopy 工具,将 main.elf 文件中的 .text 段提取出来生成二进制格式的纯数据文件 main.bin,将 main.elf 文件中的 .data 段提取出来生成二进制格式的纯数据文件 main.data。

接下来要考虑的是怎么把这些信息"装"到 RAM 中去。我们利用的是 Xilinx FPGA 中 block RAM IP 的初始内容加载功能。该功能需要将加载的内容按照规定的格式转换成文本文件。于是我们进一步将前面得到的 main.bin 和 main.data 转换为所需的文本文件。每个二进制纯数据文件都生成一个 .coe 后缀的文件和一个 .mif 后缀的文件。这两个文件的数据内容其实完全相同,只是其他格式信息存在差异。coe 文件用于生成上板配置文件,而 mif 文件用于功能仿真。我们建议读者在调试过程中不要通过直接修改 coe 文件或 mif 文件的方式来调整测试激励,除非你真的清楚所做的修改会影响哪个环节的验证结果。

7. 仿真验证结果判断

判断仿真结果是否正确有两种方法。

第一种方法,也是最简单的,就是看 Vivado 控制台打印的是 Error 还是 PASS。正确的控制台打印信息如图 4-4 所示。

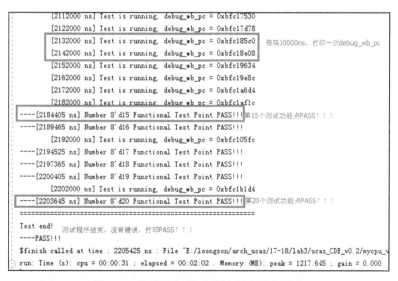

图 4-4 仿真验证通过的控制台打印信息

第二种方法是通过波形窗口观察程序执行结果 func 的行为，抓取 confreg 模块的信号 led_data、led_rg0_data、led_rg1_data、num_data（如图 4-5 所示）。具体过程如下：

1）开始时，单色 LED 写全 1 表示全灭，双色 LED 写 0x1 和 0x2 表示一红一绿，数码管写全 0。

2）执行过程中，单色 LED 灯全灭，双色 LED 灯一红一绿，数码管高 8 位和低 8 位同步累加。

3）结束时，单色 LED 写全 1 表示全灭，双色 LED 均写 0x1 表示亮两个绿灯，数码管高 8 位和低 8 位数值相同，对应测试功能点数目，lab1 中为 0x13，lab2 中各阶段测试功能点数不同。

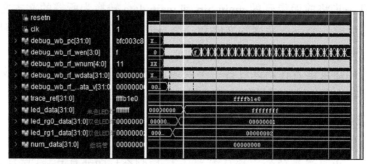

a）开始

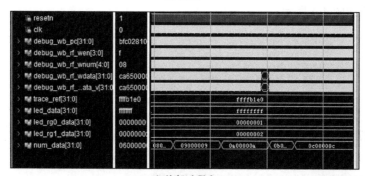

b）执行过程中

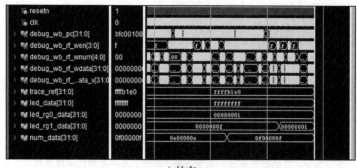

c）结束

图 4-5 正确的仿真波形图

8. FPGA 上板验证结果的判断

在 FPGA 上板验证时，判断其结果正确与否只有一种方法。func 正确的执行行为是：

1）开始时，单色 LED 灯全灭，双色 LED 灯一红一绿，数码管显示全 0。

2）执行过程中，单色 LED 灯全灭，双色 LED 灯一红一绿，数码管高 8 位和低 8 位同步累加。

3）结束时，单色 LED 灯全灭，双色 LED 灯亮两个绿灯，数码管高 8 位和低 8 位数值相同，对应测试功能点数目。

如果 func 执行过程中出错，则数码管高 8 位和低 8 位第一次不同处即为测试出错的功能点编号，且最后的结果是单色 LED 灯全亮，双色 LED 灯亮两个红灯，数码管高 8 位和低 8 位数值不同。

最后 FPGA 验证通过的效果图如图 4-6 所示，数码管高 8 位和低 8 位显示为运行的功能点数目。

图 4-6   上板验证正确效果图

如果大家想看动态的 FPGA 运行过程，可以对 cpu132_gettrace 下的 Vivado 工程进行综合实现并上板运行，其将显示正确的 FPGA 验证运行过程。

4.3.3   CPU 设计开发环境使用进阶

1. 升级工程和 IP 核

在 lab3.zip 里发布的 CPU 设计开发环境 CPU_CDE 是在 Vivado2019.2 中创建的，如果使用更高版本的 Vivado 打开它，需要对工程和 IP 核进行升级。注意：Vivado 不支持向前兼容，即低版本 Vivado 无法修改高版本 Vivado 创建的工程。

用高版本 Vivado 打开低版本的工程时，升级工程和 IP 核的方法如下：

1）用高版本 Vivado 打开低版本的工程时会弹出图 4-7 所示界面，选择第一个选项 "Automatically upgrade to the current version"，点击 "OK" 进行升级。

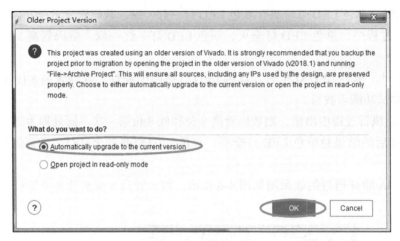

图 4-7　将工程升级

2）如果你的工程里包含 Vivado 定制的 IP 核，则会显示图 4-8 左侧的提醒，此时选择 "Report IP Status"，则会显示 IP 核状态，如图 4-8 右侧所示。图中的三个 IP 和显示的锁标记说明该 IP 核目前被锁住，无法修改。

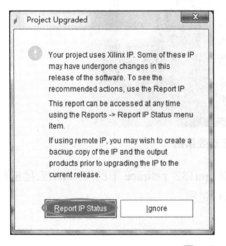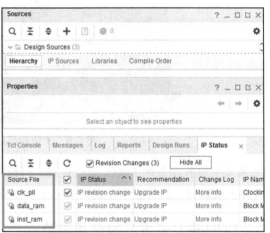

图 4-8　显示 IP 核被锁住

3）需要对锁住的 IP 核依次进行升级，才能在此版本 Vivado 里修改这些 IP 核。在 Sources 窗口中找到要升级的 IP，右键单击，在出现的菜单中点击 "Upgrade IP"，如图 4-9 所示。

4）之后，会弹出图 4-10 所示的界面，选择第二个选项 "Continue with Core Container Disabled"，点击 "OK"。

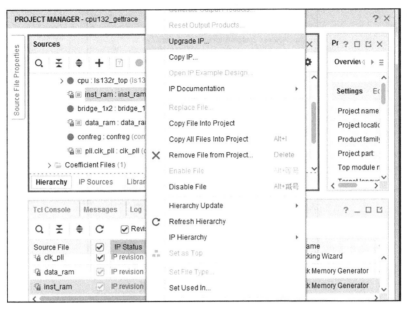

图 4-9　点击 IP 核选择"Upgrade IP"

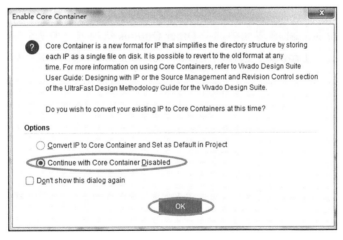

图 4-10　将 IP 核升级

5）在弹出的 Generate Output Products 窗口中，根据需要选择 Global 或 Out of context per IP 模式，点击 Generate 完成升级，如图 4-11 所示。

2. 重新定制 inst_ram

当我们需要更新 func 程序的目录时，需要重新定制 inst_ram。比如，CPU_CDE 的初始 func 程序目录是 soft/func_lab3/，当进行本章实践任务二时需要更改为 func_lab4，就要重新定制 inst_ram 使其应用 func_lab4/obj/inst_code。

图 4-11 完成 IP 核升级

注意，cpu132_gettrace 和 myCPU 都需重新定制 inst_ram。重新定制 inst_ram 的流程如下：

1）在 Sources 窗口中找到 inst_ram IP，双击或者右键单击后点击"Re-customize IP"，进入定制界面。

2）在弹出的重新定制 IP 界面中选择 Other Options 选项卡，勾选 Load Init File，并且在 Coe File 中通过点击"Browse"选择新生成的 inst_ram.coe，点击 OK。如图 4-12 所示。

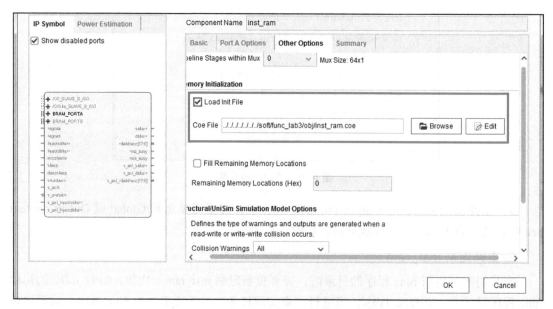

图 4-12 重新定制 inst_ram IP 界面

3）在弹出的 Generate Output Product 窗口中，根据需要选择 Global 或 Out of context per IP 模式，点击 Generate 完成 inst_ram 的重新定制。

3. 重新生成 golden_trace.txt

当在 cpu132_gettrace 里重新定制 inst_ram IP 后，还要重新生成 golden_trace.txt，其步骤如下：

1）打开 cpu132_gettrace 工程，确保 inst_ram IP 已重新定制。

2）运行仿真，仿真结束后，cpu132_gettrace 目录下的 golden_trace.txt 会被更新。

4. 替换 mif 文件快速仿真

本节内容仅供参考，如果未掌握本节内容也不会影响完成实践任务。

本节将提供一种方法：在不重新定制 inst ram 的情况下，直接使用新的 func 进行仿真。

前面介绍的重新定制 inst_ram 比较耗时，如果只进行仿真的话，可以选择修改、替换 mif 文件的方法来达到更改 inst_ram 初始值的目的。

以 cpu132_gettrace 工程为例，在启动仿真界面后，会发现工程文件中出现目录"cpu132_gettrace/run_vivado/cpu132_gettrace/cpu132_gettrace.sim/sim_1/behave/xsim/"，将该目录中的 inst_ram.mif 换成软件环境 obj 目录下的 inst_ram.mif（CPU_CDE/soft/func_lab4/obj/inst_ram.mif)，再点击"Restart"（注意：不是"Relaunch Simulation"）回到零时刻，然后点击"run all"开始仿真，此时 inst_ram 的初始值会变成新的 inst_ram.mif 中所写的数据。

注意：每当新打开仿真或者点击"Relaunch Simulation"时，inst_ram.mif 的文件会根据先前定制好的 inst_ram 来重新生成。

4.4 CPU 设计的功能仿真调试技术

上一章我们已经介绍了数据逻辑电路设计在功能仿真过程中常用的调试方法和技术。在这一节中，我们将结合 CPU 这种具体的数字逻辑电路以及我们所提供的开发环境，详细介绍一些有关的功能仿真调试技术。

这里我们仍然以观察仿真波形作为 CPU 功能仿真验证调试的主要手段。在上一章中，我们介绍过观察数字逻辑电路功能仿真波形的基本思路，其核心就是"找到一个能明确的错误点，然后沿着设计的逻辑链条逆向逐级查看信号，直至找到错误的源头。"CPU 也是数字逻辑电路，所以它的功能仿真验证调试同样可以遵循这个思路。因此，我们主要结合 CPU 功能仿真验证的特殊性，总结具体的调试方法。

4.4.1 为什么要用基于 Trace 比对的调试辅助手段

通过前面 CPU 设计环境的介绍，读者已经知道在对 CPU 进行功能验证时，会采用一段测试指令序列（或称为测试程序）作为 CPU 功能验证的激励，验证通过与否是通过观察测试程序的执行结果是否符合预期而决定的。这种验证方式的优点是既可以用于仿真验证，也可以用于实际机器的测试；缺点是验证者看到出错现象时，往往已经离出错源头很远了。对于这里所说的缺点，大家可能还没有直观的概念，我们通过一个例子来说明一下。

假设我们想通过测试程序验证 CPU 有没有正确执行 ADDU 指令，那么很自然会用这样的流程开发测试程序：首先，分别向两个寄存器存入操作数；然后执行一条 ADDU 指令，将这两个寄存器作为源寄存器，同时向不同于 ADDU 指令的目的寄存器的另一个寄存器存入正确的结果；最后，将存有期望结果的寄存器和 ADDU 指令的目的寄存器进行比较，如果不相等则调用打印函数向终端输出一条出错信息，否则继续进行后续测试。按照这个流程，假设 CPU 设计中出现了错误，导致 ADDU 指令执行出错，那么等到验证人员从终端中看到出错信息时，CPU 已经执行了比较指令和打印出错信息的函数的所有指令。如果整个系统的输出函数还有自己内部的软件缓存，那么出错信息真正写入到输出设备中的时间还要滞后。也就是说，从 ADDU 指令出错到你看到出错提示，CPU 可能又执行了成百上千条指令。这会造成什么问题呢？问题在于，你打开的仿真波形中，从最后时刻开始向前的数百乃至数千个周期中 CPU 的行为都是正常的，这意味着你查看这数百乃至数千个周期中的任何信号都是徒劳的。如果没有一种方法让你快速定位到出错的 ADDU 指令的执行时刻，那么就会花费相当多无用的调试时间。

可能有读者会说：这个问题好解决，我们在错误信息中打印出这是第几个测试程序的第几个测试用例，然后按照这个信息定位被测试的指令就可以了。这个方法原理上是正确的，但是不能解决所有问题。因为现在出错的原因不是软件写错了，而是 CPU 设计出错了，那么出错的原因就可能五花八门。还是刚才的例子，检验 ADDU 指令执行是否正确的测试中可不是只有 ADDU 指令，还有其他指令。一旦这些指令执行出错了，你看到的提示还是 ADDU 指令测试出错了，但事实上并不是 ADDU 指令错了。有的读者可能又会说：如果我们在测试里用的其他指令在前面的测试用例里已经测试过了，那就不应该出错了。我们只能说这是一个美好的愿望。我们暂且不论第一条指令的测试该如何写（这意味着只用一条指令写一段测试程序），即使是已经测试过的指令再使用时不会出错这个假设也是不成立的。CPU 设计的调试之所以困难，原因就在于同样一条指令，它在某种执行序列下能正确执行，但是在另外一种执行序列下就有可能出错。因此，不能保证一条指令通过了前面的测试就一定能在后面的测试序列中不出错。

上面说了这么多，其实就是告诉各位读者：**CPU 执行出错的源头，可能通过测试程序的逻辑路径传递很远之后才被验证者发现**。对于采用测试程序测试 CPU 设计的验证方法，调试过程中最大的工作量在于找到错误源头对应的那条指令。

解释到这里，也许读者已经能理解，为什么我们要在本书的开发环境中提供一套基于 Trace 比对的调试辅助手段。因为通过这个手段，**在大多数情况下**，仿真验证平台都能在错误源头的那条指令刚刚执行完的时候立刻报错。具体到波形中，可以将 mycpu_tb 这个模块中 debug_wb_err 信号抓到波形中，它从 0 变为 1 的时刻就是 Trace 比对不通过的那条指令在写回级写寄存器的时刻。是不是特别简单？瞬间就能够定位到出错的指令了。

4.4.2 基于 Trace 比对调试手段的盲区及其对策

不过，Trace 比对机制也不是万能的，还是存在 Trace 比对无法及时发现的错误。我们总结了一下，主要有下面三种情况：

1）myCPU 死机了。这种情况在波形上体现为时钟信号还在随着时间而增长，但是 CPU 一直没有指令写回。

2）myCPU 执行一段死循环，且这段死循环中没有写寄存器的指令，比如 "1: b 1b; nop" 这样的程序片段。

3）myCPU 执行 store 指令出错。

针对前两种情况，我们在本书开发环境中引入了另一套监控机制：通过在验证平台 mycpu_tb 中每隔 10000ns 利用 Verilog 的 $display 系统调用直接向终端输出 CPU 写回级的 PC。如果发现终端不再输出写回级 PC 或者输出的都是同一 PC，则说明 CPU 死机了；如果终端输出的 PC 具有明显的规律，是在一个很小的范围内不停地重复，则说明陷入了死循环，这时候就需要找到这串提示异常的输出的第一条，追溯到该条提示开头的仿真时间。从波形上，就是要从这个仿真时间开始往前查找（后面的就不用看了），找到第一个写回级有写寄存器信号的时刻，那么错误肯定是在这个时刻开始之后的某个时刻出现的。

对于第三种情况，执行出错的 store 指令会被后面访问相关地址[⊖]的 load 指令报出来，所以会看到 Trace 比对机制报错并停在一条 load 指令上。当检查完这条 load 指令的执行过程，发现 load 指令自身的执行没有问题，那么十有八九是前面访问相关地址 store 指令的执行出问题了。原因有以下几种：

1）该写这个地址的 store 指令把写入的数值搞错了。

2）该向这个地址写入数值的 store 指令没有把数值写进去。

3）不该访问这个地址的 store 指令因为把地址搞错了，进而错误地更改了这个位置的数值。

具体是哪种原因，要结合程序的行为和波形的反馈来确定。应该说，这种 store 指令执行出错的情况是最难调试的。为了调试好这类错误，必须掌握接下来介绍的阅读反汇编程序和代码的技能。

4.4.3 学会阅读汇编程序和反汇编代码

在进行 CPU 设计时，为了验证 CPU 的功能，我们需要让 CPU 运行一段验证程序。这种验证程序通常是由 C 语言或汇编语言编写的。编写 C 语言代码比较方便、快捷，适合编写复杂的程序；汇编语言在编写时虽然比较烦琐，但可以明确控制指令顺序、编译结果。比

⊖ 之所以用"相关地址"而不是"相同地址"，是因为只要 store 写的地址区域和 load 读的地址区域有重叠就会有体现，而此时两条地址相关的 load、store 指令的地址未必严格相同。

如，有时候我们需要验证 CPU 对特定指令序列流的处理是否正确，此时就适合使用汇编语言来编写。另外，C 语言中也可以内嵌汇编进行编程，这种汇编与 C 语言混合的写法有助于提升程序的性能或实现特定的功能。

接下来，我们将简单介绍 MIPS 汇编程序和反汇编代码的阅读方法，以便读者提升代码的调试能力。更详细的介绍请参考《MIPS 体系结构透视（原书第 2 版）》中的第 8 章和第 9 章。

程序员们有个约定俗成的规定：编写的汇编程序一般将其后缀名记为 ".S"，比如，如果在一个编译目录里看到了文件名 "start.S"，这就是一个人为编写的汇编程序；对编译结果进行反汇编后得到的文件，一般将其后缀名记为 ".s"，汇编器对汇编程序预处理后得到的文件的后缀名也会记作 ".s"。

1. 常见的汇编代码

常见的汇编代码格式如图 4-13 所示。

这段代码中有 4 类功能语句：

1）注释代码：比如 "##..."。

2）标号（label）：比如 "_start:" 和 "start:"。

3）伪指令：比如 ".set" ".globl" 和 ".org"。

4）汇编指令：比如 "b locate"（locate 是一处标号）、"nop" 等。

（1）注释代码

在 MIPS 汇编中，通常汇编器支持三类注释代码：

1）#：表示从当前字符到行尾为注释。

2）//：和 "#" 功能相同，与 C 语言语法一致，表示从当前字符到行尾为注释。

3）/*…*/：同 C 语言语法，/* 和 */ 之间的内容为注释。

值得说明的是，"#" 还有其他用途，即用于预处理的引导字符。比如，"#define" "#if" 和 "#include" 都不是注释，而是预处理的指示语句，这一点和 C 语言类似。

"#if" 配合 "#elif" "#else" 和 "#endif" 可以实现条件编译的功能，如图 4-14 所示。

（2）标号

标号用于代替该条汇编指令的起始地址，相当于定义了一个变量，该变量指向该汇编指令的起始地址。其定义格式是："标号" + ":"。

```
##s4, exception pc
    .set    noreorder
    .globl  _start
    .globl  start
    .globl  __main
_start:
start:

    b   locate
    nop

##avoid "j locate" not taken
    lui   t0, 0x8000
    addiu t1, t1, 1
    or    t2, t0, zero
    addu  t3, t5, t6
    lw    t4, 0(t0)
    nop

##avoid cpu run error
.org 0x0ec
```

图 4-13 常见的汇编代码示例

```
run_test:
#if CMP_FUNC==1
    bal shell1
    nop
#elif CMP_FUNC==2
    bal shell2
    nop
#elif CMP_FUNC==3
    bal shell3
    nop
#elif CMP_FUNC==4
    bal shell4
#else
    b go_finish
    nop
#endif
go_finish:
```

图 4-14 汇编程序中条件编译示例

标号的命名遵循汇编中的变量命名的格式，可以使用 C 语言中任意合法的标识符（大小写字符、数字和下划线），同时可以包含字符"＄"和"."，比如".t0"可以作为一个合法的标号。

有一类特殊的标号是数字标号，图 4-15 中的"1:"和"2:"是数字标号的定义，"2b"是对数字标号"2"的引用。

```
        sll t0, t0, 16      #t0 = switch<<16
1:
        addiu t0, 1
2:
        addiu t0, -1
        bne t0,zero, 2b
        nop
        jr ra
        nop
```

图 4-15　汇编程序中的数字标号示例

数字标号具有局部标号的作用：引用的格式为"数字标号 + ' f'"表示在**将来的程序**（forward）中寻找最近的该数字标号；引用的格式为"数字标号 + ' b'"表示在**过去的程序**（back）中寻找最近的该数字标号。比如，"1f"表示在将来的程序中寻找最近的数字标号"1"，也就是在代码界面里向下找最近的"1"；"2b"表示在过去的程序中寻找最近的数字标号"1"，也就是在代码界面里向上找最近的"2"，图 4-15 中"2b"就是引用" addiu t0,–1"这条指令处定义的标号"2"。由于数字标号的引用遵循就近原则，因此数字标号可以重复定义、引用，而不会导致混乱，极大地方便了汇编程序的编写（程序员不需要为一些临时或简单的跳转标号而绞尽脑汁命名）。

（3）伪指令

在 MIPS 汇编中还经常看到伪指令，比如".set"".globl"".text"".org"和".align"等。伪指令的功能是指导汇编器的工作。

".set"告诉汇编器怎样进行汇编，比如".set noreorder"告诉汇编器对后续代码不执行重排序优化，除非遇到".set reorder"的指示。

".globl"声明该变量是全局变量，可以供其他文件引用。

".text"告诉汇编器后续代码放在".text"段（代码段），除非遇到其他说明。与".text"类似的功能有".rodata"（只读数据段）、".data"（数据段）等。

".org"和".align"指示了对齐格式，".org n"表示从起始地址偏移 n，".align n"表示以 2^n 字节对齐。比如，".org 0x100"表示要求地址低位为 0x100（也就是起始地址偏移 n）；".align 2"表示以 2^2 字节对齐，也就是要求地址末两位为 0。

（4）汇编指令与机器指令

汇编指令是机器指令的超集，也就是说，一条机器指令一定属于汇编指令。汇编指令是我们可以直接在汇编文件中编写的指令，作为汇编器的输入；机器指令则是汇编器的输出，每条机器指令对应一个唯一的指令编码，供机器识别并执行。不同的汇编器支持的汇编指令可能有所不同，但是它们支持的同一架构版本的机器指令一定是相同的。

机器指令也是我们实现的 CPU 中直接支持的指令，在 MIPS 卷 2 文档" The MIPS32 Instruction Set"给出的指令列表中看到的指令绝大部分是机器指令。比如，" addu"指令就是一条机器指令。

请记住以下关系：一条汇编指令对应一或多条机器指令。

比如，汇编程序中经常使用的装载立即数的" li"指令就是一条汇编指令，汇编语句" li t0, 0x12345678"的语义是将 t0 寄存器的值修改为 0x12345678；无条件转移指令" b"是一条汇编指令，汇编语句" b finish"的语义是无条件转移到标号" finish"处执行程序；执行加法的" addu"指令是一条汇编指令，汇编语句" addu t2, t0, t1"的语义是将 t0、t1 寄存器的值相加，结果写入到 t2 寄存器中。

汇编指令" li"对应一条或两条机器指令，如表 4-5 所示。

表 4-5 一条" li"汇编指令对应一或多条机器指令

汇编指令	对应的机器指令
li t0, 0x12340000	lui t0, 0x1234
li t0, 0xffff8765	addiu t0, zero, 0x8765
li t0, 0x12348765	lui t0, 0x1234 ori t0, t0, 0x8765 或 addiu t0, t0, 0x8765

汇编指令" b …"对应的机器指令是" beq $0, $0, …"，因为 $0 号寄存器和自己做相等比较的结果肯定是 1，所以该指令是无条件转移指令；汇编指令" bal …"对应的机器指令是" bgezal $0, …"（bgezal 表示大于等于 0 时进行链接转移，链接转移是指进行转移并记录下后续的返回地址），因为 MIPS 中 0 号寄存器的值固定为 0，所以 $0 做大于等于 0 的比较，结果肯定是 1，所以该指令等效为无条件链接转移指令。

值得一提的是，除法指令的汇编格式助记符是" div"，这和机器指令格式的助记符相同，但往往会带来混乱。比如，我们在汇编程序中写一个指令" div t0, t1"，目的是使用 t0寄存器的值除以 t1 寄存器的值，并将结果写入 HI/LO 寄存器中（MIPS 架构为乘法和除法定义了单独的目标寄存器）。但汇编往往会将该指令当作汇编指令" div t0, t0, t1"，该指令会翻译成约 7 条机器指令（详细翻译结果请参考《 MIPS 体系结构透视（第 2 版）》第 8 章的内容），表示将除法得到的商写入 t0 寄存器中（会在结果写入 Hi/Lo 后，再使用指令" mflo t0"将商从 Lo 寄存器读出，然后写入到 t0 寄存器中）。如果我们想明确写机器指令格式的" div"，就需要将目标寄存器定义为 $0 号寄存器，也就是书写格式是" div $0, t0, t1"，这样该指令只会翻译为一条机器指令。

（5）通用寄存器的习惯命名和用法

在本书中使用的 ABI 为 o32，其对通用寄存器的命名和使用约定如表 4-6 所示。

表 4-6　通用寄存器的习惯命名和用法[一]

寄存器编号	助记符	用法
0	zero	固定为 0，对其读取永远返回 0
1	at	保留给汇编器使用
2～3	v0～v1	子程序返回值
4～7	a0～a3	子程序调用的前几个参数
8～15	t0～t7	临时变量，子程序使用时无须保存
24～25	t8～t9	
16～23	s0～s7	子程序寄存器变量，需要进行现场保存和恢复
26～27	k0～k1	保留给内核态进行例外处理程序时使用
28	gp	全局指针，可以作为引用全局变量的基址
29	sp	堆栈指针
30	s8/fp	第九个寄存器变量，子程序可以用来作为帧指针
31	ra	子程序的返回地址

2. 反汇编命令和代码阅读

用汇编语言或 C 语言编写程序，对其进行编译后得到 elf 格式的可执行文件。对 elf 文件使用 objdump 命令进行反汇编，通常约定反汇编后的文件后缀为 ".s"。

比如，假设 elf 文件为 main.elf，要对该文件进行反汇编，可以在 Linux 命令行执行以下命令：

```
mipsel-liunx-objdump  -ald  main.elf  >  test.s
```

或

```
mipsel-liunx-objdump  -alD  main.elf  >  test.s
```

上述命令中，"mipsel-liunx-objdump" 为交叉编译工具 objdump 的命令，"-ald" 或 "-alD" 为命令参数，"main.elf" 为 elf 文件的名字，">" 为重定向命令（表示将终端输出重定向到后续的文件 test.s 中），"test.s" 为输出重定向后的文件名。

命令参数的具体含义如下：

1）-a：显示 elf 文件的文件头信息。

2）-l：显示源码中的行号，通常与 -d 或 -D 联合使用，并且需要在编译生成 elf 文件时使用编译参数 -g（在编译结果中保留调试信息）。

3）-d：只反汇编 .text 段（代码段）的内容，比如数据段的内容不会被反汇编。

4）-D：反汇编所有段的内容。

反汇编后的文件的打开的格式如图 4-16 所示，图中每行指令占据两行：

1）第一行显示该指令所在的源码文件以及行号。

一　参见《MIPS 体系结构透视》第 2 章。

2）第二行显示该指令的地址、指令编码和汇编格式。

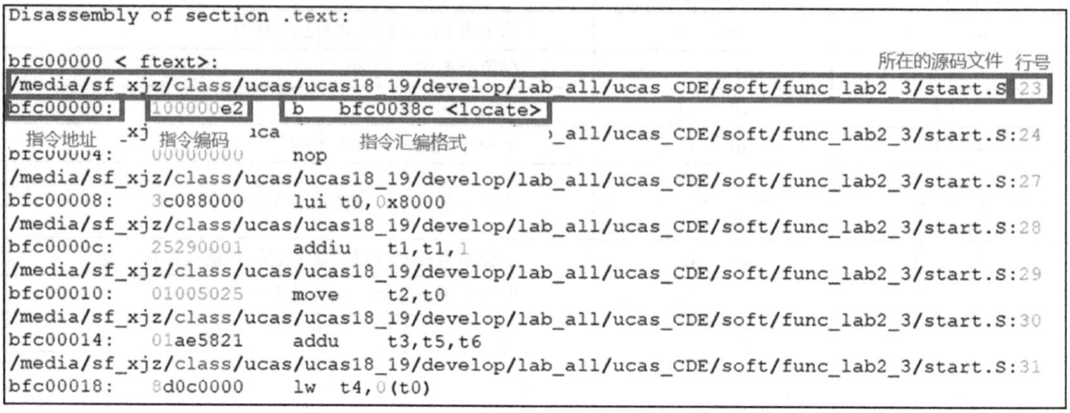

```
Disassembly of section .text:

bfc00000 < ftext>:
/media/sf xjz/class/ucas/ucas18 19/develop/lab all/ucas CDE/soft/func lab2 3/start.S 23
bfc00000:   100000e2    b   bfc0038c <locate>
 _xj  ıca  )_all/ucas_CDE/soft/func_lab2_3/start.S:24
bfc00004:   00000000    nop
/media/sf_xjz/class/ucas/ucas18_19/develop/lab_all/ucas_CDE/soft/func_lab2_3/start.S:27
bfc00008:   3c088000    lui t0,0x8000
/media/sf_xjz/class/ucas/ucas18_19/develop/lab_all/ucas_CDE/soft/func_lab2_3/start.S:28
bfc0000c:   25290001    addiu   t1,t1,1
/media/sf_xjz/class/ucas/ucas18_19/develop/lab_all/ucas_CDE/soft/func_lab2_3/start.S:29
bfc00010:   01005025    move    t2,t0
/media/sf_xjz/class/ucas/ucas18_19/develop/lab_all/ucas_CDE/soft/func_lab2_3/start.S:30
bfc00014:   01ae5821    addu    t3,t5,t6
/media/sf_xjz/class/ucas/ucas18_19/develop/lab_all/ucas_CDE/soft/func_lab2_3/start.S:31
bfc00018:   8d0c0000    lw  t4,0(t0)
```


图 4-16　反汇编文件示例

除了对 elf 文件反汇编，我们还可以使用 readelf 命令（交叉编译工具则使用 mipsel-liunx-readelf 命令）对 elf 文件进行读取、显示 elf 文件的结构，比如 .text 段（代码段）的起始地址和大小等。

4.4.4　CPU 调试中要抓取的信号以及如何看这些信号

1. valid 和 PC 信号必不可少

从前面的内容可知，调试 CPU 的时候必须要结合测试程序的指令序列进行。我们通过阅读测试程序及其反汇编代码来了解 CPU 所执行的指令序列。如何快速地将它们与抓取的信号联系起来呢？核心纽带就是指令的 PC。这也是为什么现阶段设计的 CPU 还没有支持例外功能，而我们给出的参考设计却将 PC 从取指阶段沿着流水级一路传递下去的原因。因为这样每一级流水线的缓存中都会保存这一级流水当前正在处理的指令的 PC，将**各级的 PC 信号**抓取到波形窗口中，就可以一目了然地看出一条指令是如何在流水线中前进的。

除了各级的 PC 信号外，在我们的参考设计中，每一级流水的 valid 位也要抓取出来。对于任意一个流水级，不要在其 valid 为 0 的周期内分析流水级的其他信号，除非你的设计意图是希望这个周期内 valid 为 1，而你正在分析为什么它没有置为 1。

其余经常要抓取的信号还有：指令在写回级写通用寄存器堆的使能信号、地址、数据，指令 RAM 和数据 RAM 访问接口上的信号，以及取指或译码流水级上的指令码。不过，这些信号不一定每次都要抓取出来，要视你调试的需求而定。

2. 各流水线信号要分组有序摆放

对于流水线 CPU，强烈建议大家将同一流水级的信号放在同一组中，然后按照流水级的顺序将各组信号自上而下或自下而上依次摆放。

随着设计逐步成熟以及调试经验的逐渐丰富，建议大家将各个流水级基础、常用的信号抓取出来，按照上面的建议分组并摆放好，然后将这些分组摆放好的基本信号保存成信号文件。这样再重新启动仿真时，仿真一结束就可以把这些基本信号显示出来，节省了再添加一遍的时间。

3. 先遍历指令再遍历流水线

假定已经按照上面的建议摆放好了信号波形，那么怎么看这样花花绿绿的一片信号和波形呢？我们在前面介绍调试方法的时候说过，要先找到源头错误对应的那条指令，再分析这条指令具体对应的是逻辑电路的哪个部分有错。

在第一步定位指令的过程中，建议你重点观察流水线的一级，通常我们选择写回级。根据写回级的 valid 和 PC 信号，结合反汇编中查明的指令序列，在波形中前后移动以确定出错指令。再次提醒，如果移动跨度超过视界，可以考虑用查找信号值来加快移动速度和精确度。

找到可疑指令之后，根据它的 PC 查看反汇编代码，明确它是写通用寄存器堆的、写内存的，还是分支跳转类的。如果是写通用寄存器堆的，就从这条指令在写回级时访问寄存器堆的信号开始查看；如果是写内存的，就从这条指令在执行级时访问数据 RAM 的信号开始查看；如果是分支跳转类的，就从这条指令在译码级时生成的影响 nextPC 的 taken 和 target 信号开始查看。之后就按照 CPU 设计中的数据通路逆向追查下去。

当一条可疑指令在 CPU 的执行过程被逆向梳理一遍以后，要么已经能够明确 CPU 设计中存在的错误，要么发现这条指令不是错误的源头，那么就要回到定位指令的过程继续沿时间轴向前或向后定位指令。

4.5　指令相关与流水线冲突

现在我们进入简单流水线 CPU 设计的第二阶段。我们将在第一阶段设计的基础之上，分析指令相关对流水线 CPU 设计带来的影响，进而对我们的 CPU 设计进行调整。

有关指令相关和流水线冲突的原理性阐述，请参考《计算机体系结构基础（第 2 版）》的 9.3 节或其他相关文献。这里略去分析的过程，总结几个要点如下：

1）单发射静态流水线上只需要解决围绕寄存器的写后读数据相关所引发的流水线冲突，围绕寄存器的写后写和读后写数据相关不会引发流水线冲突，围绕内存的所有类型的数据相关也不会引发流水线冲突。

2）对于单发射静态流水的 MIPS CPU，如果取指和译码阶段均只设计为一级流水线，那么只需要在译码阶段进行转移指令的处理，就能够在完全不阻塞（清空）流水线的情况下解决控制相关引发的流水线冲突。

3）单发射静态流水线上的结构相关所引发的流水线冲突的处理可以简化为：后一级流水线的指令无法运行，则前一级流水线的指令也无法运行。

针对第 2 点，前面给出的流水线 CPU 设计已经将所有转移指令的处理都放在译码阶段了，所以控制相关引发的流水线冲突已经得到解决。

针对第 3 点，前面给出的流水线 CPU 设计中所采用的逐级互锁控制机制能够确保任何一级无法前行时，它前面的所有流水级都可以及时停止，同时不丢失数据，所以结构相关引发的流水线冲突也已经得到解决。

我们接下来主要解决写后读数据相关所引发的流水线冲突。

4.5.1　处理寄存器写后读数据相关引发的流水线冲突

产生由寄存器写后读数据相关所引发的流水线冲突的场景是：产生结果的指令（"写者"）尚未将结果写回到通用寄存器堆中，而需要这个结果的指令（"读者"）已经在译码阶段了，此刻它从通用寄存器堆中读出的数值是旧值而非新值。

如何避免产生这种错误呢？一种直观的解决思路是：让需要结果的指令在译码流水级一直等待，直到产生结果的指令将结果写入到通用寄存器堆，才可以进入到下一级的执行流水级中。这一节我们就采用这种思路来调整设计。

这套设计思路中的关键点在于控制译码流水级指令前进还是阻塞的条件如何生成，其核心是判断处于流水线不同阶段的指令是否存在会引发冲突的"写后读"相关关系。结合我们设计的五级流水线 CPU 的结构，这个判断可以具体描述为：处于译码流水级的指令具有来自非 0 号寄存器的源操作数，那么如果这些源操作数中任何一个的寄存器号与当前时刻处于执行级、访存级或写回级的指令的目的操作数的寄存器号（非 0 号）相同，则表明处于译码级的指令与执行级、访存级或写回级的指令存在会引发冲突的"写后读"相关关系。

在上面给出的具体描述中，有些读者可能不理解为什么译码级指令的源寄存器号也要和写回级的指令的目的寄存器号进行比较。出现这个问题的原因是，没有理解对寄存器堆同时读写同一项时读出数据的行为。请回想一下第 3 章实践任务一中所分析的寄存器堆的行为，在写使能有效的这个时钟周期（写使能将被这个时钟周期与下一个时钟周期之间的上升沿采样），读端口的地址若和写地址一样，那么读出数据的端口上只能出现这一项的旧值而非此时写端口的写入数据。只要理解这个时序特性，自然就会知道译码级的指令与写回级的指令是要比较寄存器号的。

在把前面给出的描述落实到具体代码实现的过程中，还有一个隐含的细节容易被初学者忽视，那就是一定要保证被比较的两个寄存器号都是有效的。这体现为三个方面。第一，参与比较的指令到底有没有寄存器的源操作数或是寄存器的目的操作数。比如，ADDIU 指令只有 rs 一个寄存器的源操作数，rt 域存放的是它的**目的操作数**的寄存器号。再比如，JAL 指令压根就没有寄存器的源操作数，BNE、BEQ、JR 这三条转移指令则没有寄存器的目的操作数。如果在写比较逻辑的时候没有考虑到这些特例，那么写出来的处理器虽然不会出错，但是会在某些情况下出现不必要的阻塞，导致损失性能。第二，如果指令的定义确实有寄存器的源操作数或目的操作数，但是寄存器号为 0，那么也不用进行比较。因为在 MIPS 架构下，0 号寄存器的值恒为 0，所以对这个寄存器存在的相关关系不需要做特殊处理。第三，用来进行比较的流水级上到底有没有指令，如果没有指令，那么这一级流水缓存中的寄存器号、指令类型等信息都是无效的。

完成了会引发冲突的"写后读"相关关系的判断后，最后一个步骤就是如何在判断条件成立的时候，把这条指令阻塞在译码流水级。还记得我们每一级流水的 ready_go 信号吗？在这里，只需要对译码流水级的 ready_go 信号进行调整就可以了。显然，它不是恒为 1 了，如果发现译码流水级的指令与后面执行、访存、写回三个流水级的指令间存在会引发冲突的"写后读"相关关系，那么就要把 ready_go 信号置为 0。

4.5.2　转移计算未完成

在"写后读"相关中存在一种情况——Load-to-Branch，即第 i 条指令是 Load，第 $i+1$ 条指令是转移（跳转或分支）指令，转移指令至少有一个源寄存器与 Load 指令的目的寄存器相同，也就是 Branch 与 Load 存在"写后读相关"。在这种情况下，当转移指令在译码级时，Load 指令在执行级无法获得 Load 结果，因而转移指令无法计算正确的跳转方向或跳转目标，称为"转移计算未完成"。此时由译码级送到取指级的转移信息（br_bus）参与生成的 nextPC 就是不正确的，而 nextPC 是由 pre-IF 维护的，也就是说 pre-IF 未准备好 nextPC。所以我们应该在译码级送到取指级的 br_bus 上新增一个控制信号 br_stall，用来表示转移计算未完成。另外，要为 pre-IF 新增一个 ready_go，当 br_stall 为 1 时，组合逻辑置 read_go 为 0，进而置 to_fs_valid 为 0；IF 级看到 to_fs_valid 为 0，当 IF 级的 allowin 为 1 时，时序逻辑会置 IF-valid 为 0。不过，即使漏掉了这一处理，没有在 pre-IF 中新增 ready_go 信号，也不会出错，原因在于：既然转移计算未完成，那么转移指令就会阻塞在译码级，进而导致转移延迟槽指令阻塞在取指级，此时就算 pre-IF 级置 to_fs_valid 为 1，也会因为 IF-allowin 为 0 而导致 pre-IF 级不会真正流向 IF 级。等到 IF-allowin 变为 1 时，转移计算也一定完成了（br_bus 上 br_stall 为 0）。

另外，在我们的设计里，nextPC 是送到指令 RAM 的地址端口的。当转移计算未完成时（br_bus 里的 br_stall 为 1），建议 CPU 设计者应该控制指令 RAM 的读使能为 0（也就是无效）。在未引入总线设计时，如果没有注意到这一点，设计的 CPU 也不会出错；但是在后续引入总线设计时，如果没有注意这一点，则很可能会出错。

这一节的内容就到此结束了。是不是短到令人难以置信？既然这一节的内容并不复杂，那么希望读者通过实践切实掌握它，如果还没有熟练掌握前面介绍的五级流水线 CPU 设计以及开发环境，那么可以利用这个机会多练习。

4.6　流水线数据的前递设计

现在我们进入简单流水线 CPU 设计的最后一个阶段。在这一节，我们将继续针对流水线 CPU 中"写后读"相关所引起的冲突进行处理，探讨一种性能更高的解决方案——前递（Forward）技术。

我们在前面介绍了用阻塞译码级指令的方式来解决寄存器"写后读"相关所引发的流水线冲突。读者在本章实践任务二中会观察到一个现象，那就是需要结果的指令在译码级等待的过程中，前面产生结果的指令其实已经生成出结果了，只不过还没有写入寄存器堆中。有没有可能让前面的指令直接把已经生成的结果直接转给后面的指令，以便后面的指令不需要再等待了？答案是可以的。基于这个思路的设计技术就是流水线 CPU 的前递技术，也叫旁路（Bypass）技术。其基本原理不难理解，可参见《计算机体系结构基础（第 2 版）》的 9.3.1 节或其他相关文献。接下来，我们详细讨论如何设计，这里仍采用先设计数据通路再处理控制信号的设计流程。

4.6.1 前递的数据通路设计

1. 运算结果的前递路径

我们先来看产生结果的指令是 ADDU 的话该如何处理。原来，ADDU 指令在执行流水级产生的结果只能进入访存流水级的缓存中，因此需要增加一条专门的路径，用于将结果直接传递给后面的指令。那么，是不是增加这一条前递路径就够了呢？显然不够。当 ADDU 指令位于访存流水级时，它的结果目前只能进入写回级的缓存中，所以还要增加另一条专门的路径用于传递结果，否则后面的指令将因无法及时获得结果而陷入等待状态。继续分析，我们会发现 ADDU 指令位于写回流水级的时候，也需要添加一条独立的前递路径。

在我们考虑前递路径设计时，ADDU 指令代表了那些在执行级就能产生结果的指令。但是，LW 指令不属于这一类指令，它直到访存级才能生成结果。不过分析之后我们会发现，LW 指令完全可以复用那些为了前递 ADDU 类指令结果而在访存级和写回级增加的前递路径。因为前递路径只是把结果送出去，有寄存器号和数值这两个信息就够了，与产生结果的指令的功能没有关系。

上述的前递路径落实到 CPU 的结构设计框图上，体现为 3 条带箭头的连线。那么，各条连线的起点和终点在哪里？我们先来看执行流水级产生结果如何前递。初学者常见的错误设计方案有两种。

- **第一种错误方案**：起点位于执行级 ALU 的结果输出处，终点位于执行级 ALU 输入数据生成逻辑处。
- **第二种错误方案**：起点位于访存级流水线缓存中存放执行级 ALU 结果的触发器的 Q 端口输出处，终点位于译码级寄存器堆读出结果生成逻辑处。

如果在结构图上画出这两种设计方案的前递路径，就会立刻发现它是不正确的。对于错误方案一，电路中居然出现了一条从 ALU 的输出到 ALU 输入的组合环路。对于错误方案二，位于执行级的指令根本无法获得它前一条指令的结果。为什么有些人会犯这种低级错误呢？因为他们往往没有遵循"先设计再编码"的步骤，在没有想清楚设计架构的时候就急急忙忙地去写代码，导致这种逻辑混乱的设计。所以这里要再强调一句，不要轻视设计环节，设计时不要图省事而不画结构设计图。

这里给出两种可行的设计方案。

- **方案一** 起点位于执行级 ALU 的结果输出处，终点位于译码级寄存器堆读出结果生成逻辑处。
- **方案二** 起点位于访存级流水线缓存中存放 ALU 结果的触发器的 Q 端口输出处，终点位于执行级 ALU 输入数据生成逻辑处。

这两个方案在功能上都是正确的。读者可以用" ADDU r2, r1, r1 ； SUBU r3, r2, r1"这个两条指令的序列在流水线上推演一下，就会发现当 SUBU 指令紧跟着 ADDU 指令在流水中前进时，它在 ALU 中计算时的源操作数 r2 的值一定是 ADDU 指令算出的结果值。我们把方案一的特点总结为"流水级组合逻辑结果前递到译码级寄存器读出"，把方案二的特点总结为"流水级缓存保存的前一级结果前递到执行级 ALU 输入"，两种方案的重要区别在于终点是在译码级的组合逻辑末端还是在执行级的组合逻辑始端。

哪种方案更好呢？现在还看不出来，我们需要沿着两套方案的思路继续考虑余下的前递路径的起点和终点位置。对于方案一，访存级结果的前递路径起点就是数据 RAM 返回结果和访存级缓存所保存的 ALU 结果经过二选一之后的结果输出处，写回级结果的前递路径起点就是写回级将要写入到寄存器堆中的结果处。一切都很和谐。对于方案二，访存级结果的前递路径起点是写回级流水线缓存中存放访存流水级执行结果的触发器的 Q 端输出处，写回级结果的前递路径……是不是突然发现写回级的结果没有路径可以前递了？如果这一拍写回级是" ADDU r2, r1, r1"指令，译码级是" SUBU r3, r2, r1"指令，执行和访存级上没有写 r2 寄存器的指令，那么除非将前递路径的起点放在写回级将要写入到寄存器堆中的结果处，终点放到译码级寄存器堆读出结果生成逻辑处，否则下一拍" SUBU r3, r2, r1"指令是不能进入执行级的。为了尽可能多地通过前递来消除指令阻塞带来的性能损失，我们发现无论是哪套方案，都需要将前递路径的终点放在译码级寄存器堆读出结果生成逻辑处。以个人的喜好而言，我倾向于方案一，这样所有的前递路径终点一致，使得由前递结果生成正确的寄存器源操作数的逻辑可以在一个地方集中处理。

如果说选择方案一多少带有一些主观色彩，那么我们再来看另一个情况。还记得为了解决控制相关引发的流水线冲突，我们将所有转移指令的处理都放到译码级了吗？在目前实现的转移指令中，BEQ、BNE、JR 三条指令都有寄存器源操作数。如果它们和前面的指令存在"写后读"的相关关系，那么除非前递路径的终点是在译码级，否则它们必须阻塞自己直到结果写到寄存器堆中。分析到这里，是不是觉得选择方案一更合理呢？以我们的经验来看，对于初学者，实现方案一遇到的"陷阱"要少一些，所以接下来的介绍将基于方案一展开。

2. 前递结果的多路选择

前递路径构建好了，整个流水线 CPU 前递的数据通路设计还剩一个"尾巴"，就是如何调整译码级产生寄存器读结果的逻辑。从空间上看，译码级指令的寄存器源操作数 1 的数值可以来自通用寄存器堆读端口 1 的输出，也可以来自执行级、访存级、写回级三处前递来的结果。同样，译码级指令的寄存器源操作数 2 的数值，可以来自通用寄存器堆读端口 2 的输出，也可以来自执行级、访存级、写回级三处前递来的结果。所以，我们需要添加两个"四选一"部件，而且是两个具有选择优先级的"四选一"部件。为什么这里的"四选一"部件需要有优先级？我们来看一个极端的例子，对于指令序列" ADDU r4, r1, r1 ；ADDU r4, r2, r2 ；ADDU r4, r3, r3 ；SUBU r6, r5, r4"，当"ADDU r4, r1, r1"位于写回级、"ADDU r4, r2, r2"位于访存级、"ADDU r4, r3, r3"位于执行级时，位于译码级的" SUBU r6, r5, r4"的源操作数 2 应该选择哪个数值？显然应该选择执行级前递过来的结果。所以你会看到，选择哪个前递结果，不仅要看源操作数的寄存器号与前递来的结果的寄存器号是否一致，还要考虑不同流水级之间的优先级关系。

这里插一段题外话。在前面的分析过程中，读者已经看到我们经常会给出一段假想的指令序列，然后推演它们在所设计的流水线 CPU 中的执行情况，据此对不同的设计预案进行评估，进而得到一个更简洁、合理的设计方案。读者也要逐步掌握这种方法。前面我们反复强调过电路设计要做到"谋定而后动"，那么设计 CPU 的时候要怎么"谋"呢？就是用这里介绍的假想指令序列推演执行过程的方式完成的。为什么要用"思维推演"的场景而不是采用验证用例的场景呢？因为对于任何基于测试用例的验证方式，最大的风险在于验证激励覆盖的情形是否完备。尽管验证人员会采用一系列技术和工程手段来降低这个风险，但是作为设计者，尤其是结构设计者，我们不能把设计的正确性完全寄托在验证用例是否完备上。结构设计人员在设计时对各种可能情况的严谨推演是保证最终设计正确可靠的"第一把锁"，而验证人员的验证工作是保证设计正确可靠的"第二把锁"。我们要上"双保险"！

4.6.2 前递的流水线控制信号调整

到目前为止，我们已经把前递相关新增的数据通路以及通路中"四选一"部件的控制信号都设计完毕了。如果按照这个设计对具有阻塞功能的 CPU 进行改造，然后运行所有测试用例，你会高兴地看到测试都通过了！但是，很遗憾，此时你设计的这个带前递功能的流水线 CPU 并不正确。因为你会发现同样的程序，在这个带前递功能的流水线 CPU 上运行的时间和原先只具有阻塞功能的 CPU 的运行时间完全一样。我们引入前递技术不就是为了提升性能吗？费了这么大劲，性能一点没有改善，岂不是白忙活了？那么问题出在哪里？原因在于没有修改译码流水级的阻塞控制信号，它还是以最严格的方式在阻塞。读者可能会想，处理这个问题很简单呀，直接将译码流水级的 ready_go 改为恒为 1 就可以了嘛！请冷静。看这样一个指令序列："LW r2, 0x0(r1) ；ADDU r4, r3, r2"。如果在这一拍，LW 指令位于执行级，ADDU 指令位于译码级，请问 ADDU 指令在下一拍能进入执行级吗？显然不能，因为此刻位于执行级的 LW 指令没有生成最终的结果，所以即使有前递的通路，但是没有正确的数据，ADDU 指令就必须停在译码级，等到前面的 LW 指令到达访存级时，它才能通过访存级至译码级的前递通路获得正确的数值，从而在下一拍进入执行级。所以遇到这种情况，即译码级的指令真相关于当前位于执行级的 LW 指令时，译码级的 ready_go 信号还是要置 0。在目前 CPU 只实现了 19 条指令的情况下，引入前递技术之后，译码级的阻塞条件仅有这种情况。随着后面实现指令的不断增多，读者一定要及时关注 ready_go 置 0 的条件是否需要调整。

4.6.3　前递引发的主频下降

这一节介绍的流水线 CPU 的前递设计方案比较容易实现正确，而且能够最大限度地减少因为写后读相关而引起的流水线阻塞，但是这套设计方案有一个不足之处，就是它会增加 CPU 关键路径的延迟，导致 CPU 主频下降。我们接下来会分析这种情况，目的是说明如何分析设计中的关键路径延迟。

CPU 前递的设计改动包括译码级修改了译码流水级 ready_go 信号的生成逻辑、增加了几组连线、增加了两个"四选一"部件这三处改动。对于第一处改动，是把 ready_go 信号的生成逻辑修改得简单而非复杂了，所以这里的修改不应该造成主频下降。对于第二处改动，增加连线后，会给执行、访存、写回三级流水的组合逻辑增加旁路，确实会增加这些逻辑最后一两级逻辑器件的输出负载，由此导致这些逻辑器件的延迟增加，但是目前的设计规模很小，并且新增连线的距离也并不远，所以这里的延迟增加应该不是造成主频下降的主要原因。最后，译码级增加的两个"四选一"部件就成为我们重点怀疑的对象了。当我们阅读最终的时序报告时，会发现关键路径延迟的增加量不止一个"四选一"部件的延迟，因此这个时候基本上就能判定一定是这两个"四选一"部件引入了一条新的延迟超长的组合逻辑路径。

于是我们回头梳理途经这两个"四选一"部件的所有组合逻辑路径，答案就逐渐浮出水面了。这条新出现的路径是："执行级流水线缓存的触发器 Q 端"→ ALU →前递路径→"译码级四选一"→"转移指令跳转方向的判定逻辑"→" GenNextPC 的四选一"→"取指请求的虚实地址转换"→"指令 RAM 的地址输入端口"。

我们希望读者能够掌握上面这种基于梳理设计而不仅仅看 EDA 工具提供的时序报告来确定设计中关键路径的方法。时序报告要看，但报告只能给你一个提示和反馈，从设计出发进行分析才是正道。我们并不将上述关键路径的时序优化作为本书的指导目标，因此接下来也只是提供一些解决思路供学有余力的读者参考。

完全舍弃前递，主频最高，流水线效率低；最大限度地进行前递，流水线效率最高，但主频低。所以，在这里进行性能优化的关键是在主频和流水线效率之间寻找一个平衡点。通过分析，我们发现矛盾的焦点在于对转移指令进行前递了。进一步分析，我们又发现，如果不是直接把 ALU 的组合逻辑输出结果前递给译码级的转移指令，而是将保存下来的 ALU 结果（在访存级流水线缓存中）传递过去，也能够消除关键路径。这样，我们只是在有些情况下将转移指令阻塞一拍。如果所运行的程序中这种情况并不是频繁出现，那么程序在流水线上的整体执行效率并不会下降太多，同时由于 CPU 的主频得到的提升，会使整体性能得到提升。

4.7　任务与实践

完成本章的学习后，读者应能够完成以下 3 个实践任务：

1）简单 CPU 参考设计调试，参见 4.1 节，实践资源见 lab3.zip。

2）用阻塞技术解决相关引发的冲突，参见 4.2 节，实践资源见 lab4.zip。

3）用前递技术解决相关引发的冲突，参见 4.3 节，实践资源复用 lab4.zip。

为完成以上实践任务，需要参考的文档包括但不限于：

1）本章内容。

2）第 3 章内容。

3）附录 C。

4.7.1　实践任务一：简单 CPU 参考设计调试

本实践任务的目标是：

1）阅读并理解本书提供的代码。建议对照代码画出简单流水线 CPU 的结构设计框图，然后对照自己画的结构框图，进一步阅读和理解代码。

2）完成代码调试。本书提供的代码中加入了 7 处 bug，请大家通过仿真波形来调试、修复这些 bug，使设计可以通过仿真和上板验证。

本实践任务需要使用的环境为 lab3.zip，其中提供了 CPU 设计实验开发环境（CPU_CDE），包含 Vivado 工程文件、全部的 RTL 文件和生成好的 IP，读者需要调试的 CPU 设计源码位于 mycpu_verify/rtl/myCPU 中。CPU_CDE 的目录结构和使用方法参见 4.3 节。

请参考下列步骤完成本实践任务：

1）学习 4.1 节～ 4.4 节内容，特别是 4.3 节的内容以熟悉 CPU 开发环境。

2）将 lab3.zip 解压到路径上无中文字符的目录里，环境为 CPU_CDE。

3）打开 cpu132_gettrace 工程（CPU_CDE/cpu132_gettrace/run_vivado/cpu132_gettrace/cpu132_gettrace.xpr）。CPU_CDE 里的 Vivado 工程是使用 Vivado2019.2 创建的，如果使用更高版本的 Vivado 打开，请参考 4.3.3 节进行工程和 IP 核升级。

4）运行 cpu132_gettrace 工程的仿真（进入仿真界面后，直接点击 run all 等待仿真运行完成），生成新的参考 Trace 文件 golden_trace.txt（CPU_CDE/cpu132_gettrace/golden_trace.txt）。注意，要等仿真运行完成后，golden_trace.txt 才有完整的内容。

5）打开 myCPU 工程（CPU_CDE/mycpu_verify/run_vivado/mycpu_prj1/mycpu_prj1.xpr）。如需要，请参考 4.3.3 节进行工程和 IP 核升级。

6）运行 myCPU 工程的仿真（进入仿真界面后，直接点击 run all），开始进行调试。

7）myCPU 仿真通过后，综合实现后生成比特流文件，进行上板验证（如果没有实验箱，请跳过这一步）。

4.7.2　实践任务二：用阻塞技术解决相关引发的冲突

本实践任务的目标如下：在 lab3 的 CPU 代码基础上，加入适当的逻辑处理寄存器写后读数据相关引发的流水线冲突（本阶段只要求使用阻塞技术，学有余力的读者可以直接使用前递技术,即直接跳转到实践任务三),运行 func_lab4,要求成功通过仿真和上板验证。

本实践任务的硬件环境沿用 CPU_CDE,软件环境使用 lab4.zip。lab4.zip 只包含软件编译环境(func_lab4)。fun_lab4 和 func_lab3 相比,去掉了一些 NOP 指令,所以存在一些寄存器写后读数据相关。

请参考下列步骤完成本实践任务:

1)请先完成实践任务一。

2)学习 4.3 节和 4.5 节的内容。

3)准备好 lab3 的实验环境和 CPU_CDE,该环境会也会作为 lab4 的实验环境。

4)解压 lab4.zip,将 func_lab4/ 拷贝到 CPU_CDE/soft/ 目录里,与 func_lab3 同层次。

5)打开 cpu132_gettrace 工程(CPU_CDE/cpu132_gettrace/run_vivado/cpu132_gettrace/cpu132_gettrace.xpr)。

6)参考 4.3.3 节,对 cpu132_gettrace 工程中的 inst_ram 重新定制,此时选择加载 func_lab4 的 coe(CPU_CDE/soft/func_lab4/obj/inst_ram.coe)。

7)运行 cpu132_gettrace 工程的仿真(进入仿真界面后,直接点击 run all 等待仿真运行完成),生成新的参考 Trace 文件 golden_trace.txt(CPU_CDE/cpu132_gettrace/golden_trace.txt)。注意,要等仿真运行完成后,golden_trace.txt 才有完整的内容。

8)打开 myCPU 工程(CPU_CDE/mycpu_verify/run_vivado/mycpu_prj1/mycpu_prj1.xpr)。

9)参考 4.3.3 节,对 myCPU 工程中的 inst_ram 进行重新定制,此时选择加载 func_lab4 的 coe(CPU_CDE/soft/func_lab4/obj/inst_ram.coe)。

10)运行 myCPU 工程的仿真(进入仿真界面后,直接点击 run all),开始调试。

11)myCPU 仿真通过后,综合实现后生成比特流文件,进行上板验证(如果没有实验箱,请跳过这一步)。

4.7.3 实践任务三:用前递技术解决相关引发的冲突

本实践任务的目标是:在 lab4 的 CPU 代码基础上,加入适当的数据前递通路来减少阻塞。运行 func_lab4,要求成功通过仿真和上板验证,并且仿真运行时间相比 lab4 有下降。

本实践任务的硬件环境沿用 lab3 发布的 CPU_CDE,软件环境沿用 lab4 的 func_lab4。

请参考下列步骤完成本实践任务:

1)请先完成实践任务一、实践任务二。

2)学习 4.6 节的内容。

3)准备好 lab4 的实验环境和 CPU_CDE,该环境会也作为 lab5 的实验环境。

4)在 myCPU 的 RTL 中加入数据前递通路。

5)运行 myCPU 工程的仿真(进入仿真界面后,直接点击 run all),开始调试。

6)myCPU 仿真通过后,综合实现后生成比特流文件,进行上板验证(如果没有实验箱,请跳过这一步)。

第 5 章

在流水线中添加运算类指令

在本章和下一章中，我们将介绍如何在已有的简单流水线 CPU 上添加更多的指令。本章会介绍如何实现更多的运算类指令，包括算术逻辑运算类指令 ADD、ADDI、SUB、SLTI、SLTIU、ANDI、ORI、XORI、SLLV、SRAV、SRLV，乘除运算类指令 MULT、MULTU、DIV、DIVU，以及乘除法配套的数据搬运指令 MFHI、MFLO、MTHI、MTLO。

【本章学习目标】

- 加深对流水线结构与设计的理解。
- 掌握在 CPU 中扩充运算指令的方法。

【本章实践目标】

本章只有一个实践任务，请读者在学习完本章内容后，完成实践任务。

5.1　算术逻辑运算类指令的添加

添加指令的设计过程一般包括三个步骤：

1) 认真阅读指令系统规范，明确待实现指令的功能定义。

2) 根据指令的功能定义考虑数据通路的设计调整，该新增的就新增，能复用的就复用。

3) 根据调整后的数据通路，梳理所有指令（包括原有的指令和新增的指令）对应的控制信号。

对于本章即将要添加的 ADD、ADDI 等算术逻辑运算指令的功能定义，请读者先自行阅读附录 C 的第 3 部分，接下来的分析将假定各位读者已经熟知这部分内容了。

5.1.1　ADD、ADDI 和 SUB 指令的添加

我们目前暂时不考虑 ADD、ADDI 和 SUB 指令在运算结果溢出（Overflow）时是否报例外（有关例外的设计将在后文中介绍）。因此，大家会发现 ADD 和 ADDU、ADDI 和 ADDIU、SUB 和 SUBU 的功能是完全一样的。这意味着在数据通路设计方面，我们添加

ADD、ADDI 和 SUB 指令不需要对 CPU 中已有的数据通路进行调整。另一方面，在控制信号的生成上，没有增加新的控制信号，且 ADD、ADDI 和 SUB 指令的控制信号分别与原有 ADDU、ADDIU 和 SUBU 指令的控制信号相同。

5.1.2　SLTI 和 SLTIU 指令的添加

我们将 SLTI 和 SLT 指令进行比较，会发现两者对于两个源操作数的比较运算是完全一致的，而两者的操作数来源以及目的寄存器号来源是不同的。不过，若将 SLTI 和 ADDIU 指令进行比较，会进一步发现两者的操作数来源和目的寄存器号来源是一样的。这就意味着 SLTI 指令一方面可以复用 SLT 指令在执行和访存流水阶段的数据通路，另一方面可以复用 ADDIU 指令在译码和写回流水阶段的数据通路。相应地，SLTI 指令在上述各阶段所需的控制信号也与所复用数据通路对应指令的控制信号一致。

采用相同的思路对 SLTIU 和 SLTU、SLTIU 和 ADDIU 指令进行比较，可知 SLTIU 指令可以复用 SLTU 指令在执行和访存流水阶段的数据通路以及 ADDIU 指令在译码和写回流水阶段的数据通路。SLTIU 指令在这些流水阶段所需的控制信号与所复用数据通路所对应指令的控制信号一致。

5.1.3　ANDI、ORI 和 XORI 指令的添加

我们将指令 ANDI、ORI、XORI 和 AND、OR、XOR 进行功能定义的比较，发现它们进行的逻辑运算是相同的。同时，ANDI、ORI 和 XORI 均是将结果写入第 rt 号寄存器中，这与 ADDIU 指令是一样的。因此，ANDI、ORI 和 XORI 指令可以复用 AND、OR 和 XOR 指令在执行和访存阶段的数据通路以及 ADDIU 指令在写回阶段的数据通路。相应地，这些指令在这些流水阶段所需的控制信号与所复用数据通路对应指令的控制信号一致。

不过，ANDI、ORI 和 XORI 的第二个源操作数的产生没有现成的数据通路可以复用，需要对译码阶段的数据通路进行调整，在生成第二个源操作数的多路选择器中添加一个"指令码最低 16 位立即数零扩展至 32 位"的输入。由于生成第二个源操作数的多路选择器的规格发生了变化，因此不仅是 ANDI、ORI 和 XORI，原先已实现的指令也要针对这个更新规格的多路选择器生成正确的控制信号。

5.1.4　SLLV、SRLV 和 SRAV 指令的添加

对于 SLLV、SRLV 和 SRAV 指令的添加，我们仍然采用上面与具有相似操作的指令进行比较分析的思路。分析后可知，SLLV、SRLV、SRAV 指令在执行、访存、写回阶段的数据通路可以分别复用 SLL、SRL 和 SRA 指令的数据通路，而它们在译码阶段的数据通路可以复用 ADDU 指令的数据通路。余下的工作就是将这些指令在各阶段的控制信号按照其所复用数据通路的指令生成出来。

5.2 乘除法运算类指令的添加

对于定点补码乘法运算而言，两个 32 位的二进制数相乘之后会产生一个 64 位的二进制结果，由于通用寄存器堆每一项的宽度为 32 位，因此乘法的结果无法放入寄存器堆的一项中。为解决这个问题，传统的 MIPS32 规范中额外定义了 HI 和 LO 两个 32 位的寄存器，HI 寄存器存放乘法结果的高 32 位，LO 寄存器存放乘法结果的低 32 位。又因为二进制补码乘法运算的特性，对于同样的两个二进制数，将其视作无符号数和有符号数得到的乘法结果是不一样的，所以乘法运算包含有符号乘法 MULT 和无符号乘法 MULTU 两条指令。

对于定点补码除法运算而言，它也会产生两个 32 位的结果，即 32 位的商和 32 位的余数。于是传统的 MIPS32 规范中规定相除得到的商写入 LO 寄存器中，余数写入 HI 寄存器中。与乘法运算类似，二进制补码除法运算也需要区分有符号数和无符号数，所以除法运算也包含有符号除法 DIV 和无符号除法 DIVU 两条指令。

乘除法指令的两个源操作数来自 rs 和 rt 寄存器，这一点与 ADDU 等指令相同，所以源操作数的读出可以复用已有的数据通路。二进制补码的乘、除运算显然需要新增运算部件。此外，乘、除法运算产生的结果要写入 HI、LO 寄存器，后者也是需要在数据通路中添加的。这样看来，数据通路中主要的设计调整是增加乘、除运算部件。我们接下来将给出两种不同实现难度的乘、除法运算部件的设计方法。第一种方法是采用调用 Xilinx IP 的方法（见5.2.1 节），第二种方法是在电路级层次自行实现乘、除法运算单元（见 5.2.2 节和 5.2.3 节）。显然，后者需要花费的设计和调试时间远高于前者，不过能学到的东西也更多，读者可根据个人喜好及学习进度决定是否采用第二种方法。

5.2.1 调用 Xilinx IP 实现乘除法运算部件

1. 调用 Xilinx IP 实现乘法运算部件

最简单的调用 Xilinx IP 实现乘法运算部件的方法是用采用如下形式的代码：

```
wire [31:0] src1, src2;
wire [63:0] unsigned_prod;
wire [63:0] signed_prod;

assign unsigned_prod = src1 * src2;

assign signed_prod   = $signed(src1) * $signed(src2);
```

Vivado 中的综合工具遇到上面代码中的 "＊" 运算符时，会像遇到 "＋" "＞＞" 运算符一样，将根据设计给出的时序等约束情况，从自身的 IP 库中找到一个适合的乘法器电路，将其嵌入到你的设计中。根据我们的实验，对于 7 系列的 FPGA，目前 Vivado 实现 "＊" 运算符时会默认采用 DSP48 器件（内含固化的 16 位乘法器电路），所以最终实现的电路的时序通常不错，也几乎不消耗 LUT 资源。采用这种方式推导出的乘法器电路有两个 32 位数输入、一个 64 位输出，具有单周期延迟，即输入数据之后当拍就能输出结果。

不过，从给出的参考代码中大家也会发现，其中推导出的 Xilinx 的乘法器 IP 要么只能做有符号乘法，要么只能做无符号乘法，所以为了实现 MULT 和 MULTU 指令，我们要实例化两个乘法器 IP。这个方法看起来不那么"高大上"。其实 32 位有 / 无符号乘法可以转化为 33 位有符号乘法，方法是将 32 位有 / 无符号数转化为 33 位有符号数：对 32 位有符号数，最高位扩展为符号位；对 32 位无符号数，最高位补 0。

2. 调用 Xilinx IP 实现除法运算部件

我们这里不采用"/"和"%"这类运算符来让综合工具推导实现除法运算部件的方法，主要原因是 Vivado 综合工具将实现出一个用 LUT 实现的单周期的除法运算部件，其时序会非常差。接下来介绍的是基于交互界面定制除法器 IP 的方法。

在工程导航栏中点击"IP Catalog"，然后在右侧出现的窗口中搜索 div，如图 5-1 所示。

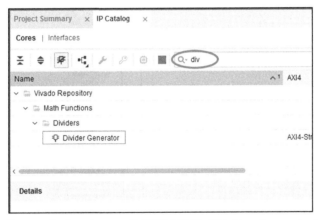

图 5-1　在"IP Catalog"界面中选择"Divider Generator"

在搜索结果中双击"Divider Generator"项，打开除法器 IP 设置界面，依次设置参数，如图 5-2 所示。

对于除法器 IP 设置选项中需要大家关注的地方，我们在图中做了标记和说明。对于除法器的名字，读者可以根据自己的喜好进行调整，并不一定要采用图中的示例名。在"Channel Settings"选项卡中，我们首先要对除法器 IP 的算法进行选择，这里我们建议采用 Radix2 算法。采用 Radix2 这种算法实现的除法器的优点是资源消耗少，缺点是完成运算需要的迭代周期数多。通常，应用程序中出现定点除法运算的比例很低，而且编译器一般会尽可能用加、减、移位等指令来实现一个除法运算，所以除法指令实现的周期数略多一些，对应用的平均性能不会造成太大的影响。在"Channel Settings"选项卡中还可以选择除法运算是有符号除法还是无符号除法。与前面介绍的乘法器 IP 类似，这里也需要生成有符号和无符号两个除法器 IP，才能分别用于实现 DIV 和 DIVU 指令。接下来的 5、6 两处分别定义被除数和除数的位宽为 32 比特。在 7 处，一定要将 Remainder Type 选择为 Remainder，以确保余数类型是整数型。我们不用勾选 8 处的除 0 检测，因为 MIPS 指令规范中规定除法指令自身是不需要对除数为 0 进行特殊处理的，这项工作交给软件去做。在"Options"选项卡中，9 处选择多少拍处理一个除法，这个拍数是连续处理多个除法的间隔拍数，不是一个除法处理完成的拍数。一个除法处理完成的拍数由图 5-2c 中的"Latency Options"参数决定。10 处 AXI 接口上的流控可以按照我们的建议选择 Non Blocking，这样选择意味着除法器产生计算结果后，外部一定能够取走这个结果，不会阻塞结果的输出。在我们的单发射静态流水线中，这个条件是始终成立的。(请读者自己想一想其中的原因。)

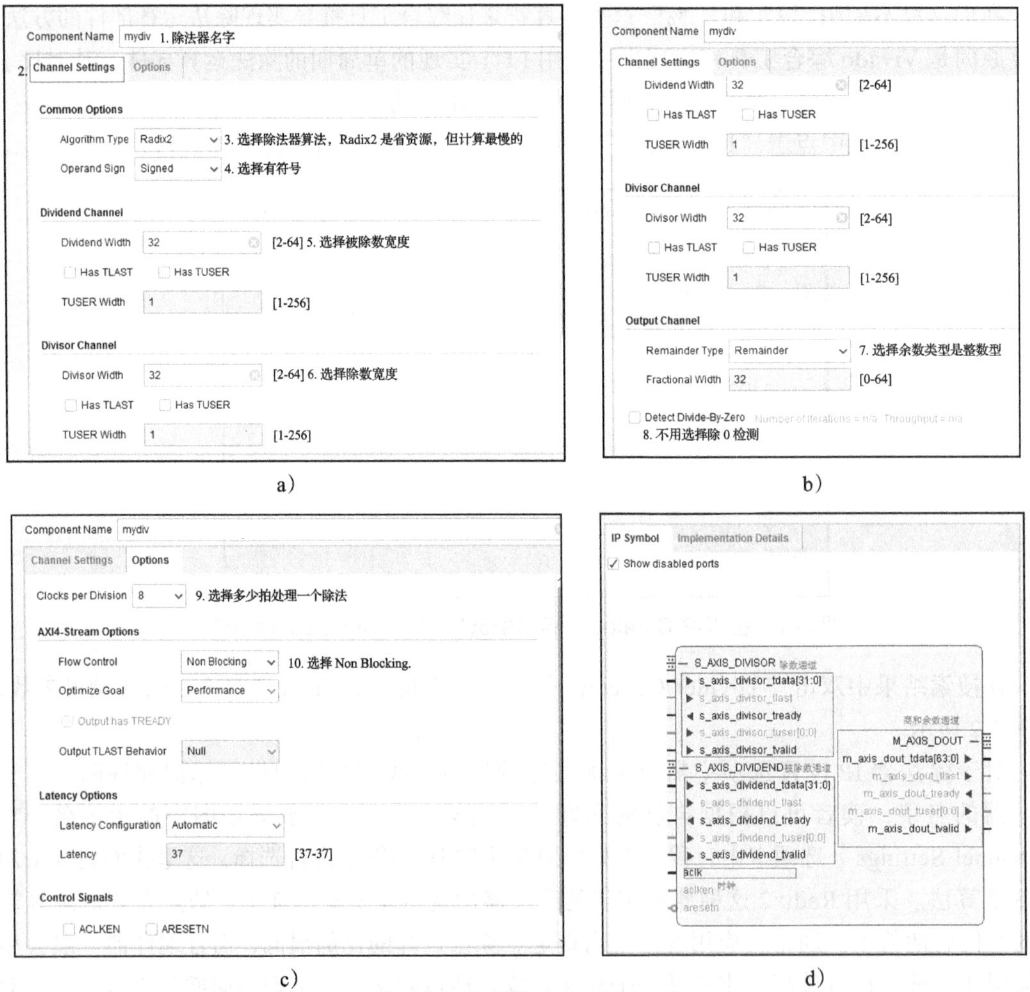

图 5-2　设置除法 IP 核的参数

尽管我们选择 Non Blocking 的流控策略，但由于目前 Vivado 中提供的除法器 IP 一定是 AXI 接口的，因此接下来我们还是要对模块顶层接口的相关信号进行一些介绍。观察图 5-2d，总体上我们会看到被除数、除数通道以及商和余数通道。其中，被除数通道中的 32 位输入信号 s_axis_dividend_tdata 对应计算时输入的被除数数据；除数通道中的 32 位输入信号 s_axis_divisor_tdata 对应计算时输入的除数数据；计算得到的商和余数结果统一从商和余数通道中的 64 位信号 m_axis_dout_tdata 中输出，其中第 [63:32] 位存放的是商，第 [31:0] 位存放的是余数。

对于两个输入通道和一个输出通道，除了有上述的数据信号外，每个通道都有一对 tvalid、tready 信号。这是一对"握手"控制信号，其工作原理类似于我们在 CPU 流水线之间使用的 valid、allowin 信号。tvalid 是请求信号，tready 是应答信号。在时钟上升沿到来时，如果采样得到 tvalid 和 tready 都等于 1，则请求发起方和接收方之间完成一次成功的握手。如果我们假想接收方有一组触发器缓存，那么所谓的成功握手是指发送方的数据写入接收方的缓存中，也就是在握手成功的这个上升沿之后，触发器缓存会变为发送方的数据。

我们假设在执行流水阶段调用所生成的除法器 IP。在除法指令处于执行流水级且没有对除法器成功输入数据的时候，同时将 s_axis_dividend_tvalid 和 s_axis_divisor_tvalid 置为 1。当发现 s_axis_dividend_tready 和 s_axis_divisor_tready 反馈为 1 后（此时在一个时钟上升沿同时看到 tvalid 和 tready 为 1，表示握手成功），需要将 s_axis_dividend_tvalid 和 s_axis_divisor_tvalid 清 0，也就是**确保握手成功的那个时钟上升沿之后的 s_axis_dividend_tvalid 和 s_axis_divisor_tvalid 为 0**。只要我们保证 s_axis_dividend_tvalid 和 s_axis_divisor_tvalid 一定同时置为 1，那么这里生成的除法器 IP 反馈的 s_axis_dividend_tready 和 s_axis_divisor_tready 一定也同时置为 1。这里再次强调，被除数和除数输入的 tready 置起后（也就是握手成功后），tvalid 一定要撤销，否则对于除法器 IP 来说，它会认为又有一个新的除法运算。此时，除法器内部认为有两个运算在处理，而 CPU 的流水线中还认为只有一个除法运算在处理。这种双方理解的不一致极有可能导致除法指令执行出错。

完成输入数据的握手之后，除法指令就需要在执行流水级等待除法器 IP 最终输出结果。当 m_axis_dout_tvalid 置为 1 时，表示除法计算完成。此时除法指令就可以从 m_axis_dout_tdata 上取出计算结果，进入流水线的后续阶段。由于前面我们将流控策略设置为 Non Blocking，因此输出通道上不需要外部反馈 tready 信号，换言之，不管产生多少结果、什么时候产生，外部都要能够及时处理。

3. HI/LO 的更新

前面调用乘除法 IP 只是解决了乘除法指令的计算问题，其结果最终还是要写入 HI、LO 寄存器。由于在所调用的 IP 中，乘法是单周期的，除法是迭代的，因此将 HI、LO 寄存器的更新放在执行流水阶段完成。

提前预告一下，这样处理 HI、LO 寄存器的更新，会使 MFHI、MFLO、MTHI、MTLO 这四个 HI、LO 寄存器与通用寄存器之间的交互操作的处理非常简单。

如果各位读者不想在 CPU 设计中将更多的时间花费在乘除法运算电路的设计实现上，那么按照这一节介绍的方法去实现就可以了，然后直接跳过接下来的 5.2.2 节和 5.2.3 节。

5.2.2 电路级实现乘法器

移位乘法器和我们平时使用的列竖式计算乘法的方式相同，即将 32 位乘法转化为 32 个 64 位数的加法，再计算出结果。值得注意的是，两个数的补码的积并不等于积的补码。如果 $[Y]_{补}=y_{31}y_{30}\cdots y_1y_0$，则

$$[X\times Y]_{补}=[X]_{补}\times(-y_{31}\times 2^{31}+y_{30}\times 2^{30}+\cdots+y_1\times 2^1+y_0\times 2^0)$$

也就是说，$[X\times Y]_{补}$ 并不等于 $[X]_{补}\times[Y]_{补}$，而是等于把 $[Y]_{补}$ 的最高位取反，其他位不变的数和 $[X]_{补}$ 相乘的结果。更详细的推导过程请参考《计算机体系结构基础（第 2 版）》的 8.3 节。

以一个 4 位的乘法器为例：0101（5）× 1001（-7）= 1011101（-35），简单补码的乘法计算如下（每个部分积均要做符号扩展）：

```
                0   1   0   1
            ×   1   0   0   1
    +   0   0   0   0   1   0   1
    +   0   0   0   0   0   0
    +   0   0   0   0   0
    -   0   1   0   1
        1   0   1   1   1   0   1
```

在补码乘法运算过程中，只要对 Y 的最高位乘积项做减法，对其他位乘积项做加法即可。但在做加法和减法操作时，一定要扩充符号位，使乘积项对齐。

可以使用 1 位 Booth 算法进行补码乘法，将各部分积统一成相同的形式。

1. 2 位 Booth 编码

对 32 位乘法而言，无论是上述简单的补码乘法器还是 1 位 Booth 算法实现的乘法器，都需要将 32 个部分积相加才能得到结果，其延迟和硬件的开销都很大。引入 2 位 Booth 编码可以显著减少加法的次数。

对 $(-y_{31}\times 2^{31}+y_{30}\times 2^{30}+\cdots+y_1\times 2^1+y_0\times 2^0)$ 做如下变换：

$$
\begin{aligned}
&(-y_{31}\times 2^{31}+y_{30}\times 2^{30}+\cdots+y_1\times 2^1+y_0\times 2^0)\\
=&(y_{29}+y_{30}-2\times y_{31})\times 2^{30}+(y_{27}+y_{28}-2\times y_{29})\times 2^{28}+\cdots\\
&+(y_1+y_2-2\times y_3)\times 2^2+(y_0-2\times y_1)\times 2^0\\
=&(y_{29}+y_{30}-2\times y_{31})\times 2^{30}+(y_{27}+y_{28}-2\times y_{29})\times 2^{28}+\cdots\\
&+(y_1+y_2-2\times y_3)\times 2^2+(y_{-1}+y_0-2\times y_1)\times 2^0\,(\text{其中 } y_{-1}=0)
\end{aligned}
$$

根据上式，可以先将 Y 的 -1 位补 0，然后每次扫描 Y 的 3 位来确定乘积项，这样乘积项减少了一半，32 位的乘法只需 15 次加法。2 位 Booth 编码的规则如表 5-1 所示。

表 5-1　2 位 Booth 编码规则表

Y_{i+1}	y_i	Y_{i-1}	操作
0	0	0	0
0	0	1	$+[X]_{补}$
0	1	0	$+[X]_{补}$
0	1	1	$+2[X]_{补}$
1	0	0	$-2[X]_{补}$
1	0	1	$-[X]_{补}$
1	1	0	$-[X]_{补}$
1	1	1	0

比如 0101（5）× 1001（–7），其中 $[X]_{补}$ = +0101, $2[X]_{补}$ = +01010, $-[X]_{补}$ = –0101 = +1011, $-2[X]_{补}$ = –01010 = +10110，计算过程如下：

```
              0  1  0  1
        ×  1  0  0  1  [0]          （补 y-1）
    ────────────────────────
    +  0  0  0  0  1  0  1          （010，+[X]补）
    +  1  0  1  1  0                （100，–2[X]补）
    ────────────────────────
       1  0  1  1  1  0  1          （结果为 –35 的补码）
```

可以看到，对 4 位乘法使用 2 位 Booth 编码之后，部分积由原来的 4 个减少为 2 个，需要加法的次数由原来的 3 次减少为 1 次，极大地提高了效率。

2. 保留进位加法器

对于 32 位乘法，即使使用了 2 位 Booth 编码，16 个部分积仍然需要进行 15 次接近 64 位的加法操作。一般做一次 65 位加法已经会有很大延迟了。如果做 15 次加法，使用累加的形式，则效率会更低。对于多个数的相加，可以考虑使用不需要等待进位信号的保留进位加法器。

保留进位加法器就是使用全加器将三个加数的加法转化成两个加数的加法的装置，转化后的两个加数中，有一个是所有的本地和组成的，另一个是所有的向高位的进位信号组成的。下例给出了保留进位加法器的运算过程。

```
          1  0  1  1  0  1  0  1
          1  1  1  0  1  1  1  0
       +  1  0  1  1  1  1  0  0
    ──────────────────────────────
       1  1  1  1  0  0  1  1      高位补符号位
    +  1  0  1  1  1  1  0  0  0   低位补 0
```

10110101（–75）+ 11101110（–18）+ 10111100（–68）= 111100111（–25）+ 101111000（–136）

保留进位加法器的每一位的计算都是独立的，不会依赖其他位的信息，所以不会产生进位延迟。例子中的最低位的 3 个加数为 1、0、0，结果为 1，进位为 0；最高位的 3 个加数为 1、1、1，结果为 1，进位为 1，其他位也是一样，最后还需将进位结果左移一位。

3. 华莱士树

对于要将很多个加数相加得到一个结果的运算，可以先使用一层保留进位加法器（也就是一组全加器）将其转化为约 2/3 个加数相加，再使用一层保留进位加法器转换为约 4/9 个加数相加，直到最后转化为 2 个加数相加。这样的构造叫作华莱士树。

使用 2 位 Booth 编码后，32 位乘法被转化为 16 个 64 位的部分积相加。可以使用六层华莱士树将加数减少为 2 个，图 5-3 是 16 个部分积中，针对某 1 位构建的华莱士树。

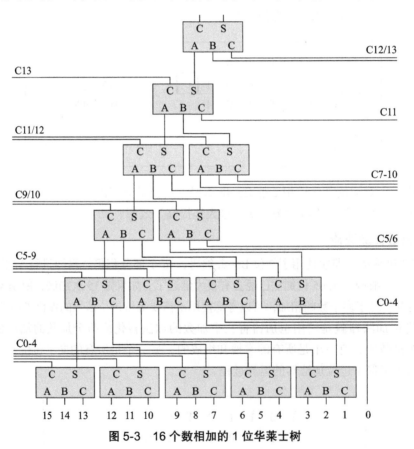

图 5-3　16 个数相加的 1 位华莱士树

4. 使用 2 位 Booth 编码 + 华莱士树的 32 位补码乘法器

在 Booth 编码和华莱士树的基础上不难设计出 32 位定点补码乘法器，其结构如图 5-4 所示。

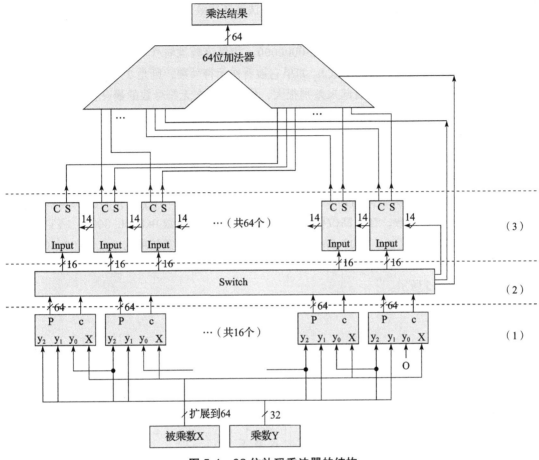

图 5-4　32 位补码乘法器的结构

上图中的第（1）部分采用 2 位 Booth 算法得到 16 个部分积，其中 P 为 64 位，是部分积的主体；c 为 1 位，表示对被乘数取反。

第（2）部分类似矩阵转置，将 16 个 64 位部分积转置为 64 个 16 位等宽的数，用作华莱士树每位处的输入，这一部分在电路中的体现就是连线，没有任何多余的电路单元。

第（3）部分为华莱士树，是 64 个 1 位的华莱士树的集合。需要注意的是，每 1 位的华莱士树有来自低位的进位信号，而最高位处的华莱士数向高位的进位则被忽略了。这是因为 32 位有符号数乘以 32 位有符号数能得到的最大的数是 $-2^{31} \times -2^{31} = 2^{62}$，用 64 位有符号数完全可以容纳这个结果，就算将最高位处的华莱士树向高位的进位带入运算，得到的也是符号位的扩展，所以可以直接省略。

5. 对乘法器的进一步的优化

（1）用定点补码乘法器实现无符号乘法

上述几节介绍的都是补码乘法器，显然这是针对有符号乘法的。而在指令集里，除了有符号乘法，还有无符号乘法，所以我们实现的乘法器还需要支持无符号乘法。

所谓有符号乘法和无符号乘法，是指进行相乘的源操作数是被当作有符号数还是无符号数，比如 32 位寄存器里存放的数为 0x80000000，如果该数被看作有符号数，则是 -2^{31}（计算机里存储的有符号数均为补码形式）；如果它被看作无符号数，则是 2^{31}。

虽然无符号数与有符号数看起来差别很大，但是只要在无符号数的最高位前再补一个 0，就可以把它看作符号位为 0 的有符号数。同时，对于有符号数，在最高位前再扩展一位符号位，则表示的数值不变。通过这种最高位前再补一位的方法就可以将有符号数和无符号数统一，相应地，32 位数就扩展成了 33 位数。

因此，可以实现一个 33 位的有符号乘法器，使得它既可以做有符号乘法运算，又可以做无符号乘法运算。每次运算前需要将源操作数扩展为 33 位，对于有符号数，在最高位前补符号位；对于无符号数，在最高位前补 0。比如，对于 32 位数 0x8000_0000，将它当作无符号数时需扩展为 33 位 0x0_8000_0000，将它当作有符号数时需扩展为 0x1_8000_0000。需要注意的是，33 位数经过 2 位 Booth 编码后会产生 17 个部分积，相应的华莱士树的结构也要做调整，如图 5-5 所示。

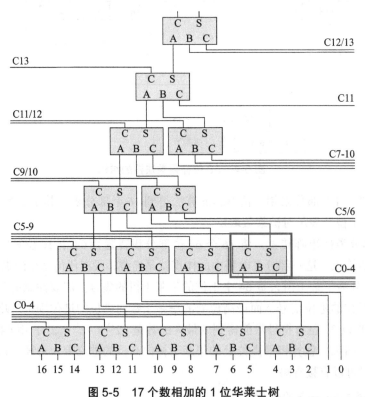

图 5-5　17 个数相加的 1 位华莱士树

（2）切分流水线

按照上面的描述设计出的单周期 32 位补码乘法器，经过综合工具综合得到的最长延迟时间约为 36ns，延时过长，所以可以考虑切分流水线。

所谓流水线，就是在某个地方将单周期的乘法器一分为二，在两部分的数据通路上加一个寄存器，并将寄存器中的数据作为后一部分的输入信号。在乘法器中引入时钟，每当时钟上升沿到来时，就将前一部分的数据写入寄存器。这样可以将乘法拆分成两个周期完成。由于切分流水线之后的两部分可以并行，因此平均还是大约每拍执行一条乘法，同时切分流水线后可以使乘法器以更高的频率运行。

切分流水线要尽量做到均衡，即被流水线分隔的几个部分的延迟时间差距不能太大。

比如，将乘法器切分成两级流水结构，应该尽量使切分流水之后的最长延迟时间接近单周期时的一半。可以先根据乘法器的结构来确定流水线的位置，切分完成后再使用综合工具进行评估。两级流水线的乘法器可以在 CPU 中占据执行级和访存级的位置，并不会拖延整个 CPU 的运行节奏。

虽然要求乘法器切分为两级，但建议还是将乘法器写为一个单独模块，这样，替换整个乘法器、对乘法器进行模块级验证也很方便。推荐乘法器模块实现的主要接口如表 5-2 所示。

表 5-2 推荐实现的乘法器模块的主要接口

信号	位宽	方向	功能
mul_clk	1	input	乘法器模块时钟信号
resetn	1	input	复位信号，低电平有效
mul_signed	1	input	控制有符号乘法和无符号乘法
x	[31:0]	input	被乘数
y	[31:0]	input	乘数
result	[63:0]	output	乘法结果，高 32 写入 HI 寄存器，低 32 位写入 LO 寄存器

切分的流水级也包含在乘法器模块中，该模块的输入信号均来自执行级，输出信号在访存级被获取，写入 HI/LO 寄存器（显然，此时 HI/LO 寄存器适合放在访存级进行读写），故乘法器模块内部只有一组流水级间的寄存器。

6. 乘法器模块级验证

在实现乘法模块后，最好对其进行模块级随机验证，确保功能正确。

对于切分成两级流水结构的乘法器模块，可以使用以下 Testbench（参见 lab6.zip 里的"乘法器模块级验证顶层 /mul_tb.v"）来验证。

```
`timescale 1ns / 1ps

module mul_tb;

    // Inputs
    reg mul_clk;
    reg resetn;
    reg mul_signed;
    reg [31:0] x;
```

```verilog
    reg [31:0] y;

    // Outputs
    wire signed [63:0] result;

    // Instantiate the Unit Under Test (UUT)
    mul uut (
        .mul_clk(mul_clk),
        .resetn(resetn),
        .mul_signed(mul_signed),
        .x(x),
        .y(y),
        .result(result)
    );

    initial begin
        // Initialize Inputs
        mul_clk = 0;
        resetn = 0;
        mul_signed = 0;
        x = 0;
        y = 0;
        #100;
        resetn = 1;
    end
    always #5 mul_clk = ~mul_clk;

// 产生随机乘数和符号控制信号
always @(posedge mul_clk)
begin
    x         <= $random;
    y         <= $random;        // $random 为系统任务，产生一个随机的 32 位有符号数
    mul_signed <= {$random}%2; // 加了拼接符，{$random} 产生一个非负数，除 2 取余得到 0 或 1
end

// 寄存乘数和有符号乘控制信号，因为是两级流水，故存一拍
reg [31:0] x_r;
reg [31:0] y_r;
reg        mul_signed_r;

always @(posedge mul_clk)
begin
    if (!resetn)
    begin
        x_r         <= 32'd0;
        y_r         <= 32'd0;
        mul_signed_r <= 1'b0;
    end
    else
    begin
        x_r         <= x;
        y_r         <= y;
```

```
            mul_signed_r <= mul_signed;
        end
    end

// 参考结果
wire signed [63:0] result_ref;
wire signed [32:0] x_e;
wire signed [32:0] y_e;
assign x_e        = {mul_signed_r & x_r[31],x_r};
assign y_e        = {mul_signed_r & y_r[31],y_r};
assign result_ref = x_e * y_e;
assign ok         = (result_ref == result);

// 打印运算结果
initial begin
    $monitor("x = %d, y = %d, signed = %d, result = %d,OK=%b",x_e,y_e,mul_signed_r,
        result,ok);
end

// 判断结果是否正确
always @(posedge mul_clk)
begin
    if (!ok)
    begin
        $display("Error: x = %d, y = %d,result = %d, result_ref = %d, OK=%b",x_e,
            y_e,result,result_ref,ok);
        $finish;
    end
end

endmodule
```

注意，声明和计算有关的变量时必须写上 signed 以表示有符号数。Testbench 中如果显示 OK=1，则说明结果正确，否则说明运算有错，同时仿真会停止。

5.2.3　电路级实现除法器

除法器根据是否将源操作数转换为绝对值分为绝对值除法器和补码除法器。通常，绝对值除法器的结果是商和余数的绝对值，因而最后需要计算商和余数的补码；而补码除法器虽然得到的结果是补码，但计算过程可能存在多减除数的情况，所以需要对余数进行调整。

1. 迭代除法器

除法器通常是需要迭代进行的，简单的迭代除法是试商法，32 位除法的商最多也为 32 位，故可以依次从商的第 31 位到第 0 位试 0 或 1，这和笔算除法的方法类似。

根据迭代过程中，在不够减时（商为 0）是否恢复余数可分为恢复余数法（循环减法）和不恢复余数法（加减交替）。加减交替是指将不够减的情况视为减多了，但此时并不恢复余数，而是在下一次迭代改为加法，以补回多减的。之所以可以这样做，是因为假设第二次加

法为 $r_2 + x$，其中 r_2 为前一次减法得到的剩余结果，就是 $r_1 - 2x$，也就相当于 $r_1 - x$，与恢复余数是一样的。对于为什么前一次减法减去的是 $2x$（是后一次的两倍），可以假设被除数是 abcd（四位），除数是 yz（两位），那么从高位向低位迭代，开始是 ab-yz，相当于 ab00-yz00；第二次是 bc-yz，相当于 bc0-yz0。也就是说，第一次是 $2x$，第二次是 x。这也是迭代除法实现时使用移位器的道理。

其实，对于所有迭代除法器，绝对值、补码除法器，或者循环减法、加减交替等都是基于一个原理：判断剩余被除数和除数的大小，确定商，更新剩余被除数。只是在具体实施中，根据不同的处理方法得到上述的除法器分类。

比如，对于补码除法器，在有符号除法的情况下，假设被除数为 0xffff_ffff，除数为 0x1111_1111，也就是被除数是负数，除数是正数。显然，比较被除数和除数的大小是需要使用加法操作的。这时如果采用恢复余数法，那就是循环加法补码除法器；如果采用不恢复余数法，在迭代过程中，如果将余数加成了正数，那就说明加多了（绝对值减多了），就需要改为减法，这就是加减交替补码除法器。

以 1 位恢复余数绝对值迭代除法器为例，运算过程分为三步。

（1）根据被除数和除数确定商和余数的符号，并计算被除数和除数的绝对值

我们预先规定余数的符号要和被除数的符号保持一致，这样商和余数的符号就可以由表 5-3 确定。

表 5-3　除法结果的符号位规则表

被除数	除数	商	余数
正	正	正	正
正	负	负	正
负	正	负	负
负	负	正	负

对于无符号数，计算机里保存的数就是其原码，故绝对值即为该数。对于有符号数，如果该数为正数，则计算机里保存的数为其补码，也是其原码，故绝对值就是该数；如果该数是负数，则计算机里保存的为其补码，直接对该补码（含符号位）取反加 1 即得到其绝对值。

（2）迭代运算得到商和余数的绝对值

迭代运算的过程如下：

1）在 32 位的被除数前面补 32 个 0，记为 A[63:0]，并记除数为 B[31:0]、得到的商记为 S[31:0]、余数记为 R[31:0]。

2）第一次迭代，取 A 的高 33 位，即 A[63:31]，与 B 的高位补 0 的结果 {1'b0, B[31:0]} 做减法：如果结果为负数，则商的相应位（S[31]）为 0，被除数保持不变；如果结果为正数，则商的相应位记为 1，将被除数的相应位（A[63:31]）更新为减法的结果。

3）进行第二次迭代，此时就需要取 A[62:30] 与 {1'b0, B[31:0]} 做减法，依据结果更新

S[30]，并更新 A[62:30]。

4）依此类推，直到算完第 0 位。

（3）调整最终的商和余数

步骤 2 中得到的商和余数为对应的绝对值，根据步骤 1 中确定的商和余数符号将商和余数转化为有符号数，提交结果。

下面以 8 位补码除法 10010101（–107）÷ 00011101（29）为例介绍迭代除法。

首先，因为被除数为负、除数为正，所以确定商为负、余数为负，并且计算得到被除数的绝对值为 01101011，除数的绝对值为 00011101。之后进入迭代减法的操作。

第一次迭代得到商的最高位：

```
                                0
      0 0 0 0 0 0 0 0 0 1 1 0 1 0 1 1      （被除数扩展 8 个 0）
    - 0 0 0 0 1 1 1 0 1                    （减除数）
      1 1 1 1 0 0 1 1                      （不够减，商 0）
      0 0 0 0 0 0 0 0 0 1 1 0 1 0 1 1      （调整剩余被乘数）
```

上图中第 1 行为商的绝对值，第 2 行为第一拍执行之前被除数的绝对值，第 3 行为除数的绝对值，第 4 行为减法的结果，最后一行是第一拍执行之后被除数的绝对值。

在前六次迭代中，被除数的绝对值都没有发生变化，所以略去这些迭代过程。直接看第七次迭代，结果如下：

```
                        0 0 0 0 0 0 1
      0 0 0 0 0 0 0 0 0 1 1 0 1 0 1 1
    -               0 0 0 0 1 1 1 0 1      （减除数）
                    0 0 0 0 1 1 0 0 0      （够减，商 1）
      0 0 0 0 0 0 0 0 0 0 1 1 0 0 0 1      （调整剩余被乘数）
```

第八次迭代，得到最终商和余数的绝对值：

```
                        0 0 0 0 0 0 1 1
      0 0 0 0 0 0 0 0 0 0 1 1 0 0 0 1
    -                 0 0 0 0 1 1 1 0 1    （减除数）
                      0 0 0 0 1 0 1 0 0    （够减，商 1）
      0 0 0 0 0 0 0 0 0 0 0 1 0 1 0 0      （调整剩余被乘数）
```

于是得到商的绝对值为 00000011，余数的绝对值为 00010100（取低 8 位）。

最后，将商和余数转为补码。因为前面已经确定了商为负数，余数也为负数，所以得到商 11111101（–3）和余数 11101100（–20）。

这里要提醒读者的是：对一个负的有符号数取绝对值就是将这个数"取反加 1"得到的结果，对一个正的有符号数取绝对值的结果就是其本身；对一个绝对值求其负的有符号数的结果也是"取反加 1"，对一个绝对值求其正的有符号数的结果就是其本身。

从上述计算过程可以看到，除法的商的寄存器是从高位到低位依次得到，这和一个 32 位左移寄存器等效，每次迭代得到的商放在第 0 位上；被除数从高到低依次取 33 位与除数相减，并更新这 33 位，等效于一个 64 位左移寄存器，每次取高 33 位与除数进行相减判断并更新这 33 位。

可以根据以上描述画出迭代除法的结果示意图。

2. 用迭代除法器进行无符号除法

如果仅仅让迭代除法器执行第 2 步的操作，它就是一个无符号除法器。所以，只需在迭代除法器中加入一个控制信号，使除法在第 1 步和第 3 步中不做数值调整，那么得到的结果就是无符号除法的结果。这样除法器就可以进行无符号运算。

3. 迭代除法器中的控制信号

迭代除法器运算的第一步为获取乘数和控制信号，第三步为输出结果到下一流水级，这两步各需要一拍。第二步为迭代运算，需要 32 拍。这样，一次除法需要 34 拍。可以在除法器中内置一个计数器，该计数器在除法开始时从 0 开始计数，当计数到 33 时，将除法完成信号置为 1 并停止计数，直到下一个除法开始。

同乘法器一样，建议将除法器也单独封装为一个模块，推荐实现的主要接口如表 5-4 所示。

表 5-4   推荐实现的除法器模块的主要接口

信号	位宽	方向	功能
div_clk	1	input	除法器模块时钟信号
resetn	1	input	复位信号，低电平有效
div	1	input	除法运算命令，在除法完成后，如果外界没有输入新的除法，必须将该信号置 0
div_signed	1	input	控制有符号除法和无符号除法的信号
x	[31:0]	input	被除数
y	[31:0]	input	除数
s	[31:0]	output	除法结果，商
r	[31:0]	output	除法结果，余数
complete	1	output	除法完成信号，除法内部 count 计算达到 33

4. 除法器进一步优化

在以上例子中，除法都是一位试商，其实可以考虑两位试商，但代价就是时序变差、资源消耗更多。

可以观察以下除法：

1）0x7777_7777/0x7777_7776，会发现前面 31 位商都是 0。

2）0x2000_0001/0x2，会发现后面 30 位商都是 0。

3）0x2000_0003/0x2，会发现中间 29 位商是 0。

我们看到，迭代除法中经常会出现一堆 0，在软件程序中，商的首部出现一堆 0 的情况十分普遍。所以，可以考虑提前开始或提前结束的除法，中间有一堆 0 的情况有可能加速迭代，但需要一定的设计技巧。

注意，所有的除法实现方法考虑的主要因素都是便于在硬件上实现，很多我们认为很简单的操作，其硬件实现却比较复杂。比如，在一个 32 位数中确定首部连续 0 的个数，也就是查找一个 32 位数的前导 0，这个问题看起来很简单，但其硬件实现要花费很多资源。

5. 除法器模块级验证

在除法模块实现后，最好对其进行模块级随机验证，确保功能正确。可以使用以下 Testbench（参见 lab6.zip 里的"乘法器模块级验证顶层 /div_tb.v"）进行验证：

```verilog
`timescale 1ns / 1ps

module div_tb;

    // Inputs
    reg div_clk;
    reg resetn;
    wire div;
    reg div_signed;
    reg [31:0] x;
    reg [31:0] y;

    // Outputs
    wire [31:0] s;
    wire [31:0] r;
    wire complete;

    // Instantiate the Unit Under Test (UUT)
    div uut (
        .div_clk(div_clk),
        .resetn(resetn),
        .div(div),
        .div_signed(div_signed),
        .x(x),
        .y(y),
        .s(s),
```

```
        .r(r),
        .complete(complete)
    );

    initial begin
        // Initialize Inputs
        resetn = 0;
    #100;
        resetn = 1;
    end
initial
begin
    div_clk = 1'b0;
    forever
    begin
        #5 div_clk = 1'b1;
        #5 div_clk = 1'b0;
    end
end
```

// 产生除法命令，正在进行除法
```
reg div_is_run;
integer wait_clk;
initial
begin
    div_is_run <= 1'b0;
    forever
    begin
        @(posedge div_clk);
        if (!resetn || complete)
        begin
            div_is_run <= 1'b0;
            wait_clk <= {$random}%4;
        end
        else
        begin
            repeat (wait_clk)@(posedge div_clk);
            div_is_run <= 1'b1;
            wait_clk <= 0;
        end
    end
end
```
// 随机生成有符号乘法控制信号和乘数
```
assign div = div_is_run;
always @(posedge div_clk)
begin
    if (!resetn || complete)
    begin
        div_signed <= 1'b0;
        x          <= 32'd0;
```

```
                y               <= 32'd1;
        end
        else if (!div_is_run)
        begin
            div_signed <= {$random}%2;
            x               <= $random;
            y               <= $random;                    //被除数随机产生 0 的概率很小，基本可忽略
        end
    end

// -----{ 计算参考结果 }begin
//第一步，求 x 和 y 的绝对值，并判断商和余数的符号
wire x_signed = x[31] & div_signed;                    //x 的符号位，无符号时认为是 0
wire y_signed = y[31] & div_signed;                    //y 的符号位，无符号时认为是 0
wire [31:0] x_abs;
wire [31:0] y_abs;
assign x_abs = ({32{x_signed}}^x) + x_signed;    //此处异或运算必须加括号
assign y_abs = ({32{y_signed}}^y) + y_signed;    //因为 Verilog 中 + 的优先级更高
wire s_ref_signed = (x[31]^y[31]) & div_signed;//运算结果商的符号位，作为无符号时认为是 0
wire r_ref_signed = x[31] & div_signed;               //运算结果余数的符号位，作为无符号时认为是 0

//第二步，求得商和余数的绝对值
reg [31:0] s_ref_abs;
reg [31:0] r_ref_abs;
always @(div_clk)
begin
    s_ref_abs <= x_abs/y_abs;
    r_ref_abs <= x_abs-s_ref_abs*y_abs;
end

//第三步，依据商和余数的符号位调整
wire [31:0] s_ref;
wire [31:0] r_ref;
//此处异或运算必须加括号，因为 Verilog 中 + 的优先级更高
assign s_ref = ({32{s_ref_signed}}^s_ref_abs) + {30'd0,s_ref_signed};
assign r_ref = ({32{r_ref_signed}}^r_ref_abs) + r_ref_signed;
// -----{ 计算参考结果 }end

//判断结果是否正确
wire s_ok;
wire r_ok;
assign s_ok = s_ref==s;
assign r_ok = r_ref==r;
reg [5:0] time_out;

//输出结果，将各 32 位（不论是有符号数还是无符号数）扩展成 33 位有符号数，以便以十进制形式打印
wire signed [32:0] x_d       = {div_signed&x[31],x};
wire signed [32:0] y_d       = {div_signed&y[31],y};
wire signed [32:0] s_d       = {div_signed&s[31],s};
wire signed [32:0] r_d       = {div_signed&r[31],r};
```

```
wire signed [32:0] s_ref_d = {div_signed&s_ref[31],s_ref};
wire signed [32:0] r_ref_d = {div_signed&r_ref[31],r_ref};
always @(posedge div_clk)
begin
    if (complete && div) //除法完成
    begin
        if (s_ok && r_ok)
        begin
            $display("[time@%t]: x=%d, y=%d, signed=%d, s=%d, r=%d, s_OK=%b, r_OK=%b",
                    $time,x_d,y_d,div_signed,s_d,r_d,s_ok,r_ok);
        end
        else
        begin
            $display("[time@%t]Error: x=%d, y=%d, signed=%d, s=%d, r=%d, s_ref=%d,
                    r_ref=%d, s_OK=%b, r_OK=%b",
                    $time,x_d,y_d,div_signed,s_d,r_d,s_ref_d,r_ref_d,s_ok,r_ok);
            $finish;
        end
    end
end
always @(posedge div_clk)
begin
    if (!resetn || !div_is_run || complete)
        begin
            time_out <= 6'd0;
        end
    else
    begin
        time_out <= time_out + 1'b1;
    end
end
always @(posedge div_clk)
begin
    if (time_out == 6'd34)
        begin
            $display("Error: div no end in 34 clk!");
            $finish;
        end
end

endmodule
```

5.3　乘除法配套数据搬运指令的添加

　　由于乘除法指令的结果都存放在 HI、LO 寄存器中，其他运算、转移、访存指令只能访问通用寄存器，因此需要指令在 HI、LO 寄存器和通用寄存器之间互相传递数据。MIPS 指令系统规范一共定义了四条这样的指令：MFHI 读取 HI 寄存器的值，并写入通用寄存器；MFLO 读取 LO 寄存器的值，并写入通用寄存器；MTHI 将通用寄存器的值写入 HI 寄存器；

MTLO 将通用寄存器的值写入 LO 寄存器。

这四条指令的实现与更新 HI、LO 寄存器的指令的执行延迟密切相关。由于无论采用调用 Xilinx IP 还是自行设计电路的方式，除法都是采用迭代设计，因此接下来我们根据乘法运算是实现为单周期还是多周期流水这两种情况进行分析。

5.3.1　乘法运算实现为单周期的情况

当乘法运算实现为单周期时，意味着乘、除法指令写 HI、LO 寄存器都是在指令位于执行流水级时进行的，那么 MTHI 和 MTLO 两条指令自然也实现为在执行流水级写 HI、LO 寄存器。这两条指令读取来自通用寄存器的源操作数，这与 ADDU 等指令读取寄存器的源操作数相似，所以它们读通用寄存器堆的数据通路以及源操作数在译码阶段是否就绪的相关判断、数据前递、流水级控制都可以采用已实现的设计。

对于 MFHI 和 MFLO 指令来说，它们没有来自寄存器的源操作数，所以不会因为通用寄存器的写后读相关而被阻塞在译码流水级。由于所有写 HI、LO 寄存器的动作都是指令位于执行流水级时完成的，因此这两条指令在位于执行流水级的时候读取 HI、LO 寄存器自然就能避免因为 HI、LO 寄存器写后读相关而产生的流水线冲突。在取得 HI、LO 的数值之后，MFHI 和 MFLO 指令像其他写通用寄存器的指令一样，沿着流水线逐级前行到写回级完成写通用寄存器堆的动作，而它们在执行、访存、写回三级也可以像 ADDU 之类的指令那样向译码级的指令进行前递。

5.3.2　乘法运算实现为多周期流水的情况

这里只考虑乘法运算采用两周期流水方式实现的情况。对于更多周期的流水实现方式，在设计时需要考虑的基本问题类似，如果读者采用更多级的乘法运算流水线设计，可以自行推演出具体的设计方案。

为了处理围绕 HI、LO 寄存器的写后写相关，我们建议尽可能地把所有指令对 HI、LO 寄存器的写放到同一级流水线中。因为乘法在两拍计算完毕后，在访存级更新 HI、LO 寄存器，所以即使除法采用迭代运算，我们也将其结果从执行级携带到访存级，在访存级更新 HI、LO 寄存器。相应地，对于 MTHI 和 MTLO 指令，我们也等到它们位于访存级时才更新 HI、LO 寄存器。MTHI 和 MTLO 指令读通用寄存器源操作数的数据通路和控制逻辑设计与前一节中采用单周期乘法运算时别无二致，只不过寄存器读出的数据要从执行级携带至访存级。

当前面的设计确定之后，MFHI 和 MFLO 指令的实现也就确定了。这两条指令因为没有通用寄存器的源操作数，所以在流水线可以一路前行直至其位于访存级时才读取 HI、LO 寄存器。获取的数据一方面通过访存级和写回级的前递通路传递给译码级的指令，另一方面沿着流水线前行，在写回级写入通用寄存器堆。对于那些与 MFHI、MFLO 指令产生写后读相关关系的指令，MFHI 和 MFLO 不过是两条执行延迟为两周期的指令而已，与目前的 LW 指令非常相似。于是，可以应用现有关于寄存器的相关判断、控制逻辑来应对目前的局面。

5.4　任务与实践

完成本章的学习后，读者应能够完成以下实践任务：在 lab5 的 CPU 代码的基础上添加更多的指令，包括算术逻辑运算类指令 ADD、ADDI、SUB、SLTI、SLTIU、ANDI、ORI、XORI、SLLV、SRAV、SRLV，乘除运算类指令 MULT、MULTU、DIV、DIVU，以及乘除法配套的数据搬运指令 MFHI、MFLO、MTHI、MTLO。运行 lab6.zip 里的 func_lab6，要求成功通过仿真和上板验证。

为完成以上实践任务，需要参考的文档包括但不限于：

1）本章内容。

2）附录 C。

本实践任务的硬件环境沿用 CPU_CDE，软件环境使用 lab6.zip。lab6.zip 只包含软件编译环境（func_lab6）。fun_lab6 和 func_lab4 相比，加入了对前述的新加入指令的测试内容。

请参考下列步骤完成实践任务：

1）请先完成第 4 章的学习。

2）学习本章内容。

3）准备好 lab5 的实验环境和 CPU_CDE，该环境也会作为 lab6 的实验环境。

4）解压 lab6.zip，将 func_lab6 拷贝到 CPU_CDE/soft/ 目录里，与 func_lab4 同层次。

5）打开 cpu132_gettrace 工程（CPU_CDE/cpu132_gettrace/run_vivado/cpu132_gettrace/cpu132_gettrace.xpr）。

6）对 cpu132_gettrace 工程中的 inst_ram 进行重新定制，此时选择加载 func_lab6 的 coe（CPU_CDE/soft/func_lab6/obj/inst_ram.coe）。

7）运行 cpu132_gettrace 工程的仿真（进入仿真界面后，直接点击 run all 等待仿真运行完成），生成新的参考 Trace 文件 golden_trace.txt（CPU_CDE/cpu132_gettrace/golden_trace.txt）。注意，要等仿真运行完成，golden_trace.txt 才有完整的内容。

8）打开 myCPU 工程（CPU_CDE/mycpu_verify/run_vivado/mycpu_prj1/mycpu_prj1.xpr）。

9）对 myCPU 工程中的 inst_ram 进行重新定制，此时选择加载 func_lab6 的 coe（CPU_CDE/soft/func_lab6/obj/inst_ram.coe）。

10）运行 myCPU 工程的仿真（进入仿真界面后，直接点击 run all），开始调试。

11）myCPU 仿真通过后，综合实现后生成比特流文件，进行上板验证（如果没有实验箱，请跳过这一步骤）。

第 **6** 章

在流水线中添加转移指令和访存指令

本章将继续介绍如何在流水线中添加指令。6.1 节将介绍转移指令的添加，包括 BGEZ、BGTZ、BLEZ、BLTZ、J、BLTZAL、BGEZAL、JALR 指令。6.2 节介绍访存指令的添加，包括 LB、LBU、LH、LHU、LWL、LWR、SB、SH、SWL、SWR 指令。

【本章学习目标】

- 进一步加深对流水线结构与设计的理解。
- 掌握在 CPU 中添加转移指令和访存指令的方法。

【本章实践目标】

本章只有一个实践任务，请读者在学习完本章内容后，完成实践任务。

6.1 转移指令的添加

在进行转移指令的添加工作之前，我们简要回顾一下简单流水线中与转移指令相关的设计要点：

1）转移指令的功能有两个要素：一是决定是否跳转，二是跳转时的跳转目标。

2）MIPS 中的转移指令包括分支指令（B 开头）和跳转指令（J 开头），前者是否跳转需要进行判断，后者一定跳转。

3）MIPS 中转移指令的跳转目标的计算方式有三种：一是转移延迟槽指令 PC 加上转移指令中的偏移，二是转移延迟槽指令 PC 高位与转移指令中的偏移拼接，三是从通用寄存器获取。

4）MIPS 中除了 Link 类转移指令外，均不会产生寄存器写动作。Link 类转移指令会将自身 PC 加 8（即返回地址）写入通用寄存器中。

5）由于使用了转移延迟槽技术，因此在单发射五级流水 CPU 中，只要转移指令在译码级参与下一拍取指 PC（nextPC）的生成，那么由控制相关引起的流水线冲突就能够得到解决。

上面的第 5 点告诉我们，对于新增的转移指令，其参与生成下一拍取指 PC 的操作还是要放到译码流水级进行。至于如何生成是否跳转的控制信号、如何生成跳转目标，以及是否需要向通用寄存器写入返回地址，现有的 CPU 中已经有处理的框架。接下来，我们将梳理待实现的指令，分析它们如何在现有的处理框架之下进行处理。

6.1.1   BGEZ、BGTZ、BLEZ 和 BLTZ 指令

BGEZ、BGTZ、BLEZ 和 BLTZ 指令的功能定义与 BEQ、BNE 相似，唯一的不同在于它们判断是否跳转的方式不一样。因此，添加 BGEZ、BGTZ、BLEZ 和 BLTZ 指令只需要对生成是否跳转的逻辑进行扩展，即在 GR[rs] = GR[rt]、GR[rs] ≠ GR[rt] 条件判断的基础之上，增加 GR[rs] ≥ 0、GR[rs]>0、GR[rs] ≤ 0、GR[rs]<0 的条件判断支持，其余功能均可直接复用实现 BEQ 和 BNE 的数据通路，相关控制信号的生成也可以参照 BEQ 和 BNE 的控制信号进行。

6.1.2   J 指令

J 指令只需要实现 JAL 指令"一半"的功能，即它不需要计算 PC+8 然后写通用寄存器，只需要无条件地跳转到延迟槽指令 PC 高位与转移指令中的偏移拼接而成的目标地址处。显然，该指令的设计不需要增加任何新的数据通路。

6.1.3   BLTZAL 和 BGEZAL 指令

从指令的汇编助记符上就能看出来，BLTZAL 指令是 BLTZ 和 JAL 指令的结合，而 BGEZAL 指令是 BGEZ 和 JAL 指令的结合。落实到设计中，BLTZAL、BGEZAL 指令在取指和译码流水级进行跳转条件判断并参与下一拍 PC 生成的逻辑等同于 BLTZ、BGEZ 指令，而它们在执行、访存、写回流水级计算 PC+8 并写入 31 号通用寄存器的处理逻辑等同于 JAL 指令。因此，新增这两条指令也不需要增加数据通路，只需要把相关的控制信号产生正确即可。

6.1.4   JALR 指令

JALR 指令比 JR 指令增加了 Link 的功能，所以 JALR 指令在取指和译码流水级进行跳转条件判断并参与下一拍 PC 生成的逻辑等同于 JR 指令。至于 JALR 指令所实现的 Link 功能，其返回地址的计算方式还是 PC+8，这点与 JAL 指令是一样的，不过计算的结果不再固定地写入 31 号寄存器而是写入第 rd 项寄存器。因此，JALR 指令可以复用 JAL 指令在执行、访存级计算 PC+8 并传递结果的数据通路，只不过在写回级需要将写寄存器的来源选择为指令的 rd 域而不是常值 31。同样，我们能够看到，JALR 指令的实现也不需要增加新的数据通路，只需要把相关的控制信号产生正确即可。

6.2   访存指令的添加

6.2.1   LB、LBU、LH 和 LHU 指令的添加

分析 LB、LBU、LH 和 LHU 指令的功能定义并将其与 LW 的定义进行比较，可知：

1）它们计算虚地址的操作数来源、地址计算方法、虚实地址映射的规则是完全一样的。

2）它们得到的访存结果都是写回第 rt 项寄存器中。

3）它们和 LW 指令的差异仅在于从内存取回的数据位宽不同。

再考虑一些微结构的设计因素，因为数据 RAM 的位宽是 32 位的，所以这些指令访问数据 RAM 的地址都是用指令访存地址去掉最低两位得到的。

综上，这四条指令在译码、执行、写回级的数据通路、控制逻辑可以完全复用 LW 指令的设计实现。下面讨论如何处理指令间存在的差异。

1. 从数据 RAM 输出结果中选择所需内容

既然数据 RAM 的宽度是 4 个字节，那么 LB 和 LBU 访问的内容可以出现在这四个字节的任一个中，LH 和 LHU 访问的内容可以是其中的低 2 字节或是高 2 字节。也就是说，这些指令需要的数据并不总出现在数据 RAM 输出数据的最低位置上。因此，我们需要引入一个多路选择器。读者可能会说：这应该是个右移字节的操作啊！但请你们想一想，移位器的核心是不是就是多路选择器？

这个选择器的选择信号是通过指令访存地址的最低两位以及访存操作的类型信息共同生成的。其设计原理是直截了当的，请读者自行推导一下。

2. 将选取内容扩展至 32 位

LB、LBU、LH 和 LHU 指令从数据 RAM 取回的数据宽度比通用寄存器的宽度要小，所以这些数据需要扩展到 32 位才能成为最终写入寄存器的结果。进行有符号扩展还是无符号扩展是根据指令来确定的，LB、LH 是有符号扩展，LBU、LHU 是无符号扩展。顺便说一下，为什么要分为有符号装载（load）和无符号装载？因为 C 语言里面有 signed char、unsigned char 以及 signed short、unsigned short，但是加减等数值运算指令都操作 32 位源操作数，所以必须在将数据从内存装载到寄存器的过程中，根据数据的 signed/unsigned 属性将其扩展至 32 位，后面的数值运算才能做得对。

上述从数据 RAM 返回值中选取需要的内容以及将内容扩展至 32 位的数据通路都是要在 CPU 中新增加的。我们建议将这个数据通路放在访存流水级，因为这些指令与 LW 一样都是最早在访存级向译码流水级进行前递，这样译码流水级的阻塞控制信号几乎不用调整。从时间的角度来看，新增的多选逻辑的电路延迟不是很大，即使它位于关键路径上，也不至于造成频率的大幅度下降。就本书希望读者达到的设计精细程度而言，这种程度的频率损失就不需要进行设计上的调整了，我们尽量保证设计的简洁。

最后提醒一下，在目前的设计中，访存地址的最低两位和访存操作的类型信息是没有从译码级或执行级传递到访存级的，需要在数据通路中予以添加。

6.2.2　SB 和 SH 指令的添加

分析 SB 和 SH 指令的功能定义并将其与 SW 的定义进行比较，可知：

1）它们计算虚地址的操作数来源的方法、地址计算方法、虚实地址映射规则是完全一样的。

2）要存入数据 RAM 的数据都来自**第 rt 项寄存器**。

3）SB 指令只向数据 RAM 写入 1 个字节，SH 指令只向数据 RAM 写入 2 个字节。

根据上面的总结，实现 SB 和 SH 指令的关键在于如何在一块 4 字节宽的 RAM 上完成字节或半字的写入，这可以通过 RAM 的字节写使能来实现。所谓字节写使能，就是 RAM 每一项（或行）的每个字节都有自己单独的写使能。可知，在实现 SB 指令写数据 RAM 的时候，如果地址最低两位等于 0b00，那么字节写使能就是 0b0001；如果地址最低两位等于 0b01，那么字节写使能就是 0b0010……在实现 SH 指令的时候，如果地址的最低两位等于 0b00，那么字节写使能就是 0b0011。对于 SW，字节写使能恒为 0b1111。

确定了字节写使能，接下来就是生成写数据了。以 SB 指令为例，它写入内存的永远是 **rt 寄存器**的最低字节，但是它存入的未必是数据 RAM 中那一项的最低字节。有些读者马上想到可以把数据按字节为单位移动一下，于是下面的代码就出现了。

```
assign st_data = op_sb ? (vaddr[1:0]==2'b00 ? {24'b0, rt_value[7:0]} :
                          vaddr[1:0]==2'b01 ? {16'b0, rt_value[7:0], 8'b0} :
                          vaddr[1:0]==2'b10 ? {8'b0, rt_value[7:0], 16'b0} :
                                              {rt_value[7:0], 24'b0}
                         ) :
                 op_sh ? (vaddr[1:0]==2'b00 ? {16'b0, rt_value[15:0]} :
                                              {rt_value[15:0], 16'b0}
                         ) :
                 rt_value;
```

上面的代码对不对？对。上面的代码效果好不好？一般。

其实，下面这样的代码也是对的。读者可以自行推演一下。提示一下，要考虑字节写使能。

```
assign st_data = op_sb ? {4{rt_value[7:0]}} :
                 op_sh ? {2{rt_value[15:0]}} :
                 rt_value;
```

后面这段代码是不是简洁多了？而且这段代码逻辑更少，时序也更好。所以，写代码和写文章是一样的，好的作品都需要花心思推敲、琢磨。

6.2.3　非对齐访存指令的说明

我们已经知道 LW 指令的合法访存地址必须是 4 字节的整数倍（即所谓的字对齐地址），这样会大幅度简化 LW 指令设计实现○。但是，应用程序和编译器未必总能保证 4 字节宽度的

○　如果 LW 指令的访存地址不是字对齐的，那么一条 LW 指令访问的内容可能需要两次内存访问才能完成。这可能对应两个 cacheline 的访问，其中任一个 cacheline 都有可能 miss；也可能对应两个独立的总线访问事务，两者完成的顺序可能与发起的顺序不一致；还可能对应两个不同的页表项，任一个页表项都有可能在 TLB 中 miss，两个页表的内存属性也可能不一样。当访存指令需要支持地址不对齐时，那么这些情况硬件都要考虑到并将其实现正确，从而造成硬件设计变得复杂。

访存地址总是字对齐的。那么，有没有一种办法能够在硬件设计复杂度尽可能低的情况下，高效率地实现非字对齐地址上的访存操作呢？ MIPS 指令系统的设计者们提出了 LWL/LWR 和 SWL/SWR 这四条非对齐访存指令。关于使用这些指令完成一个非字对齐地址上的取字操作的说明，请参考《计算机体系结构基础（第 2 版）》中 2.5.4 节第（1）部分给出的示例。这里我们只从硬件设计的角度出发对其进行分析。

在 LWL/LWR 和 SWL/SWR 这四条非对齐访存指令中，一般 LWL/LWR 会配合使用，读取一个跨边界（4 字节对齐处）的字，SWL/SWR 会配合使用，将一个字写入跨边界处。

关于非对齐指令助记符中 left 和 right，是相对 32 位寄存器里的值而言的左侧、右侧：

1）left 是指从内存中读数据到寄存器左侧（数据高位），或写寄存器左侧（数据高位）到内存中。

2）right 是指从内存中读数据到寄存器右侧（数据低位），或写寄存器右侧（数据低位）到内存中。

那么读写左侧或右侧的数据时，应该读写几字节呢？这就要用地址偏移去判断了。

1）left 是读写数据高位，所以是访存地址对应的 byte 对应寄存器中最高字节，从该 byte 开始向内存中数据低位索引，直到下边界（小尾端下即地址低两位为 0），并完成读写。

2）right 是读写数据低位，所以是访存地址对应的 byte 对应寄存器中最低字节，从该 byte 开始向内存中数据高位索引，直到上边界（小尾端下即地址低两位为 11），并完成读写。

在寄存器中，左侧就是数据高位，右侧就是数据低位。但在内存中，小地址处为高位还是低位，就依据具体实现而不同了。有两种模式：

1）大尾端：小地址处为数据高位，大地址处为数据低位。如表 6-1 所示，数据 0x12 为数据最高字节。如果我们在大尾端模式下执行 load 0xbfc00000，则得到 0x12345678。

2）小尾端：小地址处为数据低位，大地址处为数据高位。如表 6-1 所示，数据 0x78 为数据最高字节。如果我们在小尾端模式下执行 load 0xbfc00000，则得到 0x78563412。

表 6-1 大、小尾端下的内存数据示意

内存数据：

地址	0xbfc0000	0xbfc0001	0xbfc0002	0xbfc0003
数据	0x12	0x34	0x56	0x78

大尾端：	高有效字节			低有效字节
小尾端：	低有效字节			高有效字节

现在，一般处理器中数据存储和处理实现为小尾端模式，本章设计的 CPU 也是如此，所以我们只需要实现小尾端模式下的非对齐访存：

1）left 是读写高位，从访存地址指示的 byte 开始向内存中数据低位（也是小地址处）索引，直到下边界（4 字节对齐处，地址低两位为 0）。

2）right 是读写低位，从访存地址指示的 byte 开始向内存中数据高位（也是大地址处）索引，直到上边界（4 字节对齐处，地址低两位为 11）。

假设内存中数据存放如下：

内存数据：

地址	0xbfc0000	0xbfc0001	0xbfc0002	0xbfc0003
数据	0x12	0x34	0x56	0x78

小尾端：   低字节   高字节

假设寄存器 R 中数据存放如下：

寄存器 R 中原有值

位	[23:16]	[15:8]	[7:0]
数据	0xb0	0xc0	0xd0

低字节

则执行结果如下：

访存地址低2位		load，只修改寄存器 R								store，只修改内存里的数据							
		LWL 执行结果（寄存器）				LWR 执行结果（寄存器）				SWL 执行结果（内存）				SWR 执行结果（内存）			
2'b00	指示位	[31:24]	[23:16]	[15:8]	[7:0]	[31:24]	[23:16]	[15:8]	[7:0]	2'b00	2'b01	2'b10	2'b11	2'b00	2'b01	2'b10	2'b11
	结果	0x12	0xb0	0xc0	0xd0	0x78	0x56	0x34	0x12	0xa0	0x34	0x56	0x78	0xd0	0xc0	0xb0	0xa0
2'b01	指示位	[31:24]	[23:16]	[15:8]	[7:0]	[31:24]	[23:16]	[15:8]	[7:0]	2'b00	2'b01	2'b10	2'b11	2'b00	2'b01	2'b10	2'b11
	结果	0x34	0x12	0xc0	0xd0	0xa0	0x78	0x56	0x34	0xb0	0xa0	0x56	0x78	0x12	0xd0	0xc0	0xb0
2'b10	指示位	[31:24]	[23:16]	[15:8]	[7:0]	[31:24]	[23:16]	[15:8]	[7:0]	2'b00	2'b01	2'b10	2'b11	2'b00	2'b01	2'b10	2'b11
	结果	0x56	0x34	0x12	0xd0	0xa0	0xb0	0x78	0x56	0xc0	0xb0	0xa0	0x78	0x12	0x34	0xd0	0xc0
2'b11	指示位	[31:24]	[23:16]	[15:8]	[7:0]	[31:24]	[23:16]	[15:8]	[7:0]	2'b00	2'b01	2'b10	2'b11	2'b00	2'b01	2'b10	2'b11
	结果	0x78	0x56	0x34	0x12	0xa0	0xb0	0xc0	0x78	0xd0	0xc0	0xb0	0xa0	0x12	0x34	0x56	0xd0

通用表达如下（gpr[] 表示读写的通用寄存器，mem[] 表示内存）：

访存地址低2位	load，只修改寄存器 R		store，只修改内存里的数据	
	LWL 执行结果（寄存器）	LWR 执行结果（寄存器）	SWL 执行结果（内存）	SWR 执行结果（内存）
2'b00	gpr[31:24] = mem[2'b00:00]	gpr[31:0] = mem[2'b00:11]	mem[2'b00:00]=gpr[31:24]	mem[2'b00:11]=gpr[31:0]
2'b01	gpr[31:16] = mem[2'b01:00]	gpr[23:0] = mem[2'b01:11]	mem[2'b01:00]=gpr[31:16]	mem[2'b01:11]=gpr[23:0]
2'b10	gpr[31:8] = mem[2'b10:00]	gpr[15:0] = mem[2'b10:11]	mem[2'b10:00]=gpr[31:8]	mem[2'b10:11]=gpr[15:0]
2'b11	gpr[31:0] = mem[2'b11:00]	gpr[7:0] = mem[2'b11:11]	mem[2'b11:00]=gpr[31:0]	mem[2'b11:11]=gpr[7:0]

6.2.4 LWL 和 LWR 指令的添加

首先，不管地址最低两位的值如何，LWL 和 LWR 指令访问的内容都只落在一个地址对齐的字内，这个字的地址是 LWL 和 LWR 指令访存的地址除 4。所以，你会高兴地发现，LWL 和 LWR 指令只需要访问一次数据 RAM，和 LW 指令没有区别。这就意味着流水线的控制不需要考虑一条指令一次执行过程中多次访问数据 RAM 的情况，省去了很多麻烦的工作。

其次，LWL 和 LWR 指令需要根据访存地址最低两位的情况用数据 RAM 取出的字内容的一部分**更新目的寄存器的部分内容**。这里的"只对目的寄存器进行部分更新"是一个新特性，需要我们重点关注。

有两种设计方案：一是为通用寄存器堆添加字节写使能信号，使其支持部分写；二是将目的寄存器作为源操作数，读取其旧值与待写入新值，拼接成最终的 32 位结果，再整体写回寄存器堆。两种方法各有优劣，我们来逐一分析。

- **方案一**

方案一的优点是不会与已执行的指令因目的寄存器而产生写后读相关关系，换言之，它不会像方案二那样因为微结构实现而引入一种"非软件所期待的相关"。它的缺点是，要对寄存器堆和数据前递的逻辑进行大范围调整。寄存器堆的设计调整很好理解：原来一次写满一项的 4 个字节，现在一次只能写其中的若干个字节，显然要对寄存器的写控制信号进行调整。Verilog 代码的修改也很简单，把现在 1 比特的写使能改为 4 比特，然后把原来的写入逻辑拆分成四等份，每份都是一个字节宽，每份只用新写使能中的一个比特作为写使能。但是，很多初学者修改完寄存器堆就结束了，**忘记还要调整数据前递的逻辑**。当然，为了绕过这个"坑"，我们也可以不对 LWL 和 LWR 做数据前递。这个解决方法虽然对，但它是个"懒人的办法"，并不高效。所以，建议还是修改前递数据通路，原先访存级、写回级送到译码级的写目的寄存器的有效信号只有 1 比特，要把它像寄存器堆那样拆成 4 个字节独立控制的 4 个有效信号，相应地，译码级的 32 位宽的前递数据多选一部分也要拆分成 4 个 8 位宽的部分。单纯从逻辑来看，译码级的多路选择器的电路资源并没有增加。

当我们把这层"窗户纸"捅破之后，方案一实现起来也不那么复杂了。那么这个方案是不是完美方案呢？接下来我们再"加点料"，说说这个方案在功耗控制方面的一点"小坑"。这部分内容难度较大，而且与 FPGA 这样的实现平台无关，因此仅供有兴趣进一步研究系统结构的读者参考，这里算是先开个小灶。

首先要注意几个关键词：静态功耗、动态功耗、时钟网络功耗、动态功耗优化、时钟门控技术。这些知识点需要太多篇幅来展开介绍，请读者自行上网查资料自学。总之，你应该有这样的总体认识：CPU 这样的数字逻辑电路的功耗可简单分为静态功耗和动态功耗两部分；时钟网络功耗和触发器的动态功耗在 CPU 的动态功耗中占比显著；时钟门控技术是一种降低时钟网络功耗和触发器动态功耗的常用技术，它使用时钟门控单元在触发器不需要更新时关断其时钟，目前主流 EDA 工具在综合实现过程中会自行插入时钟门控单元。了解了这些知识，再来看方案一的代码调整，如果不加任何处理，新代码的寄存器堆 EDA 工具会插入 128 个时钟门控单元，而旧代码的寄存器堆只有 32 个时钟门控单元。观察寄存器堆没有写入请求时的功耗，而新代码的功耗显著高于旧代码，为什么？原因就在多出的那 96 个时钟门控单元上。因此，方案一会导致 CPU 轻负载情况下平均功耗的增加。一旦知道问题出在哪里，我们就有办法优化。考虑到 LWL 和 LWR 指令的出现频率并不是很高，大部分情况下，寄存器还是一次写入 4 个字节，所以我们调整代码的书写风格，使得 EDA 自动插入的门控时钟单元还是每一项只配一个。最终的代码如下：

```
always @(posedge clock) begin
    if (we[0] || we[1] || we[2] || we[3]) begin
        rf_heap[waddr][ 7: 0] <= we[0] ? wdata[ 7: 0] : rf_heap[waddr][ 7: 0];
        rf_heap[waddr][15: 8] <= we[1] ? wdata[15: 8] : rf_heap[waddr][15: 8];
        rf_heap[waddr][23:16] <= we[2] ? wdata[23:16] : rf_heap[waddr][23:16];
        rf_heap[waddr][31:24] <= we[3] ? wdata[31:24] : rf_heap[waddr][31:24];
    end
end
```

- **方案二**

方案二的优点与方案一的缺点互补，即整个寄存器堆以及数据前递逻辑都不需要进行调整。显然，此时目的寄存器要作为源操作数读出来。好在读第 rt 项寄存器的数据通路已经存在，我们复用即可。但是，千万不要忘记将 LWL 和 LWR 指令的 rt 域作为源操作数添加到寄存器相关判断逻辑中。此外，rt 项读出的数据原本没有传递到访存流水级，这也需要添加相应的数据通路。至于寄存器的旧值和数据 RAM 的返回值如何拼接成最终的 32 位结果，这个逻辑不复杂，我们就不详细说明了。方案二的缺点在前面分析方案一的时候已经提到过，就是因为微结构实现而引入了一种"非软件所期待的相关"，也就是明明 rt 是 LWL 和 LWR 的目的寄存器，但是如果前面有一个写 rt 寄存器的操作，LWL 和 LWR 就需要等它的值。这个现象是否常见呢？其实很常见，回顾《计算机体系结构基础（第 2 版）》中 2.5.4 节第（1）部分给出的示例，你会发现，如果用一个 LWL+LWR 指令对来实现一个非字对齐地址上的取字操作，这两条指令之间就会产生这种"非软件所期待的相关"，从而造成一拍的阻塞，即需要 3 个周期而非 2 个周期才能执行完一个字的读取操作。

那么方案一和方案二哪个更好呢？读者可以按照自己的喜好自行选择。如果你愿意为了追求性能不怕麻烦，那么方案一更胜一筹。

6.2.5 SWL 和 SWR 指令的添加

LWL 和 LWR 指令实现起来比较困难，但是用于解决非对齐地址写内存的 SWL 和 SWR 指令的实现就要简单很多，其处理机制与 SB、SH、SW 这些指令没有区别。这里只需要注意两点：一是要正确生成字节写使能，二是把要写入的数据放到合适的位置上。

6.3 任务与实践

完成本章的学习后，希望读者能够完成以下实践任务：在 lab6 的 CPU 代码中添加更多的指令，包括转移指令 BGEZ、BGTZ、BLEZ、BLTZ、J、BLTZAL、BGEZAL、JALR，以及访存指令 LB、LBU、LH、LHU、LWL、LWR、SB、SH、SWL、SWR。运行 lab7.zip 里的 func_lab7，要求成功通过仿真和上板验证。

为完成以上实践任务，需要参考的文档包括但不限于：

1）本章内容。

2）附录 C。

本实践任务的硬件环境沿用 CPU_CDE，软件环境使用 lab7.zip。lab7.zip 只包含软件编译环境（func_lab7）。fun_lab7 和 func_lab6 相比，加入了对前述新加入指令的测试内容。

请参考下列步骤完成实践任务：

1）请先完成第 5 章的学习。

2）学习本章内容。

3）准备好 lab6 的实验环境和 CPU_CDE，该环境会也会作为 lab7 的实验环境。

4）解压 lab7.zip，将 func_lab7/ 拷贝到 CPU_CDE/soft/ 目录里，与 func_lab6 同层次。

5）打开 cpu132_gettrace 工程（CPU_CDE/cpu132_gettrace/run_vivado/cpu132_gettrace/cpu132_gettrace.xpr）。

6）对 cpu132_gettrace 工程中的 inst_ram 进行重新定制，此时选择加载 func_lab7 的 coe（CPU_CDE/soft/func_lab7/obj/inst_ram.coe）。

7）运行 cpu132_gettrace 工程的仿真（进入仿真界面后，直接点击 run all 等待仿真运行完成），生成新的参考 Trace 文件 golden_trace.txt（CPU_CDE/cpu132_gettrace/golden_trace.txt）。注意，要等仿真运行完成，golden_trace.txt 才有完整的内容。

8）打开 myCPU 工程（CPU_CDE/mycpu_verify/run_vivado/mycpu_prj1/mycpu_prj1.xpr）。

9）对 myCPU 工程中的 inst_ram 进行重新定制，此时选择加载 func_lab7 的 coe（CPU_CDE/soft/func_lab7/obj/inst_ram.coe）。

10）运行 myCPU 工程的仿真（进入仿真界面后，直接点击 run all），开始调试。

11）myCPU 仿真通过后，综合实现后生成比特流文件，进行上板验证（如果没有实验箱，请跳过这个步骤）。

第 **7** 章

例外和中断的支持

在前面的几章中，我们已经实现了一个支持 56 条指令的 MIPS 流水线 CPU。不过，到目前为止，我们实现的都是指令系统的用户态部分。为了最终可以基于所实现的 CPU 搭建出一个小型的计算机系统，我们还要逐步添加指令系统中的特权态部分。这一章我们先介绍如何在 CPU 中支持**例外**（Exception）和**中断**（Interrupt）功能。

【本章学习目标】

- 理解例外和中断的软硬件协调处理机制。
- 理解精确例外的概念和处理方法。
- 掌握在流水线 CPU 中添加例外和中断支持的方法。

【本章实践目标】

本章最后有两个实践任务，请读者在学习完本章内容后，依次完成这些实践任务。

7.1 例外和中断的基本概念

有关例外和中断的基本概念，读者可以参考《计算机体系结构基础（第 2 版）》的 3.2 节或其他资料学习。这里我们将根据 CPU 设计的需要，梳理其中关键的概念。从 CPU 实现的角度来看，中断也是一种特殊的例外，所以在下文的表述中，除非专指中断，否则我们将统一用"例外"一词代指"例外"和"中断"。

7.1.1 例外是一套软硬件协同处理的机制

首先我们必须明确，例外是一套软硬件协同处理的机制。顾名思义，"例外"不是常态。例外对应的情况发生的频度不高，但处理起来比较复杂。本着"好钢用在刀刃上"的设计原则，我们希望尽可能由软件程序而不是硬件逻辑来处理这些复杂的异常情况。这样做既能保证硬件的设计复杂度得到控制，又能确保系统的实际运行性能没有太大的损失。

例外处理的绝大多数工作是由例外处理程序（软件）完成的，但是例外处理的开始和结束阶段必须要由硬件来完成。

1. 开始阶段

例外触发条件的判断由硬件完成，例外的类型、触发例外的指令的 PC 等供例外处理程序使用的信息由硬件自动保存。此外，硬件需要跳转到例外处理程序的入口执行，并保证跳转到例外入口后，处理器处于高特权等级。随后，例外处理程序接管后续处理过程。

2. 结束阶段

例外处理程序完成所有处理之后，需要返回发生例外的指令（或者一个事前指定的程序入口）处重新开始执行，这个过程除了要执行一次跳转外，还需要将处理器的特权等级调整回最初发生例外的指令所处运行环境的特权等级。

7.1.2　精确例外

为了在 CPU 中正确地实现例外功能，我们有必要强调一下“精确例外”这个概念。什么叫精确例外呢？它要达到的效果是：当系统软件处理完例外返回后，对于发生例外的指令和它后面（程序序）的指令，就好像例外没有发生过一样。

在上面这个表述中，是让谁觉得“像没有发生过例外一样”？是指令，所以说，内容没有发生变化是从指令的视角来看的。这里我们用“看”这个拟人的修辞方式来表述，虽然生动，但从概念的角度难免不够精准。我们还需要再啰嗦几句。

指令能“看”到的内容有什么？它只能看到 ISA 中定义的那些内容，看不到那些不包含在 ISA 定义范畴内的微结构层面的内容。举个例子来说，PC、通用寄存器、内存、处理器所处特权等级属于指令能看到的，而处理器中每一级流水的状态则属于指令看不到的。

指令又是怎么“看”的呢？这个过程的严谨而全面的表述是非常抽象且冗长的，这里我们表述得稍微工程化一些，通过几个典型的例子来说明。

1）如果一条指令有寄存器的源操作数，那么它在 CPU 流水线中要到译码级生成源操作数的时候才开始“看”到这个寄存器。

2）如果是一条 load 指令，那么它在 CPU 流水线中直到访存级[⊖]才开始“看”到内存这个地址。

3）如果是一条特权指令，即它只能在 CPU 处于特权状态下才能执行，假设有关特权指令合法性的检查是在译码级进行的，那么这条指令直到译码级才能“看”到 CPU 的特权等级状态。

4）假设某些地址空间只有特权态的程序才能访问，那么任何指令必须在取指阶段发起

　⊖　也许读者会说执行级发出数据 RAM 读请求的时候才是最早“看”到该地址内存值的时机。如果 load 指令在访存级获得访存结果只来自于数据 RAM 的 Q 端输出，那么这种看法就是完全正确的。如果 load 指令在访存级还有可能获得 store 指令直接前递过来的数值，那么正文中的表述就更为合适。正文中给出的是一种在大多数情况下都正确的表述。

访存请求的时候就"看"到 CPU 的特权等级状态。

从这四个例子中，读者多少能体会到指令的"看"在一个 CPU 中是如何进行的。之所以需要关注这个过程，是因为仅从程序员的角度来看，每条指令对于处理器的状态更新都应该是原子的、瞬时完成的，但是程序在处理器中真实运行的时候，一条指令涉及的处理器的状态的更新却是分布的、有延迟的。作为处理器的设计人员，我们需要用这个分布的、有延迟的真实处理器给软件人员构造出一个原子的、瞬时的抽象处理器。

7.2 MIPS 指令系统中与例外相关的功能定义

在了解了例外的一般性概念的基础之上，我们需要具体分析 MIPS 指令系统中与例外相关的功能定义，以形成我们的最终设计。

7.2.1 CP0 寄存器

前面提到，例外是一个软硬件协同的处理过程。在这个过程中，硬件逻辑电路和例外处理软件需要进行必要的信息交互。为了实现精确例外，这些交互的信息不能放在用户态程序可见的软件上下文中。（请读者思考一下为什么。）MIPS 指令系统中定义了一组独立的寄存器用于这类信息的交互。由于 MIPS 指令系统将这些与特权态相关的功能都定义在协处理器 0（Coprocessor 0，CP0）中，因此我们也把其中定义的寄存器称为 CP0 寄存器。

就本章涉及的例外种类来说，相关的 CP0 寄存器有 Cause、EPC、Status、BadVAddr。这些寄存器的详细定义可参考附录 C 的第 6 节。为了帮助读者掌握这部分知识，建议首先快速浏览一遍第 6 节中相关寄存器的内容，这一遍可以"不求甚解"，对几个寄存器有个初步印象即可。然后阅读附录 C 中 5.1.3 节熟悉处理器硬件响应例外的一般性处理过程，之后可以研究 5.1.4 节~5.1.9 节来了解每个例外判定和处理的流程，中断处理的相关内容在附录 C 的 5.2 节中。最后，在敲定设计方案时，遇到与 CP0 寄存器相关的内容，可查阅第 6 节的内容，这一遍要尽量做到不遗漏任何细节。

此外，对附录 C 中 CP0 寄存器域描述表格中的"读/写"这一栏做一下补充说明。这里的"读/写"属性是对软件程序而言的。具体到本章，是指 MFC0 和 MTC0 两条指令能否读和写。那么，在例外处理过程中，这些 CP0 寄存器域能否被硬件逻辑电路写是在哪里定义的呢？请参阅附录 C 的 5.1.3 节~5.1.9 节的相关描述。

7.2.2 例外产生条件的判定

这一节我们将只考虑地址错、整型溢出、系统调用、断点、保留指令和中断这六种例外。若是从 Cause 寄存器需要填入的 Excode 值来看，则地址错例外还可进一步分为读地址错例外（AdEL）和写错误例外（AdES）。这七种例外的判定条件请查看附录 C 的 5.1.4 节~5.1.9 节以及 5.2 节的内容。下面我们对其中一些关键内容加以说明。

1. CPU 内部判定接收到中断的过程

注意，请将本部分的内容与附录 C 的 5.2 节结合起来阅读。

根据 MIPS 指令系统规范的定义，每个 MIPS 处理器核有 6 个中断输入引脚。外部的设备或中断控制器可以将**电平中断信号**[⊖]接入这 6 个中断输入引脚上。处理器核内部 CP0 的 Cause 寄存器的 IP7 ～ IP2 这六位（RTL 上对应 6 个触发器）直接对中断输入引脚的信号采样，且只能通过采样中断输入信号来进行设置。Cause 寄存器还有 IP1 和 IP0 两位，只能通过软件的方式（MTC0 写入）进行设置。Cause 寄存器 IP7 ～ IP0 的每一位都有一个对应的使能位，也就是 Status 寄存器的 IM7 ～ IM0。此外，还有一个全局的中断使能位，也就是 Status 寄存器的 IE 位。CPU 内部认为，接收到中断的标志信号 has_int 定义为：

```
has_int = (Cause.IP[7:0] & Status.IM[7:0])!=8'h00) && Status.IE==1'b1 && Status.EXL==1'b0;
```

简单解释一下，就是外部的中断通过处理器核的引脚设置 Cause 寄存器中对应的中断状态位，当这个中断状态位自身对应的使能位有效且全局使能位也有效，那么 CPU 内部就认为接收到中断。显然，这里 CPU 并不在意到底接收到的是一个外部中断还是多个外部中断。当确实同时接收到多个中断时，后续的处理交给软件上的中断处理函数进行。

2. 核内定时中断的产生过程

定时中断经常用于操作系统的调度和计时功能的实现。MIPS 指令系统规范定义了一个在核内实现的定时中断源。该中断源的核心有两个 CP0 寄存器：Count 和 Compare。顾名思义，Count 寄存器是一个 32 位计数器，它每经过两个处理器时钟周期自增一，加到 32'hFFFFFFFF 时直接溢出至 32'h0，然后继续计数，其间硬件不做任何特殊处理。Compare 寄存器是一个 32 位软件可读写的寄存器。当 Count 和 Compare 寄存器的值相等时，将 Cause 寄存器的 TI 位置为 1。Cause 寄存器的 IP7 位除了对处理器核的第 6 个中断输入引脚的信号采样，也同时对 Cause 寄存器的 TI 位采样。换言之，可以认为 Cause 寄存器的 TI 位是核内定时中断的中断状态位。（请读者思考一下：为什么不用 Count==Compare 的判断逻辑结果作为 Cause 寄存器的 IP7 位的采样输入？）Cause 寄存器的 TI 位不能直接被 MTC0 指令修改，但是当软件通过 MTC0 指令写 Compare 寄存器的时候，硬件需要将 Cause 寄存器的 TI 位清 0。

那么如何用这套机制产生一个固定时间间隔的定时中断源呢？假设处理器的主频不变，我们根据所需的时间间隔和主频计算出所需的时间间隔对应于 2A 个时钟周期。那么初始时，将 Count 置为全 0，Compare 置为 A。每次定时中断来的时候，中断处理程序用 MFC0 读出 Compare 寄存器的值，加上 A，再用 MTC0 写回 Compare 就可以了。现在，读者应该能理解为什么要通过写 Compare 寄存器来清 Cause 的 TI 位了。

⊖ 所谓电平中断信号是指当中断信号置为有效后，将一直保持在有效的电平上，直至中断处理程序响应中断后显式地清除中断源，该中断信号才会撤离有效电平。

7.2.3 例外入口

完整的 MIPS 指令系统规范中存在多个例外入口。本书中为了简单起见，目前只定义一个例外入口，所有类型的例外在发生后都跳转到地址 0xBFC00380 处取指执行。

7.2.4 MFC0 和 MTC0 指令

MIPS 指令系统中并没有定义直接操作 CP0 寄存器的算术逻辑运算类指令，而是定义了 MFC0 和 MTC0 指令用于在通用寄存器和 CP0 寄存器之间交互数据。举例来说，假如例外处理程序想查询 Cause 寄存器中的 Excode 域以确定当前处理的是哪种例外，那么它需要先用 MFC0 指令将 Cause 寄存器的值取到某个通用寄存器中，然后将这个通用寄存器中的第 6..2 位提取出来，得到 Cause 寄存器 Excode 域的值。再例如，如果想将 Status 寄存器的 IE 位置 0 以屏蔽所有的中断，该如何操作呢？由于此时只是修改 Status 寄存器的一部分，因此软件需要先用 MFC0 将 Status 寄存器的值取到某个通用寄存器，然后通过逻辑位与操作将这个通用寄存器的第 0 位置 0 而保持其他位不变，最后用 MTC0 将这个通用寄存器的值写回 Status 寄存器中。

7.2.5 ERET 指令

7.1 节中提到了在例外处理的结束阶段，例外处理程序要完成两个操作：一是回到例外出现的位置，二是恢复出现例外时的特权等级。这两个操作需要同步完成，即它们最好通过一条指令完成。在 MIPS 指令系统规范中，定义了 ERET 指令来同时完成这两个操作。ERET 指令一方面将 CP0 的 EPC 寄存器中存放的例外指令 PC 作为目标地址跳转过去，同时将 Status.EXL 清 0。将 Status.EXL 位清 0 是为了将处理器的特权等级恢复到出现例外的时刻。若你对此感到困惑，请回顾一下附录 C 中的描述，首先看看 5.1.3 节在开始响应例外阶段，处理器硬件对 Status 寄存器的 EXL 位做了什么操作，再看看 6.5 节 Status 寄存器的 EXL 位的概念描述是什么。

7.3 流水线 CPU 实现例外和中断的设计要点

7.3.1 例外检测逻辑

通过前面的基本概念梳理，我们已经知道例外发生条件的检测是由硬件完成的。因此，我们先来考虑地址错、整型溢出、系统调用、断点、保留指令和中断这几类例外的检测逻辑的实现。

1. 地址错例外

根据附录 C 中 5.1.5 节的描述，地址错例外的检测逻辑与取指和访存两部分相关。我们可以在取指级对取指所用的 PC 的最低两位进行判断，如果不是 2'b00 的话，说明取指出现了地址错例外（AdEL）。同样，我们可以在访存级对访存操作类型以及访存地址的低位进行判断。如果是 LW 操作且地址最低两位不等于 2'b00，或者是 LH、LHU 操作且地址最低位不等于 1'b0，那么意味着出现了地址错例外（AdEL）；如果是 SW 操作且地址最低两位不等于 2'b00，或者是 SH 操作且地址最低位不等于 1'b0，那么表示出现了地址错例外（AdES）。

2. 整型溢出例外

ADD、ADDI 和 SUB 这三条指令如果在计算过程中发生溢出，则发生整型溢出例外。附录 D 关于这三条指令的定义中给出了一种判断溢出例外的方法，不过需要将 ALU 中加法器改为 33 位数据宽。如果要延续之前给出的参考代码中的 32 位加法器，那么可以根据人判断溢出的思路来生成溢出信号，即对于加法，正数加正数得到负数，或者负数加负数得到正数；对于减法，正数减负数得到负数，或者负数减正数得到正数。

3. 系统调用例外

执行 SYSCALL 指令就会触发系统调用例外，所以一旦在译码级识别出 SYSCALL 指令，就可以认为发生了系统调用例外。

4. 断点例外

执行 BREAK 指令就会触发断点例外，所以一旦在译码级识别出 BREAK 指令，就可以认为发生了断点例外。

5. 保留指令例外

如果译码时发现指令码不是一条指令系统规范中定义的指令，那么就认为发生了保留指令例外。

6. 中断例外

有关中断例外以及定时中断的判断条件均在 MIPS 指令系统规范中有明确定义，7.2.1 节和 7.2.2 节也对这部分内容做了解释。这部分逻辑主要包括 Cause、Status、Count、Compare 这四个 CP0 寄存器的相关域，以及配套的 Count 的加 1 运算逻辑、Count 和 Compare 值是否相等的比较运算逻辑，以及中断是否发生的判断逻辑。这部分功能在指令系统规范中的定义比较具体，基本上可以对应规范直接转换出逻辑实现。

但是我们发现，前面所有的例外产生是指令（或程序）自身的属性造成的，而中断是由外部事件触发的，它与指令之间并无直接对应关系。既然我们将中断视作一种特殊的例外，那就意味着我们希望通过一套例外的处理框架，同时处理非中断和中断这两种属性的例外。我们采取的设计方法是，将异步的中断事件动态地标记在某一条指令上，被标记的指令随后就被赋予了中断这种例外，那么随后的处理就和其他例外非常相似了。在五级流水线 CPU 中，同一时刻可能会有多条指令，将中断标记在哪一条指令上合适呢？理论上讲，可以选出任一级流水线上的指令并标记上中断例外。出于精确例外实现开销和中断响应延迟两方面的权衡，我们通常将中断标记在译码级的指令上。但要注意的是，这不是唯一的设计方案。

细心的读者可能会问，既然 MIPS 只能接收电平中断输入，CPU 内部生成的是否有中断的信号也会维持很多拍，那么会不会将很多指令都标记上中断例外呢？这是否会导致一些问题？答案是不会出现问题。首先，对于被中断例外打断的程序段，即使出现了多条指令被标记上中断例外的情况，根据接下来要讲到的精确例外实现的需要，只有程序序在最前面的那条指令才能报出中断例外，而程序序在它后面的那些指令会被取消，不会出现一个中断被多次报出的情况。至于硬件报出中断例外，进入中断例外处理程序之后，由于此时 Status 寄存器的 EXL 位是 1，因此 CPU 内部不会看到有中断发生。是不是此刻才真正理解了本章前面提到的生成中断发生信号的时候除了看各种中断使能位之外，还要看 Status 寄存器的 EXL 位的原因？

7.3.2　精确例外的实现

我们从指令系统规范的定义中知道，例外发生之后，处理器硬件需要设置一些 CP0 寄存器、进入最高特权等级并跳转到相应的例外入口。同时，我们通过 7.3.1 节的分析也了解到不同类型的例外可以发生在 CPU 的不同流水级。那么是不是一旦发生例外，处理器就要立即修改 CP0 寄存器的动作呢？如果我们这样处理，那么这些 CP0 寄存器、PC 因例外而更新的来源就会有多个，而同一时刻我们又只能选择一个来源对其进行更新，于是我们又会碰到如何选择的问题……事实上，为了实现精确例外，我们发现并不需要一发生例外就着急地修改 CP0 寄存器和 PC。

回顾一下 7.1.2 节中关于精确例外的分析，我们发现，发生例外时仅需要考虑如何处理那些在流水线中的指令。因为很显然，对于那些程序序在发生例外指令之前的指令，如果它们都已经执行完毕退出流水线，那么必然都已经产生了执行效果；而那些程序序在发生例外指令之后且还没有取进流水线的指令，等到它们真正取进流水线的时候，一定是在例外处理返回之后了。这些指令自然都遵循精确例外的语义。

那么发生例外时，那些已经在流水线中的指令该如何处理呢？具体的方法有很多种，这里介绍一种常用的设计思路：**例外发生的判断逻辑分布在各流水级，靠近与之相关的数据通路；发现例外后将例外信息附着在指令上沿流水线一路携带下去，直至写回级才真正报出例外，此时才会根据所携带的例外信息更新 CP0 寄存器；写回指令报出例外的同时，清空所有流水级缓存的状态，并将下一拍的 PC 置为例外入口地址。** 当然，报出例外的流水级不一定要设定为最后一级（写回级），设定在执行级或访存级也可以，这样还会减少设计负担。但是要注意：**选择报出例外的流水级的原则是，在该级之后的流水级不能产生新的例外（比如报出例外的流水级设定为执行级，则要求访存级和写回级不能产生或标记上新的例外），否则就违反了精确例外的要求。**

简单分析一下上面这种做法的合理性。发生例外的指令到达写回级的时候，程序序在它前面的指令都已经退出流水线了，所以这些指令的执行效果都已经产生。写回级指令报例外时清空所有流水线，意味着那些已经进入 CPU 流水线、在例外指令之后（含例外指令）的指令都不会产生执行效果。例外入口地址最早是在报例外的下一拍才能进入 CPU 流水线，所以它"看"到的处理器状态都是更新完成的状态。

上面的描述中，之所以给"都不会"三个字加上了下划线，是因为这样的特性并不是显然可得的。虽然所有对于通用寄存器的写是放在写回级进行的，但是 HI/LO 寄存器的更新是在执行级就完成了，store 类指令对于数据 RAM 的写命令也是在执行级就发出了。因此，如果当前拍写回级有指令要报例外而访存级是一条更新 HI/LO 的指令或 store 指令，则上一拍若没有在执行级对这些指令做任何处理，那么在报出例外的时候，HI/LO 寄存器或内存就已经被例外之后的指令修改了，这就违反了精确例外。那么该如何处理呢？现阶段一种简单有效的方式是：更新 HI/LO 的指令或 store 指令，若想在执行级发出写命令，那么需要检查当前访存级和写回级上是否存在已标记为例外或可能标记为例外的指令，也要检查自己有没有产生例外或标记例外。庆幸的是，就目前支持的指令和例外类型来说，指令在访存级和写回级不会再判断出新的例外了。也就是说，位于执行级的 store 指令只需要检查当前访存级和写回级上有没有已标记为例外的指令就可以了，当然，它也要在执行级检查自己有没有被标记上例外。这种情况下，例外信息都保存在流水线缓存触发器中，所以不会对数据 RAM 的写使能信号的时序造成特别大的影响。在真正实用的处理器中，store 指令不会在执行级就真的发出可修改内存的命令，而是要等到 store 指令从写回级执行完毕之后才真正发出修改内存的动作。这套功能通常需要 store buffer 或 store queue 这样的结构来支持。

7.3.3　CP0 寄存器

前一节介绍了 CPU 中实现例外的设计思路，其中有一个环节涉及报例外时对 CP0 寄存器的修改。由于几乎所有教材都没有介绍 CP0 寄存器如何实现，因此我们在这里介绍一下相关知识。

初学者在实现 CP0 寄存器时通常会有一种无从下手的感觉。我们认为，最主要的原因是 MIPS 指令系统规范中涉及 CP0 寄存器的内容被分散在不同章节，设计者首先要对这些知识点有全面的认识，才能把设计方案考虑周全。因此，请各位读者务必按照 7.2.1 节建议的学习过程来学习指令系统规范中与 CP0 寄存器相关的知识。

1.CP0 寄存器读、写来源梳理

有了这个认知基础，我们接下来着眼于 CP0 寄存器的各个域对这些知识点进行归纳梳理。记住，应该以 CP0 寄存器中的域为单位，而不要以一个 CP0 寄存器整体为单位。

（1）Status 寄存器的 BEV 域

从附录 D 的 6.5 节关于 Status 寄存器域的描述可知，BEV 这个域是软件只读不可写的[⊖]，而且其中也没有硬件对其修改的定义，所以这个域本质上是一个常值。也就是说，可以不把它实现为触发器，而只将它看作一根具有固定值的线，即可以写成：

⊖　这是与 MIPS 标准规范不一致的地方，目的是为了简化例外入口的生成逻辑，减轻读者的负担。在标准的 MIPS 规范中，Status 寄存器的 BEV 域是软件可写的。

```
wire        c0_status_bev;
assign c0_status_bev = 1'b1;
```

也可以把它写成：

```
reg         c0_status_bev;
always @(posedge clock) begin
    if (reset)
        c0_status_bev <= 1'b1;
end
```

这两种表述最终的效果是一样的。

BEV 域可以被软件读取，则意味着 c0_status_bev 信号需要接入 MFC0 指令读 CP0 的数据通路中。

（2）Status 寄存器的 IM7 ~ IM0 域

Status 寄存器的 IM7 ~ IM0 域是软件可读写的，意味着一方面这 8 个信号需要接入 MFC0 指令读 CP0 的数据通路中，另一方面 MTC0 指令需要写这个寄存器。除了 MTC0 指令，没有其他写的来源。对于 MTC0 指令，我们生成一个它写 CP0 寄存器的写使能信号 mtc0_we，代码如下：

```
wire        mtc0_we;
assign mtc0_we = wb_valid && op_mtc0 && !wb_ex;
```

在上面的代码中，MTC0 指令写 CP0 寄存器的操作是放在写回级进行的。这并不是唯一正确的设计方式，只是维护精确例外的工作可以更简单一些。

我们还假设代码中 MTC0 指令写 CP0 寄存器的地址是 c0_addr[7:0]，写入数据是 c0_wdata[31:0]，那么 IM7 ~ IM0 域的代码可以写成：

```
reg  [ 7:0] c0_status_im;
always @(posedge clock) begin
    if (mtc0_we && c0_addr==`CR_STATUS)
        c0_status_im <= c0_wdata[15:8];
end
```

上面的代码没有复位情况下的赋值，这是因为指令系统规范中定义复位值是"无"，表示硬件复位撤销后，这个域的值是不确定的（其实，也可以在 RTL 里给它一个明确的复位值）。软件需要知道这个约定，并确保在使用 Status 寄存器的 IM7 ~ IM0 域的值之前将其置为确定的值。

IM7 ~ IM0 域是软件可读的，意味着 c0_status_im[7:0] 需要接入 MFC0 指令读 CP0 的数据通路中。除了 MFC0，IM7 ~ IM0 域的值还参与处理器内部中断发生信号的生成，意味着 c0_status_im[7:0] 还将被接入中断发生信号的生成逻辑中。

（3）Status 寄存器的 EXL 域

我们先来看看对于 Status 寄存器 EXL 域的写操作。在下面四种情况下会发生写操作：

1）复位为 0。

2）MTC0 指令写 Status 寄存器。

3）遇到 ERET 指令。

4）任何指令报例外的时候。

我们假设 ERET 指令修改 EXL 域的使能信号是 eret_flush，写回级指令报例外的信号是 wb_ex，那么 Status 寄存器的 EXL 域维护的代码如下：

```
reg          c0_status_exl;
always @(posedge clock) begin
    if (reset)
        c0_status_exl <= 1'b0;
    else if (wb_ex)
        c0_status_exl <= 1'b1;
    else if (eret_flush)
        c0_status_exl <= 1'b0;
    else if (mtc0_we && c0_addr==`CR_STATUS)
        c0_status_exl <= c0_wdata[1];
end
```

在上面的代码中，为什么 ERET 指令修改 EXL 域的使能信号中加入了 "_flush" 这个成分？这是清空流水线的意思吗？答案是肯定的。那么为什么要清空流水线呢？我们将在 7.3.4 节的讨论中给出最终答案。

分析完了写再来分析读。EXL 域是软件可读的，这意味着 c0_status_exl 需要接入 MFC0 指令读 CP0 的数据通路中。除了 MFC0，EXL 域的值还参与处理器内部中断发生信号的生成，这意味着 c0_status_exl 还将被接入中断发生信号的生成逻辑中。另外，Status 寄存器的 EXL 域为 1 意味着处理器处于例外状态，它具有与核心态同等的特权等级，那么 CPU 中一切需要看特权等级的地方都要使用 c0_status_exl。最后这一点初学者经常会忘记，大家一定要牢记。

（4）Status 寄存器的 IE 域

与 Status 寄存器的 EXL 域相比，Status 寄存器的 IE 域的写来源就简单多了，只有下面两个：

1）复位为 0。

2）MTC0 指令写 Status 寄存器。

因此，它的维护逻辑代码如下：

```
reg          c0_status_ie;
always @(posedge clock) begin
    if (reset)
        c0_status_ie <= 1'b0;
    else if (mtc0_we && c0_addr==`CR_STATUS)
        c0_status_ie <= c0_wdata[0];
end
```

IE 域的读也比较简单。它是软件可读的，这意味着 c0_status_ie 需要接入 MFC0 指令读 CP0 的数据通路中。除了 MFC0，IE 域的值还参与处理器内部中断发生信号的生成，这意味着 c0_status_ie 还将被接入中断发生信号的生成逻辑中。

（5）Cause 寄存器的 BD 域

Cause 寄存器的 BD 域是软件不可写的，只能在复位和指令报例外时更新。请注意，BD 域仅在 Status 寄存器 EXL 域不为 1 的时候才更新。假设流水线中每一级都新增一比特来标识指令是不是在转移指令延迟槽中，其对应到写回级的信号为 wb_bd，那么 BD 的维护逻辑如下：

```
reg         c0_cause_bd;
always @(posedge clock) begin
    if (reset)
        c0_cause_bd <= 1'b0;
    else if (wb_ex && !c0_status_exl)
        c0_cause_bd <= wb_bd;
end
```

Cause 寄存器的 BD 域是软件可读的，这意味着 c0_cause_bd 需要接入 MFC0 指令读 CP0 的数据通路中。

（6）Cause 寄存器的 TI 域

Cause 寄存器的 TI 域是软件不可写的，它有 3 个更新源：

1）复位清 0。

2）Count 寄存器和 Compare 寄存器相等时置 1。

3）MTC0 指令写 Compare 寄存器时清 0。

我们假设 Count 寄存器和 Compare 寄存器相等比较结果信号为 count_eq_compare，那么 TI 域的维护逻辑如下：

```
reg         c0_cause_ti;
always @(posedge clock) begin
    if (reset)
        c0_cause_ti <= 1'b0;
    else if (mtc0_we && c0_addr==`CR_COMPARE)
        c0_cause_ti <= 1'b0;
    else if (count_eq_compare)
        c0_cause_ti <= 1'b1;
end
```

"if (mtc0_we && c0_addr==`CR_COMPARE)"和"if (count_eq_compare)"两个分支的条件从理论上讲是有可能同时发生的。我们推荐采用示例中的优先级，其基于的假设是：至少保证行为一定符合软件人员的预期，即他（她）们希望用 MTC0 写 Compare 寄存器就一定能清掉 Cause 寄存器的 TI 域。至于在这个过程中有没有可能 Count 寄存器恰好再一次等于 Compare 寄存器，就要由软件人员自己考虑和处理了。

Cause 寄存器的 TI 域是软件可读的，这意味着 c0_cause_ti 需要接入 MFC0 指令读 CP0 的数据通路中。除此之外，TI 域会被 Cause 寄存器的 IP7 域采样。

（7）Cause 寄存器的 IP7 ～ IP2 域

首先请注意，这里只分析 Cause 寄存器的 IP7 ～ IP2 这 6 比特，它们也是软件不可写的。IP7 ～ IP2 的更新来源只有两个：复位和采样中断输入信号。假设处理器核顶层的 6 个中断输入信号为 ext_int_in[5:0]，那么 IP7 ～ IP2 的维护逻辑示意如下：

```
reg  [ 7:0] c0_cause_ip;
always @(posedge clock) begin
    if (reset)
        c0_cause_ip[7:2] <= 6'b0;
    else begin
        c0_cause_ip[7]   <= ext_int_in[5] | c0_cause_ti;
        c0_cause_ip[6:2] <= ext_int_in[4:0];
    end
end
```

Cause 寄存器的 IP7 ～ IP2 域是软件可读的，这意味着 c0_cause_ip[7:2] 需要接入 MFC0 指令读 CP0 的数据通路中。除了 MFC0，Cause 寄存器的 IP7 ～ IP0 域的值还参与处理器内部中断发生信号的生成，这意味着 c0_cause_ip[7:2] 还将被接入到中断发生信号的生成逻辑中。

（8）Cause 寄存器的 IP1 和 IP0 域

Cause 寄存器的 IP1 和 IP0 域与 IP7 ～ IP2 域的区别在于，前者只能通过软件来更新，其维护逻辑的示意也很直观：

```
reg  [ 7:0] c0_cause_ip;
always @(posedge clock) begin
    if (reset)
        c0_cause_ip[1:0] <= 2'b0;
    else if (mtc0_we && c0_addr==`CR_CAUSE)
        c0_cause_ip[1:0] <= c0_wdata[9:8];
end
```

Cause 寄存器的 IP1 和 IP0 域的读出与 IP7 ～ IP2 域是一样的，不再赘述。

（9）Cause 寄存器的 Excode 域

Cause 寄存器的 Excode 域是软件不可写的，它仅在指令报例外的时候填入例外编码。我们假设存在写回级的信号 wb_excode[4:0]，对应于写回级所报例外的编码。那么，Excode 域维护的代码示意如下：

```
reg  [ 4:0] c0_cause_excode;
always @(posedge clock) begin
    if (reset)
        c0_cause_excode <= 5'b0;
    else if (wb_ex)
        c0_cause_excode <= wb_excode;
end
```

Cause 寄存器的 Excode 域是软件可读的，这意味着 c0_cause_excode 需要接入 MFC0 指令读 CP0 的数据通路中。

（10）EPC 寄存器

EPC 寄存器整体只有一个域。其更新来源有两个：一是 MTC0 指令可以写，二是报例外时硬件写入例外返回地址。对于第二个来源，一定要仔细看附录 C 的 6.7 节中的描述，有两点容易疏漏：一是 Status 寄存器的 EXL 域等于 1 时，即使报例外也不更新 EPC 寄存器；二是报例外指令如果是转移延迟槽指令，那么记录的不是报例外指令的 PC，而是该延迟槽对应的转移指令的 PC。指令系统规范之所以这么定义是有用意的，前一点是为了应对例外嵌套这种特殊的情况，后一点是确保用 ERET 指令从例外处理程序返回后源程序还能正确执行[⊖]。我们假设写回级指令的 PC 存放在 wb_pc 中，那么 EPC 寄存器的维护代码示意如下：

```
reg  [31:0] c0_epc;
always @(posedge clock) begin
    if (wb_ex && !c0_status_exl)
        c0_epc <= wb_bd ? wb_pc - 3'h4 : wb_pc;
    else if (mtc0_we && c0_addr==`CR_EPC)
        c0_epc <= c0_wdata;
end
```

EPC 寄存器是软件可读的，这意味着 c0_epc 需要接入 MFC0 指令读 CP0 的数据通路中。EPC 寄存器的值在执行 ERET 指令时将用于更新 PC，所以 c0_epc 还需要传递到取指部分的 GenNextPC 逻辑。

这里请各位读者考虑一个问题：为什么 EPC 寄存器要允许软件直接修改？给大家一个提示，请设想一个场景，如果发生系统调用例外（syscall 例外）的时候，例外处理完以后能直接返回最初硬件设置在 EPC 寄存器中的地址吗？

（11）BadVAddr 寄存器

BadVAddr 寄存器整体只有一个域，其更新来源只有一个，即报地址错例外的时候将导致出错的虚地址写入该寄存器。这里要注意以下几点：首先记录的是虚地址；其次如果是取指检查出的地址错例外，出错的虚地址就是 PC；最后，如果导致地址出错的原因是地址非对齐，那 BadVAddr 的低两位要严格地更新为非对齐地址的低两位。假定我们把这些报例外时需要填入 CP0 寄存器的信息沿流水线逐级传递下去，用来指导写回级统一更新 CP0 寄存器，那么千万不要为了省几个触发器而把各级流水线缓存中保存的 PC 的最低两位强行置为 0。假设我们一路携带至写回级的导致出错的虚地址存放在 wb_badvaddr 中，那么 BadVAddr 寄存器的维护逻辑示意如下：

⊖ 提示一下：如果 ERET 返回到转移延迟槽指令继续执行，那么处理器内部已经没有该延迟槽对应的转移指令，请问该情况下处理器如何知晓该延迟槽对应的转移指令是跳转还是不跳转？如果不能正确知晓，请问重新执行的程序如何能正确执行？

```
reg  [31:0] c0_badvaddr;
always @(posedge clock) begin
    if (wb_ex && wb_excode==`EX_ADEL)
        c0_badvaddr <= wb_badvaddr;
end
```

BadVAddr 寄存器是软件可读的，这意味着 c0_badvaddr 需要接入 MFC0 指令读 CP0 的数据通路中。

（12）Count 寄存器

Count 寄存器整体只有一个域，其更新来源有两个：MTC0 指令和硬件计数器。它的维护逻辑示意如下：

```
reg         tick;
reg  [31:0] c0_count;
always @(posedge clock) begin
    if (reset) tick <= 1'b0;
    else       tick <= ~tick;

    if (mtc0_we && c0_addr==`CR_COUNT)
        c0_count <= c0_wdata;
    else if (tick)
        c0_count <= c0_count + 1'b1;
end
```

上面的代码中引入 tick 触发器是为了达到指令规范中定义的每两个周期加 1 的效果。

Count 寄存器是软件可读的，这意味着 c0_count 需要接入 MFC0 指令读 CP0 的数据通路中。

（13）Compare 寄存器

Compare 寄存器整体只有一个域。其自身的功能极其简单，包括被 MTC0 指令写以及被 MFC0 指令读。我们就不再多做介绍了。

2. CP0 寄存器的代码组织风格

我们建议大家把 CP0 寄存器封装成一个模块，前面所述的 CP0 寄存器各个域的读、写信号都作为这个模块的接口。如果大家觉得进行实例化的时候连接很多端口比较麻烦，也可以考虑将 CP0 寄存器放在更新发生的那一级流水的模块中。目前来看，例外和 MTC0 写都发生在写回级，所以将其放在写回级模块也可以。但是，所有需要读出的信息都要从写回级模块引出来，这些代码是省不掉的。

7.3.4 CP0 冲突

我们介绍流水线 CPU 设计的时候，曾经专门分析过围绕通用寄存器的数据相关以及由此而产生的数据相关冲突。这里将要分析的 CP0 冲突（CP0 hazard）与之类似，它是由围绕 CP0 寄存器的"写后读"相关引起的，因 CPU 采用了多级流水线结构设计而显现出来。

典型的 CP0 写后读相关是 MTC0 指令写一个 CP0 寄存器，然后用 MFC0 指令读这个 CP0 寄存器。为了解决这个相关所引起的冲突，最简单、有效的方式是将 MFC0 和 MTC0 指令读、写 CP0 寄存器放到同一级流水线处理。这种解决方案和前面处理 HI/LO 寄存器读写的思路是一样的。这种方案也会造成一定的性能损失。例如，我们目前建议将 MTC0 放到写回级处理，那么 MFC0 也是在写回级读 CP0 寄存器，因此 MFC0 指令和后续需要其结果的指令之间就存在 2 拍的执行延迟，也就是说，需要其结果的指令必须将自身阻塞在译码级直至 MFC0 指令到达写回级才能继续执行。虽然我们也可以在 MTC0 和 MFC0 指令之间建立前递路径，但是 MFC0 和 MTC0 本身就是特权指令，只存在于内核之类的特权软件中，而且 MTC0 写入一个 CP0 寄存器立即就用 MFC0 将其读出来的情况也不多见。这种小概率场景的性能优化所带来的整体性能提升效果微乎其微，投入产出比太低，因此我们并不考虑。

之所以要专门用一节来介绍 CP0 冲突，是因为它不仅由 MTC0 → MFC0 这一类相关引起。通过 7.3.3 节的分析，我们已知 CP0 寄存器的各个域有不同的读者、写者。这些存在写后读相关的写者和读者只要不是在同一级流水级，就会遇到 CP0 冲突。由于我们在本书中刻意删除了指令系统中与特权等级维护、检查相关的内容，因此碰到的 CP0 冲突情况并不多，目前只有如下两种：

	写者	相关对象	读者
1	MTC0	Status.EXL，Status.IE，Status.IM，Cause.IP1/0，Compare	译码级指令（标记中断）
2	ERET	Status.EXL； EPC	译码级指令（标记中断）； 取指 PC

上面的第 1 种情况用硬件处理起来略显复杂（因为主要涉及中断处理程序的代码，所以我们通过对软件加以约束来规避冲突）。对于第 2 种情况，我们采用硬件方式解决。具体方案是 ERET 指令直到写回级才清 Status 寄存器的 EXL 域，与此同时，清空流水线并更新取指 PC。这就是前面提到的 eret_flush 信号的由来。对于流水级缓存来说，这个信号与例外信号 wb_ex 的作用是一样的，不同之处在于它不是一个软件可见的例外。其实，也可以通过类似的方式来处理第 1 种情况中 MTC0 指令写 CP0 寄存器所带来的 CP0 冲突，感兴趣的读者可以自行尝试一下。

7.4 任务与实践

完成本章的学习后，读者应该能够完成以下 2 个实践任务：

1）添加 syscall 例外支持，实践资源见 lab8.zip。

2）添加其他例外与中断支持，实践资源见 lab9.zip。

为完成以上实践任务，需要参考的文档包括但不限于：

1）本章内容。

2）附录 C。

7.4.1 实践任务一：添加 syscall 例外支持

本实践任务要求在 lab7 完成的 CPU 基础上，继续完成以下工作：

1）为 CPU 增加 MTC0、MFC0、ERET 指令。

2）为 CPU 增加 CP0 寄存器 Status、Cause、EPC。

3）为 CPU 增加 SYSCALL 指令，也就是增加 syscall 例外支持。

4）运行 lab8.zip 里的 func_lab8，要求成功通过仿真和上板验证。

本实践任务的硬件环境沿用 CPU_CDE，软件环境使用 lab8.zip。lab8.zip 只包含软件编译环境（func_lab8）。fun_lab8 和 func_lab7 相比，加入了 syscall 例外的测试内容。

请参考下列步骤完成本实践任务：

1）请先完成第 6 章的学习。

2）学习本章内容。

3）准备好 lab7 的实验环境和 CPU_CDE，该环境会也会作为 lab8 的实验环境。

4）解压 lab8.zip，将 func_lab8/ 拷贝到 CPU_CDE/soft/ 目录里，与 func_lab7 同层次。

5）打开 cpu132_gettrace 工程（CPU_CDE/cpu132_gettrace/run_vivado/cpu132_gettrace/cpu132_gettrace.xpr）。

6）对 cpu132_gettrace 工程中的 inst_ram 进行重新定制，此时选择加载 func_lab8 的 coe（CPU_CDE/soft/func_lab8/obj/inst_ram.coe）。

7）运行 cpu132_gettrace 工程的仿真（进入仿真界面后，直接点击 run all 等待仿真运行完成），生成新的参考 Trace 文件 golden_trace.txt（CPU_CDE/cpu132_gettrace/golden_trace.txt）。注意，要等仿真运行完成，golden_trace.txt 才有完整的内容。

8）打开 myCPU 工程（CPU_CDE/mycpu_verify/run_vivado/mycpu_prj1/mycpu_prj1.xpr）。

9）对 myCPU 工程中的 inst_ram 进行重新定制，此时选择加载 func_lab8 的 coe（CPU_CDE/soft/func_lab8/obj/inst_ram.coe）。

10）运行 myCPU 工程的仿真（进入仿真界面后，直接点击 run all），开始调试。

11）myCPU 仿真通过后，综合实现后生成比特流文件，进行上板验证（如果没有实验箱，请跳过这一步）。

7.4.2 实践任务二：添加其他例外支持

本实践任务要求在 lab8 完成的 CPU 基础上，继续完成以下工作：

1）为 CPU 增加 Break、地址错、整数溢出、保留指令例外支持。

2）为 CPU 增加 CP0 寄存器 Count、Compare、BadVAddr。

3）为 CPU 增加时钟中断支持，时钟中断要求固定绑定在硬件中断 5 号上，也就是 CP0

寄存器 Cause 的 IP7 上。

4）为 CPU 增加 6 个硬件中断支持，编号为 0 ～ 5，对应 CP0 寄存器 Cause 的 IP7 ～ IP2。

5）为 CPU 增加 2 个软件中断支持，对应 CP0 寄存器 Cause 的 IP1 ～ IP0。

6）运行 lab9.zip 里的 func_lab9，要求成功通过仿真和上板验证。

7）推荐上板运行 lab9 的记忆游戏程序（memory_game）。

本实践任务的硬件环境沿用 CPU_CDE，软件环境使用 lab9.zip。lab9.zip 只有两个软件编译环境：func_lab9 和 memory_game。fun_lab9 和 func_lab8 相比，加入了前述的新增例外与中断的测试内容。

请参考下列步骤完成实践任务：

1）学习本章内容。

2）准备好 lab8 的实验环境和 CPU_CDE，该环境会也会作为 lab9 的实验环境。

3）解压 lab9.zip，将 func_lab9/ 拷贝到 CPU_CDE/soft/ 目录里，与 func_lab8 同层次。

4）打开 cpu132_gettrace 工程（CPU_CDE/cpu132_gettrace/run_vivado/cpu132_gettrace/cpu132_gettrace.xpr）。

5）对 cpu132_gettrace 工程中的 inst_ram 进行重新定制，此时选择加载 func_lab9 的 coe（CPU_CDE/soft/func_lab9/obj/inst_ram.coe）。

6）运行 cpu132_gettrace 工程的仿真（进入仿真界面后，直接点击 run all 等待仿真运行完成），生成新的参考 trace 文件 golden_trace.txt（CPU_CDE/cpu132_gettrace/golden_trace.txt）。注意，要等仿真运行完成，golden_trace.txt 才有完整的内容。

7）打开 myCPU 工程（CPU_CDE/mycpu_verify/run_vivado/mycpu_prj1/mycpu_prj1.xpr）。

8）对 myCPU 工程中的 inst_ram 进行重新定制，此时选择加载 func_lab9 的 coe（CPU_CDE/soft/func_lab9/obj/inst_ram.coe）。

9）运行 myCPU 工程的仿真（进入仿真界面后，直接点击 run all），开始调试。

10）myCPU 仿真通过后，综合实现后生成 bit 流文件，进行上板验证（如果没有实验箱，请跳过这一步）。

在 func_lab9 功能测试通过后，推荐上板运行记忆游戏（lab9.zip 里的 memory_game）。记忆游戏不提供仿真运行环境，如果没有实验箱，请跳过该步。记忆游戏综合实现生成比特流文件的步骤如下：

1）准备好 lab9 的实验环境和 CPU_CDE。

2）将 lab9.zip 里的 memory_game 拷贝到 CPU_CDE/soft/ 目录里，与 func_lab9 同层次。

3）打开 myCPU 工程（CPU_CDE/mycpu_verify/run_vivado/mycpu_prj1/mycpu_prj1.xpr）。

4）对 myCPU 工程中的 inst_ram 进行重新定制，此时选择加载 memory_game 的 coe（CPU_CDE/soft/memory_game/obj/inst_ram.coe）。

5）进行综合、实现和生成比特流文件。

6）将生成的比特流文件下载到开发板上，进行记忆游戏的测试。

下载比特流文件到实验箱上后，记忆游戏的测试步骤如下：

1）按实验箱上矩阵键盘的最下面一行的 4 个按键中的任一按键，开始游戏。

2）单色 LED 灯最右侧 4 个灯会随机点亮，共点亮 8 次。

3）努力回忆 8 次点亮顺序，使用矩阵键盘的最下面一行的 4 个按键复现 8 次点亮顺序。

4）按 8 次后，数码管左侧会展示 8（表示共 8 次点亮），右侧会展示你记忆正确的次数。

5）如果 8 次都记忆对了，则数码管右侧会展示 8，且双色 LED 灯会亮 2 个绿色；如果不是 8 次都对，双色 LED 灯会亮一红一绿。

如果发现记忆游戏运行不正确，可以按照以下步骤调试：

1）确认 func_lab9 运行无错。

2）可以尝试对记忆游戏进行仿真，但需要自己设计按键的激励，且需要看懂记忆游戏源码并修改 delay 函数。

3）可以尝试使用逻辑分析仪进行在线调试，参考附录 D.1 节。

4）反思自己的设计、代码规范、综合时序等。

第 **8** 章

AXI 总线接口设计

从这一章开始，我们将进入一个新的阶段——为设计出的 CPU 增加 AXI 总线接口。在大多数真实的计算机系统中，CPU 通过总线与系统中的内存、外设进行交互。没有总线，CPU 就是个"光杆司令"，什么工作也做不了。总线接口可以自行定义，也可以遵照工业界的标准。显然，遵照工业界的标准有助于与大量第三方的 IP 进行集成。因此，本书选用 AMBA AXI 总线协议作为 CPU 总线接口的协议规范。

本章的设计任务有两个难点：一是 CPU 内部要如何调整以适应总线接口下的访存行为，二是如何设计出一个遵循 AXI 总线协议的接口。为了降低设计的难度，我们按照工程实践的经验，将这部分设计工作划分为三个阶段：

- 阶段一：将原有 CPU 访问 SRAM 的接口调整为类 SRAM 总线接口。类 SRAM 总线只是在 SRAM 接口的基础上增加了握手信号，可以降低直接实现 AXI 总线的设计复杂度。
- 阶段二：设计实现一个"类 SRAM-AXI"的转接桥，拼接上阶段一完成的 CPU，运行 AXI 固定延迟验证。读者将从这个阶段开始学习并实现 AXI 总线协议。
- 阶段三：完善阶段二的 CPU，完成 AXI 随机延迟验证。

【本章学习目标】

- 理解片上总线的一般性原理。
- 掌握总线接口与 CPU 内部流水线之间的交互设计。

【本章实践目标】

本章有三个实践任务，请读者在学习完本章内容后，依次完成。

- 本章 8.1 节和 8.2 节的内容对应实践任务一。
- 本章 8.3 节和 8.4 节的内容对应实践任务二和实践任务三。

8.1 类 SRAM 总线

我们为什么要定义一套类 SRAM 的总线协议呢？出发点有两个：

1）一部分初学者完全不知道如何从现有取指和访存的 SRAM 接口改出 AXI 接口。

2）一部分初学者过于激进地使用 AXI 协议的特性，把设计改得太复杂，出现大量错误。

如果用一句话来介绍这套类 SRAM 总线协议，那就是：添加了握手机制的 SRAM 接口。

8.1.1　主方和从方

首先，总线是处理器和内存、外设交互的通道，交互行为具体体现为读和写两种类型的操作。既然是交互，至少要有两个参与主体，我们将发起方称为"主方"（Master），响应方称为"从方"（Slave）。对于读操作来说，主方提出读请求，从方接收请求并返回数据；对于写操作来说，主方提出写请求并发出数据，从方接收请求和数据。

8.1.2　类 SRAM 总线接口信号的定义

表 8-1 中列出了类 SRAM 总线接口信号的说明。

表 8-1　类 SRAM 总线接口信号

信号	位宽	方向	功能
clk	1	input	时钟
req	1	master → slave	请求信号，为 1 时有读写请求，为 0 时无读写请求
wr	1	master → slave	为 1 表示该次是写请求，为 0 表示该次是读请求
size	[1:0]	master → slave	该次请求传输的字节数，0: 1byte；1: 2bytes；2: 4bytes
addr	[31:0]	master → slave	该次请求的地址
wstrb	[3:0]	master → slave	该次写请求的字节写使能
wdata	[31:0]	master → slave	该次写请求的写数据
addr_ok	1	slave → master	该次请求的地址传输 OK，读：地址被接收；写：地址和数据被接收
data_ok	1	slave → master	该次请求的数据传输 OK，读：数据返回；写：数据写入完成
rdata	[31:0]	slave → master	该次请求返回的读数据

上表中除了用黑体标记的信号外，其余信号都与原有的 SRAM 接口信号一一对应。其中，req 对应 en，wr 对应（|wen），wstrb 对应 wen。存在对应关系的信号的含义没有任何改变，因此不再解释。我们重点说明新增的 size、addr_ok、data_ok 三个信号。

对于 size 信号，因为 AXI 总线协议上有 arsize 和 awsize 信号，所以需要把这个信号通过类 SRAM 接口传送给 AXI 接口。类 SRAM 接口中 size 信号和不同访存操作之间的对应关系如表 8-2 所示（需要注意表中标注黑体的部分：LWL/SWL 指令送到类 SRAM 接口上的地址的低两位需要抹为 0）。

表 8-2　类 SRAM 总线中 size 与访存操作的对应关系

流水线里的指令	计算得到的地址	送到类 SRAM 的地址	size	含义
取指	addr[1:0]==0	addr[1:0]==0	2	访问 4 字节
LW、SW	addr[1:0]==0	addr[1:0]==0	2	访问 4 字节
LH、LHU、SH	addr[1:0]==0	addr[1:0]==0	1	访问 2 字节

（续）

流水线里的指令	计算得到的地址	送到类 SRAM 的地址	size	含义
LH、LHU、SH	addr[1:0]==1	addr[1:0]==1	1	访问 2 字节
LB、LBU、SB	addr[1:0]==0	addr[1:0]==0	0	访问 1 字节
LB、LBU、SB	addr[1:0]==1	addr[1:0]==1	0	访问 1 字节
LB、LBU、SB	addr[1:0]==2	addr[1:0]==2	0	访问 1 字节
LB、LBU、SB	addr[1:0]==3	addr[1:0]==3	0	访问 1 字节
LWL、SWL	addr[1:0]==0	addr[1:0]==0	0	访问 1 字节
LWL、SWL	addr[1:0]==1	addr[1:0]==0	1	访问 2 字节
LWL、SWL	addr[1:0]==2	addr[1:0]==0	2	访问 4 字节，实际使用 3 字节
LWL、SWL	addr[1:0]==3	addr[1:0]==0	2	访问 4 字节
LWR、SWR	addr[1:0]==0	addr[1:0]==0	2	访问 4 字节
LWR、SWR	addr[1:0]==1	addr[1:0]==1	2	访问 4 字节，实际使用 3 字节
LWR、SWR	addr[1:0]==2	addr[1:0]==2	1	访问 2 字节
LWR、SWR	addr[1:0]==3	addr[1:0]==3	0	访问 1 字节

另外，对于写事务，size 和 addr[1:0] 与 wstrb 是有对应关系的，小尾端下的对应关系如表 8-3 所示（对于"size=2, addr=0"的情况，wstrb 有两种可能取值：0xf 和 0x7）。

表 8-3 类 SRAM 总线中 size、addr 与 wstrb 的对应关系

size 和 addr 取值	data[31:24]	data[23:16]	data[15:8]	data[7:0]	wstrb
size=0, addr=0	—	—	—	valid	0b0001
size=0, addr=1	—	—	valid	—	0b0010
size=0, addr=2	—	valid	—	—	0b0100
size=0, addr=3	valid	—	—	—	0b1000
size=1, addr=0	—	—	valid	valid	0b0011
size=1, addr=2	valid	valid	—	—	0b1100
size=2, addr=0	valid	valid	valid	valid	0b1111
	—	valid	valid	valid	0b0111
size=2, addr=1	valid	valid	valid	—	0b1110

addr_ok 信号用于和 req 信号一起完成读写请求的握手。只有在 clk 的上升沿同时看到 req 和 addr_ok 为 1 的时候才是一次成功的请求握手。

data_ok 信号有双重身份。对应读事务的时候，它是数据返回的有效信号；对应写事务的时候，它是写入完成的有效信号。无论 data_ok 表达的是对读事务的响应还是对写事务的响应，统称为数据响应。在类 SRAM 接口中，Master 对于数据响应总是可以接收，所以不再设置 Master 接收 data_ok 的握手信号。也就是说，如果存在未返回数据响应的请求，则在 clk 的上升沿看到 data_ok 为 1 就可以认为是一次成功的数据响应握手。

8.1.3 类 SRAM 总线的读写时序

图 8-1 和图 8-2 分别展示了类 SRAM 总线上一次读事务和一次写事务的时序关系。

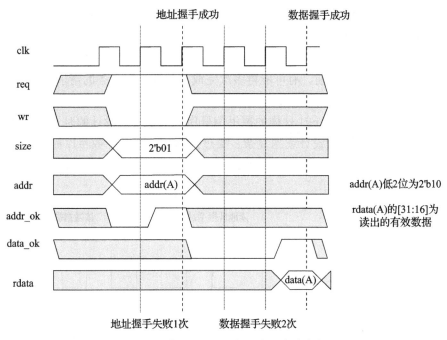

图 8-1 类 SRAM 总线上的一次读事务

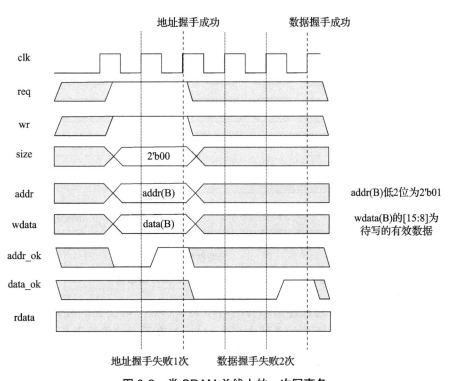

图 8-2 类 SRAM 总线上的一次写事务

图 8-3 给出了类 SRAM 总线上的连续写读的时序关系。连续写读时，从方返回的 data_ok 是严格按照请求发出的顺序返回的。在这幅图中，因为先发出写请求后发出读请求，所以必定先返回写事务的 data_ok，再返回读事务的 data_ok。但是，在一次读或写事务的请求握手成功之后至其响应返回之前，有可能再多次完成其他读、写事务的请求握手。也就是说，在接口的信号上，有可能出现（req1&addr_ok）→（req2&addr_ok）→（req3&addr_ok）→（req4&addr_ok）→…→ data_ok1 这样的握手信号序列。在考虑设计的时候，这种已发出请求但尚未响应的事务越多，设计就越复杂。要想控制这类事务的数目以简化设计，可以在 Master 端通过拉低 req 信号来暂停发送新事务的请求，在 Slave 端则可以通过拉低 addr_ok 信号来暂停接收新事务的请求。

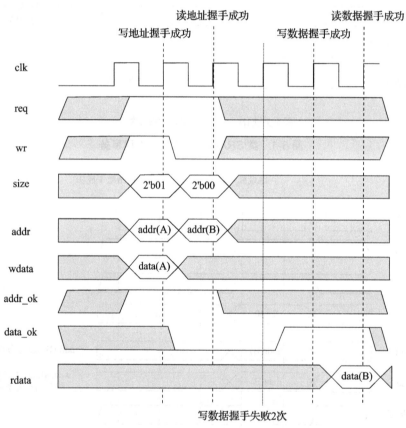

图 8-3　类 SRAM 总线上的连续写读事务

图 8-4 给出了类 SRAM 总线连续读写的时序关系示意。请注意，当 addr_ok 和 data_ok 同时有效时，它们各自对应不同的总线事务：addr_ok 表示当前传输事务的请求握手成功，data_ok 表示之前传输事务的数据响应握手成功。另外，图中读数据响应握手成功是有可能在写请求握手成功前完成的。

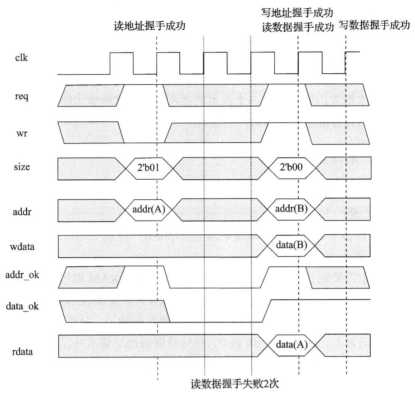

图 8-4 类 SRAM 总线连续读写事务

8.1.4 类 SRAM 总线的约束

为降低类 SRAM 总线的设计复杂度，我们对类 SRAM 总线做出以下约束：

1）从方发出的 addr_ok 的值不能依赖于主方发起的 req 的值。也就是说，生成 addr_ok 的逻辑中不能看 req 信号。

2）在 req 为 1 且 addr_ok 为 0 时，允许主方更改 wr、size、addr、wstrb 和 wdata。也就是说，类 SRAM 总线运行地址请求置起但未被接收时，可以更换请求类型和地址。这一点和后续要介绍的 AXI 总线不一样，AXI 总线要求：主方一旦发起某一地址或数据的传输，在该传输握手成功前，不得更改传输的地址或数据。

8.2 类 SRAM 总线的设计

在现有的 CPU 中，取指和访存部分使用的是标准的 SRAM 接口，我们需要将其改造成类 SRAM 总线接口。从 8.1 节的分析中我们知道，将标准 SRAM 接口改造为类 SRAM 接口只需要增加 3 个信号：size、addr_ok 和 data_ok。

在要增加的 3 个信号中，size 信号的生成非常简单，根据请求的属性直接生成即可（注意，对于 LWL/SWL 指令，需要对地址低 2 位做抹零的处理）。我们需要重点讨论的是 addr_ok 和 data_ok 这两个信号。

在现有的 CPU 中，取指或者访存阶段对于 SRAM 的访问是放在相邻两个流水级完成的，而且都是前一个流水级发出请求，后一个流水级接收响应。这种流水线划分的格局是不需要调整的，需要调整的是各流水级状态的控制逻辑。

8.2.1 取指设计的考虑

我们先来看取指阶段应该做出哪些调整。

1. 考虑 ready_go

基于我们提供的参考设计，取指地址请求是在 pre-IF（生成 nextPC）这个伪流水级发出的，指令返回是在 IF 流水级完成的。

首先，pre-IF 也需要维护一个 ready_go 信号。当从指令 RAM 取指时，pre-IF 伪流水级发出的请求总是能被接收，所以 pre-IF 指令的 ready_go 只需要关注 br_bus 上的 br_stall（不看 br_stall 也正确，参见 4.5.2 节的内容）。但是现在情况不同了，从类 SRAM 总线反馈回来的 addr_ok 未必时刻为 1。如果 addr_ok 为 0，意味着取指地址请求并没有被 CPU 外部接收。由于指令在 pre-IF 这级流水要做的处理就是发请求，既然请求都没有被接收，那么 ready_go 自然就是 0。仅当 req & addr_ok 置为 1 的时候，ready_go 才能置为 1。

对于 IF 流水级来说，原本从指令 RAM 取指时，请求接收的下一拍开始指令码就一定能够返回了，所以指令在 IF 流水级的唯一任务——拿到指令码——也能顺利完成，因此 ready_go 恒为 1。当我们引入类 SRAM 总线之后，情况就复杂了，只有 data_ok 返回 1 的时候，指令码才真正出现在接口上，也只有在这种情况下 IF 这一级的 ready_go 信号才能置为 1。

总结而言，取指地址请求和指令码返回这两个动作都需要进行握手，其对取指阶段两个流水级的影响体现在 pre-IF 级和 IF 级的 ready_go 信号上。是不是再次感受到了流水线控制信号 ready_go "包治百病" 的神奇功效？

2. 考虑 allowin

上一小节中只是考虑了 pre-IF 和 IF 级的 ready_go 信号，对于流水线逐级互锁控制机制，还需要考虑 IF 级和 ID 级的 allowin 信号。

我们先考虑 pre-IF 级。pre-IF 级生成 nextPC，并对外发起取指的地址请求，等 addr_ok 来置 ready_go，当 ready_go 为 1 且 IF 级 allowin 为 1 时，pre-IF 级的指令流向 IF 级，pre-IF 级维护下一条指令的取指地址请求。根据 pre-IF-ready_go 和 IF-allowin 的组合情况，有 4 种可能：

1）pre-IF-ready_go=0，IF-allowin=0：显然，pre-IF 级继续发地址请求即可。

2）pre-IF-ready_go=0，IF-allowin=1：显然，和第 1 种情况一样，pre-IF 级继续发地址请求即可。

3）pre-IF-ready_go=1，IF-allowin=1：表明 pre-IF 级接收到 addr_ok 且正好 IF 级 allowin 为 1，当前指令就流进 IF 级，此情况也很简单。

4）pre-IF-ready_go=1，IF-allowin=0：表明 pre-IF 级接收到 addr_ok 但是 IF 级 allowin 为 0，这种情况最复杂。

上述前 3 种情况比较简单，第 4 种情况最复杂，它会导致两个问题，我们详细讨论一下。

- **问题一**

当"pre-IF-ready_go=1，IF-allowin=0"时，pre-IF 级能不能把 req 信号置起来（也就是继续发该 PC 的取指地址请求）？显然不能，因为在这一拍，类 SRAM 接口上的 req 和 addr_ok 同时为 1，对于 CPU 外部来说，这个请求已经被接收，如果下一拍再置起 req，类 SRAM 总线会把它当作一个新请求去处理。CPU 外部接收了多少个读请求，就会一个不少地返回同样数目的数据。除非你非常清楚地知道这一点，然后严格地过滤掉不需要的数据，否则你一定会在 IF 级把指令码和 PC 的对应关系弄乱。典型的错误现象是，你会看到连续执行的几条指令 PC 轨迹正确，但是指令却一样。所以，**一定要注意，如果地址请求被接口响应了，但是指令无法在下一拍进入下一级，那么从下一拍开始就不要再发同一个地址请求了。**

- **问题二**

当"pre-IF-ready_go=1，IF-allowin=0"时，pre-IF 级的地址请求已经被外部接收，正在等 IF-allowin 的值，外部随时可能返回 pre-IF 级取回的指令。如果在 IF-allowin 为 1 之前就收到了外部返回的 pre-IF 级取指的数据，怎么办？显然，此时 pre-IF 级取回的指令无法进入 IF 级，并且该指令只会在类 SRAM 总线接口的 rdata 端维持一拍。如果我们选择丢弃当前拍返回的指令，就要让 pre-IF 级重新发起地址请求，外部对一次请求只会返回一次数据，如果不重新发请求，外部就不会重新返回 pre-IF 的指令，CPU 就会进入死机状态；如果我们不想丢弃当前拍返回的指令，就需要设置一组触发器来保存 pre-IF 级取回的指令，并且 pre-IF 级暂停发送地址请求。当该组触发器保存有效数据时，就选择该组触发器保存的数据作为 pre-IF 级取回的指令并送往 IF 级，在 IF 级 allowin 为 1 后，该指令进入 IF 级，IF 级不用再等 data_ok，因为收到了取回的指令。

上述两个问题的解决方案效率较高，但是复杂度也很高。如果我们为流水线增加一个规则：**仅当 IF 级 allowin 为 1 时 pre-IF 级才对外发出地址请求**，那么当 pre-IF 级 ready_go 为 1 时，IF 级 allowin 一定为 1，就不会出现"pre-IF-ready_go=1，IF-allowin=0"这种情况，也就不会出现上述两个复杂的问题。增加该规则后，取指效率降低了，但是大大简化了取指状态机的设置。

考虑完 pre-IF 级，我们来考虑 IF 级的情况。IF 级等待 data_ok 来置 ready_go，当 ready_go 为 1 且 ID 级 allowin 为 1 时，IF 级的指令流向 ID 级，IF 级维护下一条指令的取指返回或进入无效状态（IF-valid 为 0）。按 IF-ready_go 和 ID-allowin 的组合情况，有以下 4 种可能（以下情况默认 IF-valid 为 1，表示 IF 级存在有效指令，如果 IF 级没有有效指令，自然不会流向 ID 级）：

1）IF-ready_go=0，ID-allowin=0：显然 IF 级继续等取指数据返回即可。

2）IF-ready_go=0，ID-allowin=1：显然，和第 1 种情况一样，IF 继续等待取指数据返回。

3）IF-ready_go=1，ID-allowin=1：表明 IF 级接收到 data_ok 且正好 ID 级 allowin 为 1，当前指令就流进 ID 级，此情况很简单。

4）IF-ready_go=1，ID-allowin=0：表明 IF 级接收到 addr_ok 但是 ID 级 allowin 为 0，这种情况最复杂。

对于 IF 级，上述第 4 种情况无法避免，并且我们不能丢弃当前拍返回的指令，因为 IF 级很难重发地址请求，地址请求是由 pre-IF 级控制的。我们选择的方案是：设置一组触发器来保存 IF 级取回的指令，当该组触发器存有有效数据时，则选择该组触发器保存的数据作为 IF 级取回的指令送往 ID 级，在 ID 级 allowin 为 1 后，该指令立即进入 ID 级。**此时 IF 级的 ready_go 信号不再只看类 SRAM 总线接口返回的 data_ok，还要观察来自"保存已返回指令的触发器"的有效信号，如果该组触发器保存着有效返回值，那么 IF 级 ready_go 也一定为 1。**

3. 考虑例外取消

我们设计的 CPU 支持例外和中断，那么就存在例外和中断要清空流水线的情况，记作 Cancel。在引入类 SRAM 总线接口后，Cancel 的情况也需要特别考虑。

我们先来看 pre-IF 级的 Cancel。根据 pre-IF 是否完成了地址请求，分两种情况讨论。

1）to_fs_valid=0：表明 pre-IF 级发送的地址请求还未被 CPU 外部接收（未收到 addr_ok），依据 8.1.4 节的介绍，类 SRAM 总线允许请求中途更改请求，因此直接根据 Cancel 信息调整 pre-IF 级发送的地址请求。Cancel 不会有任何影响。

2）to_fs_valid=1：表明 pre-IF 级发送的地址请求正好被 CPU 外部接收，此时存在 Cancel，要注意 IF 级后续收到的第一个返回的指令数据是对当前被 Cancel 的取指请求的返回。

我们再来看 IF 级的 Cancel。根据 IF 级 allowin 的取值，可以分两种情况讨论。

1）IF-allowin=1：表明 IF 级没有有效指令，或者有有效指令但将要流向 ID 级，此时 IF-valid 将依据 to_fs_valid 决定置 0 还是 1。此时，如果 IF 级收到 Cancel，那么将 IF-valid 时序逻辑置为 0 即可。

2）IF-allowin=0：表明 IF 级有有效指令，且该指令无法流向 ID 级，这时又可以分为两种情况。

- 2-1 IF-ready_go=1：表明 IF 级正好或已经收到过 data_ok，但是 ID 级 allowin 为 0，此时 IF 级没有待完成的类 SRAM 总线事务，直接 Cancel（将 IF-valid 置为 0）不会有任何影响。要注意 IF 级有一组保存已返回指令的触发器，Cancel 时要将指示该组触发器保存有指令数据的有效信号也清 0。

- 2-2 IF-ready_go=0：表明 IF 级正在等待 data_ok，此时 IF 级有待完成的类 SRAM 总线事务，可以直接 Cancel（将 IF-valid 置为 0），要注意 IF 级后续收到的第一个返回的指令数据是对当前被 Cancel 的取指请求的返回。

上述 pre-IF 级第 2 种情况和 IF 级的情况 2-2 有一个共同点：在 Cancel 后，IF 级后续收到的第一个返回的指令数据是对当前被 Cancel 的取指请求的返回。显然，后续收到的第一个返回的指令数据需要被丢弃，不能让其流向 ID 级。我们在设计 IF 级状态机时就要注意该情况，如果不解决这个问题，CPU 中就可能出现如下错误：在例外 Cancel 流水线后，IF 级取回的第一条指令的 PC 和指令码不对应。解决该问题的方法有两个：

1）在 IF 级状态机引入一个新的状态（该状态表明等一个 data_ok 并丢弃当次返回的指令数据）。

2）IF 级新增一个触发器，复位值为 0。当遇到前述 pre-IF 级第 2 种情况和 IF 级的情况 2-2 时，该触发器置为 1；在收到 data_ok 时，该触发器置为 0。当该触发器为 1 时，组合逻辑将 IF 级的 ready_go 抹成零，从而达到了丢弃第一个返回的指令数据的设计。

以上两种实现方法的本质是一样的。另外，它们都默认了一个前提：在 Cancel 后，IF 级最多只需要丢弃后续返回的一个指令数据。如果在你的设计中，Cancel 后 IF 级最多需要丢弃后续返回的两个指令数据，那就需要对上述实现方法加以改进。

4. 考虑转移延迟槽

在我们的设计中，转移指令在 ID 级生成 br_bus，送往 pre-IF 级参与生成 nextPC。因此，存在这样一种情况：第一拍，转移指令在 IF 级并即将流向 ID 级，此时转移延迟槽指令在 pre-IF 级发送取指地址请求（未收到 addr_ok）；第二拍，转移指令到达 ID 级，生成 br_bus 送往 pre-IF 级，要求更新 nextPC，但是 pre-IF 级依然在维护转移延迟槽指令的取指地址请求发送（未收到 addr_ok），此时 IF 级一定没有有效指令（IF-valid 为 0）。请考虑一下，br_bus 能否更新 nextPC？显然不能，因为一旦更新了，CPU 中就漏掉了转移延迟槽指令。那么应该如何控制 nextPC 不选择 br_bus 送来的信息呢？首先，要识别转移延迟槽指令正处于 pre-IF 级，观察上述第二拍的描述，我们会发现，"ID 级是转移指令，IF-valid 为 0"表明转移延迟槽指令正位于 pre-IF 级，此时 nextPC 只能选择"PC+4"的来源，也就转移延迟槽对应的 PC。

继续考虑第三拍及之后的情况。

1）如果转移指令继续保持在 ID 级，pre-IF 级收到了 addr_ok，那么转移延迟槽指令就流向了 IF 级，自然采用 br_bus 来更新 nextPC。如果在后续某一拍，转移指令即将离开 ID 级流向 EXE 级，此时转移延迟槽指令在 IF 级，转移目标的指令在 pre-IF 级，pre-IF 级正在使用 br_bus 维护 nextPC，br_bus 上的信息会由于转移指令离开 ID 级而丢失，应该怎么办？解决方案是在 pre-IF 级或 ID 级用一组触发器将 br_bus 的信息暂存起来，这组触发器在转移指令即将离开 ID 级时时序逻辑置为有效，从而负责继续维护 br_bus，以确保转移目标的指令在 pre-IF 级可以继续正确地维护 nextPC。这组触发器什么时候置为无效呢？在转移目标的指令（注意，不是转移延迟槽指令）即将离开 pre-IF 级、流向 IF 级时时序逻辑置为无效。如何识别"转移目标的指令即将离开 pre-IF 级、流水 IF 级"的情况呢？当转移目标的指令在 pre-IF 级，pre-IF-ready_go 为 1 且 IF-allowin 为 1，就是"转移目标的指令即将离开 pre-IF 级、流水 IF 级"的时刻了。因此，关键是识别转移目标的指令正在 pre-IF 级，显然这就是

nextPC 选择 br_bus 的选择信号。

2）考虑另一种情况。如果转移指令在 ID 并且即将流向 EXE 级，转移延迟槽指令在 pre-IF 级依然未收到 addr_ok。同样，br_bus 上的信息会因转移指令离开 ID 级而丢失。我们可以采用第 1 种情况类似的处理方法，在 pre-IF 级或 ID 级用一组触发器将 br_bus 的信息暂存起来。此时，暂存 br_bus 的触发器有有效信息，并且 IF-valid 为 0，表明转移延迟槽指令正位于 pre-IF 级，nextPC 继续选择"PC+4"的来源。当 CPU 继续运行，转移延迟槽指令进入 IF 级（IF-valid 为 1），此时 pre-IF 级是跳转目标的指令，nextPC 选择暂存的 br_bus。又过了几拍，IF 级的转移延迟槽指令已经流入 ID 级，此时 pre-IF 级的跳转目标的指令未收到 addr_ok，暂存的 br_bus 依然有效，此时满足"暂存 br_bus 的触发器有有效信息，IF-valid 为 0"，**却不再表明 pre-IF 级是转移延迟槽指令**。因此，我们要避免这种情况。第一种方法是当暂存 br_bus 的触发器有有效信息且 pre-IF 级 ready_go 为 0 时，强行让组合逻辑置 IF 级的 ready_go 为 0，这样 IF 级的 IF-valid 就不会先变成 0，而是使 IF 级的转移延迟槽指令和 pre-IF 级的转移目标的指令同时流向后续流水级；第二种方法是在暂存 br_bus 的触发器中再加 1 位（比如记作 bd_done），表示转移延迟槽指令刚从 IF 级离开，在暂存 br_bus 的触发器置为有效时将 bd_done 清 0，在暂存 br_bus 的触发器有效且 IF-valid 为 1 时将 bd_done 置 1，当暂存 br_bus 的触发器有效且 bd_done 为 1 时，nextPC 选择暂存的 br_bus 来源。

总结以上内容，当考虑转移延迟槽时，我们的设计需要相应做出以下变更：

1）在 pre-IF 级或 ID 级用一组触发器来暂存 br_bus 的信息。这组触发器在转移指令将要离开 ID 级时，时序逻辑置为有效，后续负责继续维护 br_bus；nextPC 选择 br_bus（可能是暂存的 br_bus）时，如果 pre-IF-ready_go 为 1 且 IF-allowin 为 1（表明跳转目标将要流向 IF 级），将该组触发器时序逻辑置为无效。注意，这两种情况会同时发生，但后者优先级更高。也就是说，当转移指令即将离开 ID 级，且转移目标指令即将流向 IF 级时，该组触发器不能置为有效。

2）当"br_bus（可能是暂存的 br_bus）有效，且 IF-valid 为 0"时，表明位于 pre-IF 级的是转移延迟槽指令，此时 nextPC 只能选择"PC+4"的来源，也就转移延迟槽对应的 PC。

3）对于第 2 点，我们要排查转移延迟槽指令已经从 IF 级流过的情况，实现方法有两种：方法一，当 br_bus（可能是暂存的 br_bus）有效，且 pre-IF 级 ready_go 为 0 时，强行组合逻辑置 IF 级的 ready_go 为 0；方法二，在暂存 br_bus 的触发器中再加 1 位（比如记作 bd_done），在暂存 br_bus 的触发器置有效时将 bd_done 清 0，在暂存 br_bus 有效且 IF-valid 为 1 时，将 bd_done 置 1，当 br_bus 有效且 bd_done 为 1 时，nextPC 选择 br_bus 来源。

5. 考虑转移计算未完成的情况

还记得 4.5.2 节的提醒吗？当转移计算未完成时（br_bus 里的 br_stall 为 1），建议 CPU 设计者应该控制指令 RAM 的读使能为 0（也就是无效）。在未引入总线设计时，如果没有注意到这一点，设计的 CPU 不会出错；但是在后续引入总线设计时，如果没有注意到这一点，就很可能会出错。

如果我们在转移计算未完成时，pre-IF 级用错误的 nextPC 对外发起了取指地址请求，该请求很有可能会被 CPU 外部接收。CPU 外部接收请求后，间隔一定的拍数后会向 IF 级返回指令数据，IF 级可能会以为这个数据正好是自己苦苦等待的数据，它允许这个指令数据流向 ID 级，这就出错了——IF 级的 PC 和指令码不匹配！

所以，在转移计算未完成时，pre-IF 级不能在取指端的类 SRAM 接口上置起 req 信号。应该怎么做呢？就是使用 br_stall 将 req 信号组合逻辑抹成零。

8.2.2 访存设计的考虑

这一节我们来考虑访存设计。和取指相比，显然访存不需要考虑 8.2.1 节列出的某些情况，比取指更简单。

我们把访存分为 load 和 store 两类来考虑。load 涉及的逻辑改动与取指的考虑完全一致，只不过要将取指中的 pre-IF 级和 IF 级换成了 EX 级和 MEM 级。这里还有一个非常小的问题，**提醒大家注意：如果在你的设计中，MEM 这一级参与前递的有效信号是 MEM 这一级的流水的 valid 信号，那么务必要把它调整为 MEM 级进入 WB 级的 ms_to_ws_valid。**

store 类操作在 EX 级要做的改动与 load 类操作一致。之所以能如此顺利，要感谢类 SRAM 总线接口中关于 addr_ok 信号的这一段定义："当操作是写操作时，addr_ok 为 1 表示写地址和写数据均被接收"。store 类操作在 MEM 级需不需要看 data_ok 信号才能进入下一级流水呢？答案是需要看。因为类 SRAM 总线对于读和写都会返回 data_ok，如果 store 指令在 MEM 级不看 data_ok 信号就进入 WB 级，那么后续的 load 指令在 MEM 级看到的 data_ok 信号就有可能是前面 store 对应的 data_ok 信号，导致 load 指令以为读数据已返回了，从而获取错误的值。

8.3 AXI 总线协议

关于 AXI 总线协议，读者可以参考《计算机体系结构基础（第 2 版）》中 6.2 节的第 1 部分对 AXI 规范中关键性的内容的介绍。在此基础之上，建议读者学习 AXI v1.0 的规范——"AMBA AXI Protocol Specification v1.0"，这份规范内容不多，而且浅显易懂。

我们在接下来的内容中会结合工程实践经验，谈一谈对于 AXI 总线协议的认识。再次强调，请大家一定要先结合《计算机体系结构基础（第 2 版）》或 AXI 规范等资料熟悉 AXI 总线协议，单独学习本节的内容不足以完成设计。

8.3.1 AXI 总线信号一览

我们将与本章实践任务相关的 AXI 总线信号列举在表 8-4 中。其中标为黑体的信号是关键信号，大家必须要掌握。备注栏中是我们针对本章实践任务给出的一些设计建议。例如，信号 arlen 的备注是"固定为 0"，表示建议读者在设计实现的过程中，可以将这个信号的输出恒置为 0。因为目前我们没有实现 Cache，所以任何读请求都只需要一次总线传输就能完成，相应的 arlen 就为 0。信号 rresp 的备注是"可忽略"，意味着你们设计的接口中可以完全不关注 rresp 这个信号，因为目前我们不考虑 Bus Error 情况下的特殊处理，也不会利用总线进行原子访问。

表 8-4   32 位 AXI 接口信号一览

信号	位宽	方向	功能	备注
AXI 时钟与复位信号				
aclk	1	input	AXI 时钟	
aresetn	1	input	AXI 复位，低电平有效	
读请求通道，（以 ar 开头）				
arid	[3:0]	master → slave	读请求的 ID 号	取指置为 0；取数置为 1
araddr	[31:0]	master → slave	读请求的地址	
arlen	[7:0]	master → slave	读请求控制信号，请求传输的长度（数据传输拍数）	固定为 0
arsize	[2:0]	master → slave	读请求控制信号，请求传输的大小（数据传输每拍的字节数）	
arburst	[1:0]	master → slave	读请求控制信号，传输类型	固定为 0b01
arlock	[1:0]	master → slave	读请求控制信号，原子锁	固定为 0
arcache	[3:0]	master → slave	读请求控制信号，Cache 属性	固定为 0
arprot	[2:0]	master → slave	读请求控制信号，保护属性	固定为 0
arvalid	1	master → slave	读请求地址握手信号，读请求地址有效	
arready	1	slave → master	读请求地址握手信号，slave 端准备好接收地址传输	
读响应通道，（以 r 开头）				
rid	[3:0]	slave → master	读请求的 ID 号，同一请求的 rid 应和 arid 一致	0 对应取指；1 对应数据
rdata	[31:0]	slave → master	读请求的读回数据	
rresp	[1:0]	slave → master	读请求控制信号，本次读请求是否成功完成	可忽略
rlast	1	slave → master	读请求控制信号，本次读请求的最后一拍数据的指示信号	可忽略
rvalid	1	slave → master	读请求数据握手信号，读请求数据有效	
rready	1	master → slave	读请求数据握手信号，master 端准备好接收数据传输	
写请求通道，（以 aw 开头）				
awid	[3:0]	master → slave	写请求的 ID 号	固定为 1
awaddr	[31:0]	master → slave	写请求的地址	
awlen	[7:0]	master → slave	写请求控制信号，请求传输的长度（数据传输拍数）	固定为 0
awsize	[2:0]	master → slave	写请求控制信号，请求传输的大小（数据传输每拍的字节数）	
awburst	[1:0]	master → slave	写请求控制信号，传输类型	固定为 0b01

（续）

信号	位宽	方向	功能	备注
awlock	[1:0]	master → slave	写请求控制信号，原子锁	固定为 0
awcache	[3:0]	master → slave	写请求控制信号，Cache 属性	固定为 0
awprot	[2:0]	master → slave	写请求控制信号，保护属性	固定为 0
awvalid	1	master → slave	写请求地址握手信号，写请求地址有效	
awready	1	slave → master	写请求地址握手信号，slave 端准备好接收地址传输	
写数据通道，（以 w 开头）				
wid	[3:0]	master → slave	写请求的 ID 号	固定为 1
wdata	[31:0]	master → slave	写请求的写数据	
wstrb	[3:0]	master → slave	写请求控制信号，字节选通位	
wlast	1	master → slave	写请求控制信号，本次写请求的最后一拍数据的指示信号	固定为 1
wvalid	1	master → slave	写请求数据握手信号，写请求数据有效	
wready	1	slave → master	写请求数据握手信号，slave 端准备好接收数据传输	
写响应通道，（以 b 开头）				
bid	[3:0]	slave → master	写请求的 ID 号，同一请求的 bid、wid 和 awid 应一致	可忽略
bresp	[1:0]	slave → master	写请求控制信号，本次写请求是否成功完成	可忽略
bvalid	1	slave → master	写请求响应握手信号，写请求响应有效	
bready	1	master → slave	写请求响应握手信号，master 端准备好接收写响应	

8.3.2　理解 AXI 总线协议

《计算机体系结构基础（第 2 版）》和 AXI 规范已经用严谨、正确、全面的语言对 AXI 协议是什么进行了介绍，我们在本节中不准备重复介绍这些概念、定义。我们将基于实际的工程实践，根据我们的理解来解释一下 AXI 协议中各种信号、规定的设计意图。由于我们并不是 AXI 协议规范的设计者，所以接下来的解释难免有狭隘之处。这些内容只是帮助读者加深理解的参考。

1. 握手

前面说过，总线是处理器和内存、外设交互的通道。既然要进行交互，双方就要步调一致。要想做到步调一致，可以采用两种方式：事先约定时间，或者通过握手。AXI 总线协议采用的是握手机制。

我们之前设计的 CPU 流水线之间也采用了握手机制，所以大家应该知道完成一次握手需要一对信号——一个请求，一个应答。AXI 协议中各个通道上都有 valid 和 ready 两个信号，它们就是用来实现握手的。因为 AXI 这套协议是面向一个同步的数字逻辑电路设计来定义的，所以 valid 和 ready 两个信号间不是异步的互锁。主、从双方都是在时钟上升沿看这一对信号。图 8-5 是我们从 AXI 规范中摘录的表述 valid 和 ready 关系的时序示意图。图中箭头所指的那个上升沿是传输发生的时刻。

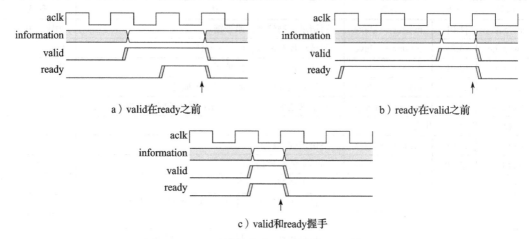

图 8-5   AXI 总线协议中 valid 和 ready 的关系

每个通道上发起方和接收方之间的握手机制和我们 CPU 内部流水线间的握手机制是完全一样的。你可以想象每个通道上都有两级流水级缓存，发起方（valid 信号是 output 的一方）那里有一级，接收方（ready 信号是 output 的一方）那里有一级。一次总线请求的握手交互就是将发起方的流水级缓存中的信息写到接收方的流水级缓存中。AXI 总线里的 valid 就是我们 CPU 里面的 p1_to_p2_valid，AXI 总线里的 ready 就是我们 CPU 里面的 p2_allowin。

图 8-5 中其实还包含着一个重要的信息：在 AXI 总线协议中，valid 和 ready 这对握手信号置为有效时没有先后关系。事实上，AXI 规范中还明确了每个通道中 valid 和 ready 的依赖关系：

- valid 的置有效一定不能依赖于 ready 是否有效。
- ready 的置有效可以依赖于 valid 是否有效。

上述严格限制是为了避免死锁。**因此提醒大家，一定不要根据 ready 是否为 1 来决定如何置 valid。**

2. 总线事务和总线传输

主、从双方通过总线进行的读写操作是一个交互的过程，这个过程可能涉及很多信号并且在总线上持续多个周期。对于高性能的片上总线，如 AXI 总线，同一时刻总线上可能进行着多个不同的读、写操作。因此，仅从信号的角度不太容易说清楚总线的行为，于是就有了总线事务（Transaction）这个概念。一次总线事务对应于一次完整的读或者写的过程。它是一个描述总线行为的更高层次的抽象，也是大家设计总线接口时的主要着眼点。

一个总线事务包含多个总线传输（Transfer）。总线传输只针对 valid 和 ready 同时有效（即握手成功）的那个时钟周期。图 8-6 中给出了一个 AXI 的读总线事务，包括读请求通道上的一次传输（虚线方框）和读响应通道上的四次传输（实线方框）。

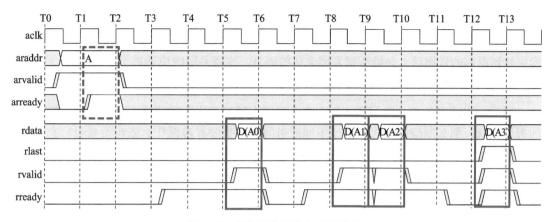

图 8-6 AXI 总线事务与总线传输

《计算机体系结构基础（第 2 版）》一书 6.2 节的第 1 部分和 AXI 规范给出了 AXI 总线单次读、重叠读、单次写的总线事务的时序图，请读者可参考这些资料进一步学习和理解 AXI 总线。

3. 地址、大小、数据

主、从双方进行交互时，交互的是数据。这就涉及下面一系列问题：

- 如何区分这些数据呢？通过地址来区分。
- 寻址的粒度最小到什么度？ AXI 总线的寻址粒度是字节。
- 每次交互的数据量可能有多有少，怎么办？主方会告诉从方传输数据量的大小。

可见，对于任何总线协议，地址、数据、大小（有时会进一步分成传输次数和传输宽度两个要素）这些要素是必不可少的[⊖]。对应到 AXI 总该协议上就是 araddr、arsize、arlen、rdata、awaddr、awsize、awlen、wdata、wstrb 这些信号。这些信号是主要信号，应该熟练掌握。

4. 多个通道

通道对应底层的信号线。通道就是马路，前面说的地址、数据信息是马路上行驶的汽车。AXI 协议中定义了 5 个通道，目的是实现非常高的总线传输性能。

我们先来说读和写分开。因为读和写操作都要交互地址和数据，所以读写通道合在一起的话，读的时候就不能写，写的时候就不能读；如果给读写分配各自的通道，两个操作就可以各自进行，互不干扰。无论是合并还是分开，本质上是在资源和性能之间进行权衡，取决于设计者的关注点。AXI 关注的是性能，所以采取将读和写通道分开的设计。感兴趣的读者可以看一下 AHB 总线协议，这个协议采取的就是将读、写合在一起的方案。

接下来再说说读或者写各自又划分出来的几个通道。对于读请求通道和读响应通道的作用，我们可以用一个比喻来说明。读请求通道相当于买家在购物网站上下订单（注意这个过程是有握手的），读数据通道相当于快递公司把货物从卖家送到买家手上（显然这个过程也

⊖ 有些总线是双向传输的，所以还有方向这个要素。不过 AXI 总线是单向的，故不存在这个要素。

是有握手的）。写请求通道、写响应通道和读通道类似，只不过可以比喻成买家向卖家退货，买家和卖家协商好需要退货（写请求通道），快递公司把货物从买家运到卖家（写数据通道）。卖家收到退回的货物后，会给买家发回确认的消息，这就是写响应通道。

5. 多通道间的事务握手依赖关系

因为一次读事务和一次写事务要在多个通道上通过多次传输完成，而每个通道都有自己的握手机制，那么围绕同一次事务，不同通道间的握手要有遵循什么依赖关系呢？这也是需要定义的。图 8-7 是我们从 AXI 规范⊖中摘录的关于握手依赖关系的示意图。图中的双箭头表示必须存在依赖关系，单箭头表示可以存在依赖关系。我们要重点关注双箭头所表示的必须存在的依赖关系。

在图 8-7 中，上半部表示一次读事务，只有在 arvalid 和 arready 都有效，从方才能将返回数据对应的 rvalid 置为有效。这是符合直觉的。大家要记住的是，如果一个读事务的读请求还没有被从方接收，那么这个时候 rvalid 和当前的读事务没有任何关系，要确保你设计的状态机不要错误动作。

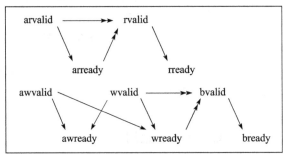

图 8-7   AXI 总线事务握手依赖关系

在图 8-7 的下半部，只有写请求和写数据的最后一次传输都被从方接收以后，从方才会反馈写响应。这也是符合直觉的。与上面读事务的处理一样，只有等到写请求和写数据都发出之后，才有看 bvalid 的必要。这个部分有一个有意思的地方是，写请求和写数据之间没有任何依赖关系，所以从理论上讲，可以先发送写数据再发送写请求。不过，对于 CPU 总线接口设计来说，这样做没有任何好处，反而违背直觉。建议大家将 awvalid 和第一次传输的 wvalid 一并置为有效。

6. 并发访问

对于买家来说，你可以先下单购买一个商品，收货之后再购买下一个商品，也可以同时下多个订单，然后等着收货。对于卖家来说，可以一次只处理一个订单，也可以同时处理多个订单。对应到 AXI 总线上，后者就是并发访问。对于某个主方来说，它可以连续发出多个请求，即使先前发出的请求所需要的数据还没有传输完毕。对于某个从方来说，它可以在没有传输完之前请求所需要的数据的时候，就接收来自一个或多个主方发来的新请求。这种并发访问得以实现的客观保证是请求通道和数据通道是分离的。所以，在 AXI 总线协议中，读通道划分为读请求和读响应通道，写通道划分为写请求、写数据和写响应通道。

7. 乱序响应

通俗地说，事务的乱序响应就是后发出的请求可能先返回数据。允许事务的乱序响应是

⊖ 写事务的依赖关系图是从 AXI3 规范中摘录的，因为我们觉得这张图表述更加合理。

为了提升总线的传输性能。当系统中集成了多个主方，或者主方支持乱序执行机制，那么总线乱序响应会显著提升性能。本书实践任务只是设计了一个单核的静态流水线 CPU，通过总线的乱序响应获得的性能提升很少。

我们在设计 CPU 总线接口的时候要关注乱序可能带来的影响，保证设计正确。对于初学者来说，最容易在读通道上面出问题。请注意，除非发出的一连串读请求都是采用同一个 ID，否则就要考虑后发的请求的数据先返回的情况。当你希望先发出的请求一定先返回，那么就必须将这些请求的 ID 置为相同值。

8. ID

因为 AXI 总线协议支持并发访问和乱序响应，所以请求和响应之间的对应关系需要额外的信息来维护。具体来说，这是通过各个通道上的 ID 信号来完成的。还记得我们之前所说的"总线事务"的视角吗？AXI 上的 ID 是事务的 ID。举例来说，主方发出一个读请求，arid 设为 0，过了一段时间，主方接收到一个读响应，它如何判断返回的数据就是自己之前发出的请求所需要的呢？答案是看 rid 是不是等于 0。写的处理方式也是类似的，写地址是从写请求通道发出去的，写数据是从写数据通道发出去的，从方如何知道一个写数据对应哪个写地址？它会看写地址对应的 awid 和写数据的 wid 是不是相等。

不过，千万要记住，AXI 协议规范中规定：不同的事务可以设置不同的 ID。换言之，不同的事务也可以设置相同的 ID。

9. 写响应通道的作用

很多初学者不理解为什么 AXI 协议中要定义写响应通道，感觉它好像没有用。要搞清楚这个问题，我们必须站在片上系统的视角去观察、分析 AXI 总线处理"写后读相关"访问时的行为。例如，假设系统中只有一个主设备是 CPU，地址 A 处的原值是 0，现在 CPU 通过 AXI 总线向 A 地址处写 1，在最后一个数据写出去（wvalid && wlast && wready == 1）之后，CPU 再通过 AXI 总线读 A 地址，请问会返回什么值？你是不是会认为它显然应该是 1？但是，在 AXI 总线下，返回值是 0 也合规。所谓合规，就是指总线的各个地方都满足 AXI 协议规范，没有实现错误，也有可能返回 0。

这种违背直觉的现象是怎么出现的呢？这是两个原因共同作用的结果。原因一是读、写通道分离。分离就意味着这两个通道彼此间没有相互作用，大家各干各的。原因二是 AXI 总线从主方到最终访问的从方之间可以有任意多级缓存。在这两个原因的共同作用之下，完全有可能出现主方先发完的写地址和写数据被堵在通道上，后发出的读请求从读通道畅通无阻地传输下去，最终访问的从方先看到了读请求后看到写请求，因此从方返回一个旧值 0。

这种情况看起来非常特殊，但它是合理的，这意味着它出现的概率不是 0。设计一台计算机时，我们必须要防范这些特殊的可能导致出错的情况。

如何处理这种情况呢？看来即使写数据请求发出去了，读请求也不见得能立即发出去。要等多久呢？等一万年够不够？不够，因为有可能写数据请求要被堵两万年。注意，是有可能，只要不能肯定这种情况出现的概率是 0，那就有可能出现。最终的解决方案是在 AXI 协议中引入写响应通道。这个消息是从方发出的，表明它已经接收到了写数据，当主方接收到这个消息之后再发出读请求，就一定是安全的。因为电信号的传播速度不会超过光速，所以读请求到达从方的时间一定在写数据到达从方之后。

10. 突发传输模式

为什么要设计突发传输模式？我们通过例子来说明。假设总线上读数据的宽度是 32 比特，那么当你想读 512 比特地址连续的数据时，该怎么发送总线请求呢？一种方式是，发送 16 次 4 字节的读地址请求，这意味着要在读地址通道进行 16 次握手。如果因为时序的原因，主、从方之间的握手不可能逐拍连续完成，那么这 16 次握手就会耗费很多时间。于是我们想到是不是可以设计一种模式，使得只与从方交互一次，就能把传送 512 比特地址连续数据的事情交代完毕？这就是突发传输模式。为了描述清楚一个突发传输模式，需要起始地址、地址变化规律、地址变化次数三个信息。以读通道为例，这分别对应 araddr、arburst、arlen。目前，我们的设计中还没有实现 Cache，在 32 位数据宽的 AXI 总线接口上不会有突发传输需求。所以，可以等到实现 Cache 的时候再调整总线接口的设计。

8.3.3 类 SRAM 总线接口信号与 AXI 总线接口信号的关系

如果将类 SRAM 总线接口信号与 AXI 总线接口信号进行对比，可以发现类 SRAM 总线中将读写合并在一起，但还是将请求和响应分离开来，不同总线事务的请求和响应可以重叠在一起，从而提高总线的传输效率。类 SRAM 总线不支持响应的乱序返回，从而简化了设计。总体来看，类 SRAM 总线接口比 AXI 总线接口的行为简单，所以将类 SRAM 总线转换成 AXI 总线是简单的，因为大多数信号都能找与其对应的信号。

对于 req 信号来说，当 req=1 且 wr=0 时，对应 AXI 总线的 arvalid 信号；当 req=1 且 wr=1 时，对应 AXI 总线的 awvalid 信号和 wvalid 信号。

对于 addr_ok 信号来说，当对应的是读事务的时候，其对应 AXI 总线的 aready。当对应的是写事务的时候，没有简单的对应信号，它的含义其实是 AXI 总线上的 awready 和 wready 都已经或正在为 1。此处的对应关系有些复杂，读者在设计"类 SRAM-AXI"转接桥时需要关注。

对于 data_ok 信号来说，当对应的是读事务的时候，其对应 AXI 总线的 rvalid；当对应的是写事务的时候，对应 AXI 总线的 bvalid。

对于 addr 信号来说，当对应的是读事务的时候，其对应 AXI 总线的 araddr；当对应的是写事务的时候，其对应 AXI 总线的 awaddr。

对于 size 信号来说，当对应的是读事务的时候，其对应 AXI 总线的 arsize。当对应的是写事务的时候，其对应 AXI 总线的 awsize。

此外，rdata 对应 AXI 总线的 rdata，wdata 对应 AXI 总线的 wdata，wstrb 对应 AXI 总线的 wstrb。

8.4　类 SRAM-AXI 的转接桥设计

理解了 AXI 总线协议和类 SRAM 总线协议之后，我们开始考虑如何设计一个类 SRAM-AXI 的转接桥。

8.4.1　转接桥的顶层接口

目前我们设计的 CPU 有一个指令段的类 SRAM 接口和一个数据段的类 SRAM 接口。我们设计的转接桥是供 CPU 使用的，所以它要有两个类 SRAM 接口。作为一个简单的 CPU，对外通常有一个总线接口，所以我们设计的转接桥要有一个 AXI 接口。整个转接桥与 CPU 其余部分，以及与 SoC 中的其他部分的关系如图 8-8 所示。

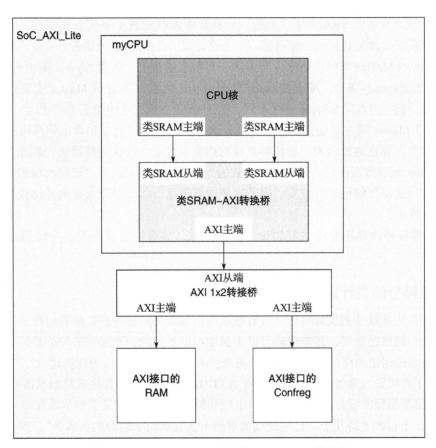

图 8-8　SoC_AXI_Lite 中的类 SRAM-AXI 转接桥

需要提醒的是，类 SRAM-AXI 转接桥中的类 SRAM 是从端而不是主端，千万不要把这两个接口上的信号方向弄反。写完代码后，最好仔细人工检查一遍端口定义的方向，避免陷入"仿真通过，上板不过"的困境中。

8.4.2 转接桥的设计要求

本节会给出转接桥的设计要求。其中，有的要求是为了保证功能正确，有的要求是为了与我们已有的设计和验证环境匹配。这些要求必须在设计中予以贯彻。

1）aresetn 有效期间，AXI Master 端的所有 valid 类输出必须为 0，所有 ready 类输出不能为 X 值。

2）AXI Master 端的所有 valid 输出信号的置 1 逻辑中，一定不能允许组合逻辑来自同一通道的 ready 输入信号（时序逻辑来自 ready 是可以的）。

3）对于 AXI Master 端的所有 ready 输出信号，一定不能允许组合逻辑来自同一通道的 valid 输入信号（时序逻辑来自 valid 是可以的）。

4）无论读、写请求，类 SRAM 接口上的事务要和 AXI 接口上的事务严格一一对应。特别要注意，既不要将类 SRAM 接口上的一个事务在 AXI 总线上重复发送多次，也不要将类 SRAM 发来的多个地址连续的读事务或写事务合并成一个 AXI 总线事务。

5）在 AXI Master 端的读请求、写请求、写数据通道上，如果 Master 输出的 valid 置为 1 的时候对应的 ready 是 0，那么在 ready 信号变为 1 之前，不允许 Master 变更该通道的所有输出信号。这一点与类 SRAM 总线不同，类 SRAM 总线允许中途更改请求。

6）AXI Master 端在发起读请求时，要先确保该请求与"已发出请求但尚未接收到写响应的写请求"不存在地址相关。最简单直接的解决方式是，只要有写请求，就停止发起读请求直至 Master 端收到写响应。更精细、高效的处理方式是记录那些"已发出请求但尚未接收到写响应的写请求"的地址、位宽、字节写使能等信息，后续读请求查询并比较这些信息后再决定是否发出。

7）在转接桥内部不允许做写到读的数据前递，如有写后读相关，一定通过阻塞读来处理。

8.4.3 转接桥的设计建议

本节将给出转接桥的设计建议，所有建议的出发点是牺牲一些性能和面积来换取控制逻辑的简洁性。既然是建议，意味着你可以采纳也可以不采纳。不采纳的好处是，你可以通过设计阶段更多的纠结和调试阶段的 bug 修正来深入理解为什么要提出这些建议。

1）除了可以置为常值的信号外，所有 AXI Master 端的输出直接来自触发器 Q 端。

2）为读数据预留缓存，从 rdata 端口上收到的数据先保存到这个预留缓存中。

3）AXI 上最多支持几个"已完成读请求握手但数据尚未返回的读事务"，就预留同样数目的 rdata 缓存。

4）取指对应的 arid 恒为 0，load 对应的 arid 恒为 1。

5）控制 AXI 读写的状态机分为独立的 4 个状态机：读请求通道一个，读响应通道一个，写请求和写数据共用一个，写响应一个。

6）类 SRAM Slave 端接的输入信号不用锁存后再使用。

7）数据端发来的类 SRAM 总线的读请求优先级固定高于取指端发来的类 SRAM 总线的读请求。

8）类 SRAM Slave 端输出的 addr_ok 和 data_ok 信号若是来自组合逻辑，那么这个组合逻辑中不要引入 AXI 接口上的 valid 和 ready 信号。

8.5　任务与实践

完成本章的学习后，读者应能够完成以下 3 个实践任务：

1）添加类 SRAM 总线支持，参见 8.5.1 节，实践资源见 lab10.zip。

2）添加 AXI 总线支持，参见 8.5.2 节，实践资源见 lab11.zip。

3）完成 AXI 随机延迟验证，参见 8.5.3 节，实践资源复用 lab11.zip。

为完成以上实践任务，需要参考的文档包括但不限于：

1）本章内容。

2）AMBA AXI 总线协议官方文档。

8.5.1　实践任务一：添加类 SRAM 总线支持

本实践任务有以下两个要求：

1）将 CPU 顶层接口修改为类 SRAM 总线接口。

2）在 CPU_CDE_SRAM 环境里完成随机延迟的 func_lab9 功能验证。

本实践任务的环境不再沿用 lab3 ~ lab9 的 CPU_CDE，而是使用类 SRAM 接口的 CPU 设计实验开发环境 CPU_CDE_SRAM，见 lab10.zip。CPU_CDE_SRAM 环境的使用方法与 CPU_CDE 环境基本一致，目录结构稍有不同，如下所示。

```
|-cpu132_gettrace/            该目录与 CPU_CDE 相同
|-soft/                       该目录与 CPU_CDE 相同
|-mycpu_sram_verify/          读者实现的类 SRAM 总线 CPU 的验证环境，与 CPU_CDE 大部分类似
|  |--rtl/                    SoC_lite 设计代码目录
|  |  |--soc_sram_lite_top.v  SoC_lite 的顶层文件
|  |  |--myCPU/*              自己实现的 CPU 的 RTL 代码
|  |  |--CONFREG/             confreg 模块，用于访问 CPU 与开发板上数码管、拨码开关等外设
|  |  |--BRIDGE/              1×2 的桥接模块，CPU 的 data sram 接口同时访问 confreg 和 data_ram
|  |  |--ram_wrap/            以类 SRAM 接口封装的 RAM 模块
|  |  |--xilinx_ip/           定制的 Xilinx IP，包含 clk_pll、inst_ram、data_ram
|  |--testbench/              功能仿真验证平台
|  |  |--mycpu_tb.v           功能仿真顶层，该模块会抓取 debug 信息与 golden_trace.txt 进行比较
|  |--run_vivado/             Vivado 工程的运行目录
|  |  |--soc_lite.xdc         Vivado 工程设计的约束文件
|  |  |--mycpu_prj1/          创建的第一个 Vivado 工程，名字为 mycpu_prj1
|  |  |   |--*.xpr            Vivado 创建的工程文件，可直接打开
|  |  |   |--*               创建的其他 Vivado 工程
```

请参考下列步骤完成本实践任务：

1）学习 8.1 节、8.2 节的内容，重点理解类 SRAM 总线协议。

2）将 lab10.zip 解压到路径上无中文字符的目录里，环境为 CPU_CDE_SRAM。

3）解压 lab9 提供的 lab9.zip，将 func_lab9/ 拷贝到 CPU_CDE_SRAM/soft/ 目录里。

4）打开 cpu132_gettrace 工程（CPU_CDE_SRAM/cpu132_gettrace/run_vivado/cpu132_gettrace/cpu132_gettrace.xpr）。

5）重新定制 cpu132_gettrace 工程中的 inst_ram，此时选择加载 func_lab9 的 coe（CPU_CDE_SRAM/soft/func_lab9/obj/inst_ram.coe）。

6）运行 cpu132_gettrace 工程的仿真（进入仿真界面后，直接点击 run all 等待仿真运行完成），生成新的参考 Trace 文件 golden_trace.txt（CPU_CDE_SRAM/cpu132_gettrace/golden_trace.txt）。注意，要等仿真运行完成后，golden_trace.txt 才有完整的内容。

7）编写 RTL 代码，将 lab9 完成的 myCPU 顶层接口调整为类 SRAM 总线接口。

8）将新完成的 myCPU 代码放在 CPU_CDE_SRAM/mycpu_sram_verify/rtl/myCPU/ 目录里。

9）打开 myCPU 工程（CPU_CDE_SRAM/mycpu_sram_verify/run_vivado/mycpu_prj1/mycpu_prj1.xpr）。

10）通过"Add Sources"将新的 myCPU 源码添加到工程中。

11）对 myCPU 工程中的 axi_ram 进行重新定制，此时选择加载 func_lab9 的 coe（CPU_CDE_SRAM/soft/func_lab9/obj/inst_ram.coe）。

12）运行 myCPU 工程的仿真（进入仿真界面后，直接点击 run all），开始调试。

13）仿真通过后，综合实现后生成比特流文件，进行上板验证（如果没有实验箱，请跳过这个步骤）。

1. 上板验证的要求

上板验证时，要求"随意切换拨码开关后按复位键"，CPU 能通过 func_lab9 里 94 个功能点的验证。

"随意切换拨码开关后按复位键"是为了设定初始的随机种子（随机种子用于生成 inst/data ram 访问时的随机延迟拍数），开始运行功能验证。由于功能验证程序里的指令较多，随机种子不同会导致取指或访存的随机延迟拍数不同，CPU 执行状态也会大不相同，所以切换初始随机种子后出现错误是很常见的。

请注意上板验证的具体操作：将 8 个拨码开关切换为随意状态，按复位键；松开复位键后，数码管开始累加，此时可以切换开关来控制 wait_1s 的累加速度。

2. 拨码开关的功能

从上面的内容可以看出，上板验证时，拨码开关有两个功能：

● 功能一：复位期间，拨码开关控制初始随机种子，进而控制 CPU 取指或访存的随机延迟拍数的生成序列。

- 功能二：复位后，拨码开关控制 wait_1s 的循环次数，也就是控制数码管累加的速度。

对于功能二，在 94 个功能点测试中，每两个功能点之间会穿插一个 wait_1s 函数，wait_1s 通过一段循环完成计时的功能：wait_1s 的循环次数由拨码开关控制，可设置循环次数为（0 ～ 0xaaaa）*2^9。上板验证时，建议在复位后，通过拨码开关选择合理的 wait_1s 延时。

对于功能一，为尽可能验证 myCPU 的功能，CPU_CDE_SRAM 里对访存延迟设定了一个随机机制：访存延迟拍数是通过一个 32 位的伪随机数发生器（在 confreg.v 文件里实现）生成的。在仿真验证时，该伪随机数发生器初始随机种子由 confreg.v 里的宏 RANDOM_SEED 指定；在上板验证时，其初始随机种子由复位期间采样到的拨码开关状态来指定。

实验箱上共有 8 个拨码开关，实际电平是：拨上为 0，拨下为 1。但是为了便于以下的描述，我们记作：拨上为 1，拨下为 0。16 个 LED 单色灯的实际电平是：驱动 0 亮，驱动 1 灭。同样，我们记作：驱动 1 亮，驱动 0 灭。

上板验证时，按下复位键，会自动采样 8 个拨码开关的值作为初始随机种子，且会显示初始随机种子低 16 位到单色 LED 灯上。上板时随机种子与拨码开关的对应关系如表 8-5 所示，需要注意的是，延迟类型依据拨码开关的值分为三类：长延迟、短延迟和无延迟类型。在上板验证时，应当覆盖这三类延迟。

表 8-5 上板验证时初始随机种子设定

约定，8 个拨码开关：拨上为 1，拨下为 0，记作 switch[7:0]
约定，16 个单色 LED 灯：驱动 1 亮，驱动 0 灭，记作 led[15:0]
对应关系：led[15:0]={{2{switch[7]}}, {2{switch[6]}}, {2{switch[5]}}, {2{switch[4]}}, {2{switch[3]}}, {2{switch[2]}}, {2{switch[1]}}, {2{switch[0]}}}

随机延迟类型分为 3 种类型：
1）长延迟类型：随机种子低 8 位不为 8'hff，即 seed_init[7:0]!=8'hff
2）短延迟类型：随机种子低 8 位为 8'hff，即 seed_init[7:0]==8'hff（排除无延迟类型）
3）无延迟类型：随机种子低 16 位为 16'h00ff，即 seed_init[15:0]==16'h00ff

拨码开关状态	LED 灯显示	实际初始种子 seed_init
8'h00	16'h0000	{7'b1010101, 16'h0000}
8'h01	16'h0003	{7'b1010101, 16'h0003}
8'h02	16'h000c	{7'b1010101, 16'h000c}
8'h03	16'h000f	{7'b1010101, 16'h000f}
...	...	...
8'hff	16'hffff	{7'b1010101, 16'hffff}

3. "仿真通过，上板不过"的调试方法

【情况一】上板验证时发现数码管没有任何累加。

这可能是由于以下问题之一导致的：

1）多驱动。

2）模块的 input/output 端口接入的信号方向不对。

3）时钟复位信号接错。

4）代码不规范，阻塞赋值乱用，always 语句随意使用。

5）仿真时控制信号有"X"。仿真时，有"X"调"X"，有"Z"调"Z"。特别要注意的是，设计的顶层接口上不要出现"X"和"Z"。

6）时序违约。

7）模块里的控制路径上的信号未进行复位。

【情况二】上板验证时发现在某些随机种子下测试通过，在另一些随机种子情况下出错。请按以下步骤进行调试：

1）确认上板验证时出错的初始随机种子，修改 CPU_CDE_SRAM/rtl/CONFREG/confreg.v 里的宏 RANDOM_SEED 的定义值，改为出错时的初始随机种子，随后进行仿真。如果有错，则进行调试；如果发现仿真没有出错，则在上板验证时寻找下一个出错的初始随机种子，同样设定好 RANDOM_SEED 后进行仿真，如果尝试多个初始随机种子后仿真都没有出错则转到步骤 2。

2）当遇到"相同初始随机种子，仿真无法复现上板的错误"的情况时，请采取以下措施：排查列出的可能原因，复查代码和反思设计，也可以使用 Vivado 的逻辑分析仪进行在线调试，参考附录 D 的第 1 节。

【情况三】上板验证时发现任意随机种子下，都只有部分功能点测试通过。

这时可能以上两种情况的原因都存在，请依次排查。

8.5.2　实践任务二：添加 AXI 总线支持

本实践任务的要求如下：

1）将 CPU 顶层接口修改为 AXI 总线接口。CPU 对外只有一个 AXI 接口，需在内部完成取指和数据访问的仲裁。推荐在本任务中实现一个类 SRAM-AXI 的 2x1 的转接桥，然后拼接上实践任务一完成的类 SRAM 接口的 CPU，将 myCPU 封装为 AXI 接口。

2）在 CPU_CDE_AXI 环境里完成固定延迟的 func_lab9 功能验证。

本实践任务的环境既不是 lab3 ~ lab9 的 CPU_CDE，也不是 lab10 的 CPU_CDE_SRAM，而是使用 AXI 接口的 CPU 设计实验开发环境 CPU_CDE_AXI，见 lab11.zip。CPU_CDE_AXI 环境的使用方法与 CPU_CDE 环境基本一致，目录结构稍有不同，如下所示。

```
|-cpu132_gettrace/              该目录与 CPU_CDE 相同
|-soft/                         该目录与 CPU_CDE 相同
|-mycpu_axi_verify/             读者实现的类 SRAM 总线 CPU 的验证环境，与 CPU_CDE 大部分类似
|  |--rtl/                      SoC_lite 设计代码目录
|  |  |--soc_axi_lite_top.v     SoC_lite 的顶层文件
|  |  |--myCPU/*                自己实现的 CPU 的 RTL 代码
|  |  |--CONFREG/               confreg 模块，用于访问 CPU 与开发板上数码管、拨码开关等外设
```

```
|   |   |--ram_wrap/              以支持随机延迟访问封装的 AXI RAM 模块
|   |   |--axi_wrap/              AXI 的 1x1 转接口，连接 CPU 和 Crossbar，用于抹平仿真和上板的差异
|   |   |--xilinx_ip/             定制的 Xilinx IP，包含 clk_pll、axi_ram 和 axi_crossbar_1x2
|   |--testbench/                 功能仿真验证平台
|   |   |--mycpu_tb.v             功能仿真顶层，该模块会抓取 debug 信息与 golden_trace.txt 进行比较
|   |--run_vivado/                Vivado 工程的运行目录
|   |   |--soc_lite.xdc           Vivado 工程设计的约束文件
|   |   |--mycpu_prj1/            创建的第一个 Vivado 工程，名字为 mycpu_prj1
|   |   |   |--*.xpr              Vivado 创建的工程文件，可直接打开
|   |   |--*                      创建的其他 Vivado 工程
```

请参考下列步骤完成本实践任务：

1）请先完成本章的实践任务一。

2）学习 8.3 节、8.4 节内容，重点理解 AXI 总线协议的内容。

3）将 lab11.zip 解压到路径上无中文字符的目录里，实验环境为 CPU_CDE_AXI。

4）解压 lab9 提供的 lab9.zip，将 func_lab9/ 拷贝到 CPU_CDE_AXI/soft/ 目录里。

5）打开 cpu132_gettrace 工程（CPU_CDE_AXI/cpu132_gettrace/run_vivado/cpu132_gettrace/cpu132_gettrace.xpr）。

6）对 cpu132_gettrace 工程中的 inst_ram 重新定制，此时选择加载 func_lab9 的 coe（CPU_CDE_AXI/soft/func_lab9/obj/inst_ram.coe）。

7）运行 cpu132_gettrace 工程的仿真（进入仿真界面后，直接点击 run all 等待仿真运行完成），生成新的参考 Trace 文件 golden_trace.txt（CPU_CDE_SRAM/cpu132_gettrace/golden_trace.txt）。注意，要等仿真运行完成后，golden_trace.txt 才有完整的内容。

8）编写 RTL 代码，将 lab10 完成的 myCPU 顶层接口包装成 AXI 接口。（推荐本任务中实现一个"类 SRAM-AXI"的 2x1 的转接桥，然后拼接上实践任务一（也就是 lab11）完成的类 SRAM 接口的 CPU，将 myCPU 封装为 AXI 接口。）

9）将新完成的 myCPU 代码放在 CPU_CDE_AXI/mycpu_sram_verify/rtl/myCPU/ 目录里。

10）打开 myCPU 工程（CPU_CDE_AXI/mycpu_sram_verify/run_vivado/mycpu_prj1/mycpu_prj1.xpr）。

11）通过"Add Sources"将新的 myCPU 源码添加到工程中。

12）对 myCPU 工程中的 axi_ram 进行重新定制，此时选择加载 func_lab9 的 coe（CPU_CDE_AXI/soft/func_lab9/obj/inst_ram.coe）。

13）运行 myCPU 工程的仿真（进入仿真界面后，直接点击 run all），开始调试。

14）仿真通过后，综合实现后生成比特流文件，进行上板验证（如果没有实验箱，请跳过这一步）。在上板验证时，要求 8 个拨码开关处于"高 4 个拨下，低 4 个拨上"的状态（对应访存随机延迟类型为无延迟），能正确运行 func_lab9。不要求"随意切换拨码开关后按复位键"，能正确运行 func_lab9。

8.5.3　实践任务三：完成 AXI 随机延迟验证

本实践任务的要求如下：使实践任务二中完成的添加 AXI 总线接口的 CPU 能通过随机延迟验证。

本实践任务的环境与实践任务二（也就是 lab11）相同。

请参考下列步骤完成本实践任务：

1）请先完成本章的实践任务二。

2）准备好 lab11 的实验环境 CPU_CDE_AXI。

3）修改 CPU_CDE_SRAM/rtl/CONFREG/confreg.v 里的宏 RANDOM_SEED 的定义值，改为其他初始值，随后进行仿真和调试。

4）重复第 3 步多次，要求宏 RANDOM_SEED 的修改值能覆盖本章前面介绍的三种随机延迟类型。

5）仿真通过后，综合实现后生成比特流文件，进行上板验证（如果没有实验箱，请跳过这一步）。上板验证时，要求"随意切换拨码开关后按复位键"，能正确运行 func_lab9。如果出现"仿真通过，上板不过"的现象，请按照本章实践任务一给出的方法进行调试。

第9章

TLB MMU 设计

从这一章开始，我们又将进入一个新的设计阶段，即在现有的 CPU 中添加 TLB MMU 的支持。这一部分的设计难点在于涉及的技术细节较多，初学者不容易分出主次。因此，我们将整个设计分为三个阶段，以供大家通过模块化的、循序渐进的方式来完成。

- 第一阶段：我们专注于 TLB 模块自身的设计。
- 第二阶段：我们将 TLB 模块集成至上一章改造完的 CPU 中，将维护 TLB 涉及的指令和 CP0 寄存器等要素在 CPU 中予以实现。
- 第三阶段：我们将 TLB 相关例外的支持添加完毕，进行全部功能的联合验证。

在开始这一阶段的设计之前，请先学习《计算机体系结构基础（第 2 版）》的 3.3 节或其他文献中的相关内容。学习的重点在于理解计算机系统中围绕 TLB MMU 进行的软硬件交互过程。只有掌握了这个交互过程的原理，才能把指令系统规范中关于 TLB MMU 的相关定义串联成一个有机整体，进而把握整体的设计。

【本章学习目标】

- 掌握 TLB MMU 的相关知识。
- 理解 MIPS 架构中 MMU 相关的 CP0 寄存器和指令。
- 理解 CPU 中的地址翻译机制，理解 MIPS 架构的 TLB 相关例外和处理过程。
- 掌握在流水线 CPU 中添加 TLB 支持的方法。

【本章实践目标】

本章有三个实践任务，请读者在学习完本章内容后，依次完成。

- 9.1 节和 9.2 节的内容对应实践任务一。
- 9.1 节和 9.3 节的内容对应实践任务二。
- 9.1 节和 9.4 节的内容对应实践任务三。

9.1   TLB 模块的基础知识

存储管理是现代操作系统的重要功能。基于页表的页式存储管理是最为常见的存储管理方式。TLB 是内存中的页表在 CPU 内部的高速缓存。TLB MMU 是 CPU 内部基于 TLB 实现的内存管理逻辑。显然，这套 MMU 至少具备两项功能：一是完成虚实地址转换，二是能够被操作系统访问管理。TLB 模块是 TLB MMU 中的核心模块，那么它也要支持这两项主要功能。在我们实现一个 TLB 模块之前，先按照这两项功能来梳理一下相关的知识点。

9.1.1   TLB 的虚实地址转换

所谓虚实地址转换，就是输入一个虚地址，输出一个物理地址。在 MIPS 指令系统规范下，即使是使用 TLB MMU 机制，32 位对应的 4GB 地址空间也并不都是通过页表进行虚实地址映射的。整个 4GB 虚地址空间被划分成如图 9-1 所示的 4 个段。

mapped 和 unmapped 指示是否需要通过 MMU 进行转换。kseg0 和 kseg1 是 unmapped，它们是直接线性映射到物理地址 0x0000_0000 ~ 0x1fff_ffff 的；而 kuseg 和 kseg2/3 都是 mapped，它们需要经过 TLB MMU 翻译才能得到物理地址。当处理器启动时，TLB MMU 尚未设置，故 CPU 无法完成 kuseg 和 kseg2/3 段的虚实地址映射。这也是为什么 MIPS 处理器的复位入口地址是 0xBFC0_0000（kseg1 段）。

图 9-1   32 位 MIPS 地址空间划分

我们接下主要分析基于 TLB MMU 的虚实地址映射。这个映射过程的依据是页表。本章实践任务中用到的页表项格式定义如下：

VPN2	ASID	G	PFN0	C0,D0,V0	PFN1	C1,D1,V1
19bit	8bit	1bit	20bit	5bit	20bit	5bit

这里为了降低实现复杂度，我们对 MIPS32 的规范做了简化，即只考虑 4KB 页大小，不支持可变页大小。

每个页表项包含两个页的虚实映射关系，其中两个虚地址页一定是连续的，所以可以压缩它们的存储空间，即只存储 19 位的 VPN2，对应的是 {VPN2, 1'b0} 和 {VPN2, 1'b1} 这两个虚页号。两个页的对应关系是 {VPN2, 1'b0} → PFN0，{VPN2, 1'b1} → PFN1。每个页表项中的 ASID 表示这个页属于哪个进程的地址空间。G 位是全局标志位，它为 1 时表明这个页表定义的映射关系适用于所有进程。C（3bit）、D（1bit）、V（1bit）三个域是每个页的属性。其中，C 是 Cache 属性，我们现在还没有实现 Cache，所以这个域暂时不用考虑。D 表示 Dirty（脏）位，V 表示 Valid（有效）位，我们在 9.1.3 节中再考虑它们。

TLB 是页表的高速缓存，所以里面存放的内容的基本单位是页表项。不过，高速缓存的组织形式并不是唯一的。在传统的 MIPS 指令系统规范中，由于 TLB 的维护是由软件完成的，因此必须把 TLB 的组织形式确定下来，最终采用的是全相联的组织结构。全相联的组织结构就是指每个表项都可以放到 TLB 的任一项上。那么该如何查找全相联的表呢？显然，要把每一项都找一遍。整个 TLB 的查找流程的伪算法描述如下：

```
found ← 0
for i in 0...TLBEntries-1
    if (TLB[i].VPN2 = va₃₁..₁₃) and (TLB[i].G or (TLB[i].ASID = EntryHi.ASID)) then
        if va₁₂ = 0 then
            pfn ← TLB[i].PFN0
            v   ← TLB[i].V0
            c   ← TLB[i].C0
            d   ← TLB[i].D0
        else
            pfn ← TLB[i].PFN1
            v   ← TLB[i].V1
            c   ← TLB[i].C1
            d   ← TLB[i].D1
        endif

        if v = 0 then
            SignalException(TLBInvalid, reftype)
        endif

        if (d = 0) and (reftype = store) then
            SignalException(TLBModified)
        endif

        # pfn₁₉..₀ corresponds to pa₃₁..₁₂
        pa ← pfn₁₉..₀ || va₁₁..₀
        found ← 1
        break
    endif
endfor

if found = 0 then
    SignalException(TLBMiss, reftype)
endif
```

在上面描述的查找流程中，真正与虚实地址转换相关的是其中加粗的部分。用自然语言大致解释一下就是：用虚地址 va 的 31..13 位（即虚双页号）与 TLB 中每一项的 VPN2 进行比较，看它们是否相等。同时，看 TLB 这一项的 G 位是否为 1，如果 G 位是 0，还要将 CP0 的 EntryHi 寄存器的 ASID 域（记录当前进程的 ID 号）和 TLB 中每一项的 ASID 进行比较，判断它们是否相等。如果比较条件都满足，那么说明 TLB 查找命中，同时将命中那一项的 PFN、C、D、V 信息读出来。又因为每一项 TLB 存放了奇偶两项的映射关系，所以具体选择哪个是通过虚地址的第 12 位决定的。在命中情况下得到的 PFN 和原有虚地址的低 12 位拼接在一起，就得到了最终的物理地址 pa。

细心的读者会发现，上面的查找算法要求命中的项数不能多于一项，这是由软件来保证的。

9.1.2　TLB 的软件访问

TLB 中用于查找的内容是如何填进去的呢？在传统的 MIPS 指令系统规范中，这些内容仅通过软件写入。另一方面，在 TLB 软硬件交互过程中，软件也需要完成 TLB 的查找、读取操作。总结起来，软件需要对 TLB 进行查找、读、写三种操作。

观察页表项的内容，我们会发现每一项的内容宽度都远大于 32 位，这意味着从寄存器或者内存直接获得 TLB 读出或写入的数据都不太方便。此外，TLB 查找表的项数也可多可少，因此读写访问所用的地址也应该是可配置的。于是，MIPS 指令系统定义了一系列 CP0 寄存器，由它们直接和 TLB 进行交互，这些 CP0 寄存器自身又可以通过 MFC0、MTC0 指令与通用寄存器进行交互，最终与程序的其他数据进行交互。

本章实践任务中与 TLB 相关的 CP0 寄存器有 EntryHi、EntryLo0、EntryLo1 和 Index。各寄存器的结构如下所示。

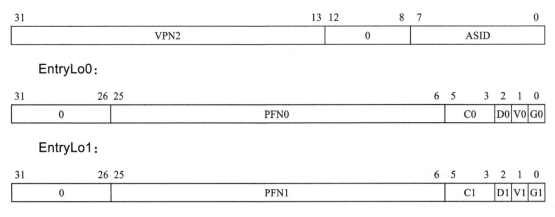

上述三个寄存器中各个域的含义请结合前面页表项格式的定义来理解。需要解释如下两点：

1）在读、写 TLB 的时候，EntryHi 的 ASID 对应被访问项的 ASID 域；在查询 TLB 的时候，EntryHi 的 ASID 域是作为查询值中的 ASID 信息。

2）在写 TLB 的时候，EntryLo0 的 G0 和 EntryLo1 的 G1 相与，结果作为被写入项的 G 位值；在读 TLB 的时候，被读出项的 G 位值同时填入 EntryLo0 的 G0 和 EntryLo1 的 G1。

前面三个 CP0 寄存器与 TLB 页表的内容有关，访问 TLB 的第几项则在 Index 寄存器中定义，其结构如下：

31 30			*n* *n*−1	0
P	0			Index

该寄存器中 Index 域的位宽与所实现的 TLB 项数相关。例如，当 TLB 为 16 项时，Index 域是 4 位宽。在读、写 TLB 的时候，Index 寄存器的 Index 域指示访问第几项。在查找 TLB 的时候，如果查找命中，则 Index 寄存器的 Index 域记录在第几项命中。

Index 寄存器的最高位是 P 域，它仅与查找 TLB 相关。当查找命中时，该位置为 0；当查找不命中时，该位置为 1。这样设计是希望能够通过判断 Index 寄存器的值是否为负数来知晓查找是否命中，而无须再提取 Index 寄存器中的某个比特。

本章实践任务中与 TLB 相关的指令有三条：TLBWI、TLBR、TLBP。

TLBWI 指令完成 TLB 的写操作，它将 EntryHi、EntryLo0 和 EntryLo1 所记录的页表项内容写入 TLB 中 Index 寄存器的 Index 域所指的那一项。

TLBR 指令完成 TLB 的读操作，它读出 TLB 中 Index 寄存器的 Index 域所指的那一项的内容，写入 EntryHi、EntryLo0 和 EntryLo1 寄存器中。

TLBP 指令完成查询操作，它使用 EntryHi 里的 VPN2 和 ASID 信息查询 TLB。如果查找到，则将该项的索引值写入 Index 寄存器的 Index 域中，并将 Index 寄存器的 P 域置为 0；否则将 Index 寄存器的 P 域置为 1，此时 Index 寄存器的 Index 可以置任意值。

9.1.3 TLB 的软硬件交互机制

1. TLB 重填例外

TLB 是页表的缓存，所以当它查找不命中的时候，需要将内存中的页表项填入其中。在 MIPS 指令系统规范中，由软件来完成填入工作。问题是，何时让软件来进行这个操作呢？我们采用例外机制。具体采用的是 TLB 重填例外（TLB Refill），下面给出其定义。

当发生下列条件时触发 TLB Refill 例外

● 依据虚拟页号在 TLB 中未查找到该项。

例外入口

例外入口：0xbfc00200

● **控制寄存器 Cause 的 ExcCode 域**

0x02 (TLBL)：取指或读数据

0x03 (TLBS)：写数据

● **响应例外时的额外硬件状态更新**

寄存器	状态更新描述
BadVAddr	记录触发例外的访问内存的虚地址
EntryHi	VPN2 域更新为 $VA_{31..13}$

解释一下，上面所说的"未查找到"仅对应前面 TLB 的查找流程的伪算法描述中 found=0 的情况。仔细查看这个过程，你会发现查找的时候根本不看每一项的有效位 V。

2. TLB 无效例外

所有的页表项只有在确定需要使用的时候，操作系统才会给它分配物理页的空间。还是同样的问题，操作系统如何知道这个页真的要使用了？答案还是通过例外。具体来说，就是操作最初填入 TLB 的页表项的 PFN、C、D、V 都是 0 值。随后，TLB 查找虽然命中但发现 V 位为 0，将触发一个 TLB 无效例外（TLB Invalid）。下面给出该例外的定义。

- **当发生下列条件时触发 TLB Invalid 例外**

依据虚拟页号在 TLB 中查找到该项，但对应物理页的 V 位为 0。

- **例外入口**

例外入口：0xbfc00380

- **控制寄存器 Cause 的 ExcCode 域**

0x02 (TLBL)：取指或读数据

0x03 (TLBS)：写数据

- **响应例外时的额外硬件状态更新**

寄存器	状态更新描述
BadVAddr	记录触发例外的访问内存的虚地址
EntryHi	VPN2 域更新为 $VA_{31..13}$

---

3. TLB 修改例外

若能准确记录一页上是否有脏数据，则操作系统的存储管理过程可以进行一定的优化。为了达到这个目的，我们通过例外机制来告知操作系统一个页上是否发生过写行为，这就是 TLB 修改例外（TLB Modified）。下面给出 TLB 修改例外的定义。

- **当发生下列条件时触发 TLB 修改例外**

依据虚拟页号在 TLB 中查找到该项，且对应物理页的 V 位为 1，D 位为 0，且该访问是 store。

- **例外入口**

例外入口：0xbfc00380

- **控制寄存器 Cause 的 ExcCode 域**

0x01 (Mod)：写数据

- **响应例外时的额外硬件状态更新**

寄存器	状态更新描述
BadVAddr	记录触发例外的访问内存的虚地址
EntryHi	VPN2 域更新为 $VA_{31..13}$

9.2　TLB 模块设计的分析

通过梳理 TLB 模块相关知识，并结合 CPU 流水线的结构特点，我们对 TLB 模块的设计分析如下：

1）TLB 模块内部的主体应是一个二维组织结构的查找表。查找表的每一项分为两个部分，第一部分存储的信息既参与读写又参与查找比较，包括 VPN2、ASID、G；第二部分仅参与读写，包括 PFN0、C0、D0、V0、PFN1、C1、D1、V1。查找表的项数由实现者自行定义。

2）TLB 模块要支持取指和访存两个部分的虚实地址转换需求，即都需要对 TLB 模块进行查找。如果不考虑取指部分，只有读操作的差异，则两部分对应的查找功能一致。查找时，需要向 TLB 模块输入 s_vpn2、s_odd_page 和 s_asid 信息，TLB 模块输出的信息包含 s_found、s_pfn、s_c、s_d、s_v。其中输入的 s_vpn2 来自访存虚地址的 31..13 位，s_odd_page 来自访存虚地址的第 12 位，s_asid 来自 CP0 EntryHi 寄存器的 ASID 域。TLB 输出的 s_pfn 用于产生最终的物理地址，s_found 的结果用于判定是否产生 TLB 重填例外，s_found 和 s_v 结果用于判定是否产生 TLB 无效例外，s_found、s_v 和 s_d 结果用于判定是否产生 TLB 修改例外。

3）为了使流水线能够满负荷运转不断流，TLB 模块要能够支持取指和访存同时进行查找，这意味着上面的查找端口应该有两套。

4）TLB 模块需要支持 TLBP 指令的查找操作。我们倾向于复用访存查找的端口。输入复用 s_vpn2 和 s_asid。输出除了复用已有的 s_found 外，还需要一个额外的 s_index 输出，用于记录命中在第几项。

5）TLB 模块需要支持 TLBWI 指令的写操作。我们倾向于为此设置独立的端口。此时需要向 TLB 模块输入写地址 w_index，以及其他写入信息 w_vpn2、w_asid、w_g、w_pfn0、w_c0、w_d0、w_v0、w_pfn1、w_c1、w_d1、w_v1。因为是写操作，所以必须有一个写使能输入信号 we。

6）TLB 模块需要支持 TLBR 指令的读操作。我们倾向于为此设计独立的端口。此时需要向 TLB 模块输入读地址 r_index。TLB 模块需要输出读的结果有 r_vpn2、r_asid、r_g、r_pfn0、r_c0、r_d0、r_v0、r_pfn1、r_c1、r_d1、r_v1。

通过上述分析，我们得到 TLB 模块的接口与内部主要信号的定义如下：

```
module tlb
(
    parameter TLBNUM = 16
)
(
    input                   clk,

    // search port 0
    input   [        18:0]  s0_vpn2,
    input                   s0_odd_page,
```

```
    input   [          7:0] s0_asid,
    output                   s0_found,
    output  [$clog2(TLBNUM)-1:0] s0_index,
    output  [         19:0] s0_pfn,
    output  [          2:0] s0_c,
    output                   s0_d,
    output                   s0_v,

    // search port 1
    input   [         18:0] s1_vpn2,
    input                    s1_odd_page,
    input   [          7:0] s1_asid,
    output                   s1_found,
    output  [$clog2(TLBNUM)-1:0] s1_index,
    output  [         19:0] s1_pfn,
    output  [          2:0] s1_c,
    output                   s1_d,
    output                   s1_v,

    // write port
    input                    we,      // w(rite) e(nable)
    input   [$clog2(TLBNUM)-1:0] w_index,
    input   [         18:0] w_vpn2,
    input   [          7:0] w_asid,
    input                    w_g,
    input   [         19:0] w_pfn0,
    input   [          2:0] w_c0,
    input                    w_d0,
    input                    w_v0,
    input   [         19:0] w_pfn1,
    input   [          2:0] w_c1,
    input                    w_d1,
    input                    w_v1,

    // read port
    input   [$clog2(TLBNUM)-1:0] r_index,
    output  [         18:0] r_vpn2,
    output  [          7:0] r_asid,
    output                   r_g,
    output  [         19:0] r_pfn0,
    output  [          2:0] r_c0,
    output                   r_d0,
    output                   r_v0,
    output  [         19:0] r_pfn1,
    output  [          2:0] r_c1,
    output                   r_d1,
    output                   r_v1
);

reg  [    18:0] tlb_vpn2    [TLBNUM-1:0];
```

```
reg   [        7:0] tlb_asid       [TLBNUM-1:0];
reg                 tlb_g          [TLBNUM-1:0];
reg   [       19:0] tlb_pfn0       [TLBNUM-1:0];
reg   [        2:0] tlb_c0         [TLBNUM-1:0];
reg                 tlb_d0         [TLBNUM-1:0];
reg                 tlb_v0         [TLBNUM-1:0];
reg   [       19:0] tlb_pfn1       [TLBNUM-1:0];
reg   [        2:0] tlb_c1         [TLBNUM-1:0];
reg                 tlb_d1         [TLBNUM-1:0];
reg                 tlb_v1         [TLBNUM-1:0];

......

endmodule
```

接下来考虑 TLB 模块内部设计，其实就是查找、读、写三套操作的设计实现。读和写操作的实现不用再介绍了，大家可以参考 CPU 中 regfile 的逻辑设计以及 Verilog 代码实现。对于查找操作实现，我们再给出一些提示。

我们在指令系统规范文档中看到的 TLB 的查找流程的伪算法描述是用串行化思维描述的，在实现电路的时候，我们并不是先比较第 0 项、再比较第 1 项……而是同时比较所有项。假设我们的 TLB 有 16 项，那么就需要通过组合逻辑产生一个 16 位宽的查找结果 match[15:0]。这个结果的第 0 位对应第 0 项的比较结果，第 1 位对应第 1 项的比较结果……其 Verilog 代码示意如下：

```
assign match0[ 0] = (s0_vpn2==tlb_vpn2[ 0]) && ((s0_asid==tlb_asid[ 0]) || tlb_g[ 0]);
assign match0[ 1] = (s0_vpn2==tlb_vpn2[ 1]) && ((s0_asid==tlb_asid[ 1]) || tlb_g[ 1]);
......
assign match0[15] = (s0_vpn2==tlb_vpn2[15]) && ((s0_asid==tlb_asid[15]) || tlb_g[15]);


assign match1[ 0] = (s1_vpn2== tlb_vpn2[ 0]) && ((s1_asid==tlb_asid[ 0]) || tlb_g[ 0]);
assign match1[ 1] = (s1_vpn2== tlb_vpn2[ 1]) && ((s1_asid==tlb_asid[ 1]) || tlb_g[ 1]);
......
assign match1[15] = (s1_vpn2== tlb_vpn2[15]) && ((s1_asid==tlb_asid[15]) || tlb_g[15]);
```

只要把这个查询比较结果生成好，那么是否查找命中的 found 就要看 match 是否不等于全 0。命中项的 PFN 等信息读出逻辑也很容易实现，请参考 3.1 节中 select 信号是译码后位向量信息的多路选择器的介绍。

9.3　TLB 相关的 CP0 寄存器与指令的实现

我们需要实现的 TLB 相关的 CP0 寄存器有 EntryHi、EntryLo0、EntryLo1 和 Index。这几个 CP0 寄存器均可被 MFC0 读取，其中的大多数域均能被 MTC0 更新。因此，我们倾向于将其和已实现的 CP0 寄存器放在一个模块中维护，这样 MFC0 和 MTC0 指令访问这几个

CP0 寄存器的数据通路就可以复用现有的设计。不过，这几个 CP0 寄存器还会被 TLB 指令更新，并被 TLB 指令和硬件逻辑读取。这就势必引入其他围绕这些 CP0 寄存器的相关关系，需要我们通过设计来确保这些相关关系不会引发冲突。

我们先来看 TLBP 指令。这个指令需要对 TLB 进行查找，这意味着它执行时需要利用 TLB 模块中的查找逻辑。TLB 模块中只有两套查找逻辑，一套用于取指，另一套用于访存，在不增加逻辑资源的情况下，TLBP 指令的执行势必要复用其中一套查找逻辑。而且，我们希望最好能确保复用的时候不阻塞其他指令访问 TLB 模块，因此复用访存的 TLB 查找端口并在 EX 级发起查找请求是最合适的。但是，这时候就面临一个问题：TLBP 指令的待查找内容是来自 EntryHi 寄存器的，而这个寄存器会被写回级的 MTC0 指令修改。如果 TLBP 指令在 EX 级的时候，有一条修改 EntryHi 的 MTC0 指令恰好在 MEM 级，那么直接用 CP0 寄存器模块中 EntryHi 寄存器的值就会出现问题。这种情况没有什么好的解决办法，要么采用阻塞，要么采用前递。我们认为，TLBP 指令的执行频率非常低，而前面提到的冲突情况的出现概率就更低了，因此设计一套前递的逻辑来处理这种冲突的投入产出比太低，我们还是选择用阻塞的方式。

再来看 TLBWI 指令。由于 TLB 模块设计了一组独立的写入接口，因此 TLBWI 指令什么时候写 TLB 与何时读取该指令源操作数相关。考虑到 EntryHi、EntryLo0 和 EntryLo1 寄存器会被写回级的 MTC0 指令更新，让 TLBWI 指令在写回级写 TLB 是合适的，因为此时读取的相关 CP0 寄存器的值都是正确的。不过，实现 TLBWI 指令最复杂的是在其他方面。由于所有指令的取指和访存指令的访存都有可能读 TLB 的内容用于虚实地址转换，而 TLBWI 指令会更新 TLB 的内容，因此这两者之间构成了围绕 TLB 的写后读相关。既然 TLBWI 的写发生在写回级，那么这种写后读相关会引发冲突。如何解决冲突呢？有的读者可能会提出采用阻塞 TLBWI 后续指令的思路，这种思路不能彻底解决问题。因为最早在 ID 级才能知道一条指令是不是 TLBWI 指令，但此时 IF 级有可能已经有一条根据 TLB 中旧的虚实映射关系取回的指令了。显然，这条指令要被取消然后重取。既然取消不可避免，那么干脆就只采用取消的机制来解决这种冲突。一个可行的方案是：只要发现流水线中存在 TLBWI 指令，就为该指令后的所有指令设置一个重取标志。带有重取标志的指令就如同被标记了例外一样，即它自己不能产生任何执行效果，同时会阻塞流水线中在它后面的指令产生执行效果。带有重取标志的指令到达写回流水级后，将像报例外那样清空流水线。但是，它并不是真正的例外，所以不会修改任何 CP0 寄存器，也不会提升处理器的特权等级。此外，pre-IF 级更新的 nextPC 是有重取标志的指令的 PC，而不是任何例外的入口地址。

我们最后来看 TLBR 指令。由于 TLB 模块设计了一组独立的读出接口，因此 TLBR 指令什么时候读 TLB 是不受限制的。我们重点要考虑与 TLBR 指令相关的 CP0 寄存器会对其执行造成什么影响。首先，TLBR 指令需要读取 Index 寄存器作为读地址，而 Index 寄存器会被写回级的 MTC0 指令更新。其次，TLBR 指令需要更新 EntryHi、EntryLo0 和 EntryLo1 寄存器，而 MFC0 指令会在写回级读这些寄存器。通过这两点分析可以看出，TLBR 指令在写回级读 TLB，然后更新相关 CP0 寄存器是再合适不过了。但是，工作还没有结束。由于 TLBR 指令会更新 EntryHi 寄存器的 asid 域，但是所有指令的取指和访存指令的访存都有可能读取 EntryHi 寄存器的 asid 域去查找 TLB，这意味着 TLBR 指令要像 TLBWI 指令那样去解决 CP0 冲突问题。解决的方法也与 TLBWI 一样，采取给后续指令标记重取标志的方式。

9.4 利用 TLB 进行虚实地址转换及 TLB 例外

将 TLB 模块集成到 CPU 之后，为了让流水线能够满负荷运转，取指和访存部分的 TLB 查找需要能够同时进行。我们在前面 TLB 模块的设计中已经考虑到这一诉求，设计了两组查找接口。假定将查找接口 0 用于取指的虚实地址转换，将查找接口 1 用于访存的虚实地址转换。

对于取指部分来说，现有访存请求是在 pre-IF 级发出的，由于这个请求直接发往总线，意味着请求发出时必须获得物理地址。因此，我们将 pre-IF 级生成的 nextPC 的 [31:13] 连接到 TLB 模块的 s0_vpn2，nextPC 的 [12] 连接到 TLB 模块的 s0_odd_page。同时，将 s0_asid 接入 EntryHi 寄存器的 asid 域。由于 TLB 模块的查找转换逻辑是组合逻辑实现，因此 pre-IF 级向 TLB 模块输入 vpn2、odd_page 和 asid 之后，当拍就能获得物理页号 pfn。然后，**将 pfn 和 nextPC 的 [11:0] 拼接起来就可以作为类 SRAM 接口上的请求地址进行输出了……** 等等，划线的这句话对吗？答案是不对。因为 MIPS 规范中并没有规定所有的段都是通过查找 TLB 获得物理地址的，像 kseg0 和 kseg1 这两个段的虚地址就是直接映射到物理地址的 0 ~ 512MB 的。初学者经常在集成 TLB 模块的时候忘记这一点。所以一定要记住，pfn 和 nextPC 的 [11:0] 拼接起来只是虚地址落在 mapped 段上的物理地址，一定要根据段属性是 mapped 还是 unmapped 来选择正确的物理地址。

对于访存部分来说，请求是在 EX 级发出的。整个查找功能的连接方式与 pre-IF 级的完全相同，只不过利用的是 TLB 模块的查找接口 1 而已。

上面主要介绍了查找命中时的功能连接，我们已经知道围绕 TLB 的还有三种例外。这些例外都是在指令执行过程中查找 TLB 模块的时候进行判断的。从 TLB 模块的接口定义可知，这些例外并不是在 TLB 模块中判断出来的，相反，TLB 模块只是输出用于判断例外的相关信息。因此，流水线级中执行的指令需要根据 TLB 模块输出的这些信息，结合当前操作自身的属性来判断例外。**再提醒一下，虚地址落在 unmapped 段的访问因为根本不查 TLB，所以一定不会产生 TLB 相关的例外。**

至于如何报出例外，则与已实现的非 TLB 相关例外一样：例外信息沿流水线逐级传递，当指令到达写回级的时候报出例外，修改相关的 CP0 寄存器（域）同时跳转到例外入口地址。**这里提醒一下，TLB Refill 例外的入口地址与其他例外的入口地址是不一样的，要仔细查看指令系统规范的定义。**

看上去，TLB 模块的集成工作已经完成了。不要着急，还有一个细节需要讨论。如果虚地址落在 mapped 段的访问查找 TLB 时发生了例外，还能对总线发起访问请求吗？答案是不能。因为此时得到的物理地址要么是无意义的，要么是非法的。除非你能确保计算机系统中所有与访存地址相关的对象对于这些无意义或非法地址的反应都是确定的、可控的，否则将这样的地址放到总线上，整个系统的行为将超出软件人员的预期，这是不可接受的。通常，我们都会从保守的角度出发进行设计，即所有无意义的非法的地址一定不能被发到总线上。

9.5　任务与实践

完成本章的学习后，读者应能够完成以下 3 个实践任务：

1）TLB 模块设计，参见 9.5.1 节，实践资源见 lab13.zip。

2）添加 TLB 相关指令和 CP0 寄存器，参见 9.5.2 节，实践资源见 lab14.zip。

3）添加 TLB 相关例外支持，参见 9.5.3 节，实践资源复用 lab14。

为完成以上实践任务，需要参考的文档包括但不限于：

1）本章内容。

2）附录 C。

9.5.1　实践任务一：TLB 模块设计

本实践任务要求如下：

1）按照 9.2 节规定的接口设计 TLB 模块。

2）将设计的 TLB 模块集成到 lab13.zip 提供的模块级验证环境中，通过仿真和上板验证。

本实践任务的环境与之前的环境不同，是针对 TLB 模块的单独验证环境，见 lab13.zip 里的 tlb_verify。该验证环境中，由 tlb_top 模块向 TLB 发出读写和查找请求，默认 TLB 是 16 项，共有 16 次写、16 次读和 26 次查找操作。

lab13.zip 里的目录结构如下：

```
|--tlb_verify/                    目录，TLB 模块级验证环境
|    |--rtl/                      目录，包含 TLB 模块以及验证顶层的设计源码
|    |    |--tlb/                 目录，自实现的 TLB 模块，需要读者自行完成
|    |    |--tlb_top.v            TLB 模块级验证的顶层文件
|    |--testbench/                目录，包含功能仿真验证源码
|    |    |--testbench.v          仿真顶层
|    |--run_vivado/               Vivado 工程的运行目录
|    |    |--tlb_top.xdc          Vivado 工程的约束文件
|    |    |--tlb_verify/          创建的 Vivado 工程，名称为 tlb_verify
|    |    |    |--tlb_verify.xpr  Vivado 创建的工程文件
```

请参考下列步骤完成本实践任务：

1）学习 9.1 节和 9.2 节的内容。

2）将 lab13.zip 解压到路径上无中文字符的目录里，实验环境为 tlb_verify。

3）完成 TLB 模块的设计和 RTL 编写，记为 tlb.v，该模块名需要命名为"tlb"，输入 /
输出端口参见 9.2 节。

4）将写好的代码 tlb.v 拷贝到 tlb_verify/rtl/tlb/ 目录中。

5）打开 tlb_verify 工程（tlb_verift/run_vivado/tlb_verify/tlb_verify.xpr）。

6）通过"Add Sources"将编写好的 tlb.v 添加到工程中。

7）运行 tlb_verify 工程的仿真（进入仿真界面后，直接点击 run all），开始调试。

8）仿真通过后，综合实现后生成比特流文件，进行上板验证（如果没有实验箱，请跳
过这一步）。

1. 仿真验证结果判断

在仿真时，会有 16 次写、16 次读以及 26 次查找操作，所有操作都完成后会打印 PASS，
如下所示。

```
[   2705 ns] OK!!!write
············
========================================================
Test end!
----PASS!!!
```

如果仿真中发现错误，请进行调试。这时需要观察 TLB 接口的访问，了解该次请求的
效果，然后查看 TLB 的读出数据是否与预期效果相同。

2. 上板验证结果判断

正确的上板运行效果如图 9-2 所示。

图 9-2　TLB 上板验证正确的效果图

第一阶段上板运行时，应看到数码管发生如下变化：

1）首先是写操作（W），最右侧的数码管会从 0x00 累加到 0x0f，此后最右侧那个单色 LED 灯亮起，表示写操作完成。

2）之后是同时进行读操作和查找操作，相应的数码管也会开始累加：

① 对于读操作（R），会进行 16 次读，次右侧的数码管会从 0x00 累加到 0x0f。

② 对于 0 号查找操作（S0），会进行 13 次查找（查偶数次请求），次左侧的数码管会以步长 2 从 0x00 加到 0x18，也就是 0、2、4、……、0x18。

③ 对于 1 号查找操作（S1），会进行 13 次查找（查奇数次请求），最左侧的数码管会以步长 2 从 0x01 加到 0x19，也就是 1、3、5、……、0x19。

3）第 2 步中的累加完成后，LED 的右侧三个灯全部亮起，表明测试完成。此时正确的数码管显示是 0x19180f0f。如果数码管停在其他数值上，表示上板失败。

9.5.2　实践任务二：添加 TLB 相关指令和 CP0 寄存器

本实践任务要求在完成上一章实践任务和本章实践任务一的基础上，完成以下工作：

1）将本章实践任务一完成的 TLB 模块集成到上一章实践任务完成的 CPU 中。

2）在 CPU 中增加 TLBR、TLBWI、TLBP 指令。

3）在 CPU 中增加 Index、EntryHi、EntryLo0、EntryLo1 CP0 寄存器。

4）运行 lab14.zip 里的专用功能测试 tlb_func，要求通过前 6 项测试。

本实践任务的硬件环境沿用 CPU_CDE_AXI，软件环境使用 lab14.zip。lab14.zip 只包含软件编译环境（tlb_func）。tlb_func 是专门为 TLB 编写的相关功能测试。由于 CPU_CDE_AXI 里生成 golden_trace.txt 的 CPU132 不具有 TLB，故本实践任务没有 Trace 比对机制，不需要运行 cpu_gettrace 工程。

请参考下列步骤完成本实践任务：

1）请先完成第 8 章的学习和本章的实践任务一。

2）学习 9.1 节和 9.3 节的内容。

3）准备好 lab12 的实验环境 CPU_CDE_AXI，准备好 lab13 完成的 TLB 模块代码 tlb.v。

4）将 lab13 完成的 tlb.v 集成到 lab12 中的 myCPU 中。

5）打开 myCPU 工程（CPU_CDE_AXI/mycpu_axi_verify/run_vivado/mycpu_prj1/mycpu_prj1.xpr）。

6）通过"Add Sources"添加 myCPU 中新增的 tlb.v 源码到工程中。

7）修改 CPU_CDE_AXI/ mycpu_axi_verify/rtl/CONFREG/confreg.v 的 408 行，将 open_trace 的复位值改为 0。

8）解压 lab14.zip，将 tlb_func/ 拷贝到 CPU_CDE_AXI/soft/ 目录里。

9）重新定制 myCPU 工程中的 axi_ram，此时选择加载 tlb_func 的 coe（CPU_CDE_AXI/soft/tlb_func/obj/inst_ram.coe）。

10）运行 myCPU 工程的仿真（进入仿真界面后，直接点击 run all），开始调试。

11）仿真通过后，综合实现后生成比特流文件，进行上板验证（如果没有实验箱，请跳过这一步）。

9.5.3　实践任务三：添加 TLB 相关例外支持

本实践任务要求在完成本章实践任务二的基础上，完成以下工作：

1）为 CPU 增加 TLB 相关例外：重填例外、无效例外和修改例外。

2）运行 lab14.zip 里的专用功能测试 tlb_func，要求通过全部 9 项测试。

本实践任务的实验环境与实践任务二（也就是 lab14）相同。

请参考下列步骤完成本实践任务：

1）请先完成本章的实践任务二。

2）学习 9.1 节和 9.4 节的内容。

3）准备好 lab14 的实验环境 UCAS_CDE_AXI。

4）在 myCPU 中添加 TLB 例外的支持（需要进行取指、数据访问的地址翻译）。

5）打开 UCAS_CDE_axi/soft/tlb_func/start.S，将第 5 行的宏定义 TEST_TLB_EXCEPTION 的值从 0 修改为 1。重新编译 tlb_func（先运行 make reset，再运行 make）。

6）打开 myCPU 工程（UCAS_CDE_axi/mycpu_axi_verify/run_vivado/mycpu_prj1/mycpu_prj1.xpr）。

7）对 myCPU 工程中的 axi_ram 进行重新定制，此时依然选择加载 tlb_func 的 coe（UCAS_CDE_axi/soft/tlb_func/obj/inst_ram.coe）。

8）运行 myCPU 工程的仿真（进入仿真界面后，直接点击 run all），开始调试。

9）仿真通过后，综合实现后生成比特流文件，进行上板验证（如果没有实验箱，请跳过这一步）。

第 **10** 章

高速缓存设计

细心的读者应该会发现，自从我们给 CPU 添加 AXI 总线接口并去除指令 RAM 和数据 RAM 之后，它的运行效率就大打折扣了，运行同样的程序需要花费更多的执行周期。那么，去除指令 RAM 和数据 RAM 是不是一种设计倒退呢？其实不然，指令 RAM 和数据 RAM 的使用要求软件人员明确掌握物理内存的容量、起始地址，增加了软件开发难度。目前，这种硬件架构仅在那些对于成本、功耗或执行延迟的确定性极为敏感的低端嵌入式领域广泛使用。这些应用领域还有一个特点是软件规模不大、程序行为相对确定，否则没有虚拟化存储管理对于应用开发来说就是"灾难"。纵然指令 RAM 和数据 RAM 有这样的不足，但是性能问题也是要解决的。我们的解决思路是增加**高速缓存**（Cache）。

本章我们将进入最后一个设计阶段——为 CPU 添加 Cache。这是一项很有挑战性的工作，因为围绕 Cache 的设计优化技术太多，导致 Cache 设计的复杂度的变化范围很大。在本章中，我们会把 Cache 的设计复杂度控制在入门级水平，兼顾性能。在 Cache 实现规格的细节参数上，我们也会给出一整套明确的设定。不过，读者可以放心的是，我们所选取的参数具有代表性，大多数参数即使需要调整，也只是 1 和 2 的区别，而不是从 0 到 1 的跨越。在具体实施步骤上，我们分成四个阶段：

- 阶段一　设计 Cache 模块。
- 阶段二　将 Cache 模块作为 ICache（指令 Cache）集成到 CPU 中，完成与 CPU 取指的配合、调整，并完成总线接口模块的设计调整。
- 阶段三　将 Cache 模块作为 DCache（指令 Cache）集成到 CPU 中，完成与 CPU 访存的配合、调整，并完成总线接口模块的设计调整。
- 阶段四　实现对 Cache 指令的支持。

在开始学习之前，请确保已经认真学习了《计算机体系结构基础（第 2 版）》中 9.5.4 节或其他文献中关于 Cache 基本概念的内容。

【本章学习目标】

- 理解 Cache 的组织结构和工作机理。
- 理解 MIPS 架构中的 Cache 相关 CP0 寄存器和指令。

- 掌握在流水线 CPU 中添加 Cache 支持的方法。

【本章实践目标】

本章有四个实践任务，请读者在学习完本章内容后，依次完成。

- 10.1 节的内容对应实践任务一。
- 10.2 节的内容对应实践任务二和实践任务三。
- 10.3 节的内容对应实践任务四。

10.1　Cache 模块的设计

10.1.1　Cache 的设计规格

首先我们来明确一下与 Cache 模块相关的主要设计规格，避免因为后续的讨论过于宏观而无法具体到细节。这些设计规格包括以下方面：

1）CPU 内部集成一个指令 Cache 和一个数据 Cache。

2）指令 Cache 和数据 Cache 的容量均为 8KB，均为两路组相联，Cache 行大小均为 16 字节。

3）指令 Cache 和数据 Cache 采用 Tag 和 Data 同步访问的形式。

4）指令 Cache 和数据 Cache 均采用"虚 Index 实 Tag"（简称 VIPT）的访问形式。

5）指令 Cache 和数据 Cache 均采用伪随机替换算法。

6）数据 Cache 采用写回写分配的策略。

7）指令 Cache 和数据 Cache 均采用阻塞式（Blocking）设计，即一旦发生 Cache Miss（未命中），则阻塞后续访问直至数据填回 Cache 中。

8）Cache 不采用"关键字优先"技术。

我们解释一下制定上述设计规格的初衷。

- 设计一个指令 Cache 和一个数据 Cache 是为了保证流水线能够满负荷运转。
- 指令 Cache 和数据 Cache 各方面规格相同，是为了确保即使不把 Cache 模块写成可参数化配置的，也可以通过将所定义的 Cache 模块实例化两份来分别用于实现指令 Cache 和数据 Cache，减轻代码开发和调试的工作量。
- 采用两路组相联的设计规格，是因为直接映射过于简单，后期若想调整成多路组相联就需要做较大幅度的调整，而两路组相联在多路组相联结构中复杂度最低且具有代表性。
- 将每一路 Cache 的容量定义为 4KB 是为了在采用 VIPT 访问方式的同时规避 Cache 别名问题[⊖]。
- Cache 行大小定为 16 个字节主要是为了把 Cache Data 部分的分体数目控制在一个适中的规模，因此并没有采用商用处理器中常见的 64 字节大小。

⊖　Cache 别名问题就是多个虚拟地址对应同一物理地址，但这些虚地址可能在 Cache 里各有一份数据，这就导致 Cache 里有同一物理地址的多个备份。感兴趣的读者可以自行查找相关资料了解一下。

- Cache 采用 Tag 和 Data 同步访问的形式是为了降低 Cache 命中情况下的执行周期数，否则在 Tag 和 Data 串行访问方式下，读一个数最快也需要 3 个周期。然而，现有 CPU 中访问指令 RAM 和数据 RAM 都只需要两个周期，3 个周期的访问延迟需要对 CPU 流水线进行较大幅度的设计调整。
- Cache 采用 VIPT 可以将 TLB 的查找与 Cache 的访问并行进行，从而提升 CPU 的频率。
- Cache 采用伪随机替换算法是因为这是最简单实用的 Cache 替换算法。LRU 算法虽然平均性能更佳，但涉及 LRU 信息的维护问题，会增加设计的复杂度。
- 数据 Cache 采用写回写分配，是因为这样写操作在发生 Cache Miss 时的处理流程和读操作发生 Cache Miss 时的处理流程几乎是一样的，从而简化控制逻辑的设计。
- Cache 采用阻塞式设计，主要是因为目前我们实现的是一个静态顺序执行的流水线，即使 Cache 设计成非阻塞式也不会带来整体的性能提升。
- Cache 不采用"关键字优先"技术，可以降低与 AXI 总线交互的复杂度。

根据以上设计规格，我们可以计算 Cache 缓存容量如下：

$$Cache 缓存容量 = 路数 \times 路大小 = 2 路 \times 4KB = 8KB$$

通过上述计算得到的容量是其可缓存数据的大小，并不是实际实现该 Cache 所使用的 RAM 的总大小。实际实现所需 RAM 的大小还应该考虑 Cache 的 TAG、Dirty 等域。

根据以上设计规格，我们可以计算地址相关的 Tag、Index 和 Offset 的位数。

- Offset：Cache 行内偏移。宽度为 log2（Cache 行大小），也就是 4 位。
- Index：Cache 组索引。宽度为（log2（路大小）–Offset 的位数），也就是 8 位。
- Tag：Cache 行的 Tag 域。宽度为（物理地址宽度 –log2（路大小）），也就是 20 位。

因此，对 Cache 进行访问时，使用虚地址 [31:0] 中的 [11:4] 作为 Index 索引，使用物理地址的高 20 位（[31:12]）作为 TAG 进行比较。地址形式如下：

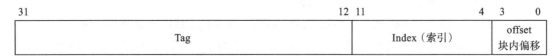

31	12 11	4 3 0
Tag	Index（索引）	offset 块内偏移

图 10-1　Cache 访问地址的域划分

10.1.2　Cache 模块的数据通路设计

1. 读、写操作访问 Cache 的执行过程

在设计 Cache 模块的数据通路之前，我们再回顾一下读、写操作访问 Cache 的执行过程。先来看一个读操作。

第一拍：将请求中虚地址的 [11:4] 位作为索引值（index）送往 Cache，将两路 Cache 中对应同一 index 的两个 Cache 行都读出来。与此同时，将读操作的虚地址送往 TLB 模块，查找得到物理地址（如果是 unmapped 段，则直接转换为对应的物理地址），此时物理地址来自虚地址的组合逻辑运算结果，需要将物理地址使用触发器（reg 型变量）锁存下来供第二拍使用。

第二拍：得到 Cache RAM 读出的两个 Cache 行的 Tag 信息（我们要求 Cache RAM 是单周期返回的同步 RAM），将其与锁存下来的物理地址的 [31:12] 进行相等比较。如果某个 Cache 行的 Tag 比较相等，且该 Cache 行的有效位 V 等于 1，则表示访问命中在这个 Cache 行上。在进行 Tag 比较的同时，可以根据锁存下来的虚地址的 [3:2] 位对两个 Cache 行的 Data 信息进行选择，得到访问所在的 32 位数据⊖。

最后，根据 Tag 比较结果将命中的那一路的 32 位数据返回。如果没有命中的 Cache 行，则需要通过总线接口向外发起访存请求，等访存结果返回到 Cache 模块后，从返回结果中取出访问所在的 32 位数据，将其返回。

再来看写操作。

写操作前面的操作步骤与读操作基本一致，区别仅在于写操作开始时可以不读取 Cache 的 Data 信息。它只需要读取两个 Cache 行中的 Tag、V 信息来判断 Cache 是否命中。如果 Cache 命中，则生成要写入的 Index、路号、offset、写使能（写 32 位数据里的哪些字节）并将写数据传入 Write Buffer。在下一拍，由 Write Buffer 向 Cache 发出写请求，将 Write Buffer 里缓存的数据写入命中的那个 Cache 行的对应位置上，同时将这一 Cache 行的脏位 D 置为 1。之所以在写命中 Cache 和写入 Cache 之间引入一个 Write Buffer，是出于时序方面的考虑，避免引入 RAM 输出端到 RAM 输入端的路径：Cache 命中信息来自 Cache RAM 读出的 Tag 的比较结果，命中的写操作需要根据 Tag 的比较结果来生成写 Cache 里的哪个路径。如果命中时直接写，就引入了 Cache RAM 的 Tag 读出到 Cache RAM 的 Data 写使能这一路径。如果 Cache 缺失，由于是写回写分配的 Cache，因此要像读操作发生 Cache 缺失那样，先通过总线向外发起访存请求，然后等访存结果返回 Cache 模块，最后将 store 要写的数据和内存重填的数据拼合在一起，一并写入 Cache 中。

读、写操作中都涉及 Cache 缺失情况下的处理。为了行文简洁，上面的描述对这个问题的处理只是做了简要说明，其实这个过程也分为多个步骤：

第一步，将 Cache 缺失的地址以及操作类型（如果是写操作，还要记录写数据）记录下来。

第二步，通过 AXI 总线接口模块向外发起对缺失 Cache 行的访问。这个访问的地址是缺失 Cache 行的起始地址，大小是一个 Cache 行的大小。

第三步，在等待读请求数据返回的过程中（或者在第二步的同时），根据替换算法从 Cache Miss 地址对应 index 的两个 Cache 行中选择一个，将其整个读出。如果发现该 Cache 行的 V=1 且 D=1，意味着这是一个有着有效脏数据的 Cache 行，那么需要将这个 Cache 行的数据通过 AXI 总线接口模块写出去；否则，不用做任何额外的操作，这意味着把这个 Cache 行的数据直接丢弃。这一步还要将选择了哪一路记录下来。

第四步，待缺失请求的数据从总线返回后，生成将要填入 Cache 的 Cache 行信息，其中

⊖　根据我们目前实现的指令，所有 Cache 读操作访问的数据对象一定不超一个起始地址 4 字节边界对齐的 32 位数据范围。

Cache 行的 V 置为 1，Tag 信息来自之前保存的 Cache 缺失的地址。如果这个 Cache Miss 请求是写操作引起的，那么 Cache 行的 D 置为 1，Data 信息是 store 操作待写入值部分覆盖总线返回数据之后所形成的新数据；否则 D 置为 0，Data 信息仅来自总线返回的数据。

第五步，将这个 Cache 行信息填入之前第三步所记录下来的那个位置。

2. Cache 表的组织管理

从前面介绍的访问 Cache 的执行过程中，可以得知数据通路的主体是 Cache。我们从功能逻辑角度出发，可以把每一路 Cache 理解为一张二维表，这方面的内容可以参考《计算机体系结构基础（第 2 版）》的图 9.22c。虽然几乎所有组成原理、体系结构的教材和资料中都采用这种画法，但是这种画法离具体实现还有一些差距。这个差距是初学者设计实现 Cache 时的第一个障碍，下面我们来捅破这层"窗户纸"。

我们先按照 Cache 行中的信息，把原本的一张表拆分成多张表。比如，对于我们现在所要实现的 Cache 规格，就有两张 256 项 ×20 比特的 Tag 表、两张 256 项 ×1 比特的 V 表、两张 256 项 ×1 比特的 D 表，以及两张 256×128 比特的 Data 表。之所以所有的表都是两张，是因为每一张对应 Cache 的一路。Cache 第 0 路的所有表的第 0 项构成了第 0 路 Cache 的 index=0 的 Cache 行，所有表的第 1 项对应 Cache 的 index=1 的 Cache 行，……，以此类推。所有 Cache 模块的操作分解之后，落实到这些表上的只有读和写。我们接下来分析每张表要支持几个读、几个写，以及读和写请求的来源。

我们依据在读、写操作访问 Cache 执行过程中所属的不同阶段，将对 Cache 模块进行的访问归纳为四种：Look Up、Hit Write、Replace 和 Refill。下面给出四种访问的定义。

- Look Up：判断是否在 Cache 中，根据命中信息选取 Data 部分的内容[⊖]。
- Hit Write：命中的写操作会进入 Write Buffer，随后将数据写入命中 Cache 行的对应位置。
- Replace：为了给 Refill 的数据空出位置而发起的读取一个 Cache 行的操作。
- Refill：将内存返回的数据（以及 store miss 待写入的数据）填入 Replace 空出的位置上。

我们将四种访问对于 Cache 中各个部分的访问行为进行分析，得到表 10-1 所示的结果。

表 10-1　不同 Cache 访问对 Cache 各部分的访问行为

	Look up	Hit Write	Replace	Refill
Tag	读所有路	—	读待替换路	更新待替换路
V	读所有路	—	读待替换路	更新待替换路
Data	读所有路的局部[⊖]	更新命中路的局部	读待替换路的全部	更新待替换路的全部
D		更新命中路	读待替换路	更新待替换路

从表 10-1 我们观察到，对于 Tag 和 V 而言，所有 Cache 访问对两者操作是完全一致的，

⊖　尽管写操作不需要读 Data 的数据，但是读了也没有副作用。
⊖　仅是读操作的 Look Up 才必须进行该访问。

于是一个很自然的想法就是将 Tag 表和 V 表横向拼接成一张表，我们称之为 {Tag, V} 表，其规格为 256 项 × 21 比特，每一项的 [20:1] 对应 Tag 信息，[0] 对应 V 信息。

再进一步分析，我们知道 Replace 和 Refill 不会同时发生，这意味着对所有表而言，Replace 的读和 Refill 的写不会同时发生。又因为我们设计的是阻塞式 Cache，所以进行 Replace 和 Refill 操作的时候不接收新的访问请求，自然不会有 Cache 命中的 store，这意味着对所有表而言，Replace、Refill 的读、写操作不会和 Look Up、Hit Write 的读、写同时发生。又由于 Hit Write 不访问 {Tag, V} 表，因此对于 {Tag, V} 表而言，同一时刻它至多接收一个读请求或写请求；而由于 Look Up 不访问 D 表，因此对于 D 表而言，同一时刻它至多接收一个读请求或写请求。

Data 表的情况略有些复杂。因为来自一个读操作的 Look Up 和来自一个写操作的 Hit Write 可能同时发生。一种直接的解决思路是，让 Data 表同时支持一个读请求和一个写请求。这种方法在设计上最简单，性能也最好，但是支持同拍一读一写的底层电路实现在面积和延迟方面都不太好。另一种直接的解决思路是，只要发生 Hit Write 就阻塞读操作的 Look Up，这样 Data 表同一时刻至多接收一个读请求或一个写请求。这种方法是走向另一个极端：牺牲了可观的性能来换取电路面积和延迟的低开销。再想一想，我们会发现 Look Up 和 Hit Write 对 Data 表的访问都是"局部"的，就目前实现的指令而言，这个"局部"不超过一个起始地址 4 字节边界对齐的字。如果 Hit Write 更新的字和 Look Up 读出的字不冲突的话，其实它们是可以同时进行的。如果我们把 Data 表横向拆分成四等份，那么在 Look Up 和 Hit Write 不冲突的时候，每张子表在同一时刻还是至多接收一个读请求或一个写请求。我们把拆分后的子表称为 Bank 表，其规格为 256 项 × 32 比特。当然，如果同一时刻发生的 Look Up 和 Hit Write 落在同一张 Bank 表的话，我们还是只能用阻塞 Look Up 请求的方式来解决。不过这种情况出现的概率已经比 Look Up 和 Hit Write 同时发生的概率低了不少，所以性能损失没有前面说的第二种方法大。为了支持 SB、SH 之类的写操作，Bank 表的写粒度要精细到字节。

通过上述分析过程，我们最终将 Cache 从逻辑结构上组织成一个 12 张表的集合，如图 10-2 所示。

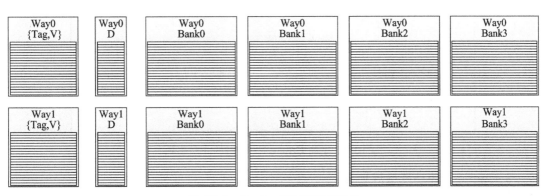

图 10-2　Cache 的逻辑组织结构

到目前为止，我们设计的是 Cache 的**逻辑**组织结构。这意味着我们还要进一步明确这些逻辑上的表与底层电路实现之间的关系。既然是存储信息的表，电路上肯定要用存储器件来实现，通常是用 Regfile 或 RAM 来实现。我们常用的设计指导思想是，容量大的表（如 Bank 表）用 RAM 实现，容量小的表（如 D 表）用 Regfile 实现。除了确定底层实现的电路形态，我们还要确定逻辑表和 Regfile 或 RAM 之间的映射关系。最简单的办法是采用一一映射关系。举例来说，Way0 的 Bank0 表的规格是 256 项 × 32 比特，支持最多一个读或一个写，写粒度精细到字节。那么，我们就实例化一个深度为 256、宽度为 32 比特、单端口、支持字节写使能的 RAM。当然，我们进一步推荐用 Block RAM 而非 Distributed RAM，这种方案在面积、时序上的效果都更好。需要向各位读者说明的是，对于 Cache 而言，逻辑表和 Regfile 或 RAM 之间的映射关系并非只能是一一映射。比如，两个 D 表可以合并映射到一个规格为 256×2 的 Regfile，Way0 和 Way1 相同序号的 Bank 表也可以合并映射到一个规格为 256×64 的 RAM。初次实现时，我们建议读者采用最简单的一一映射关系，若有余力，再尝试其他可行的映射方式。

最后，需要提醒大家的是，本章的实践任务要求大家自行定制 Cache 需要的各个规格的 RAM。根据以上分析，我们确定需要定制的 RAM 规格有：

- TAGV RAM：选用 RAM 256×21（深度 × 宽度），共实例化 2 块。
- DATA Bank RAM：选用 RAM 256×32（深度 × 宽度），共实例化 8 块。

可以参考 3.1 节定制以上规格的同步 RAM，但是要注意 DATA Bank RAM 需要开启字节写使能。同时，对于所有定制的同步 RAM，**注意不要勾选"Primitives Output Register"和"Core Output Register"**，否则该 RAM 不再是单周期返回了，如图 10-3 所示。

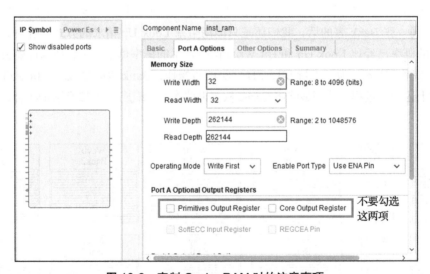

图 10-3   定制 Cache RAM 时的注意事项

3. Cache 模块功能边界划分

除了 Cache 表中必须要实现的数据通路，Cache 模块内部还需要实现哪些数据通路取决于我们将整个读、写操作访问 Cache 的执行过程中余下的哪些功能放在 Cache 模块内实现、哪些功能放在其他模块实现。因此，我们有必要先划分出功能边界。

根据 10.2.1 节的介绍，我们倾向于 Cache 与 CPU 流水线之间的功能边界划分与现有"类 SRAM-AXI"转接桥和 CPU 流水线之间的功能边界划分保持一致。简单来说，就是 CPU 流水线向 Cache 模块发送请求，Cache 模块给 CPU 流水线返回数据或是写成功的响应。显然，这样划分之后，CPU 流水线基本上不需要进行更改。此外，因为目前采用的是 VIPT 的 Cache 访问方式，所以还需要 CPU 中的 TLB 模块将转换后的物理地址送到 Cache 模块中，Cache 模块将该物理地址寄存一拍，然后用于 Cache Tag 比较。

比如，我们可以将 Cache 模块与 CPU 流水线的交互按照表 10-2 定义。

表 10-2 Cache 模块与 CPU 流水线的交互接口

名称	位宽	方向	含义
valid	1	IN	表明请求有效
op	1	IN	1：WRITE；0：READ
index	8	IN	地址的 index 域（addr[11:4]）
tag	20	IN	从 TLB 查到的 pfn（如果是 unmap 段则直接转换为物理地址）形成的 tag，由于来自组合逻辑运算，故与 index 是同拍信号
offset	4	IN	地址的 offset 域（addr[3:0]）
wstrb	4	IN	写字节使能信号
wdata	32	IN	写数据
addr_ok	1	OUT	该次请求的地址传输 OK，读：地址被接收；写：地址和数据被接收
data_ok	1	OUT	该次请求的数据传输 OK，读：数据返回；写：数据写入完成
rdata	32	OUT	读 Cache 的结果

接下来，我们要考虑 Cache 模块通过 AXI 总线接口访存的这些功能如何划分。最极端的划分方式是把所有功能都放到 Cache 模块中。你可以认为这是把现有"类 SRAM-AXI"转接桥整个替换为新的 Cache 模块。不过，既然名字为 Cache 模块，里面又包含大量 AXI 协议处理的逻辑，显然这不是一种合适的模块划分方式。就算换个名字，比如改为 cache_mem_module，这个模块内部的功能也确实太多了。因此，我们建议保留一个内部访存总线到 AXI 总线的接口转换模块。这个转换模块对 CPU 内部有多个端口，对 CPU 外部只有一个 AXI 总线接口。我们把多个请求之间的仲裁、AXI 协议的处理都放到这个模块中，这样 Cache 模块与这个 AXI 总线接口模块之间的功能划分仍然是简洁的。Cache 模块向 AXI 总线接口发请求，AXI 总线接口模块返回数据或响应。

基于上面的划分，Cache 模块向 AXI 总线接口模块发送的请求中的地址、操作类型、长度等信息的交互就容易设计了，这些信息都很短，在一拍之内交互完毕即可。需要重点考虑的是读或者写的数据如何交互。因为 Cache 行有 16 个字节，我们希望在 AXI 总线上采用突发（Burst）访问模式来进行读写访问，这样可以尽可能减少请求通道上的交互开销。那么问题是，Cache 模块和 AXI 总线接口模块之间的数据交互是否也需要定义类似的 Burst 传输模式？还是两者在一拍之内把 16 字节交互完毕？这里的设计取决于我们设计的出发点。我们觉得，对于本书的学习目标来说，首要任务是保证功能，其次是性能过关，有条件的话再考虑一些功耗方面的优化。因此，我们给出的设计建议是：对于读操作，AXI 总线接口模块每个周期至多给 Cache 模块返回 32 位数据，Cache 模块将返回的数据填入 Cache 的 Bank RAM 中或者直接将其返回给 CPU 流水线；对于写操作，Cache 模块在一个周期内直接将一个 Cache 行的数据传给 AXI 总线接口模块，AXI 总线接口模块内部设一个 16 字节的写缓存保存这些数，然后再慢慢地以 Burst 方式发出去。

于是，我们可以将 Cache 模块与 AXI 总线接口模块之间的接口按表 10-3 定义。

表 10-3　Cache 模块与 AXI 总线的交互接口

名称	位宽	方向	含义
rd_req	1	OUT	读请求有效信号。高电平有效
rd_type	3	OUT	读请求类型。3'b000：字节，3'b001：半字，3'b010：字，3'b100：Cache 行
rd_addr	32	OUT	读请求起始地址
rd_rdy	1	IN	读请求能否被接收的握手信号。高电平有效
ret_valid	1	IN	返回数据有效。高电平有效
ret_last	2	IN	返回数据是一次读请求对应的最后一个返回数据
ret_data	32	IN	读返回数据
wr_req	1	OUT	写请求有效信号。高电平有效
wr_type	3	OUT	写请求类型。3'b000：字节，3'b001：半字，3'b010：字，3'b100：Cache 行
wr_addr	32	OUT	写请求起始地址
wr_wstrb	4	OUT	写操作的字节掩码。仅在写请求类型为 3'b000、3'b001、3'b010 的情况下才有意义
wr_data	128	OUT	写数据
wr_rdy	1	IN	写请求能否被接收的握手信号。高电平有效。此处要求 wr_rdy 要先于 wr_req 置起，wr_req 看到 wr_rdy 后才可能置起。所以 wr_rdy 的生成不要组合逻辑依赖 wr_req，它应该是当 AXI 总线接口内部的 16 字节写缓存为空时置起

在上面定义的信号中，之所以还要考虑字节、半字、字的访问是为了支持 Uncache 访问。我们会在后面 10.2 节中再具体解释这个问题。

总结一下，Cache 模块的接口如表 10-4 所示。

表 10-4 Cache 模块的接口定义

名称	位宽	方向	含义
clk	1	IN	时钟信号
resetn	1	IN	复位信号
Cache 与 CPU 流水线的交互接口			
valid	1	IN	表明请求有效
op	1	IN	1：WRITE；0：READ
index	8	IN	地址的 index 域（addr[11:4]）
tag	20	IN	从 TLB 查到的 pfn（如果是 unmap 段则直接转换为物理地址）形成的 tag，由于来自组合逻辑运算，故与 index 是同拍信号
offset	4	IN	地址的 offset 域（addr[3:0]）
wstrb	4	IN	写字节使能信号
wdata	32	IN	写数据
addr_ok	1	OUT	该次请求的地址传输 OK，读：地址被接收；写：地址和数据被接收
data_ok	1	OUT	该次请求的数据传输 OK，读：数据返回；写：数据写入完成
rdata	32	OUT	读 Cache 的结果
Cache 与 AXI 总线接口的交互接口			
rd_req	1	OUT	读请求有效信号。高电平有效
rd_type	3	OUT	读请求类型。3'b000：字节，3'b001：半字，3'b010：字，3'b100：Cache 行
rd_addr	32	OUT	读请求起始地址
rd_rdy	1	IN	读请求能否被接收的握手信号。高电平有效
ret_valid	1	IN	返回数据有效。高电平有效
ret_last	2	IN	返回数据是一次读请求对应的最后一个返回数据
ret_data	32	IN	读返回数据
wr_req	1	OUT	写请求有效信号。高电平有效
wr_type	3	OUT	写请求类型。3'b000：字节，3'b001：半字，3'b010：字，3'b100：Cache 行
wr_addr	32	OUT	写请求起始地址
wr_wstrb	4	OUT	写操作的字节掩码。仅在写请求类型为 3'b000、3'b001、3'b010 的情况下才有意义
wr_data	128	OUT	写数据
wr_rdy	1	IN	写请求能否被接收的握手信号。高电平有效。此处要求 wr_rdy 要先于 wr_req 置起，wr_req 看到 wr_rdy 后才可能置起

上述接口定义好之后，大家还要对现有的类 SRAM-AXI 总线转接桥模块进行相应调整。请注意，此时该模块对内是两组读接口、一组写接口，第一组是指令 Cache 的 rd_* 和 ret_*，第二组是数据 Cache 的 rd_* 和 ret_*，第三组是数据 Cache 的 wr_*。虽然接口看上去多了一组，但整个转接桥内部的数据通路并不需要进行大的调整。

4. Cache 模块内除 Cache 表之外的数据通路

划分好 Cache 模块与外界的功能边界之后，我们就可以把 Cache 模块内部余下的数据通路的设计确定下来。根据 10.1.2 节的讨论，我们将对 Cache 模块的访问归纳为四种：Look Up、Hit Write、Replace 和 Refill。我们设计的是阻塞式 Cache，所以 Look Up 和 Repalce & Refill 可以复用一些数据通路，它们的核心部分是 Request Buffer、Tag Compare、Data Select、Miss Buffer 和 LSFR。Hit Write 是游离于 Look Up 和 Repalce & Refill 之外的单独访问，其核心部分是 Write Buffer。

Request Buffer 负责将表 10-4 中 "Cache 与 CPU 流水线的交互接口" 里的 op、index、tag、offset、wstrb、wdata 等信息锁存下来。由于 RAM 读访问跨越两拍，因此 Request Buffer 的输出与 RAM 读出的 Tag、Data 等信息处于同一拍。在我们设计的阻塞式 Cache 中，Request Buffer 既维护了 Tag 比较时需要的信息，又维护了 Miss 处理时需要的信息。

Tag Compare 数据通路是将每一路 Cache 中读出的 Tag 和 Request Buffer 寄存下来的 tag（记为 reg_tag）进行相等比较，生成是否命中的结果（此处未考虑 Uncache 情况，如果是 Uncache，一定要不命中）。其 Verilog 代码示意如下：

```
assign way0_hit = way0_v && (way0_tag == reg_tag);
assign way1_hit = way1_v && (way1_tag == reg_tag);
assign cache_hit = way0_hit || way1_hit;
```

Data Select 数据通路是对两路 Cache 中读出的 Data 信息进行选择，得到各种访问操作需要的结果。对应命中的读 Load 操作，首先用地址的 [3:2] 从每一路 Cache 读出的 Data 数据中选择一个字，然后根据 Cache 命中的结果从两个字中选择出 Load 的结果（此处未考虑 Miss 情况，如果 Miss，Load 的最终结果来自 AXI 接口的返回，因此这里应该是个三选一逻辑）。对应 Replace 操作，只需要根据替换算法决定的路信息，将读出的 Data 选择出来即可。其 Verilog 代码示意如下：

```
assign way0_load_word = way0_data[pa[3:2]*32 +: 32];
assign way1_load_word = way1_data[pa[3:2]*32 +: 32];
assign load_res = {32{way0_hit}} & way0_load_word
                | {32{way1_hit}} & way1_load_word; // 如果考虑 Miss，应该是三选一逻辑

assign replace_data = replace_way ? way1_data : way0_data;
```

Miss Buffer 用于记录缺失 Cache 行准备要替换的路信息，以及已经从 AXI 总线返回了几个 32 位数据。Miss 处理时需要的地址、是否是 Store 指令等信息依然维护在 Request Buffer 中。

LFSR 是线性反馈移位寄存器（Linear Feedback Shift Register），我们采用伪随机替换算法，LFSR 会作为伪随机数源。

Write Buffer 是在 Hit Wire（Store 操作在 Look Up 时发现命中 Cache）时启动的，它会寄存 Store 要写入的 way、bank、index、bank 内字节写使能和写数据，然后使用寄存后的值写入 Cache 中。

上面五个核心部分设计完毕之后，我们回过头来看 Cache 表的输入生成逻辑。由于每个表都是采用单端口的 Regfile 或 RAM 实现，但是每个表的访问地址、写数据和写字节使能可能来自多个地方，因此要通过多路选择器进行选择之后，再连接到 Regfile 或 RAM 的输入端口上。表 10-5 简单总结了这些端口的输入来源。具体如何从这些来源生成相关的信息，可以根据前面 10.1.2 节的执行过程的介绍推导出来。这个推导并不复杂，请读者自行完成。

表 10-5　Cache RAM 的地址和数据生成

		Look Up	Hit Write	Replace	Refill
{Tag, V}	地址	模块输入端口	—	Request Buffer & LFSR	Request Buffer & Miss Buffer
	写数据	—	—	—	Request Buffer
D	地址	—	Write Buffer	Request Buffer & LFSR	Request Buffer & Miss Buffer
	写数据	—	Write Buffer	—	Request Buffer
Data	地址	模块输入端口	Write Buffer	Request Buffer & LFSR	Request Buffer & Miss Buffer
	字节写使能	—	Write Buffer	—	Miss Buffer
	写数据	—	Write Buffer	—	模块输入端口

10.1.3　Cache 模块内部的控制逻辑设计

1. Cache 模块自身的状态机设计

由于操作可能发生 Cache Miss，发生之后还要对 AXI 发出读请求并对 Cache RAM 发起 Replace 和 Refill，因此我们需要引入状态机来控制这一系列操作。由于我们实现的是一个阻塞式的 Cache，Cache Miss 的时候不会接收新的请求，因此 Look Up 和 Replace & Refill 处理可以共用一个状态机（称为主状态机）。另外，Hit Write 是游离于 Look Up 和 Replace & Refill 之外的单独访问，我们单独使用一个状态机维护，称之为 Write Buffer 状态机。

主状态机共包括 5 个状态，见图 10-4a。

- IDLE：Cache 模块当前没有任何操作。
- LOOKUP：Cache 模块当前正在执行一个操作且得到了它的查询结果。
- MISS：Cache 模块当前处理的操作 Cache 缺失，且正在等待 AXI 总线的 wr_rdy 信号。
- REPLACE：待替换的 Cache 行已经从 Cache 中读出，且正在等待 AXI 总线的 rd_rdy 信号。

- REFILL：Cache 缺失的访存请求已发出，准备 / 正在将缺失的 Cache 行数据写入 Cache 中。

Write Buffer 状态机共包括 2 个状态，见图 10-4b。

- IDLE：Write Buffer 当前没有待写的数据。
- WRITE：将待写数据写入到 Cache 中。在主状态机处于 LOOKUP 状态且发现 Store 操作命中 Cache 时，触发 Write Buffer 状态机进入 WRITE 状态，同时 Write Buffer 会寄存 Store 要写入的 Index、路号、offset、写使能（写 32 位数据里的哪些字节）和写数据。

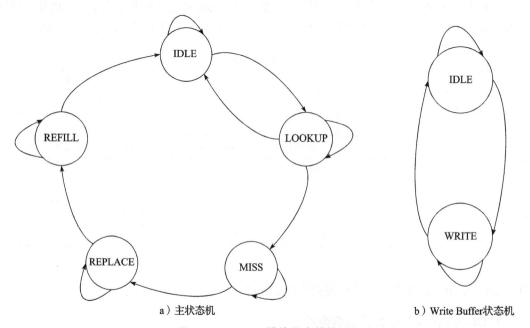

a）主状态机   b）Write Buffer 状态机

图 10-4   Cache 模块状态转换图

主状态机里的各状态间的转换条件说明如下：

- IDLE → IDLE：这一拍，流水线没有新的 Cache 访问请求，或者有请求，但因该请求与 Hit Write 冲突而无法被 Cache 接收。
- IDLE → LOOKUP：这一拍，Cache 接收了流水线发来的一个新的 Cache 访问请求（必定与 Hit Write 无冲突）。
- LOOKUP → IDLE：当前处理的操作是 Cache 命中的，且这一拍流水线没有新的 Cache 访问请求，或者有请求但因该请求与 Hit Write 冲突而无法被 Cache 接收。
- LOOKUP → LOOKUP：当前处理的操作是 Cache 命中的，且这一拍 Cache 接收了流水线发来的一个新的 Cache 访问请求（必定与 Hit Write 无冲突）。
- LOOKUP → MISS：当前处理的操作是 Cache 缺失的。

- MISS → MISS：AXI 总线接口模块反馈回来的 wr_rdy 为 0（注意，wr_rdy 应当先于 wr_req 置上）。
- MISS → REPLACE：AXI 总线接口模块反馈回来的 wr_rdy 为 1（表示 AXI 总线内部 16 字节写缓存为空，可以接收 wr_req）。当看到 wr_rdy 为 1 时，会对 Cache 发起替换的读请求，并转到 REPLACE 状态。
- REPLACE → REPLACE：AXI 总线接口模块反馈回来的 rd_rdy 为 0。刚进入 REPLACE 的第一拍，会得到被替换的 Cache 行数据，并发起 wr_req 送到 AXI 总线接口。由于 wr_rdy 为 1，故 wr_req 一定会被接收。同时，对 AXI 总线发起缺失 Cache 的读请求。
- REPLACE → REFILL：AXI 总线接口模块反馈回来的 rd_rdy 为 1，表示对 AXI 总线发起的缺失 Cache 的读请求将被接收。
- REFILL → REFILL：缺失 Cache 行的最后一个 32 位数据（ret_valid=1&&ret_last=1）尚未返回。
- REFILL → IDLE：缺失 Cache 行的最后一个 32 位数据（ret_valid=1&&ret_last=1）从 AXI 总线接口模块返回。

Write Buffer 状态机里的各状态间的转换条件说明如下：

- IDLE → IDLE：这一拍，Write Buffer 没有待写的数据，并且主状态机没有新的 Hit Write。
- IDLE → WRITE：这一拍，Write Buffer 没有待写的数据，并且主状态机发现新的 Hit Write（主状态机处于 LOOKUP 状态且发现 Store 操作命中 Cache）。
- WRITE → WRITE：这一拍，Write Buffer 有待写的数据，并且主状态机发现新的 Hit Write。
- WRITE → IDLE：这一拍，Write Buffer 有待写的数据，并且主状态机没有新的 Hit Write。

在主状态机的状态转换过程中，多次提到"与 Hit Write 有 / 无冲突"，这里的冲突分为两种情况：

1）主状态机处于 LOOKUP 状态且发现 Store 操作命中 Cache，此时流水线发来的一个新的 Load 类的 Cache 访问请求，并且该 Load 请求与 LOOKUP 状态的 Store 请求地址存在写后读相关。

2）Write Buffer 状态机处于 WRITE 状态，也就是正在写入一个待写数据到 Cache 中，此时流水线发来的一个新的 Load 类的 Cache 访问请求，并且该 Load 请求与 Write Buffer 里的待写请求的地址重叠。"地址重叠"是指 Load 请求地址的 [3:2] 与 Store 请求地址的 [3:2] 相等。

以上两种情况都可视为"与 Hit Write 冲突"。不过，第一种情况可以采用"Write Buffer 前递给 LOOKUP"的方法解决，而不用阻塞主状态机的转换。为简单起见，这里推荐用阻塞方式解决。但是，第二种情况只能通过阻塞的方式解决，要么阻塞主状态机的转换，要么阻塞 Write Buffer 状态机的转换，显然以上给出的实现方法是阻塞主状态机的转换。读者应该会发现，对于"Hit Write 冲突"，我们给出的解决方法牺牲了少许性能。

另外，**需要提醒大家的是，在主状态机"LOOKUP → LOOKUP"的转换中，要注意**

避免引入 RAM 输出端到 RAM 输入端的路径，也就是说，主状态机发现一个命中的 Cache 访问，并且接收到一个新的 Cache 访问请求，此时要避免使用命中信息（来自 RAM 读出的 Tag 比较）控制新的 RAM 的读使能。我们的解决方法是：不管 LOOPUP 状态的请求是否命中 Cache，控制 "Hit Write 冲突" 和新的 RAM 使能生成时应视为命中来考虑。显然，即使最后发现不命中，也不会导致错误。

最后，从主状态机 "MISS → REPLACE" 的转换过程可以看出，在 MISS 状态，我们是在确保 AXI 总线接口可以接收被替换 Cache 行的写出的同时对 Cache RAM 发起替换 Cache 行的读请求。下一拍（REPLACE 状态）得到被替换出的 Cache 行数据，发送到 AXI 总线接口模块（此时一定可以被接收）。同时，可以对 AXI 总线发起对于缺失 Cache 行的读请求。做出以上设置，是因为我们总是无条件地将总线接口模块返回的数据直接写入 Cache 中，所以只有确认被写入位置的脏数据一定能够写回内存，这种无条件的写才是安全的。这里其实是通过牺牲一点性能来降低 Cache 模块和 AXI 总线接口模块在读返回通路上握手的复杂性。

提醒各位读者，对于 ICache，我们可以将 wr_rdy 恒设为 1（此时 MISS 状态只会持续一拍），因为 ICache 不会真正发出 wr_req。

2. Cache 表的片选和写使能

所有 Cache 表的片选和写使能生成逻辑并不难，但需要细心。建议大家使用表 10-6 这样的表格来分析。

表 10-6　Cache RAM 的片选和写使能生成

		Look Up	Hit Write	Replace	Refill
{Tag, V}	片选	2 路	—	替换那一路	替换那一路
	写使能	2 路	—	—	替换那一路
D	片选	—	Write Buffer 记录的那一路	替换那一路	替换那一路
	写使能	—	Write Buffer 记录的那一路	—	替换那一路
Data	片选	2 路，请求所在 Bank	Write Buffer 记录的那一路，请求所在 Bank	替换那一路，所有 Bank	替换那一路，所有 Bank
	写使能		Write Buffer 记录的那一路，请求所在 Bank		替换那一路，所有 Bank

3. Request/Miss Buffer 各个域的写使能

Request Buffer 中记录来自流水线方向的请求信息的域的写使能就是 Cache 模块状态机 IDLE → LOOKUP 和 LOOKUP → LOOKUP 两组状态转换发生条件的并集。

Miss Buffer 中记录缺失 Cache 行准备要替换的路信息（由 LFSR 生成替换的路号）的域的写使能就是 Cache 模块状态机 MISS → REPLACE 状态转换发生条件。

Miss Buffer 中记录已经从总线返回了几个数据的写使能，一方面来自 Cache 模块状态机

REPLACE → REFILL 状态转换发生条件（用于清 0），另一方面来自总线方向输入的 ret_valid。

4. 模块接口输出的控制相关信号

我们只分析模块接口输出的控制相关信号置 1 的条件。

（1）流水线方向的 addr_ok 信号

- Cache 主状态机处于 IDLE。
- 或者，Cache 主状态机处于 LOOKUP，并将进行" LOOKUP → LOOKUP "的转变，具体分为：LOOKUP 发现 Cache 命中，流水线发送来的新的 Cache 请求是写操作；LOOKUP 发现 Cache 命中，且新的 Cache 请求是读操作且无" Hit Write 冲突"。

（2）流水线方向的 data_ok 信号

- Cache 当前状态为 LOOKUP 且 Cache 命中。
- 或者，Cache 当前状态为 LOOKUP 且处理的是写操作。
- 或者，Cache 当前状态为 REFILL 且 ret_valid=1，同时 Miss Buffer 中记录的返回字个数与 Cache 缺失地址的 [3:2] 相等。

（3）AXI 接口方向的 rd_req 信号

- 当 Cache 模块状态机处于 REPLACE 状态时，组合逻辑将 rd_req 置为 1。在非 REPLACE 状态，rd_req 自然为 0。

（4）AXI 接口方向的 wr_req 信号

- 设置一个触发器，复位期间清 0。Cache 模块状态机 MISS → REPLACE 状态转换发生条件将其置 1。随后，wr_rdy 为 1 将其从 1 清为 0。

10.1.4 Cache 的硬件初始化问题

在 MIPS 指令系统规范中，Cache 是通过软件初始化的。处理器复位结束之后一定是从 Uncached 的 kseg1 段取指执行，软件可以在这一段时间内用 CACHE 指令将 Cache 的状态置为确定的初始值。

在我们的实践任务中，出于实现工作量的考虑，将 CACHE 指令的实现放在了 Cache 实验的最后一个阶段，这就引发了一个问题：在没有实现 CACHE 指令的时候，如何在上板验证的时候确保 Cache 被初始化过。于是在我们的实验场景下，要考虑 Cache 的硬件初始化问题。

Cache 初始化至少要把 Cache 中每一项的 Tag、V、D 的状态置为确定的无效值。由于 Tag、V 信息都存放在 RAM 中，因此该问题的解决方案是设计一个小的硬件电路，将存放 Cache Tag 和 V 信息的 RAM 的每一行写成全 0 值。还有一个"偷懒的"方法：利用实验中采用 FPGA 硬件平台这一特点来简化 Cache 硬件初始化的实现。读者可以在生成 Cache 所用的 RAM 的时候，选择将 RAM 初始化成全 0。具体来说，是在 RAM IP 生成对话框的" Other Options "标签下，勾选" Fill Remaining Memory Locations "，同时将初始值设为 0 值，如图 10-5 所示。

图 10-5   定制 RAM IP 时设置初始化为 0

至于采用 Regfile 实现的 D 表，直接采用复位信号对其复位即可。

10.2   将 Cache 模块集成至 CPU 中

将 Cache 模块集成至 CPU 中，一方面要解决其与 CPU 流水线的交互适配问题，另一方面要解决其与总线接口方面的交互适配问题。Cache 模块与 AXI 总线接口模块之间的交互边界我们在 10.1.2 节中已经做了充分的讨论。在给出的接口功能划分建议中，AXI 总线接口模块所要进行的调整比较简单，故不作为这里的重点分析内容。我们将主要精力放在 CPU 流水线这一侧。按照从易到难的原则，我们先考虑 Cache 命中的情况，再考虑 Cache 不命中的情况，最后再考虑如何将 Uncache 访问和 Cache 访问有机统一起来。

10.2.1   Cache 命中情况下的 CPU 流水线适配

在 Cache 命中的情况下，除了功能正确之外，最突出的设计诉求就是希望流水线的执行效率与采用指令 RAM、数据 RAM 的时候一致或尽可能一致。原先取指或访存访问 RAM 时，只需要两个时钟周期，第一拍发请求，第二拍得到数据。这意味着我们需要保证 Cache 命中情况下的数据读出也只要花费两个时钟周期。又考虑到 Cache 中绝大多数信息都存储在 Block RAM 中以及 Block RAM 的读时序行为，那么一种直观的设计思路就是：对于指令 Cache 的 Look Up 访问，其请求由 pre-IF 级发来，返回的结果送至 IF 级；对于数据 Cache 的 Look Up 访问，其请求由 EX 级发来，返回的结果送至 MEM 级。

对于 Cache 命中的读操作请求，Cache 模块在每个周期都能接收并处理一个请求，因此流水线能够完全流起水来。对于 Cache 命中的写操作请求，它完成 Look Up 访问之后，还要进入 Write Buffer 进行写 Cache 操作。在我们给出的 Cache 模块设计中，如果与当前流水线发来的读请求和 Look Up 的命中写或 Write Buffer 里的写发生 Bank 冲突（也就是之前说的"Hit Write 冲突"），就需要阻塞当前流水线发来的读请求。相应地，这个读请求对应的指令就要被阻塞在流水线中。这个阻塞所需的控制信号是通过 Cache 模块的 addr_ok 传递给流水线的。回顾 10.1.3 节中 Cache 模块 addr_ok 输出信号的生成逻辑的设计，我们会发现需要考虑流水线传递的请求的读写类型，以及请求地址。所以，在集成 Cache 模块的时候，要务必确保 pre-IF 级和 EX 级发往 Cache 模块的读写类型和地址信号中没有组合逻辑引入 Cache 模块传过来的 addr_ok 信号，否则会导致组合环路。只要不出现这个错误，Cache 模块的 addr_ok 信号就能很好地完成流水线控制任务。如果 EX 级恰好有一个因 Cache Bank 冲突而被阻塞的指令，那么当它发现 addr_ok 为 0 时，就表明请求没有被接收，因此不会进入下一级流水。这套根据 addr_ok 决定是否进入下一级的控制逻辑已经实现了，我们不需要做任何调整。

10.2.2 Cache 缺失情况下的 CPU 流水线适配

在 Cache 缺失情况下，需要花费多个周期来进行处理。由于我们实现的是简单的阻塞式 Cache，因此在这个过程中 Cache 不会接收新的请求。这意味着，这期间向 Cache 发起请求的指令需要被阻塞在流水线中。我们还是通过 addr_ok 这个信号完成控制。回顾 10.1.3 节中 Cache 模块 addr_ok 输出信号的生成逻辑设计，我们会发现：如果这一拍 Cache Tag Compare 的结果是 Miss，那么这一拍的 addr_ok 会变成 0；随后 Cache 的状态将依次为 MISS、REPLACE、REFILL，这期间 addr_ok 还是 0；直到缺失 Cache 行全部填入 Cache 中，Cache 状态将回到 IDLE，此时 addr_ok 才会变为 1。显然，当前 addr_ok 信号的设计能够保证在 Cache 处理 Miss 的时候，后续的 Cache 访问请求都被阻塞。

对于读操作来说，如果 Cache 缺失，那么相应的指令需要在流水线中等待结果返回，这是通过 Cache 模块的 data_ok 输出信号来保证的。其原理与设计总线接口时 data_ok 信号对流水线的控制是一样的，这里就不再解释了。

对于写操作来说，如果 Cache 缺失了，那么相应的 store 指令没有必要在流水线的 MEM 级等待。这也就是为什么在 10.1.3 节给出的 Cache 模块 data_ok 输出信号生成逻辑中，一旦 Cache 模块在 LOOKUP 状态时处理的是写操作，data_ok 就可以不管是否命中直接置为 1。其目的就是为了放行处在 MEM 级的 store 指令，让后续的非访存类指令可以在流水线中继续前行。

10.2.3 Uncache 访问的处理

很多初学者在 CPU 中实现 Cache 的时候，最容易犯的错误就是忘记处理 Uncache 访问，把所有访存操作都放进 Cache。对于一个实用的 CPU，一定不能缺少对 Uncache 访问的处理。比如，绝大多数外设的状态寄存器和控制寄存器就不能采用 Cache 访问。举个简单的例子，如果要通过对控制 LED 灯的 confreg 交替写 0、写 1 来产生闪烁效果，那么采用 Cache 方式访问 confreg 就会出现问题：对 Cache 中的值交替写 0、写 1，而真正控制 LED 灯的那个寄存器却保持初始值不变。

1. 访存的 Cache 属性判断

在 MIPS 指令系统规范中，对访存的 Cache 属性判断是基于地址的段属性和页表属性来实现的。

首先来看虚地址所划分的五个段与 Cache 属性的对应关系，如下所示。

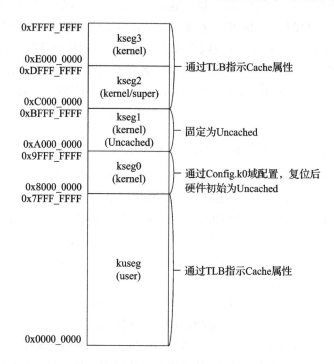

对于 Cache 属性，在这 5 个段（kuseg、kseg0、kseg1、kseg2 和 kseg3）中，kseg1 段固定是 Uncached 属性，无法更改；kseg0 可以通过 CP0 寄存器 Config 的 K0 域更改 Cache 属性；kuseg 和 kseg2/3 的地址则在 TLB 转换时，由对应表项里的 C 域指定 Cache 属性。

Config.k0 和 TLB 表项里的 C 域都是 3 比特的域：0x2 表示 Uncached；0x3 表示 Cached；其他值为保留，我们建议大家将其当作 Uncached 处理。

2. 在 Cache 模块中处理 Uncache 访问

我们如何在实现 Cache 的情况下处理好 Uncache 访问呢？需要注意以下两点：

1）所有发往 Cache 模块的访存请求要能够区分是 Cache 还是 Uncache，因此需要在 Cache 模块的接口增加 1 比特信号指示当前请求的 Cache 属性。

2）Uncache 访问在 Cache 模块的实现应尽可能地复用 Cache Miss 的处理流程和数据通路。

举个例子来说，一个 Uncache 的 load 指令携带着 Uncache 的标志进入 Cache 模块后，Cache 模块内部也会检查一下 Cache，然后一定将其当作 Cache Miss 进行后续处理。因为 Cache Miss 时要向总线外发送访存请求，所以 Uncache 自然就利用这个流程发起总线请求，然后等待数据返回。只不过不需要真的替换一个 Cache 行。换言之，就是状态机可以进行 MISS → REPLACE → REFILL 状态转换，但是不向 Cache 发送读操作，自然就不会产生对外的替换写。如何区别对待这些局部的控制信号？答案是根据 Request Buffer 中记录的 Cache 属性。

Uncache 的 store 指令也是采用类似思路进行处理，即 store 指令一定记录为 Cache Miss，然后空走一圈状态，不发起总线读、Cache 读、Cache 写，只是利用替换写出的数据通路将数据写出去。

为了处理好 Uncache 访问，要对 Cache 模块进行一定的修改。我们之所以没有在第一阶段的设计中一步到位地完成修改，是为了避免 Cache 和 Uncache 把读者搞糊涂。

另外，初学者可能想不到的一个地方是：Uncache 的 Load/Store 操作需要保持严格的顺序。如果 AXI 接口模块内有尚未等到 bvalid 的 Uncache 写请求，那么一定要阻塞后续所有 Uncache 的读或者写请求（无论是否存在地址相关），直到这个 Uncache 写请求的 bvalid 返回。这是为了保证使用 Uncache 访问 I/O 外设的正确性。

10.3 CACHE 指令

Cache 尽管是一个微体系结构领域用于优化性能的对软件透明的结构，但是 MIPS 指令系统规范中还是定义了一系列 CACHE 指令。定义这些 CACHE 指令出于三个目的：初始化、维护 Cache 一致性、诊断，其中初始化和维护 Cache 一致性是必需的。

10.3.1 CACHE 指令的定义

1. 指令格式

CACHE 指令的格式如下：

31 26	25 21	20 16	15 0
101111	base	op	Offset
6	5	5	16

汇编格式：CACHE op, offset(base)

指令说明：依据 op 进行不同的 Cache 操作

GPR[base] + sign_extend(offset) 用于计算得到一个地址，该地址依据 op 的不同有以下两类意义：

1）对 Index 类 op，使用图 10-6 展示的 Index 域索引 Cache 组，使用 Way 确定访问该组里的哪路 Cache 行，Tag 域并不使用。

2）对 Hit 类 op，需要将计算后的地址转换为实地址，之后同正常 Cache 访问一样，使用图 10-6 展示的 Index 和 Tag 域查找 Cache，判断是否命中并进行相应操作。

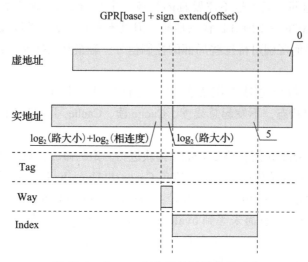

图 10-6 Cache 指令里地址的使用示意

2. 指令 Cache 的 CACHE 指令

本章的实践任务中要求实现的 Cache 指令所支持的指令 Cache 操作有 3 种，参见表 10-7。

表 10-7 指令 Cache 操作一览表

op 编码	操作名称	地址使用方式	功能描述
0b00000	Index Invalid	Index	使用地址索引到 Cache 行后，将该行无效掉
0b01000	Index Store Tag	Index	使用地址索引到 Cache 行后，将 CP0 寄存器 TagLo 指定的 Tag、V 和 D 域更新进该 Cache 行
0b10000	Hit Invalid	Hit	使用地址查找 ICache，如果命中，则将该行无效掉

3. 数据 Cache 的 CACHE 指令

本章实践任务中要求实现的 Cache 指令所支持的数据 Cache 操作有 4 种，参见表 10-8。

表 10-8 数据 Cache 操作一览表

op 编码	操作名称	地址使用方式	功能描述
0b00001	Index Writeback Invalid	Index	使用地址索引到 Cache 行后，使该行无效。如果该行是有效且脏的，则需要先写回系统内存里
0b01001	Index Store Tag	Index	使用地址索引到 Cache 行后，将 CP0 寄存器 TagLo 指定的 Tag、V 和 D 域更新进该 Cache 行
0b10001	Hit Invalid	Hit	使用地址查找 DCache，如果命中，使该行无效。即使该行是有效且脏的，也不需要写回系统内存里
0b10101	Hit Writeback Invalid	Hit	使用地址查找 DCache，如果命中，则使该行无效。如果该行是有效且脏的，则需要先写回到系统内存里

10.3.2 CACHE 指令的实现

为什么要把 CACHE 指令的实现放在 Cache 实现的最后一个阶段呢? 因为我们推荐的 CACHE 指令实现方式是: 复用正常访问的数据通路来完成 CACHE 指令的功能, 所以完善、支持 Cache 正常访问功能是实现 CACHE 指令的基础。若是眉毛胡子一把抓, 经验不足的初学者很容易顾此失彼。

通过分析实验中所要实现的 CACHE 指令的定义, 我们可以总结出如下几个特征:

1) 所有 CACHE 指令都涉及对于 Cache 的修改。所谓的 Invalid 操作实质上就是把相应 Cache 行的 V 写成 0。

2) 部分 CACHE 指令要对 Cache 进行 Hit 判断。

3) 部分 CACHE 指令需要读出一个 Cache 行并将其写回内存。

上述的每个特征对应的功能都可以用已实现的数据通路来完成:

1) Cache 行中内容的修改可以复用 Refill 访问的数据通路完成。

2) Cache 进行 Hit 判断可以复用 Look Up 访问的 Tag 读出和比较部分。

3) 读出 Cache 行并写回内存可以复用 Replace 访问的数据通路。

上面的三句话算是捅破了 CACHE 指令实现的那层 "窗户纸"。循着这个思路, 剩下的设计细化工作就是正确生成相应的控制信号, 在数据通路的某些位置增加多路选择器以增加新的输入来源。这个过程不难完成, 细心即可, 请读者自行完成。我们在这里只提示一点: 操作指令 Cache 的 CACHE 指令和取指有 CP0 冲突, 要解决这一问题, 可以参考之前 TLBWI 指令对流水线的控制机制。

10.4 性能测试程序

针对本章最后的实践任务, 推荐读者运行 Dhrystone 和 Coremark 这两个性能测试程序, 以评估最终版本 CPU 的性能。下面对这两个程序加以简要介绍。

10.4.1 Dhrystone

Dhrystone 是一个历史悠久的评测程序, 程序行为简单, 可以通过编译器的优化得到极高的分数, 但其评测结果没有 Coremark 可靠。

Dhrystone 成功运行的结果大致如下:

```
dhrystone test begin.
Dhrystone Benchmark, Version 2.1 (Language: C)
Dhrystone Benchmark, Version 2.1 (Language: C)
Program compiled without 'register' attribute
Execution starts, 10 runs through Dhrystone

Execution ends
```

Final values of the variables used in the benchmark:

```
Int_Glob:               5
    should be:          5

Bool_Glob:              1
    should be:          1

Ch_1_Glob:              A
    should be:          A

Ch_2_Glob:              B
    should be:          B

Arr_1_Glob[8]:          7
    should be:          7

Arr_2_Glob[8][7]:       20
    should be:          20

Ptr_Glob->
  Ptr_Comp:             -2147471664
    should be:          (implementation-dependent)

  Discr:                0
    should be:          0

  Enum_Comp:            2
    should be:          2

  Int_Comp:             17
    should be:          17

  Str_Comp:             DHRYSTONE PROGRAM, SOME STRING
    should be:          DHRYSTONE PROGRAM, SOME STRING

Next_Ptr_Glob->
  Ptr_Comp:             -2147471664

    should be:          (implementation-dependent), same as above

  Discr:                0
    should be:          0

  Enum_Comp:            1
    should be:          1
```

```
Int_Comp:               18
    should be:          18

Str_Comp:               DHRYSTONE PROGRAM, SOME STRING
    should be:          DHRYSTONE PROGRAM, SOME STRING

Int_1_Loc:              5
    should be:          5

Int_2_Loc:              13
    should be:          13

Int_3_Loc:              7
    should be:          7

Enum_Loc:               1
    should be:          1

Str_1_Loc:              DHRYSTONE PROGRAM, 1'ST STRING
    should be:          DHRYSTONE PROGRAM, 1'ST STRING

Str_2_Loc:              DHRYSTONE PROGRAM, 2'ND STRING
    should be:          DHRYSTONE PROGRAM, 2'ND STRING


Begin ns: 119430

End ns: 253730

Total ns: 134300

Dhrystones per Second:                  74626

You set CPU Freq is 50MHz

So DMIPS/MHZ : 849/1000

dhrystone PASS!
```

运行 Dhrystone 后，最终应该看到打印出"PASS"，否则说明执行出错。

在以上代码中，设定 Dhrystone 迭代 10 次，我们关注的是上述打印信息中的"Total ns"，这个结果要显示在数码管上，也就是 myCPU 运行 10 次 Dhrystone 实际花费的时间（单位是 ns），这个指标也是性能评估的对象。上述代码中是将 CPU 频率设定为 50MHz，得到的运行时间是 134300ns。

在实际的 Dhrystone 性能评估中，通常比较每 MHz 下的分数。运行 10 次需要 134300ns，据此可以推算出该 CPU 每秒可以运行约 74626 次 Dhrystone 程序。

Dhrystone 有个基准分数，把在 VAX-11/780 机器上的测试结果 1757 Dhrystones/s 定义为 1 Dhrystone MIPS（百万条指令每秒）。因此，Dhrystone 最后的得分如下：

$$\frac{\dfrac{74626\ (\text{Dhrystones/s})}{1757\ (\text{Dhrystones/s})} * 1\text{DMIPS}}{50\text{MHz}} = \frac{74626}{1757*50} * \frac{\text{DMIPS}}{\text{MHz}} = 0.85\text{DMIPS/MHz}$$

10.4.2　Coremark

Coremark 是一款用于测量嵌入式系统中 CPU 性能的测试程序，2009 年由 EEMBC 发布。程序用 C 语言编写，包括查找和排序、矩阵操作、状态机和循环冗余操作四部分算法。

测试程序会记录 Coremark 程序运行 1 次的时间 t（以 ns 为单位），并以每秒可以运行 Coremark 程序的次数作为衡量 CPU 性能的指标。

Coremark 程序成功运行的大致结果如下：

```
coremark test begin.
arg : 0, 0, 102, 1, 7, 1, 2000
test start
computation done
2K performance run parameters for coremark.
CoreMark Size    : 666
Total ns : 15407160
Iterations/1000Sec : 64905
You set CPU Freq is 50MHz
So COREMARK/MHZ : 1298/1000
COREMARK/MHZ = (1000000.0/CPU_COUNT_PER_US)*NSEC_PER_USEC*results[0].iterations/total_ns
It equals to 1000MHz/CPU_Freq(MHz) * 1000*1000*iteration/total_ns
It also equals to (Iterations/1000Sec)/CPU_Freq(MHz)/1000
In this run, iterate=1, total_ns=15407160

Total ticks      : 0
Iterations       : 1
Compiler version : GCC4.3.0
Compiler flags   : -O3 -mno-abicalls -funroll-all-loops -falign-jumps=16 -falign-
    functions=16 -fgcse-sm -fgcse-las -finline-functions -finline-limit=1000
    -msoft-float -EL -march=mips1 -mips1
Memory location  : Please put data memory location here
                   (e.g. code in flash, data on heap etc)
seedcrc          : 0xe9f5
[0]crclist       : 0xe714
[0]crcmatrix     : 0x1fd7
[0]crcstate      : 0x8e3a
[0]crcfinal      : 0xe714
Correct operation validated. See readme.txt for run and reporting rules.
coremark PASS!
```

运行 Coremark 后，最后应当看到打印出"PASS"，否则说明 Coremark 程序执行出错。

上面代码中设定 Coremark 迭代 1 次，我们关注的是上述打印信息中的"total_ns"，这个信息也显示在数码管上，也就是 myCPU 运行 1 次 Coremark 实际花费的时间（单位是 ns），这个数据也是性能评估的对象。上述是将 CPU 频率设定为 50MHz，得到的运行时间是 15407160ns。

在实际的 Coremark 评测中，通常比较的是 Coremark/MHz，在上面代码中运行 1 次 Coremark 共花费了 15407160ns，依此可以推算出该 CPU 每秒可以运行 64.905 次 Coremark 程序。因为 Coremark 的分数以每 MHz 为单位，将 64.905 除以 CPU 的频率 50MHz，得到它的 Coremark 评分为 1.298 Coremark/MHz。从上述打印信息中也能得到这个分数值，由于该 CPU 不支持浮点运算，因此打印中所有的计算都是先将运算数扩大 1000 后成为整数，运算后打印时再显示"/1000"得到准确结果。

10.5　Cache 的性能

按照本章给出的设计思路，我们实现的 Cache 部件的性能可以达到正常水平：至少 Cache 命中时单拍返回，CPU 流水线不会断流。根据我们的经验，很多初学者实现的 Cache 部件在 Cache 命中时需要 2 拍（甚至 4 拍）才能返回读数据，而 CPU 流水线又不能掩盖这些延迟带来的影响，导致 CPU 性能很低。

本章实现的 Cache 部件依然有性能提升的空间，学有余力的同学可以尝试进行优化。

只考虑单访问端口的结构，我们从三个方面讨论 Cache 的性能。

1）Cache 命中时的访问延迟：对于本章所实现的 Cache 部件，在 Cache 命中时是单拍返回。这已经是最小的访问延迟了。

2）Cache 失效时的访问延迟：对于本章所实现的 Cache 部件，在 AXI 的突发传输中途，如果需要的数据返回，就把数据直接发送给流水线。这比等整个 Cache 行数据都返回，再将数据发送给流水线要快。但是，我们可以使用"关键字优先"技术来进一步降低失效时的访问延迟。所谓"关键字优先"技术，就是利用 AXI 的 Wrap 类型的突发传输，使得 AXI 在 R 通道上返回的第一个数据就是我们需要的数据。"关键字优先"技术的主要目的是降低 AXI 外部的访问延迟。Cache 失效时的访问延迟可以进一步分解为：Cache 查询到向 AXI 发出失效读请求的延迟 +AXI 外部的访问延迟 + 返回数据到流水线的延迟。所以，Cache 部件中处理 Cache Miss 的状态机也应当尽量优化：尽早向 AXI 发出失效的 Cache 行的读请求，AXI 返回的数据尽快送回流水线。但是，Cache Miss 处理得太过激进，又会使状态机的复杂度更高，这需要进行权衡。

3）Cache 失效时对后续访问的影响：这是指 Cache 失效时，当拍数据已经从 AXI 外部返回并送到流水线了，但是失效的 Cache 行的处理还没有完成，此时要判断是否允许 Cache 部件接收后续的访问请求。如果允许，而第 2 个请求又 Miss 了的时候，是否可以接收第 3 个请求？以此类推。（上述描述是针对顺序访存架构的，如果是乱序访存架构，还要考虑第一个 Miss 的数据尚未返回，是否可以接收第 2 个访问请求的情况。）显然，本章所实现的 Cache 部件由主状态机维护 Cache 的查询访问和失效处理，所以要等 Miss 完整地处理完成 之后，才能接收后续的访问请求。这种处理的性能并不高。对于单发射流水线，可以考虑 允许一项 Miss 正在处理，同时可以接收后续的访问请求。这就需要将主状态机拆分为两个 状态机：①查询状态机，用于接收流水线的访问请求、查询 Cache，并返回数据给流水线； ② Miss 状态机，接收查询状态机发送来的 Miss 请求，维护 Miss 项的处理。这两个状态机 需要进行交互，并且有些状态转换需要相互考虑，比如 Miss 状态机的 refill 请求和查询状态 机的查询请求冲突时的处理方案。Miss 时接收后续访问请求虽然能带来的一定程度的性能提 升，但是 Cache 部件的复杂度也提高了。

10.6 任务与实践

完成本章的学习后，希望读者能够完成以下 4 个实践任务：

1）Cache 模块设计，参见 10.6.1 节，实践资源见 lab16.zip。

2）在 CPU 中集成 ICache，参见 10.6.2 节，实践资源见 lab17.zip。

3）在 CPU 中集成 DCache，参见 10.6.3 节，实践资源复用 lab17。

4）在 CPU 中添加 Cache 指令，参见 10.6.4 节，实践资源复用 lab19.zip。

为完成以上实践任务，需要参考的文档包括但不限于：

1）本章内容。

2）附录 C。

10.6.1 实践任务一：Cache 模块设计

本实践任务的要求如下：

1）按照 10.1 节规定的接口设计 Cache 模块。

2）将设计的 Cache 模块集成到 lab16.zip 提供的模块级验证环境中，并通过仿真和上板 验证。

本实践任务的环境与之前的环境都不相同，这个环境是针对 Cache 模块的单独验证的， 见 lab16.zip 里的 cache_verify。在该验证环境中，由 cache_top 模块向 Cache 的每一个 Index 发出读写请求。

lab16.zip 里的目录结构如下：

```
|--cache_verify/              目录，Cache 模块级验证环境
|    |--rt1/                  目录，包含 Cache 模块以及验证顶层的设计源码
|    |    |--cache/           目录，自实现的 Cache 模块，需要读者自行完成
|    |    |--cache_top.v      Cache 模块级验证的顶层文件
|    |--testbench/            目录，包含功能仿真验证源码
```

```
|   |   |--testbench.v              仿真顶层
|   |--run_vivado/                  Vivado 工程的运行目录
|   |   |--cache_top.xdc            Vivado 工程的约束文件
|   |   |--cache_verify/            创建的 Vivado 工程，名称为 cache_verify
|   |   |   |--cache_verify.xpr     Vivado 创建的工程文件
```

请参考下列步骤完成本实践任务：

1）学习 10.1 节的内容。

2）将 lab16.zip 解压到路径上无中文字符的目录里，实验环境为 cache_verify。

3）完成 Cache 模块的设计和 RTL 编写，记为 cache.v，将该模块命名为"cache"，输入 /
输出端口参见表 10-4。

4）Cache 模块的设计规格要求如下：2 路组相连，每路大小为 4KB，采用 LRU 或伪随
机替换算法，推荐硬件初始化。

5）将 cache.v 拷贝到 cache_verify/rtl/cache/ 目录中。

6）打开 cache_verify 工程（cache_verify/run_vivado/cache_verify/cache_verify.xpr）。

7）通过"Add Sources"将 cache.v 添加到工程中。

8）运行 cache_verify 工程的仿真（进入仿真界面后，点击 run all），开始调试。

9）仿真通过后，综合实现后生成比特流文件，进行上板验证（如果没有实验箱，请跳
过这一步）。

1. 仿真验证结果判断

模块级验证会从 index=0 的时候开始，针对每个 index，生成四组随机的 tag 和 data 对。
首先，生成写请求将这四组数据写进 Cache，然后生成读请求读取这四组数据。如果期间没
有发生错误，index 递增，重新生成 tag 和 data 对进行相同的测试，直到 index==ff 的测试完
成为止。

对于写 Cache 请求，我们期望看到的结果是，写请求发出后会出现 Cache Miss，Cache
模块会发出 rd 请求，验证环境返回全 1 值（0xFFFFFFFF）。写请求可能会引发替换操作，这
时验证环境会将 wr_addr 和 wr_data 和前述的 tag/data 组合做对比，如果替换的值有错，测
试会中止。

写操作全部进行完之后会有读操作，验证环境会做同样的检测。当 Cache 返回读操作的
结果之后，验证环境会检测读到的结果与之前写入的结果是否相同。

在仿真时，会对每一个 index 生成四个 Cache 行的先写再读的操作，所有操作都完成后
会打印 PASS，如下所示：

```
[   2705 ns] index 00 finishd
............
========================================================
Test end!
----PASS!!!
```

如果在仿真中发现错误，请进行调试，控制台会打印出错误的原因。验证环境只会检查替换时的数据错误和 Cache read 的数据错误。

2. 上板验证结果判断

正确的上板运行效果如图 10-7 所示，开发板上数码管的左边两位显示当前测试的 index 值，直到 index 为 0xff 的时候测试停止。

图 10-7　Cache 上板验证正确的效果图

10.6.2　实践任务二：在 CPU 中集成 ICache

本实践任务要求在完成上一章实践任务和本章实践任务一的基础上，完成以下工作：

1）将本章实践任务一完成的 Cache 模块作为 ICache 集成到上一章实践任务完成的 CPU 中。

2）ICache 规格如下：2 路组相连，每路大小为 4KB，采用 LRU 或伪随机替换算法，推荐硬件初始化。

3）运行 lab17.zip 里的 func_all94 功能测试，完成仿真和上板验证。

4）关于内存段属性管理，要求 kseg0 固定为 Cached 属性。

本实践任务的硬件环境沿用 CPU_CDE_AXI，软件环境使用 lab17.zip。lab17.zip 只包含软件编译环境（func_all94）。func_all94 包含除 tlb_func 之外的所有 94 个功能点测试。

本实践任务需要在完成的 TLB 基础上集成 ICache 模块，运行 94 个功能点的测试程序（func_all94）。强烈推荐采用以下方式：先不添加 ICache，运行 func_all94 通过，以确保 TLB 模块添加后不会影响原有功能的正确性。另外，本任务需要修改 AXI 转换桥，以支持 Burst 传输。

请参考下列步骤完成本实践任务：

1）请确保已完成第 9 章的学习和本章的实践任务一。

2）学习 10.1 节和 10.2 节的内容。

3）准备好 lab15 的实验环境 CPU_CDE_AXI，准备好 lab16 完成的 Cache 模块代码 cache.v。

4）将 Cache 模块代码集成到 myCPU 的取指通路上作为 ICache 模块。

5）解压 lab17.zip，将 func_all94/ 拷贝到 CPU_CDE_AXI/soft/ 目录里。

6）打开 cpu132_gettrace 工程（CPU_CDE_AXI/cpu132_gettrace/run_vivado/cpu132_gettrace/cpu132_gettrace.xpr）。

7）重新定制 cpu132_gettrace 工程中的 inst_ram，此时选择加载 func_all94 的 coe（CPU_CDE_AXI/soft/func_all94/obj/inst_ram.coe）。

8）运行 cpu132_gettrace 工程的仿真（进入仿真界面后，直接点击 run all 等待仿真运行完成），生成新的参考 Trace 文件 golden_trace.txt（CPU_CDE_AXI/cpu132_gettrace/golden_trace.txt）。注意，要等仿真运行完成，golden_trace.txt 才有完整的内容。

9）打开 myCPU 工程（CPU_CDE_AXI/mycpu_axi_verify/run_vivado/mycpu_prj1/mycpu_prj1.xpr）。注意，新 RTL 源码需要通过"Add Sources"加入到工程中。

10）由于支持 Trace 比对机制，故 CPU_CDE_AXI/ mycpu_axi_verify/rtl/CONFREG/confreg.v 的 408 行的 open_trace 的复位值应该修改为 1。

11）重新定制 myCPU 工程中的 axi_ram，此时选择加载 func_all94 的 coe（CPU_CDE_AXI/soft/func_all94/obj/inst_ram.coe）。

12）运行 myCPU 工程的仿真（进入仿真界面后，直接点击 run all），开始调试。

13）仿真通过后，综合实现后生成比特流文件，进行上板验证（如果没有实验箱，请跳过这一步）。

10.6.3 实践任务三：在 CPU 中集成 DCache

本实践任务要求在本章实践任务二完成的基础上，完成以下工作：

1）将本章实践任务一完成的 Cache 模块作为 DCache 集成到本章实践任务二完成的 CPU 中。

2）DCache 规格如下：2 路组相连，每路大小为 4KB，采用 LRU 或伪随机替换算法，推荐硬件初始化，写回 + 写分配。

3）运行 lab17.zip 里的 func_all94 功能测试，完成仿真和上板验证。

本实践任务三的实验环境与实践任务二（也就是 lab17）相同。

请参考下列步骤完成本实践任务：

1）请先完成本章的实践任务二。

2）学习 10.1 节和 10.2 节内容。

3）准备好 lab17 的实验环境 CPU_CDE_AXI。

4）将 Cache 模块代码集成到 myCPU 的数据访存通路上作为 DCache 模块。

5）打开 myCPU 工程（CPU_CDE_AXI/mycpu_axi_verify/run_vivado/mycpu_prj1/mycpu_ prj1.xpr）。注意，新 RTL 源码需要通过"Add Sources"加入到工程中。

6）由于支持 Trace 比对机制，故 CPU_CDE_AXI/ mycpu_axi_verify/rtl/CONFREG/confreg.v 的 408 行的 open_trace 的复位值应该修改为 1。

7）运行 myCPU 工程的仿真（进入仿真界面后，直接点击 run all），开始进行调试。

8）仿真通过后，综合实现后生成比特流文件，进行上板验证（如果没有实验箱，请跳过这一步）。

10.6.4　实践任务四：在 CPU 中添加 CACHE 指令

本实践任务要求在完成本章实践任务三的基础上，完成以下工作：

1）为 CPU 增加 2 个 CP0 寄存器：Config 和 Config1。此时 kseg0 依据 Config.k0 确定 Cache 属性。

2）为 CPU 增加专用 ICache 指令：I_Index_Inv、I_Index_Store_Tag、I_Hit_Inv。

3）为 CPU 增加专用 DCache 指令：D_Index_Wb_Inv、D_Index_Store_Tag、D_Hit_Inv、D_Hit_Wb_Inv。

4）运行 lab19.zip 里的 cache_func 并测试通过。

5）推荐运行 lab19.zip 中 perf_func 里的 Dhrystone 和 Coremark 这两个性能测试程序，要求仿真和上板通过。

本实践任务的硬件环境沿用 CPU_CDE_AXI，软件环境使用 lab19.zip。lab19.zip 只包含软件编译环境（cache_func）。cache_func 是为 Cache 指令专门编写的功能测试。由于 CPU_CDE_AXI 里生成 golden_trace.txt 的 CPU132 不支持 Cache 指令，故本实践任务没有 Trace 比对机制，不需要运行 cpu_gettrace 工程。

请参考下列步骤完成本实践任务：

1）请先完成本章的实践任务三。

2）学习 10.3 节的内容。

3）准备好 lab18 的实验环境 CPU_CDE_AXI。

4）在 lab18 的基础上，为 myCPU 添加相关的 CP0 寄存器和 Cache 指令。

5）解压 lab19.zip，将 cache_func/ 拷贝到 CPU_CDE_AXI/soft/ 目录里。

6）打开 myCPU 工程（CPU_CDE_AXI/mycpu_axi_verify/run_vivado/mycpu_prj1/mycpu_prj1.xpr）。注意，新 RTL 源码需要通过"Add Sources"加入工程中。

7）由于不支持 Trace 比对机制，故 CPU_CDE_AXI/ mycpu_axi_verify/rtl/CONFREG/confreg.v 的 408 行的 open_trace 的复位值应该修改为 0。

8）对 myCPU 工程中的 axi_ram 进行重新定制，此时选择加载 cache_func 的 coe（CPU_CDE_AXI/soft/cache_func/obj/inst_ram.coe）。

9）运行 myCPU 工程的仿真（进入仿真界面后，直接点击 run all），开始调试。

10）仿真通过后，综合实现后生成比特流文件，进行上板验证（如果没有实验箱，请跳过这一步）。

在完成本实践任务之后，记得使用最新的 myCPU 运行 lab18.zip 里的 func_all94，确保添加 Cache 指令之后未引入其他错误。

运行 Dhrystone 和 Coremark 性能测试程序，请参考下列步骤完成：

1）解压 lab19.zip，将 perf_func/ 拷贝到 CPU_CDE_AXI/soft/ 目录里。

2）由于不支持 Trace 比对机制，故 CPU_CDE_AXI/ mycpu_axi_verify/rtl/CONFREG/confreg.v 的 408 行的 open_trace 的复位值应该修改为 0。

3）对 myCPU 工程中的 axi_ram 进行重新定制，此时选择加载 perf_func 的 coe（CPU_CDE_AXI/soft/perf_func/obj/dhrystone/axi_ram.coe 或 CPU_CDE_AXI/soft/perf_func/obj/coremark/axi_ram.coe）。

4）运行 myCPU 工程的仿真（进入仿真界面后，直接点击 run all），开始调试。

5）仿真通过后，综合实现后生成比特流文件，进行上板验证（如果没有实验箱，请跳过这一步）。

第 11 章

进 阶 设 计

通过前面的开发实践，大家应该已经得到了一个具备基本功能、可以运行简单系统的处理器核了。可能你还希望进一步优化这个处理器核，使它的功能更丰富、性能更强。在本章中，我们将对进阶设计给出一些建议，而具体的设计方案就需要聪明的你自己去制定了。如果你觉得我们给出的设计建议不够具体或是不好理解，那么一方面推荐你们深入学习龙芯的总设计师胡伟武先生撰写的《计算机体系结构基础（第 2 版）》，书中对于这些进阶设计内容有更深入的介绍，另一方面推荐你们到"龙芯杯"全国大学生计算机系统能力培养大赛的官网（www.nscscc.org）上查阅历届决赛队伍公开的设计文档，相信一定会给你带来启发。

本章将要探讨的进阶设计包括：运行 Linux 内核，提升主频的常用方法，超标量流水线的实现，动态调度机制的实现，硬件转移预测的实现，访存优化技术以及多核处理器的实现。这些进阶设计要点在实现上并没有先后关系要求，你可以根据自己的喜好选择感兴趣的功能开始尝试。

11.1　运行 Linux 内核

完成本书第 10 章的实践任务后，我们设计的 CPU 应该具有以下特性：

1）实现了包含 TLB 和 Cache 指令在内的 65 条指令。

2）顶层接口实现为 AXI32 的接口。

3）实现了一级指令和数据 Cache，支持软件通过 Cache 指令操作 Cache 部件。

4）实现了基于 TLB 的存储管理单元，存储管理的页大小固定为 4KB。

这个 CPU 已经具备运行一个 Linux 级别的真实操作系统的基本条件。读者不要对"在自己设计的 CPU 上运行真实的操作系统"感到不可思议。从 2017 年开始的"'龙芯杯'全国大学生计算机系统能力培养大赛"（以下简称"'龙芯杯'大赛"）上，有越来越多的参赛队伍实现了这一目标。我们相信，会有更多的高校将"在自己设计的 CPU 上运行真实的操作系统"作为本科生"计算机组成原理"或"计算机体系结构"课程的教学目标，会有更多的本科生能够完成"在自己设计的 CPU 上运行真实的操作系统"这一任务。

本节将为感兴趣的读者提供一些"在自己设计的 CPU 上运行真实的操作系统"的指导。

本节主要讲解运行 Linux 对 CPU 的要求，但不涉及 PMON 和 Linux 源码分析。关于 PMON 和 Linux 的启动过程、源码分析，请各位读者自行学习或参考历届"'龙芯杯'大赛"参赛队伍的文档。本节内容也受到历届"'龙芯杯'大赛"的优秀参赛队伍的实践总结的启发，在此向他们表示感谢。

11.1.1 复杂 SoC 搭建

在运行真实的操作系统之前，我们需要使用自己设计的 CPU 搭建一个复杂的 SoC，该 SoC 至少应该包括内存控制器、串口控制器、Flash 控制器和网络控制器。内存控制器用来连接内存存储器，以实现主存功能；串口控制器用来连接串口，以实现人机交互；Flash 控制器用来连接 Flash 芯片，以装载和启动 BIOS 代码；网络控制器用来连接网口，以实现数据交互。

搭建这一复杂 SoC 需要的相关内存等控制器的代码，可以从"'龙芯杯'大赛"官网（http://www.nscscc.org）的大赛资源包中获取。大赛资源包里还包含 PMON 和 Linux 2.6.32 的源码和编译环境，以及 CPU 启动 Linux 内核的指导说明。

各位读者也可以选择最新版本的 Linux 内核进行移植，或者基于 MIPS 4Kc 处理器的内核分支进行适配和移植。

11.1.2 CPU 的进一步完善

为使我们设计的 CPU 能够正确启动 PMON 和 Linux，建议对 CPU 做进一步的完善。

1）实现 MIPS32 Release 1 中除了 CP1、JTAG 等指令之外的 100 条指令，包括 ADD、ADDI、ADDIU、ADDU、CLO、CLZ、DIV、DIVU、MADD、MADDU、MSUB、MSUBU、MUL、MULT、MULTU、SLT、SLTI、SLTIU、SLTU、SUB、SUBU、BEQ、BGEZ、BGEZAL、BGTZ、BLEZ、BLTZ、BLTZAL、BNE、J、JAL、JALR、JR、LB、LBU、LH、LHU、LL、LW、LWL、LWR、PREF、SB、SC、SH、SW、SWL、SWR、SYNC、AND、ANDI、LUI、NOR、OR、ORI、XOR、XORI、MFHI、MFLO、MOVN、MOVZ、MTHI、MTLO、SLL、SLLV、SRA、SRAV、SRL、SRLV、BREAK、SYSCALL、TEQ、TEQI、TGE、TGEI、TGEIU、TGEU、TLT、TLTI、TLTIU、TLTU、TNE、TNEI、BEQL、BGEZALL、BGEZL、BGTZL、BLEZL、BLTZALL、BLTZL、BNEL、CACHE、ERET、MFC0、MTC0、TLBP、TLBR、TLBWI、TLBWR、WAIT。

2）实现 12 种中断例外，包括 Interrupt、TLB Mod、TLBL、TLBS、AdEL、AdES、Syscall、Break、RI、CpU、Ov、Trap。

3）实现 20 个 CP0 寄存器，包括 Index、Random、EntryLo0、EntryLo1、Context、PageMask、Wired、BadVaddr、Count、EnryHi、Compare、Status、Cause、EPC、PRID、Ebase、Config、Config1、TagLo、TagHi。

4）CPU 可以不实现用户态，始终运行在核心态。

以上推荐实现的指令、例外和 CP0 寄存器并不是运行 Linux 操作系统的最小集，但已经很接近最小集了。因为实现起来没太大难度，所以就一起推荐了。具体的实现细节请参考 MIPS 官方文档。请需要注意以下几点：

1）MIPS32 Release 1 中包含 branch likely 指令，如 BEQL、BNEL 等，这些指令可以通过编译选项 -mno-branch-likely 去除，但是我们仍然建议实现这些指令。

2）如果实现了 Cache，需要实现 CP0 Config1 寄存器，同时需要实现 Cache 指令中的 Required 部分，那么 Linux 会根据检测到的 Cache 配置通过 Cache 指令进行 Cache 一致性处理，我们不需要在 Cache 的 RTL 代码层面处理一致性。PREF 指令可以处理为 NOP。

3）MIPS32 Release 1 中的 CP1 指令（浮点指令）需要报 Coprocessor Unusable 例外，而不是 Reserved Instruction，同时 CP0 Cause 寄存器的 CE 位也需要置上对应值。Linux 会根据 ExcCode 和 CE 位对例外进行相应处理，即软件模拟浮点指令。

4）CP0 PRID 寄存器可以设置为 0x00004220（龙芯开源 GS232 的 PRID），PMON 和 Linux 均会通过这个寄存器判断 CPU 类型。如果希望修改它，为自己的 CPU 设一个单独的 PRID，那么需要修改 PMON 和 Linux 源码。

5）在之前的设计中，例外入口地址统一设置为 0xbfc00380。正确运行 PMON 需要 CPU 按照 MIPS 手册的规定设置入口地址，不能全部使用 0xbfc00380。推荐根据 MIPS 官方文档，正确实现 Status.BEV 切换例外入口基址的功能。

11.1.3　调试建议

目前，在仿真环境里调试 Linux 并不现实，如果上板运行 Linux 出现错误，就只能使用"print 大法"和 FPGA 在线调试的方法。但是，在调试运行 Linux 之前，我们应当对 CPU 甚至 SoC 进行充分验证。

首先，需要对新添加的指令、中断例外和 CP0 寄存器进行验证。比较方便的验证方法是修改功能测试、性能验证的 func，以及修改功能测试时需要手动设计测试点。完成功能测试后，可以在性能测试包中增加测试程序，记得同时修改 Makefile 中的编译选项，将 -mips1 修改为 -mips32。

如果在测试集上没有发现任何错误，而 PMON 或者 Linux 的运行出错，那么接下来的调试过程可能会非常痛苦，因为你能做的只有修改 Linux 源码添加 printk 调试信息、上板抓取波形进行在线调试和头脑 debug。

当遇到问题时，首先要确认是否因为 Cache 导致出错。如果去掉 Cache 之后仍然出错，则优先考虑 CPU 控制逻辑错误，重点关注跳转逻辑、数据前递、中断例外标记等。如果是 Cache 出错，那么可以根据打印出的错误信息，通过抓取访存波形来判断出错位置。但是，可能会出现 Cache 出错后 PMON 运行崩溃，没有打印出错误信息的情况，此时可以选择抓取某些寄存器的特殊值（如 CP0 Cause、Status），PMON 运行时不会产生中断例外。

通过在 Linux 源码中加入 printk，可以确认 Linux 运行过程中的出错位置。

上板在线调试时，通过 (* mark_debug = true *) 来指定 debug 信号，它们会通过 debug core 引出，在上板的时候被抓取出来。在 setup debug 时，可以打开 advanced trigger 选项，从而极大地提高波形抓取的效率，但代价是生成比特文件的时间变长。关于在线调试的详细内容，可以在 Xilinx 官网上搜索 ug908 查看 ug908-vivado-programming-debugging.pdf 文档。

11.2 提升主频的常用方法

提升主频是一种非常直接的提高处理器性能的途径。在前面的讲解中，已经介绍了一些提升主频的方法。在这里我们总结一下提升主频的方法，并补充一些新的内容。

11.2.1 平衡各级流水线的延迟

本书所介绍的处理器流水线设计，在物理上都是采用同步电路来实现的。通常，整个处理器流水线采用同一个时钟，所以决定主频的是时延最长的那一级流水。当流水级数和物理实现工艺确定之后，我们需要根据物理综合的时序反馈来精细调整逻辑在各级流水线之间的分布，尽可能使各级流水线的延迟大致相当。

不过，这个调整未必能达到理想的效果。例如，当某条路径上包含了 RAM 读出的逻辑，那么最多只能将这级流水线的延迟缩短到 RAM 读出的延迟加上触发器的 setup 时间，如果它的时延还是远远大于其他流水级，那么在你的能力范围内已经无法解决这个问题了。

11.2.2 优化大概率事件的处理逻辑

在平衡流水线延迟的优化做到接近极致之后，如果还想提升主频，那就不再是"稳赚不赔"的工作了。如果要继续维持流水线级数不变，那么就要针对具体的应用场景，只保留那些针对大概率事件的性能优化处理逻辑，从而降低电路逻辑的复杂度。

举例来说，前递是我们常用的性能优化技术。如果要追求极致的流水线执行效率，任何指令的结果在流水线中计算完成后，都应该前递到任何可能利用到该结果的地方。对于这个前递网络上的延迟，除了走线延迟之外，逻辑上的延迟主要取决于两点：一是单个前递的发起点去往多少个前递的接收点，终点越多，负载越大，延迟越大；二是每个前递的接收点最多要在多少个前递来的数据中选择出所需的前递值，来源越多，多选一的输入端口越多，延迟越大。当我们发现关键路径中有前递网络参与其中，就可以结合具体设计来分析这条路径上是否有发生概率不大的前递路径，如果有这样的路径，就可以通过实验的方式检查调整后整体的收益是否为正。如果整体收益为正，则为有效调整。

再举个例子，如果乘法电路的延迟成为关键路径的主要构成因素，而我们通过对应用中乘法的输入数据进行分析，发现乘法的两个操作数的绝对值在 2^{16} 以内的情况占据很高的比例，那么就可以对乘法器中华莱士树的规模进行缩减，使得乘法器在两个操作数的绝对值小于 2^{16} 的时候可以全流水执行，否则就多阻塞一拍，通过迭代两轮来完成计算。

11.2.3   用面积和功耗换时序

在优先考虑性能的应用场合，还可以通过用面积和功耗换时序的频率优化方式。在处理器结构设计中，最典型的例子莫过于用多项的 FIFO 替代单项 buffer 以消除流水线 allow in 信号的链式传递。在采用多项 FIFO 之后，我们只根据当前拍 FIFO 有没有空项来决定下一拍前一级流水的内容是否可以输入，这样从本级输出给前一级流水的 allow in 信号就不会引入后面各级流水线 allow in 信号的延迟影响。

另一种用面积换时序的技巧常与流水线延迟平衡的优化配合使用。假设某个信号（通常是很多位才会出问题）在这一级要去往多个物理距离上相距较远的地方，由于扇出负载大且走线延迟长成为关键路径，但是恰好这个信号在上一级的时序很宽松，那么我们就可以在这一级将这个信号的锁存器复制多份，把一部分扇出和走线的延迟移到上一级去。

再举一个例子。在与 Cache 访问相关的流水线设计中，如果第一级流水线发出请求，第二级 Cache 读出请求并判断是否命中，不命中的话就在第二级阻塞该请求，那么要是设计成指令只有在能入第二级的时候才在第一级向 Cache 发出请求，就会出现一条 " RAM 读出 → tag 比较判断是否命中→第二级发往第一级的 allowin → RAM 片选使能" 的超长路径。我们必须断开这条路径，即指令在第一级向 Cache 发出请求信号时不看它下一拍能否进入第二级。当然这样做不是没有代价的，一方面会浪费功耗，另一方面由于 RAM 输入的命令被修改，被阻塞在第二级的指令在下一拍就不能直接用 RAM 的 Q 端的输出数据了，如果它需要这样做，就必须用触发器保存下来。

11.2.4   进一步切分流水线

你设计的处理器的应用场景越通用，意味着各种事件出现的概率分布越均衡，上面提到的优化大概率事件处理逻辑的方法越难达到满意的性能优化效果。此时要想继续提升主频，就要靠进一步切分流水线来实现了。

不过，切分流水线对性能的影响并不好预测，虽然它会提升主频，但流水线的执行效率也会受到影响。比如，增加取指阶段的流水级数会造成控制相关所引起的流水线阻塞周期增加，增加访存阶段的流水级数会造成 load-to-use 指令的延迟增加，使得后续数据相关的指令延后执行。要克服这些因流水级数增加而带来的效率损失，就需要引入分支预测、动态调度等技术，而这些技术又可能引入更复杂的逻辑而导致新的关键路径出现。

至于如何切分，就要具体设计具体分析，很难给出一个普适性的建议。但是，就主流水线的级数而言，采用静态调度的流水线通常切分为 6 ～ 8 级，采用动态调度的流水线通常切分为 9 ～ 11 级。

11.3   静态双发射流水线的实现

增加流水线的宽度是提升处理器性能的另一个途径。本节之所以将讨论的范围限定在双发射，是因为对于一款通用处理器而言，如果采用静态调度机制，那么双发射应该是一个最合适的设计点，进一步增加流水线宽度对性能提升没有太多帮助。

我们先来澄清初学者容易出现的两个认识上的误区。

首先，对于双发射流水线而言，尽管名称用到了"发射"这个词，但是它并不仅仅意味着执行阶段的宽度为每周期最多处理两个指令（操作）。对于一个双发射流水线，其各级流水线的宽度至少应保证其可以实测出 IPC=2 的理论峰值。如果连这个目标都无法实现，那么这个双发射处理器的结构设计肯定是不合理的。对于传统的 MIPS 指令架构来说，这意味着从取指开始直至写回，执行简单 ALU 类指令的通路的宽度均不小于两条指令。

其次，双发射并不意味着所有的执行流水线都要成对出现，例如访存、定点乘除运算、浮点乘除运算指令的执行流水线只有一条，这也是很合理的设计。

将一个静态单发射流水线改造为静态双发射流水线，大部分的设计调整都是符合直觉的。这里针对初学者提醒几点：

1）译码阶段的结构相关检查需要考虑只有单条执行部件的指令不能在一拍内发射两条。

2）译码阶段的数据相关检查要考虑这一拍的两条指令是否存在 RAW 数据相关，如果存在，处理的方法要么是将第二条指令阻塞到下一拍发射，要么是将两条指令的先后信息一路传递下去，用于写回级的信号控制。我们推荐采用前一种处理方法。

3）即使仍维持五级流水，也需要考虑译码级同时含有 taken 的转移指令及其延迟槽指令时，写回级取回的指令要被取消。但是，同时要考虑如果译码级仅有一条 taken 的转移指令时，一定要将其延迟槽指令取进流水线。

4）从指令发射执行开始，同一拍发射的两条指令要作为一个整体沿着流水线前移，否则就不是静态流水线了，需要额外引入相关机制来给指令定序以确保精确例外。

11.4 动态调度机制的实现

动态调度机制能够进一步挖掘程序中存在的指令级并行性，提高流水线的执行效率。如今的高性能通用处理器几乎无一例外地采用了动态调度机制。如果大家已经对动态调度机制的基本原理有比较透彻的了解，推荐各位阅读《计算机体系结构基础（第 2 版）》的第 6 章和第 7 章，其中对动态调度机制有深入浅出的讲解。如果还觉得不过瘾，可以进一步阅读" The MIPS R10000 Superscalar Microprocessor. IEEE Micro. 1996, 16(2): 28-41" 和" The Alpha 21264 Microprocessor. IEEE Micro. 1999, 19(2): 24-36"这两篇经典论文。在本节中，我们将首先讲述一个双发射动态流水线的主要设计考虑，然后再给出一些与 RTL 实现相关的建议。

11.4.1 一个双发射动态调度流水线的设计实例

我们要设计的双发射动态调度流水线的主要设计特征是：

1）采用物理寄存器堆重命名。

2）保留站后读寄存器。

3）全局保留站。

4）有一个定点部件、一个浮点部件、一个访存部件。

5）流水线划分为五级：取指、译码（包括重命名）、发射（包括读寄存器）、执行（包括写回）、提交。

整个流水线的结构设计框图如下所示。我们的重命名表采用的是 CAM 的组织结构，即重命名表的项数与物理寄存器堆的项数一致。

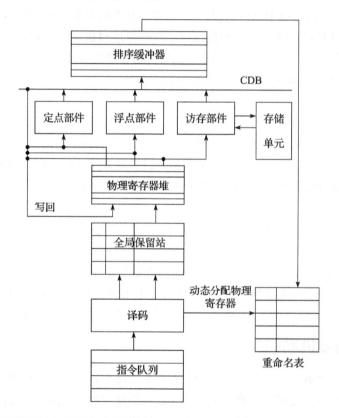

下面简要介绍各级流水阶段相应的操作：

1. 取指阶段

从指令部件中取指令到指令队列中。

2. 译码阶段

对取到的指令进行译码，并为目的逻辑寄存器分配空闲（state 状态为 EMPTY）的物理寄存器，并将这个逻辑寄存器号填入映射表中该物理寄存器所对应的表项，同时置该表项的 state 为 MAPPED，置 valid 标志位为 1。每个映射表项有三个域：逻辑寄存器号、state、valid。逻辑寄存器号标示了是哪个逻辑寄存器被映射到这个物理寄存器；state 有 EMPTY、

MAPPED、WB、COMMIT 四种选择，用于标示这个物理寄存器的当前状态；valid 有 1、0 两种选择，用于在一个逻辑寄存器对应多个物理寄存器的情况下标示最新映射，当一个逻辑寄存器被使用多次（即被多次分配物理寄存器号），则置最后一次分配的那一项的 valid 为 1，前面都为 0。这样，将要发送给保留站的指令中的寄存器号就是重命名后的物理寄存器号。

除了为目的逻辑寄存器分配空闲物理寄存器外，还要将每条指令的源操作数的逻辑寄存器号与重命名表中非 EMPTY 且 valid=1 的项的逻辑寄存器号进行比对，命中项的索引值作为查找得到的物理寄存器号。查找重命名表得到的源操作数所对应的物理寄存器号不是最终的结果，还要对这两条指令进行相关检测，如果前面指令的目标寄存器号与后面指令的源寄存器号相同，则要将后面指令源寄存器对应的物理寄存器号调整为前一条指令刚刚分配的物理寄存器号。

在查找源操作数逻辑寄存器对应的物理寄存器的时候，如果重命名表中对应项的 state 值已经是 WB 和 COMMIT，或者当前结果总线上正好在写这一项，那么这个源操作数标记为准备好，否则标记为未准备好。

完成重命名的指令将携带着源操作数和目的操作数的物理寄存器号以及源操作数是否准备好的信息写入保留站。

3. 发射阶段

保留站所有未发射指令侦听结果总线，将自己未准备好的源操作数的物理寄存器号与结果总线上的物理寄存器号进行比较，如果相等，则将该源操作数的就绪状态改为准备好。

每一拍从保留站中挑出至多两条源操作数都已经准备好的指令发射，读取源操作数，然后进入对应的功能部件。这里的"准备好"有两层含义：一是所需操作数已经写到物理寄存器中，数据是从物理寄存器堆中获得的；二是通过前递判断所需操作数正在写回，这时也可以继续前进执行，在结果总线上直接获取所需的操作数（体现在流水线结构图中就是：CDB 总线接回到物理寄存器与定点、浮点、访存部件之间的路径上）。

4. 执行阶段

定点、浮点部件进行运算，访存部件对存储单元进行访问。执行结果写回物理寄存器堆，不必写回保留站。同时将重命名表中的相应项的 state 置为 WB 状态。

5. 提交阶段

ROB 顺序提交指令。修改重命名表中逻辑寄存器与物理寄存器的映射关系。映射表中相应项的 state 置为 COMMIT 状态。如果一个逻辑寄存器被重命名过好几次（即先后被映射到多个物理寄存器），则只取最近一次映射为有效，其他映射关系取消，即把其他映射表项的 state 置为 EMPTY。

上面的设计描述中并没有介绍流水线因为例外提交或分支误预测取消时重命名表状态的维护。当提交例外时，将重命名表中所有非 COMMIT 项的 state 置为 EMPTY，valid 位清 0，同时将所有 COMMIT 项的 valid 位置 1。

分支误预测取消时的维护稍微复杂一点，即每当分支指令经过重命名阶段时，将其看到的重命名表中的所有项的 valid 位记录下来，携带至分支队列（branch queue，简称 brq）中，分支误预测取消的时候，从 brq 中的对应项中读出记录的重命名表的 valid 向量，将该 valid 向量更新到重命名表各项的 valid 位中。（如果你看到这里觉得无法理解 brq，那么可以看完后面分支预测的实现后，再回顾、理解这部分内容。）

11.4.2 动态调度中常见电路结构的 RTL 实现

为了实现前一节的动态调度设计，需要在电路上实现重命名表、保留站等结构，这对于很多初学者来说是个很大的挑战。这里之所以存在难度，是因为需要将设计方案中用自然语言描述的数据结构和操作流程转换成电路中的数据通路和状态机。

我们先来看重命名表。假设它有 64 项，每一项有 state、valid、name 域，那么每一项的每个域对应到电路上就是一个个触发器。但是，我们不建议你把它理解成一个 regfile 或者是 FIFO，因为这个表的读、写逻辑比 regfile 或 FIFO 复杂，硬要把它简单化恐怕很难设计出电路。唯一稳妥的方式就是把每个触发器的每个写使能和写入数据考虑清楚。从表中读出某一项的某个域时，重点是把读地址索引值或译码后的读地址向量生成出来，再显式地构建读出的多选一电路。

至于重命名阶段，要从重命名表中挑出空闲的两项。很多初学者想用 for 语句来实现这个挑选的过程，但这不是电路的思维。电路的思维是，先判断每一项的 state 是否等于 EMPTY 生成一个 64 比特的位向量，从这个位向量的第 0 位开始向高位索引找到第一个 1，从第 63 位开始向低位索引找到第一个 1，这两个 leading_one_bit 所在的位置下标就对应空闲项的索引值。

再来说保留站中侦听结果总线以判断源操作数是否准备好这个动作。其实从电路上看，保留站中每个源操作数对应两个域：prdy 和 psrc[5:0]，电路实现上都对应触发器。为了维护 rdy，要看结果总线上 res_valid 和 res_pdst[5:0] 这两个信号，当 res_valid=1 && (res_pdest==psrc) 条件成立的时候，就将 prdy 置 1。每个 prdy 使用它自己对应的那个 psrc。

最后再看从保留站中挑选出两个所有源操作数都准备好的指令该如何实现。我们将保留站每一项的 valid 位、所有的 prdy 位通过逻辑位与操作得到 1 比特的结果，结果为 1 表示这一项有指令且所有的源操作数都为 ready 状态。假设保留站有 16 项，那么就得到一个 16 位的位向量。于是，挑选保留站的两条源操作数就绪的指令就变成了从这个 16 位的位向量挑出两个 1。具体的电路可以参考重命名中挑选空项的电路。

11.5 硬件转移预测技术

当我们采用加深流水级、超标量技术提升处理器性能的时候，转移指令引起的控制相关再次成为制约性能提升的主要因素之一。为了解决这个问题，人们开发出硬件转移预测技术。硬件转移预测技术在很多教科书中都有论述，大多侧重于预测器的构造以及预测算法。因此我们在这里不展开讲述这方面的内容，而是侧重于介绍流水线引入硬件转移预测技术后需要考虑的一些设计调整。

11.5.1　硬件转移预测的流水线设计框架

我们之所以在这里使用"框架"这个词，是因为我们论述的内容并不针对某个具体的硬件预测算法。换言之，当你在流水线中设计好这个框架之后，可以根据性能、面积、功耗的要求灵活调整预测算法的类型与实现规模，而不需要大幅度调整流水线的主体结构。

硬件转移预测设计在流水线中包含以下四个方面工作：

1）在取指和译码阶段利用 PC、转移历史、指令类型等信息查询各类转移预测器，得到转移预测的方向和目标，并利用预测的方向和目标及时更新取指的 PC。

2）将预测的方向和目标等信息随转移指令一起沿流水线向后传递。如果有预测器被设计为可利用预测结果及时更新预测器内容，还需要携带预测错误时用于恢复预测器内容的信息。

3）在执行阶段计算出转移指令真实的方向和目标，将其与该指令预测的方向和目标进行比对。如果一致，流水线前端继续正常取指；如果不一致，取消流水线中该转移指令之后的所有指令，然后根据真实的方向和目标重新取指。

4）对于那些只利用转移指令真实执行信息进行维护的预测器内容，无论预测正确与否，都将转移指令的执行结果传递给预测器。对于那些可利用预测结果及时更新的预测器内容，在转移预测错误时，将其所携带的用于恢复预测器内容的信息传递给预测器。

我们假定初学者所采用的转移预测器设计都是直接采用前人已有的研究成果或在已有成果上略加调整而得到，那么对于上面的第 1 点和第 4 点，介绍转移预测器设计的论文中一定会有明确阐述，大家看懂论文应该不难实现。

第 2 点中将预测信息等沿流水线向后传递的操作，从设计角度而言，只要明确了需要传递的是哪些信息，传递过程就像设计传递 PC、指令码一样，没有什么难度。

再讨论第 3 点中误预测路径上的指令取消操作。如果是静态调度的流水线，实现起来难度也不大。因为转移指令的执行及预测正确性判定的延迟与加减法操作的延迟相当，所以它们在执行阶段的第一级就可以执行完毕。对于单发射的静态流水线而言，转移指令之后的指令都还没有开始执行，自然不用担心其修改机器状态，直接将它们处理为无效就可以了。对于多发射的静态流水线而言，只是额外要对与转移指令同处一级的其他指令进行处理，程序序在转移指令前面的指令不用处理，只需要将程序序在它后面的指令取消。

如果是动态调度的流水线，第 3 点中误预测路径上的指令取消操作就要麻烦一些。因为此时指令都是乱序执行的，所以无法通过指令所在流水线缓存的物理位置关系判断出程序序上一条指令是在转移指令的前面还是后面。于是，需要额外的机制来识别出这种程序序上的先后关系，才能决定是否取消。最简单的实现方式是等到转移指令提交的时候决定是否取消，此时转移指令是流水线中最老的一条指令，流水线中其他指令按程序序都在它后面，因此转移误预测取消直接清空整个流水线就可以了。这个方式的最大缺点是转移误预测的开销太大。我们想到另一种思路：用 ROB 维护的序关系进行判定。处于乱序执行状态的每条指令携带它在 ROB 中的索引号，通过比较这个索引号与误预测转移指令的 ROB 索引号的关系，就可以判断出两者之间的程序序关系。当 ROB 是移位队列时，直接比较两个索引号即可；当 ROB 是指针队列时，将两个索引号与 ROB 头指针放在一起考虑也可以得到结果。不过，ROB 的项数太多，索引号的位数比较多会导致比较的代价大，考虑到正常情况下指令流中并不全是转移指令，而且进行转移误预测取消的时候我们只关心指令相对于转移的顺序关系，于是，更进一步，我们引入了分支队列（BRanch Queue，BRQ）的设计。这个队列与 ROB 一样是一个有序队列，当分支指令进入 ROB 的同时进入 BRQ，当分支指令从 ROB 中退出时同步从 BRQ 中退出。所有进入乱序执行阶段的指令将检查它所在的基本块对应哪条转移指令，然后携带上该转移指令的 BRQ 索引号。这样在做转移误预测取消操作时，只需要比较指令携带的 BRQ 索引号与误预测的转移指令的 BRQ 索引号就可以了。

其实，BRQ 的作用不仅限于此。还记得前面提到的从取指、译码阶段一路传递下去的预测信息和转移预测器内容回滚的信息吗？在动态调度流水线中，你会发现需要有地方存放它们，因为它们未必能在重命名之后就立即发射。有了 BRQ 之后，这些信息就很自然地存放到 BRQ 中了。

在动态调度流水线中，如果采用的是"物理寄存器堆 + 重命名映射表"的实现方式，那么分支误预测时重命名映射表的状态维护也是一个需要重点关注的设计点。在上一节讲述动态调度流水线设计的时候，我们已经介绍了 CAM 组织形式的重命名映射表是如何处理的。

不过，对于 MIPS 架构来说，实现转移预测时，设计上最让人头疼的地方就是转移延迟槽指令的存在，特别是当你必须实现 likely 转移指令的时候，这个问题就更让人烦恼。总之，你需要时时刻刻提醒自己注意如下几点：

1）当转移预测跳转（taken）的时候，不能不假思索地修改取指 PC，要看看这条转移指令的延迟槽指令有没有取进流水线。

2）当非 likely 的转移指令因为误预测取消时，不能把延迟槽指令取消。

3）当实现动态调度流水线的时候，建议把所有 likely 的转移指令都静态预测成 taken，否则延迟槽指令的处理会很麻烦。此时，likely 转移指令的误预测只能是预测 taken，而实际上是 not taken，此时一定要把延迟槽指令取消。

4）当延迟槽指令是转移指令的时候，MIPS 架构规定其行为是 UNPREDICTABLE。UNPREDICTABLE 意味着虽然你可以执行错误但不能一执行到这里就死机。推荐的方式是发现这种情况就报保留指令例外。

11.5.2　一个轻量级转移预测器的设计规格

转移预测器的设计是整个流水线增加转移预测机制的设计重点。这里针对入门级通用处理器，给出一个转移预测器的设计规格，供初学者参考。

整个转移预测器模块采用组合预测的设计策略，包括四个预测器。

1）**分支目标缓冲**（Branch Target Buffer，BTB）：只根据 PC 信息直接得到分支的跳转目标，用于消除取指和译码流水级数较多时带来的 taken branch fetch bubble 问题。通常采用 CAM 结构，项数为 4 ～ 16 项，一般存放的是 taken 的分支指令和直接跳转指令。

2）**分支历史表**（Branch History Table，BHT）：用来预测条件分支指令的跳转方向。采用两位饱和计数器，全局历史长度为 32 位左右。具体算法可以采用 Gshare 预测器或 Bi-Mode 预测器等 Tagless 的轻量级 BHT。项数不超过 4K 项。

3）**返回地址栈**（Return Address Stack，RAS）：用于预测返回间接跳转指令（MIPS 架构下为 jr ra 指令），项数为 6 ～ 8 项。

4）**间接跳转目标缓存**（Indirect Jump Target Cache，IJTC）：用于预测除了返回间接跳转指令之外的间接跳转指令。可以采用类似 Gshare 预测器的结构，只不过 PC 和全局历史异或后查询的表中存放的不是两位饱和计数器而是间接跳转的预测目标地址信息。项数不超过 256 项。

在上述四个预测器中，BTB 的访问延迟应该控制在一拍，否则它就无法彻底消除 fetch bubble。而 BHT、RAS 和 IJTC 的访问延迟可以长一些。通常，它们的访问延迟与前端取出指令码的延迟是一样的。因为 BHT、RAS 和 IJTC 这三种预测器针对的是不同类型的转移指令，所以只有取到指令，知道指令是否为转移指令以及是哪种转移指令的时候，才能选择出相应的预测结果。因为 BHT 只是预测了条件分支的跳转方向，如果预测 taken，那么 taken target 需要通过 PC 加上指令码中的 offset 计算出来。所以结合这两方面特点来看，BHT、RAS 和 IJTC 访问得太快也没有多少收益。

对于上述四个预测器，BTB 可以视作第一级预测，BHT、RAS 和 IJTC 可以视作第二级预测。如果 BTB 的预测结果与第二级预测的结果不一致，那么将取消 BTB 的预测结果，利用第二级的预测结果重新取指。

11.6 访存优化技术

通用处理器的结构设计讲究平衡。如果我们采用了深度流水、超标量、动态调度、分支预测等性能优化技术，但是在访存方面并没有着力优化，那么虽然在核内 Cache 命中的情况下可以获得大幅度的性能提升，但是对于真实场景下的应用负载，其性能提升收益就会迅速下降。因此，我们在这里介绍一些访存优化技术。

11.6.1 store buffer

本书前面讲述 Cache 设计时已经涉及 store buffer。不过在那里为了控制 Cache 的设计复杂度，我们只设计了一项 store buffer，存放 Cache 命中的 store 操作，而且 store buffer 写 Cache 的优先级高于后续执行的 load。其实，这些限制统统可以打破。你可以将 store buffer

扩充至多项，无论 store 操作 Cache 命中与否都可以进入 store buffer。假设 store buffer 中存放写数据的位宽是 8 字节，那么落在同一个 8 字节范围的不同 store 操作可以在 store buffer 中合并。如果 store buffer 里面的写和后续执行的 load 产生 Cache 的 bank 冲突，那么可以将 store buffer 的写延后而让 load 优先执行以避免流水线阻塞。在某种程度上，你可以把 store buffer 当作一个特殊的零级 Cache。所有的 load 指令不仅要查询一级 Cache，还要同步查询 store buffer，如果在 store buffer 中命中，则需要从 store buffer 中取值。

上述所有对于 store buffer 的功能增加，主要设计意图在于让发生一级 Cache Miss 的 store 操作尽快离开主流水线以避免主流水线的阻塞。不过，敏锐的读者应该发现了，单纯依靠 store buffer 是做不到这一点的，因为 Cache 还是阻塞的，当它在处理 Miss 时，后续的访存操作还是被阻塞着。

11.6.2   Non-blocking Cache

Non-blocking Cache 相对于 Blocking Cache 的区别就在于发生 Cache Miss 时，是否阻塞后续的访存操作。上面提到的大容量 store buffer 设计只有在 Non-blocking Cache 的支持之下才能发挥真正的效能。

Non-blocking Cache 的设计出发点很简单，发现 Cache Miss 的时候，需要另找一个地方把 Cache Miss 请求保存下来慢慢处理，以便尽快把访问 Cache 的主通路空出来，这样可以接收新的访存操作。这个存放着 Cache Miss 请求的核心结构，学术界一般将其称为 MSHR（Miss Status Handling Registers）。

MSHR 的实现细节可以由结构设计者自行决定，不过总结下来，基本的要素包括以下三个。

1）状态：包括这一项 MSHR 是否有效，访问下一级存储的请求是否发出了，对应的是哪个总线事务，下一级存储的数据是否返回了、返回了多少，这一项是否要将返回的数据填入 Cache。这些状态都是需要维护的。

2）地址：一项 MSHR 通常对应一个 Cache 块，那么要记录这个 Cache 块的地址。通常，这个地址是物理地址。

3）数据：既然已经花了这么大力气来避免访存通路阻塞了，那么从下一级存储返回的数据要被暂存在 MSHR 的数据域，这样才有可能择机往 Cache 填入以尽可能避免阻塞后续的访存操作访问 Cache。而且，如果 MSHR 中可以存放数据的话，store buffer 中的 Cache Miss Store 就能提前离开 store buffer，将值写入 MSHR 中，只要做上标记保证不被下一级存储返回的旧值覆盖就可以了。

有的资料中提到，还可以在 MSHR 中记录其对应的访存指令的相关信息（如目的寄存器号、操作类型、块内偏移地址等）。不过，这些信息不一定要存放在 MSHR 中。记录在 MSHR 中的好处是当数据返回后，可以直接根据这些信息将指令的结果写回。不过，这意味着多了一个写回的来源，而且 MSHR 一项上对应 Miss 指令的数目不一，资源使用上并不是很灵活。

初学者实现 Non-blocking Cache 时最容易犯的错误是同一个 Cache 块向下一级存储发出了两次访存请求，于是不久之后就"天下大乱"了。总之，在设计的时候，一定要关注 Cache Miss 的指令在 MSHR 中新申请一项的这个信号有效的情况。要能够证明，当这个信号有效的时候，对应这个地址的 Cache 块真的不在处理器核内。请注意这里的措辞，是"不在处理器核内"，不是简单的"不在 Cache 内"。那些在各个缓存、队列处、还没有写到 Cache 里面，但是已经确定要写到 Cache 里面的数据，所有从 Cache 中替换出来但是还没有被下一级存储看到的数据，以及那些从你生成这个 Miss 信号到用这个 Miss 信号来生成写入 MSHR 的写使能的时间段中状态发生改变的数据，都是你要检查的对象。

当你费尽力气实现了 Non-blocking Cache 以后，会突然发现一个问题：只是 store miss 不会堵住后面的访存指令，如果是 load miss，还是会阻塞主流水线。思来想去，发现没有其他办法，只有把整个流水线改造成动态调度。当你把流水线改成动态调度之后，你又开始想，要不把访存操作的发射也变成乱序的吧。正所谓"人苦不知足，既得陇，复望蜀"。

11.6.3 访存乱序执行

访存乱序执行并不意味着访存指令一定要乱序发射。

如果动态调度窗口并不大，只有区区十几项的时候，让访存指令按顺序发射，同时在结果写回时允许后发射的 hit load 越过前面 miss load 先写回，其实已经能够获得一定的性能提升。

如果想再激进一点，那么可以让 store 操作严格按照顺序发射，并限制 load 操作不能越过它前面的 store 操作发射，其他情况下可以乱序发射。这样，性能还能进一步提升，同时实现的复杂度也不高。

最激进的莫过于对访存操作的发射不做任何限制，只要操作数准备好了就可以发射，即完全乱序发射。此时有两个主要的问题需要设计者考虑解决方案：

1）由于发射时是乱序的，因此 store 走过访存流水线进入 store queue 后，它在 store queue 中的位置先后关系并不是 store 之间的程序序关系。同样，load 指令要想从 store queue 中找到程序序上它"先前"最近一个写同一地址的 store，也无法直接从物理位置关系中获得。因此，需要额外维护所有访存指令之间的序关系。

2）对于存在 store → load 数据相关的两条指令，如果 load 指令先发射执行、store 指令后发射执行，那么如何确保 load 一定取到正确的值？这又分为 store 指令进入 store queue 的时候，load 指令还在 load queue 中没有写回与 load 指令已经写回两种情况，这两种情况都要能正确处理。

11.6.4 多级 Cache

前面的 store buffer、non-blocking Cache 和访存乱序执行技术都是在调度上做文章，通过将前面指令的 Cache Miss 延迟与后续指令的执行重叠起来，从而提升流水线执行效率。这里所说的多级 Cache 则直接着眼于降低 Cache Miss 的延迟。如果你只是在本书介绍的 FPGA

平台上进行实验尝试，那么这一节内容可以略过。因为正常结构的处理器核在这个 FPGA 平台上的实现频率几乎不会超过 200MHz，而 FPGA 自带的 DDR3 控制器硬核可以达到 DDR3-800 的速率，二者之间的频率是倒挂的，所以实现多级 Cache 的收益还不如把一级 Cache 的容量增加到一级 Cache 访问的通路成为关键路径。

如果你想尝试实现一个多级 Cache，在已经学会实现 DCache 的方法的情况下也不是太难的工作。下面只是给出一些在设计阶段需要注意的问题：

1）各级 Cache 之间的 Cache 块大小最好相同，否则徒增设计复杂度。

2）要明确各级 Cache 之间以及最后一级 Cache 与内存之间传输数据的位宽是多少。

3）要明确各级 Cache 之间以及最后一级 Cache 与内存之间交互的总线的协议是什么，无论采用的是自定义的总线协议还是标准的总线协议。

4）Cache 容量越大或者路数越多，意味着可以在去往 Cache RAM 和 Cache RAM 返回的通路上适当增加一些流水级。

5）不要忘记新增的 Cache 也要支持 CACHE 指令。

11.6.5　Cache 预取

Cache 预取是提前把要用到的数据取到 Cache 或专门的预取缓存中，从而降低 Cache Miss 或者 Cache Miss 延迟。Cache 预取包括硬件预取和软件预取。

Cache 硬件预取是由硬件自动完成的。通常，硬件上会记录过往若干次 Cache Miss 的地址等信息，分析其中是否体现出某种规律性（如逐行顺序递增）。当发现具有某种地址变化规律的访存流之后，将按照这个地址变化规律，提前生成后续的访存请求并发出去。最简单的硬件预取器是 Stream Buffer。这种预取器只识别地址连续递增或递减的访存流，当识别成功之后，就在当前 Miss 的地址上沿着流的方向提前若干个 Cache 块发出访存请求。返回的预取数据将填入专门的 buffer 中以避免污染 Cache。后续的 Cache Miss 请求将先查看 Stream Buffer，如果命中则直接从 Stream Buffer 返回而不再发送访存请求，同时这个在 Stream Buffer 中命中的 Cache Miss 将继续触发新的预取访存请求。

Cache 软件预取是通过编译器或手工在程序中插入预取指令，提前把数据取到 Cache 中。MIPS 架构下的预取指令是 PREF。在实现的时候，PREF 指令要先查询 Cache，只有在 Cache Miss 时才发出请求。最关键的是，PREF 发出 Cache Miss 请求之后，不必等结果返回，就直接写回然后退出流水线，否则会造成 PREF 指令堵塞，就起不到预取的效果了。由于 PREF 指令不会产生任何地址或 TLB 相关的例外，所以当它们的地址确实不正确时，尽管不用标记上例外，但是也不要发出 Cache Miss 请求，因为此时得到的物理地址可能存在风险。

11.7　多核处理器的实现

在考虑将你的设计改造成支持多核的时候，首先需要明确是否要在这个多核 CPU 上运行一个像 Linux 这样的操作系统。由于我们常见到电脑或者手机芯片中所采用的多核形态，因此会觉得多核就是这种样子。其实，在一些嵌入式应用场景下，由于多核上的任务划分和交互行为是固定的，甚至也不需要运行操作系统，那么支持多核所需的硬件设计调整就简单得多。在这里，我们以一个支持 Linux 系统运行的**对称多核处理器**（Symmetric Multi-Processor，SMP）作为设计目标来进行介绍。其中涉及的修改内容也适用于更简单的应用场景。

11.7.1　多核互联结构

我们这里只考虑一种互联结构，即若干处理器核通过总线或交叉开关连接在一起访问共享的 Cache 或内存，且所有的处理器核访问共享的 Cache 或内存的延迟是相同的。在一些商用处理器的宣传材料中，你经常会看到"cluster"这个词，并提到一个多核芯片中有多少个 cluster，每个 cluster 内又有若干个核。实际上，每一个 cluster 内部所采用的组织形式就是我们这里所说的互联结构。采用这种互联结构连接在一起的处理器核的数目以 2 ～ 4 个较为常见，一般不超过 6 个。

尽管这里所采用的互联结构在结构设计上的难度和复杂度已经很低了，但对于大多数初学者来说仍然具有挑战性。从工程开发可行性的角度来说，如果在 Xilinx 平台上实现你的设计，那么建议直接调用 Vivado 中的 AXI Corssbar IP 来实现；如果你打算做一个不仅能在 FPGA 平台上实现的设计，那么可以尝试去找一些开源的总线互联 IP。如果你想从头开发一个设计，那么可以参考下面的提示：

1）从多个 Master（处理器核）到单个 Slave（共享的内存或 Cache），数据通路上的核心是一个多选一逻辑，当同时有多个请求时，需要通过仲裁选择出一个。

2）对于从 Slave 返回的结果，要根据其请求的来源唯一地路由至对应的 Master，如果用 ID 的高位区分不同的 Master，那么返回时可以利用 ID 的高位来快捷地完成路由。

3）如果处理器核的总线接口上会发出需要传送多拍的突发传输事务，那么在仲裁和路由过程中以事务为单位可以规避一些设计风险。

4）不要设计成纯组合逻辑，那样时序会很糟糕。

11.7.2　多核编号

在一个多核系统中，每个处理器核要有自己唯一的编号，运行在这个核上的系统软件要能读出这个编号。在 MIPS 架构下，软件通过读取 CP0.EBase 寄存器的 CPUNum 域来获知这一信息。对于一个 SMP 系统而言，你设计的处理器核模块会被实例化多份，所以 CP0.EBase 寄存器的 CPUNum 域的值要么是通过参数的方式获得，要么是通过处理器核顶层的配置引脚获得。在整个芯片顶层代码中，实例化的处理器核推荐从 0 开始依次编号。

11.7.3　核间中断

核间中断是必不可少的一种核间通信机制。作为接收中断的处理器核来说，核间中断与其他外部输入的中断没有本质区别，所以硬件修改上不是难事。作为发起中断的处理器核来说，中断信号不一定是直接从自身的一个 output 发出的，这些核间中断的状态位可以统一放到片上的中断控制器（前面实验中的中断控制器是在 confreg 中实现的）去实现。推荐采用后面这种实现方式，因为片上中断控制器自然有去往各个处理器核的通路，同时各个处理器核也一定有访问中断控制器的通路。

实现核间中断功能时，硬件上 RTL 代码开发难度不大，主要的工作在于软硬件要配合一致。如果你不想修改操作系统中关于核间中断的底层代码，那么就要根据所用的内核代码，找到它对应的系统规范，严格按照规范定义实现，包括寄存器的格式、地址，中断号等。这里补充说明一下，MIPS 架构的规范并没有对这一部分做出明确规定，所以各款 MIPS 兼容的处理器对这个部分的实现可能都不一样，因此你需要看的文档并不是 MIPS 架构的文档，而是弄清楚移植所基于的内核代码对应哪一款处理器芯片，然后查看那款处理器芯片的用户手册。如果你采用的是自己的硬件设计方案，那么请相应修改内核中关于核间中断的底层代码。

11.7.4 多核情况下的存储一致性

在单核处理器中，由于只有一个核进行访存，因此我们很自然地认为，只要保证一个 load 操作总是取回"最近"一个对同一存储单元的 store 操作所写入的值，且 store 操作也唯一确定"此后"对同一存储单元的 load 操作所取回的值，那么执行就是正确的。但是，在一个共享存储的多核处理器中，多个处理器核可以同时读写同一存储单元，并且它们访问该存储单元的延迟可能并不一致。同时，同一存储单元可能在处理器中存在多个备份，这就导致同一存储单元的内容变化在不同时刻被不同的处理器核识别，单核处理器场景下的"最近""此后"的概念不复存在。所以，在多核处理器场景下，需要对访存操作的发生次序进行更为严格的限制，才能保证执行正确。于是，人们提出了存储一致性模型，用来定义多核场景下正确执行的标准。

目前，常见的存储一致性模型并不唯一，其差异体现在对于访存事件次序所施加的限制的强弱。存储一致性模型对访存事件次数施加的限制越弱越有利于提高性能，但编程工作越难。我们后续给出的设计建议将基于**释放一致性**（Release Consistency，RC）模型。RC 模型是一种弱存储一致性模型。在这种存储一致性模型下，访存操作被区分为同步操作和普通访存操作，程序员必须用硬件可识别的同步操作把对于共享存储单元的写访问保护起来，以保证多个处理器核对共享存储单元的写访问是互斥的。同步操作进一步分为获取操作（acquire）和释放操作（release）。acquire 操作用于获取对某些共享存储单元的独占性访问权，release 操作则用于释放这种访问权。RC 模型对访存事件发生次序有如下限制：

1）同步操作的执行满足顺序一致性条件。

2）在任一普通访存操作被允许执行之前，在同一处理器核中所有先于这一访存操作的 acquire 都已经完成。

3）在任一 release 被允许执行之前，在同一处理器核中所有先于这一 release 的普通访存操作都已经完成。

有关存储一致性概念更为系统的阐述和论证，感兴趣的读者可以阅读《计算机体系结构基础（第2版）》的第12章。接下来我们重点讲述基于 RC 模型时，硬件设计上要做的考虑。

1. 同步操作

RC 模型的定义中涉及 acquire 和 release 两种同步操作。在 MIPS 架构下，并没有原生的具有 acquire 和 release 属性的访存指令。软件编程人员需要通过 SYNC 指令的配合来实现模型中定义的同步操作。因此，为了支持多核，需要在处理器核中增加 SYNC 指令的实现。

SYNC 指令用于完成同步操作的主要功能是：所有程序序在 SYNC 指令之前的符合 hint 域规定的访存操作都必须在 SYNC 指令执行前完成，所有程序序在 SYNC 指令之后的符合 hint 域规定的访存操作只能在 SYNC 执行完成后才能开始执行。初学者如果觉得 hint 域的各种定义比较烦琐，可以将所有 hint 值当作 hint=0 来实现，即将所有的访存操作都纳入考虑范围。这里被纳入考虑的访存操作除了各类 load、store 指令外，还包括 CACHE、PREF 和 PREFX 指令。

如果你设计的处理器核的访存指令是单发射顺序执行，且没有实现任何 Non-blocking Cache、store buffer 之类的优化设计，那么把 SYNC 指令实现为 NOP 就可以了。如果不是这种简单的情况，那么一种可行且简单的实现方式是：SYNC 指令只有等到流水线中所有程序序在它前面的访存操作都完成后才能开始执行；同时 SYNC 指令要阻塞所有程序序在它后面的访存操作的发射，直到 SYNC 指令离开流水线。需要注意的是，这里的"完成"指的是"全局完成"。对于访存属性是 cached 的 load、store 操作而言，在实现了基于目录的写使无效的 ESI Cache 一致性协议（后面会介绍）的情况下，load 操作"全局完成"是指该 load 操作已经取到数据并写回，store 操作"全局完成"是指该处理器核持有该 store 操作所要访问的独占 Cache 块且 store 的值已经更新到该 Cache 块中。对于访存属性是 Uncached 的 load、store 操作而言，load 操作"全局完成"是指该 load 操作已经取到数据并写回，store 操作"全局完成"是指该 store 操作已经写入目的位置。这里提醒初学者注意两点：

1）如果你实现了 store buffer 这样的性能优化结构，那么 store 操作虽然退出了流水线，但它在 store buffer 中还没有完成存数的动作，那么这个 store 操作不算"全局完成"。

2）当采用 AXI 作为处理器核总线接口时，要确保一个 Uncached 的 store 操作写入目的位置，意味着你要看到这个写事务的响应从 B 通道返回。

2. Cache 一致性协议

在本书前面的实践中，我们在处理器中实现了 Cache 以提升访存性能。因为 Cache 是内存的一个备份，所以当确定一个多核处理器采用的存储一致性之后，其 Cache 的实现也要满足存储一致性提出的一致性要求。这套满足一致性要求的实现机制就是我们常说的 Cache 一致性协议。Cache 一致性协议的具体实现有很多种，这里我们仅介绍基于目录的写使无效 ESI Cache 一致性协议。而且，我们只考虑核内私有 Cache 采用写回写分配的设计，所有 Cache 的 Cache 块大小相等且目录处的共享存储（可以是共享 Cache，也可以是共享的内存）与核内的私有 Cache 维持严格的 Inclusive 关系。

（1）私有 Cache 的 Cache 块状态

在该协议中，私有 Cache 的每个 Cache 块有 3 种状态：无效（INV）、共享（SHD）、独占（EXC）。若 Cache 块状态为 INV，说明处理器对这一 Cache 块进行 load、store 操作访问都不命中；若 Cache 块状态为 SHD，说明可能还有其他处理器核持有这个存储块的有效备份；若 Cache 块状态为 EXC，说明这是该存储块的唯一有效备份。

（2）共享存储块状态

在共享存储中，为每个存储块（大小与 Cache 块的大小相同）维护一个目录项。每个目录项有一个 n 位的向量，其中 n 是系统中处理器核的个数（n 也可以设定为系统中私有 Cache 的总个数）。位向量中第 i 位为 1 表示该 Cache 块在第 i 个处理器核 P_i 中有备份。此外，每个目录项中还维护一个改写位，当改写位为 1 时，表示某个处理器已独占并改写了这个 Cache 块，这个块处于脏（DIRTY）状态，否则这个块处于干净（CLEAN）状态。

（3）取数操作

当处理器 P_i 发出取数操作"load x"时，根据 x 在其私有 Cache 和共享存储中的不同状态采取如下不同的操作：

1）若 x 在 P_i 的私有 Cache 中 tag 比较命中，且 Cache 块为 SHD 或 EXC 状态，则取数操作"load x"在 Cache 中命中。

2）若 x 在 P_i 的私有 Cache 中 tag 比较不命中，或 tag 比较虽命中但 Cache 块为 INV 状态，则 P_i 先从私有 Cache 中替换出一个 Cache 块，然后向共享存储发出一个读数请求 read(x)。共享存储在接收到 read(x) 请求后查找 x 所在存储块相对应的目录项。

  2-1：如果目录项的内容显示出 x 所在的存储块状态是 CLEAN，那么共享存储向发出请求的处理器核 P_i 发出读数应答 rdack(x) 以提供 x 所在存储块的一个有效备份，同时将目录项中位向量的第 i 位置为 1。

  2-2：如果目录项的内容显示出 x 所在的存储块状态是 DIRTY 且该 Cache 块当前的唯一有效备份被处理器核 P_j 持有，那么共享存储将向 P_j 发出一个写回请求 wb(x)。P_j 在收到 wb(x) 请求后，把自己私有 Cache 中的备份从 EXC 状态改为 SHD 状态，同时向共享存储器发出写回应答 wback(x) 以提供 x 所在 Cache 块的一个有效备份。共享存储收到来自 P_j 的应答 wback(x) 后，向发出读数请求的处理器核 P_i 发出读数应答 rdack(x)，以提供 x 所在存储块的一个有效备份，同时将目录项中的改写位清 0，并将目录项中位向量的第 i 位置 1。

3）如果目录项中尚没有 x 所在的存储块，那么这一级共享存储需要先从目录中挑出一个被替换项。

3-1：如果被挑选的目录项的状态是 DIRTY 且位向量的第 j 位是 1，那么共享存储将向处理器核 P_j 发出一个使无效并写回请求 invwb(x)。处理器核 P_j 在收到 invwb(x) 请求后，把自己私有 Cache 中的备份从 EXC 状态改为 INV 状态，并向共享存储器发出使无效并写回应答 invwback(x)，以提供 x 所在 Cache 块的一个有效备份。

3-2：如果被挑选的目录项的状态是 CLEAN 且位向量不为全 0，那么共享存储要根据目录项中位向量的信息，向所有持有该存储块共享备份的处理器核发出一个使无效请求 inv(x)。持有 x 的共享备份的处理器核在接收到 inv(x) 请求后，把自身私有 Cache 中 x 的备份从 SHD 状态改为 INV 状态，并向共享存储器发出一个使无效应答 invack(x)。

3-3：如果被挑选的目录项的状态无效，或者状态是 CLEAN 且位向量全 0，则不需要向各处理器核发请求。

共享存储在收到 invwback(x) 应答（对应情况 3-1）或收到所有 invack(x) 应答（对应情况 3-2）后，亦或情况 3-3，那么向本级存储（如果共享存储就是内存）或下一级存储（如果共享存储是共享 Cache）完成替换项的写回后发起读取请求，等待返回读数响应后，在刚才被替换的目录项位置处新建一个目录项，将其改写位置 0，位向量第 i 位置 1，同时生成读数响应 rdack(x) 并将其返回至发起读数请求的处理器核 P_i。

处理器核 P_i 在接收到读数响应 rdack(x) 后，将其填入之前被替换 Cache 块所在的位置，并将新的 Cache 的状态置为 SHD。

（4）存数操作

当处理器 P_i 发出存数操作"store x"时，根据 x 在其私有 Cache 和共享存储中的不同状态采取如下不同的操作：

1）若 x 在 P_i 的私有 Cache 中 tag 比较命中，且 Cache 块为 EXC 状态，则存数操作"store x"在 Cache 中命中。

2）若 x 在 P_i 的私有 Cache 中 tag 比较命中，且 Cache 块为 SHD 状态，那么处理器核 P_i 向共享存储发出一个写数请求 write(x)。共享存储在接收到 write(x) 请求后查找 x 所在存储块对应的目录项。

2-1：如果目录项的位向量中除了第 i 位为 1 外其他位都为 0，这意味着该存储块没有被其他处理器核持有，那么共享存储器向发出写数请求的处理器核 P_i 发出写数应答 wtack(x) 表示允许 P_i 独占 x 所在存储块，同时将目录项中的改写位置 1。

2-2：如果目录项的位向量中不止第 i 位为 1，意味着其他处理器核持有该存储块的共享备份，那么共享存储需要根据目录项中位向量的信息，向除 P_i 外的所有持有该存储块共享备份的处理器核发出一个使无效请求 inv(x)。持有 x 的共享备份的处理器核在接收到 inv(x) 请求后，把自身私有 Cache 中 x 的备份从

SHD 状态改为 INV 状态，并向共享存储器发出一个使无效应答 invack(x)。共享存储在收到所有 invack(x) 后，向发出写数请求的处理器核 P_i 发出写数应答 wtack(x)，表示允许 P_i 独占 x 所在存储块，同时将目录项中的改写位置 1，并把位向量的第 i 位置 1，其他位清 0。

处理器核 P_i 在接收到写数应答 wtack(x) 后，将 Cache 块的状态由 SHD 修改为 EXC。

3）若 x 在 P_i 的私有 Cache 中 tag 比较不命中，或 tag 比较虽命中但 Cache 块为 INV 状态，则 P_i 先从私有 Cache 中替换出一个 Cache 块，然后向共享存储发出一个读数请求 write(x)。共享存储在接收到 write(x) 请求后查找 x 所在存储块对应的目录项。

3-1：如果目录项中的状态是 CLEAN 且位向量不为全 0，意味着其他处理器核持有该存储块的共享备份，那么共享存储需要根据目录项中位向量的信息，向所有持有该存储块共享备份的处理器核发出一个使无效请求 inv(x)。持有 x 的共享备份的处理器核在接收到 inv(x) 请求后，把自身私有 Cache 中 x 的备份从 SHD 状态改为 INV 状态，并向共享存储器发出一个使无效应答 invack(x)。共享存储在收到所有 invack(x) 后，向发出写数请求的处理器核 P_i 发出写数应答 wtack(x) 以提供 x 所在 Cache 块的一个有效备份，同时将目录项中的改写位置 1，并把位向量的第 i 位置 1，其他位清 0。

3-2：如果目录项中的状态是 DIRTY 且位向量的第 j 位为 1，那么共享存储将向处理器核 P_j 发出一个使无效并写回请求 invwb(x)。处理器核 P_j 在收到 invwb(x) 请求后，把自己私有 Cache 中的备份从 EXC 状态改为 INV 状态，并向共享存储器发出使无效并写回应答 invwback(x) 以提供 x 所在 Cache 块的一个有效备份。共享存储在收到 invwback(x) 应答后，向发出写数请求的处理器核 P_i 发出写数应答 wtack(x) 以提供 x 所在 Cache 块的一个有效备份，同时将目录项中的改写位置 1，并把位向量的第 i 位置 1，其他位清 0。

4）如果目录项中尚没有 x 所在的存储块，那么这一级共享存储需要先从目录中挑出一个被替换项：

4-1：如果被挑选的目录项的状态是 DIRTY 且位向量的第 j 位是 1，那么共享存储将向处理器核 P_j 发出一个使无效并写回请求 invwb(x)。处理器核 P_j 在收到 invwb(x) 请求后，把自己私有 Cache 中的备份从 EXC 状态改为 INV 状态，并向共享存储器发出使无效并写回应答 invwback(x) 以提供 x 所在 Cache 块的一个有效备份。

4-2：如果被挑选的目录项的状态是 CLEAN 且位向量不为全 0，那么共享存储需要根据目录项中位向量的信息，向所有持有该存储块共享备份的处理器核发出一个使无效请求 inv(x)。持有 x 的共享备份的处理器核在接收到 inv(x) 请求后，把自身私有 Cache 中 x 的备份从 SHD 状态改为 INV 状态，并向共享存储器发出一个使无效应答 invack(x)。

4-3：如果被挑选的目录项的状态无效，或者状态是 CLEAN 且位向量全 0，则不需要向各处理器核发请求。

共享存储在收到 invwback(x) 应答（对应情况 4-1）或收到所有 invack(x) 应答（对应情况 4-2）后，亦或遇到情况 4-3，向本级存储（如果共享存储就是内存）或下一级存储（如果共享存储是 LLC）完成替换项的写回后发起读数请求，等待返回读数据后，在刚才被替换的目录项位置处新建一个目录项，将其改写位置 1，位向量第 i 位置 1，同时生成写数响应 wtack(x) 并将其返回至发起写数请求的处理器核 P_i。

处理器核 P_i 在接收到写数响应 wtack(x) 后，将其填入之前被替换 Cache 块所在的位置，并将新的 Cache 的状态置为 EXC。

（5）替换操作

如果某个处理器核需要替换出一个 Cache 块，那么无论这个 Cache 块是 SHD 状态还是 EXC 状态，该处理器核都要向共享存储器发出一个替换请求 rep(x)。当被替换的 Cache 块是 EXC 状态且确实含有脏数据的时候，还需要将被替换的 Cache 块的数据写回共享存储器。共享存储在接收到 rep(x) 请求后，根据请求来源将位向量中对应位清 0，如果位向量已变为全 0，还需要将改写位清 0。

3. 核内指令 Cache 和数据 Cache 间的一致性维护

上面所述的基于目录的 Cache 一致性协议中，目录项中的位向量对应每个处理器核只有一位，这意味着如果一个处理器核内部的指令 Cache 和数据 Cache 各持有一个存储块的有效备份，在共享目录中是无法进行区分的。也就是说，在这套 Cache 一致性协议下，无法由硬件维护同一个核的内部指令 Cache 和数据 Cache 间的一致性。当出现自修改代码的情况时，还需要软件通过 CACHE 指令或 SYNCI 指令来进行同一个核内指令 Cache 和数据 Cache 间一致性的维护。注意，这里仅需要软件维护好同一个核内指令 Cache 和数据 Cache 之间的一致性，如果需要维护 A 核的数据 Cache 与 B 核的指令 Cache 的一致性，那么还是由硬件完成这项工作。由于这种一致性维护的需求在单核场景下已经存在，因此并不需要对软件进行额外调整。在自修改代码发生不频繁的应用场景下，我们推荐这种软硬件之间任务划分的策略，即硬件加速处理频繁发生或软件不可预期的事务，而不频繁发生且软件可预期的事务交由软件处理以降低硬件实现开销。

4. Cache 一致性维护事务的传递

上面对于 Cache 一致性协议的介绍应该不难理解，许多教科书中也都有详细的介绍。不过，当你考虑具体实现时，首先碰到的设计问题是：read、write、rep、rdack、wtack、inv、invack、wb、wback、invwb、invwback 等用于维护 Cache 一致性的请求和应答如何在处理器核与共享存储之间传递呢？由于硬件上即使不实现 Cache 一致性协议的相关功能，处理器核与共享存储之间也会存在数据的传输通路，因此一种较为自然的设计考虑是，尽可能复用已有的数据传输通路来完成这些一致性事务的传递。比如，read、write 请求都是处理器发往共享存储的请求，rdack、wtack 都是从共享存储返回给处理器的响应。如果原有处理器核与共享存储之间是采用 AXI 总线互联的，那么你会发现这个过程与 ar 和 r 通道上的一个读事务的执行流程非常相似。当我们考虑对 AXI 总线进行适当改造以支持 read、write 请求和 rdack、wtack 响应的传输时，我们可以在 ar 通道添加一些信号用于区分 read 和 write 请求，同时在 r 通道上添加一些信号以区分 rdack 和 wtack 响应。类似地，我们可以在 aw+w 通道上增加一些信号用于表示 rep 请求。不过，inv、wb、invwb 这三个请求与原有 AXI 的总线事务都不一样，因为按照 AXI 的概念，此时共享存储是 Master 而处理器核是 Slave。一种实现方式是，强行增加一套共享存储是 Master 而处理器核是 Slave 的 AXI 的 ar 和 r 通道，inv、wb、invwb 请求通过新增的 ar 通道传输，invack、wback、invwback 应答通过新增的 r 通道传输。这种思路不仅资源开销比较大，而且在设计上还会引入其他问题，后面我们会提到。因此，我们考虑采用更加激进的方式对 r 通道进行改造，用它来传输 inv、wb 和 invwb 请求，并对 aw+w 通道略加改造用来传输 invack、wback、invwback 应答。上述这种设计思路需要在 AXI 原有信号的基础上增加一些信号，这些都可以利用 AXI4 协议中新增的 USER 域来实现。

不过，当我们复用处理器核与共享存储之间已有的 AXI 总线通路来传递 Cache 一致性维护事务时，需要注意一些设计上容易出错的地方。

首先，我们需要时刻留心 AXI 总线协议下读写通道分离这一特性。举例来说，假设处理器核 P_i 一开始持有 x 的 EXC 块，然后通过自身发起的替换操作将含有 x 的 EXC 块从写通道替换出去，而随后的"store x"查询 Cache 时发现不命中，从读通道发出 write(x) 请求。由于读写通道分离，因此有可能替换出去的请求在写通道上被阻塞，而后发的 write(x) 请求先一步到达共享存储处，共享存储按照上面所述的处理流程返回写数应答并将目录项中的改写位和位向量的第 i 位置 1 之后，处理器核先发出的替换请求 rep(x) 才到达共享存储处，于是共享存储又将目录项中的改写位和位向量的第 i 位清 0。那么，此时就出现了共享存储认为处理器核 P_i 处没有有效备份而处理器核 P_i 其实持有一个有效备份的情况，那么处理器核 P_i 中"store x"所更新的值就有可能被错误地丢弃，最终导致程序执行出错。解决这类问题的一种思路是在共享存储处进行处理，当发现这种目录项中的状态与其请求不匹配的情况时，就认为一定是一致性请求响应通路上出现序颠倒的情况，于是先暂停该请求的处理，直至看到先发后至的请求响应到达后再进行处理。这种思路虽然可行，但效果不好。且不说目录项状态与请求不匹配情况的枚举、重新唤醒被阻塞的请求的时机在逻辑上不好实现，这种阻塞一个请求等待另一个请求的设计，如果考虑不周就很可能在一些极端条件下出现死锁。我们给出的设计建议是，在处理器核那里将每一个从读通道发出的 read 或 write 请求与写通道上已经发出但还没有确定被共享存储接收的 rep 请求进行地址比较，如果存在冲突，则阻塞 read 或 write 请求的发出直至冲突消除。可以看到，这套比较逻辑与之前设计 AXI 总线接口时所做的写后读相关处理的逻辑几乎是一样的，这意味着我们可以在很大程度上复用已有的逻辑来解决此类问题。

其次，无论我们是新增一套共享存储至处理器核的 ar 通道还是复用原有 r 通道的方式来传递 invack、wback、invwback 请求，都要考虑它们与 rdack、wtack 应答之间的乱序问题。举例来说，处理器核 P_i 向共享存储发出一个 read(x) 请求，共享存储处理之后向其返回 rdack(x)，但是随后由于其他请求，共享存储又向 P_i 发出 inv(x) 请求。如果 rdack(x) 响应和 inv(x) 请求经过的是不同的通道，或者虽然它们都经过 r 通道，但是因为它们的 rid 不同，所以会在互联网络上将其顺序颠倒，最终导致处理器核先看到 inv(x) 后收到 rdack(x)。如果不做任何处理，又会出现共享存储认为处理器核 P_i 处没有备份而处理器核 P_i 处实际上有备份的情况。前面已经提到过，这是一种非常危险的状态，很可能导致后续程序出错。如果 rdack(x) 响应和 inv(x) 请求经过的是不同的通道，那么这个问题似乎很难解决，因为共享存储无法获知先发的 rdack(x) 何时真正被处理器核接收，若强行在处理器核处用阻塞 inv(x) 请求的方式处理，一旦考虑不周就会出现死锁。如果 rdack(x) 响应和 inv(x) 请求都是经过 r 通道，这个问题的处理就容易许多，我们只要明确从共享存储到某个处理器核的 r 通道只有一条物理路径且路径上没有可以产生乱序的缓存，那么自然就不会出现问题。幸运的是，在绝大多数情况下，这种要求在实现上都是保证的。

5. 核内支持 Cache 一致性的设计调整

为了实现 Cache 一致性协议，除了对处理器核与共享存储之间的互联通路进行改造外，处理器核内部也要进行相应的设计调整。这里我们给出如下设计建议。

1）对总线接口模块进行改造，使其能够根据新增的指令流水线输入的内部信号生成一致性事务，同时能够区分接收到的普通事务和一致性事务，并转译成相应的内部信号输出至指令流水线。

2）核内数据 Cache 的状态域要从无效、有效这两个状态调整为无效、共享、独占三个状态。相应地，load 操作和 store 操作访问数据 Cache 是否命中的判断条件也需要调整。核内指令 Cache 的状态域和命中判断的逻辑不需要改变，只不过其状态域的含义从无效、有效两个状态转义为无效、共享两个状态。指令 Cache 的 miss 和数据 Cache 的 load miss 都要向总线接口模块发出 read 请求，数据 Cache 的 store miss 要向总线接口模块发出 write 请求。

3）处理指令 Cache 和数据 Cache miss 时，即使替换出来的 Cache 块不是脏的，也要通过总线接口模块向共享目录发送 rep 请求，只不过此时的 rep 请求可以不传输 Cache 块的数据部分以节省总线带宽。

4）对 CACHE 指令的实现进行调整。对于所有 Index Invalidate 的 CACHE 指令，不能直接将指定 Cache 块的状态置为无效，而是要先将该项的内容读出，并根据读出的 Cache 块状态向共享目录发出 rep 请求，待请求发出后才能执行置无效的动作。对于所有 Hit Invalidate 的 CACHE 指令，在第一遍执行 look up 操作的时候，如果有命中，需要先根据命中项的 Cache 块状态向共享目录发出 rep 请求，待请求发出后才能执行置无效的动作。对于 Hit Invalidate Write Back 的 CACHE 指令，即使命中的 Cache 块不是脏的，也要向共享目录发送 rep 请求，待请求发出后才能执行置无效的动作。

5）复用上面第 4 点中调整后的 Hit 类 CACHE 指令的实现通路和状态机来处理核外发来的一致性事务。需要对整个处理过程的输入增加选择，执行 CACHE 指令时输入的地址等信息来自流水线内部，执行核外一致性事务时输入的地址等信息来自总线接口模块解析后输入的内容。不过，已实现的 CACHE 指令中没有对于 DCache 的 Hit Write Back 操作，所以为了执行核外发来的 wb 请求，可以将 DCache Hit Invalidate Write Back 的执行逻辑去掉最后一步的 Invalidate 来实现。此外，需要注意的是，如果实现的是前面所述的 Cache 一致性协议，由于目录并未区分同一个核内的指令 Cache 与数据 Cache，那么当核外发来 inv 请求的时候，不仅要对数据 Cache 执行 D_Hit_Inv 操作，还要对指令 Cache 执行 I_Hit_Inv 操作。

6）如果是通过复用 AXI 总线的 r 通道来传输 inv、wb、invwb 一致性请求，一定要在总线接口中预留出足够的物理资源，保证任何时候都能接收至少一个一致性请求，以避免死锁。

6. 共享存储处目录的设计

共享存储处目录的设计类似于 Cache 中 tag 部分的设计，所以这里不再对其具体实现进行介绍。给初学者的一个建议是：目录的访问效率不必像数据 Cache 那样激进，初次实现的时候，你可以同时只处理一个事务，且可以用多个周期来完成一个事务的处理。

如果目录实现在片上共享 Cache 处，且共享 Cache 与核内的私有 Cache 是严格的 Inclusive 关系，那么建议你直接在共享 Cache 的 tag 中添加改写位和目录位向量。

如果目录实现在共享内存处，那么你可以把它当成一个没有 Data 部分的与核内 Cache 维持严格 Inclusive 关系的共享 Cache 来实现，区别无非是原本对于该 Cache 的 Data 部分的读写操作都转换成发往内存控制器的读写命令。

如果共享 Cache 与核内私有 Cache 是 Exclusive 关系，那么一种可行的实现是，共享 Cache 的 tag 部分与核内的私有 Cache 是严格的 Inclusive 关系，而共享 Cache 的 Data 部分与核内的私有 Cache 间维持 Exclusive 关系，Tag 中增加 1 比特额外信息用于表示这个 Cache 块的数据是在 LLC 本地还是在某个核内的私有 Cache 处。

11.7.5 LL-SC 指令对的访存原子性

多核处理器之间需要用同步机制来协调多个处理器核对共享变量的访问。MIPS 架构定义了 LL、SC 指令用于实现包括锁操作、栅障操作在内的同步操作。在本书前面的内容中，我们讲述了单核情况下如何实现 LL、SC 指令。实现的重点是维护好 LLbit。LL 指令执行后将 LLbit 置为 1，并记录好 LL 指令访问的地址。ERET 指令执行时会将 LLbit 清 0。当 SC 指令执行的时候，需要看 LLbit 是否为 1，当 LLbit 为 1 时 SC 才能将值写入内存，返回 1；当 LLbit 为 0 时 SC 不写内存，直接返回 0。

在实现多核支持的时候，LL 和 SC 指令的处理并不需要进行变动，只需要对 LLbit 清 0 的条件增加一种考虑，即在 LL 执行后到 SC 执行前的这段时间内，如果其他核的 coherent store 操作所访问的地址与 LL、SC 的地址落在同一个 " block of synchronizable physical memory" 范围内, 那么 LLbit 也要被清 0。这个 " block of synchronizable physical memory" 的范围是由设计者来决定的, 建议将其设定为访问地址所处的那个 Cache 块。

这样设计的出发点是我们只考虑这一对 LL-SC 指令访问的地址都是 Cached 访存属性的情况。如果这一对 LL-SC 指令的访存属性不一致, 那么可以认为软件编写的不合理, 传统 MIPS 架构定义此时处理器的行为不可预知, 意味着你在实现硬件时可以不考虑这种情况。如果这一对 LL-SC 指令都是 Uncached 访存属性, 传统 MIPS 架构也定义此时处理器的行为不可预知。对于一个运行 Linux 操作系统的多核处理器来说, 将锁或者信号量放到 Uncached 访存属性的地址上确实不合常理, 所以你在实现硬件时可以不考虑这种情况。不过, 在一些嵌入式应用场景下, 软件这样做又是合理的, 我们将在本节的最后讨论这种情况。

在仅考虑单核运行时, LLbit 是在处理器核内部实现的。在考虑多核支持的时候, 由于 LLbit 的维护需要考虑其他核的访问, 那么是否意味着 LLbit 要移到核外实现呢? 这样做是没有必要的, LLbit 还是实现在核内, 新增的清 0 条件可以通过核外部传入的信息来生成。当 LL-SC 指令对访问的地址落在 Cached 空间时, 由于硬件上会维护多核间的 Cache 一致性, 其他核对于该地址所在 Cache 块的 store 操作一定会通过 Cache 一致性的维护消息传到本核, 那么利用这个消息就可以生成所需的 LLbit 清 0 的使能信号。

实现上述机制时有个细节需要关注, 即如果 Cache 一致性维护消息是本核的 store 操作获取独占 Cache 块所引起的, 那么不能将 LLbit 清 0, 否则即使 LL-SC 执行的原子性没有被破坏, SC 还是无法成功写内存, 只有循环回来做第二遍执行的时候才能真正写入。这显然降低了执行效率, 不仅因为多执行一遍循环, 而且在多执行一遍所增加的时间内, 又会有其他处理器核的 store 操作访问这个 Cache 块, 进一步降低了 SC 执行成功的概率。

最后我们来考虑一种情况, 即当 LL 执行之后 SC 执行之前, 如果由于本核执行其他普通访存操作产生了 Cache 替换, 将 LL-SC 访问的 Cache 块主动替换出去 (我们习惯将接收核外发来的 Cache 一致性维护消息而产生的替换称为被动替换), 那么此时其他核再执行 store 操作的时候, 就不会向本核发出一致性维护请求了。如果本核不考虑这种情况的处理, 仍然保持 LLbit 为 1, 那么 SC 执行的时候就会写内存, 这违背了整个 RMW 过程的原子性。MIPS 架构的文档中认为 " Portable" 的软件应该避免出现这种情况。所以从理论上讲, 可以对此不做任何处理。如果出错, 可以认为是软件导致的。但是从作者的经历来看, 与其花费很长的时间去定位软件中一个不 " Portable" 的 bug, 不如在硬件设计中多费点心思。当碰到这种情况时, 请将 LLbit 也清 0。

LL-SC 指令访问 Uncached 属性的地址

前面提到了一对 LL-SC 指令所访问的地址都是 Uncached 访存属性的情况。在有些成本敏感的嵌入式应用场景中, 其多核上的任务划分是固定的, 任务之间的通信模式也是固定的 (比如仅是生产者 – 消费者模式), 那么这种情况下多核间 Cache 的一致性就可以交由软件处理以减少电路的开销（甚至每个核原本就没有 Cache 而只有 TCM）。但是，核与核之间的同步机制还是需要的。一种典型的情况是，核与核之间的通信并非都是通过硬件的 FIFO 电路进行，而是通过在共享片上 RAM 上用软件实现的消息队列实现，那么至少这些队列的读、写指针的更新就需要同步。因为没有 Cache，或者有 Cache 却没有硬件维护多核间的 Cache一致性，所以实现同步机制的锁、信号量等自然不会放到 Cache 中，而是通常放到这些核所共享的一块存储（通常是片上 RAM）中。既然不在 Cache 中，在 MIPS 架构下自然就要用 Uncached 访存属性去访问了，这就出现了 LL/SC 访问 Uncached 属性的地址的情况。

如果你实现的是这样一个多核系统，那么 LL/SC 指令序列需要的访存原子性又该如何维护呢？这里我们结合 AXI 总线协议中给出的 Exclusive Access 机制提供一种设计建议。

- 设计点一：Uncached 的 LL 指令发出总线读请求的 arlock 信号被置为 0b01，如果该读请求返回的 rresp 信号为 0b01，则将核内的 local_LLbit 置为 1，否则置为 0。
- 设计点二：Uncached 的 SC 指令如果看到 local_LLbit=0，直接返回 0 且不发出任何总线写请求；如果看到 local_LLbit=1，则向外发出 awlock=0b01 的总线写请求，但是此时 SC 指令不能写回并退出流水线，它必须等到该写请求返回的 bresp，如果 bresp=0b01，SC 指令写回 1，否则将 local_LLbit 清 0 并写回 0。这套机制需要 LL、SC 指令所访问的 AXI Slave 支持 Exclusive Access 机制。

附录 **A**

龙芯 CPU 设计与体系结构教学实验系统

　　龙芯 CPU 设计与体系结构教学实验系统的核心是一块基于 FPGA 芯片的嵌入式系统开发板（以下简称"开发板"），箱内的其他器件包括：开发板配套的电源适配器 1 个、JTAG 下载线和适配器 1 套以及串口线 1 根。下面简要介绍开发板的硬件设计方案和时钟设计方案。如果想详细了解开发板，请参阅提供的开发板原理图。

A.1　开发板的硬件设计方案

　　图 A-1 分别给出了开发板的逻辑结构示意图和实物图，可以对照两幅图来加强感性认识。开发板的主要部分的设计方案如表 A-1 所示。

表 A-1　开发板主要部分的设计方案

功能模块	设计方案概述
FPGA	选用 Artix-7 XC7A200T-FBG676
DDR3	使用 FPGA 实现 DDR3 控制器，板载 K4B1G1646G-BCK0 DDR3 颗粒
SRAM	使用 FPGA 实现 SRAM 控制器，板载 IDT71V124SATY SRAM 芯片
NAND	使用 FPGA 实现 NAND 控制器，板载 K9F1G08U0C-PCB0 闪存颗粒
SPI Flash 1	使用 FPGA 实现 SPI 控制器（支持启动），板载 Flash 芯片插座，Flash 可插拔
SPI Flash 2	板载不可插拔 Flash 芯片，FPGA 设计固化专用
VGA	使用 FPGA 实现数字显示模块，板载 MM74HC573SJ 实现 332 的数模转换，模拟 VGA 的 R、G、B 信号
LCD	使用 FPGA 实现 LCD 显式控制器，板载 TFT-LCD 屏
USB	使用 FPGA 实现 USB 控制器，板载 USB PHY（USB3500），对外提供一个 USB 接口
LAN	使用 FPGA 实现 MAC 控制器，板载以太网 PHY（DM9161AEP），对外提供一个 RJ45 网络接口
PS2	使用 FPGA 实现 PS2 控制器，板载 PS2 接口
UART	使用 FPGA 实现 UART 控制器，板载 UART 接口
GPIO	16 个 LED 单色灯 2 个 LED 双色灯 8×8 LED 点阵（可实现字符显示功能） 8 个共阴极八段数码管（用于数字显示） 其余外接通用 I/O 接口

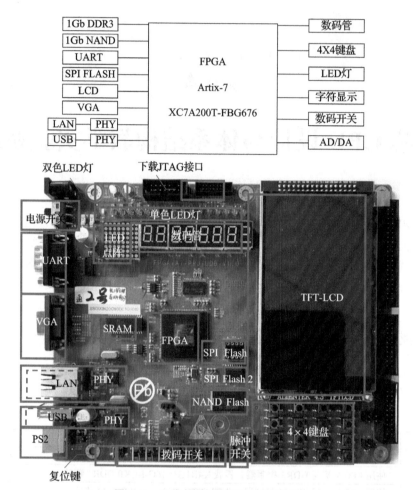

图 A-1　开发板的逻辑结构和实物图

A.2　开发板原理图

当使用开发板完成实验时，也就是使用 Vivado 工具进行电路实现时，需要将设计的电路顶层的 input/output 接口信号绑定到开发板上 FPGA 芯片的 I/O 引脚上，该绑定关系由 Vivado 工程中的约束文件 (*.xdc) 指定。

因此，在使用 Vivado 工具进行电路实现时，需要编写约束文件，此时需要查找开发板原理图以确定引脚编号。开发板原理图参见本书资源中的"龙芯体系结构实验箱 – 原理图 .pdf"。我们也整理了开发板上常用的 I/O 设备的引脚列表，如 LED 灯、数码管等，参见本书资源中的"引脚对应关系 .xlsx"。

比如，假设电路实现中使用 4×4 矩阵键盘，现在需要确定矩阵键盘的接口。我们可以直接从"引脚对应关系 .xlsx"文件中获得矩阵键盘引脚对应的 FPGA 芯片的 I/O 编号，也可以查看原理图得到对应的编号。4×4 矩阵键盘原理图如图 A-2 所示。

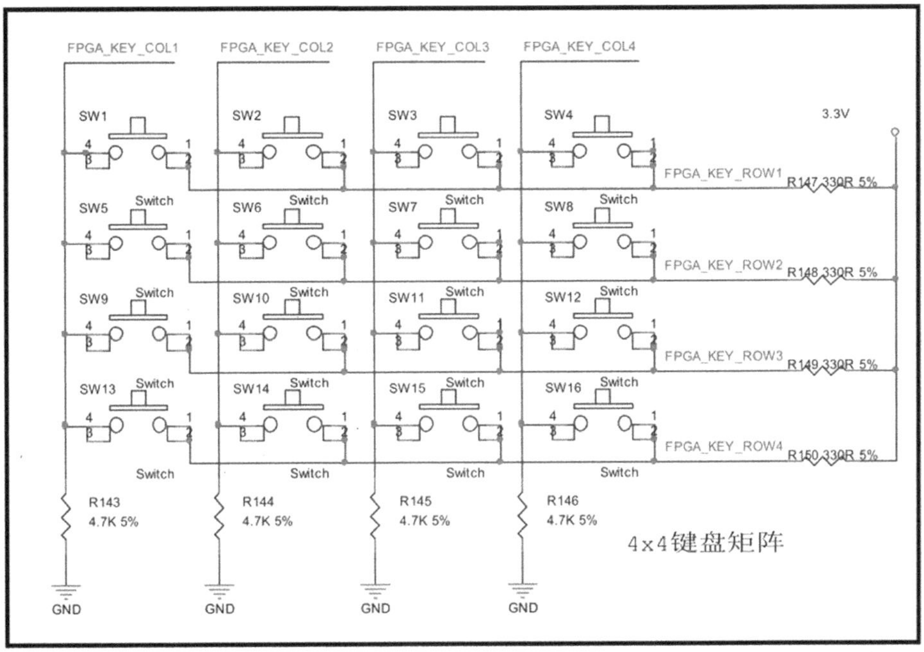

图 A-2   4×4 矩阵键盘原理图

可以看到，4×4 键盘矩阵只用了 8 个引脚：FPGA_KEY_COL_1 ～ FPGA_KEY_COL_4，FPGA_KEY_ROW_1 ～ FPGA_KEY_ROW_4。其中列 FPGA_KEY_COL* 通过一个高电阻接地，行 FPGA_KEY_ROW* 通过一个相对低的电阻接高电平。当有开关闭合时，闭合处对应的列 FPGA_KEY_COL* 和行 FPGA_KEY_ROW* 有相同的电平。

如果只需要使用同一行的按键，由于列 FPGA_KEY_ROW* 是默认接高电平的，因此当有按键时，相应的行 FPGA_KEY_COL* 会收到一个高电平，即得到一个 "1"，无按键时会得到一个 "0"。需要注意，检测按键时最好加上防抖功能。

当需要使用多行的按键时，就需要通过扫描方式确认按键位置了。扫描方式是从列 FPGA_KEY_COL* 一次输入低电平 "0"，随后检测行 FPGA_KEY_ROW* 处得到的电平值。如果四行均为高电平 "1"，则表示按键不在该列；如果有一行为低电平 "0"，表示按键在该列，且在该行。

假如在电路实现时使用了键盘左上角的按键，就需要在原理图中查找行 FPGA_KEY_COL_1，可以看到该列线是连接到 FPGA 芯片中编号为 V8 的 I/O 引脚上。

类似地，可以查找 FPGA_KEY_COL_2 ～ FPGA_KEY_COL_4 和 FPGA_KEY_ROW_1 ～ FPGA_KEY_ROW_4 对应的 FPGA 芯片的 I/O 引脚编号。

APPENDIX B

附录 **B**

Vivado 的安装

本附录是基于 Vivado 2019.2 进行说明的，对其他版本的 Vivado 的安装也同样适用。

在学习本部分内容前，你需要准备以下环境：

1）装有 Windows 或 Linux 操作系统的电脑一台。

2）连通的网络。

如果已有 Vivado 对应版本的本地安装包，可以直接从 B.3 节开始学习。

如果本地电脑已经安装过 Vivado，可以直接更新至最新版本。

如果本地电脑没有安装过 Vivado，那么需要先下载 Vivado 安装包，安装包可以在 Xilinx 官网上（https://china.xilinx.com/support/download.html 或 https://www.xilinx.com/support/download.html）找到。

Vivado 的安装支持本地安装与在线安装方式，它们的对比如表 B-1 所示。

表 B-1　Vivado 本地安装与在线安装优劣势对比

安装方法	优　势	劣　势
本地安装	● 安装过程不需要联网	● 本地安装包的大小超过 20GB。提前下载或拷贝较慢 ● 下载中途存在失败的可能，一定要使用支持断点续传的下载工具进行下载
在线安装	● 安装包很小，只有 60 ～ 100MB 左右 ● 安装过程中可以根据需求选择需安装的版本和支持的器件，WebPACK 版在线下载的内容只需要 11GB 左右	● 安装过程中需要联网，且不能断网 ● 安装中途需要下载安装包，并且存在失败的可能，无法断点续传继续安装

B.1　Vivado 简介

Vivado 是 Xilinx 公司开发的一款 EDA 工具。下面以在 Windows 上安装 Vivado 2019.2 的 WebPACK 版本为例进行说明。WebPACK 版本为免 License 的 Vivado 版本，支持的器件受限。该版本支持 Artix-7 器件的开发，足够完成本书的实践任务。安装该软件要求硬盘空间至少有 20GB。Vivado 2019.2 支持以下操作系统：
- Windows 7.1: 64-bit（Vivado 2019.2 是支持 Windows 7 的最后版本）
- Windows 10.0 1809/1903 Update: 64-bit
- Red Hat Enterprise Workstation/Server 7.4-7.6: 64-bit
- SUSE linux Enterprise 12.4: 64-bit
- CentOS 7.4-7.6: 64-bit
- Ubuntu Linux 16.04.5/16.04.6/18.04.1/18.04.2 LTS: 64-bit
- Amazon Linux 2 LTS: 64-bit

B.2 Vivado 安装文件的下载

在 https://www.xilinx.com/support/download.html 下载所需的 Vivado 版本。可以选择先下载安装 Web Installer，再通过安装器下载安装，从而减小下载时间和下载安装包大小；也可以直接下载安装包文件来安装，文件大小超过 20GB。Vivado 的下载界面如图 B-1 所示。

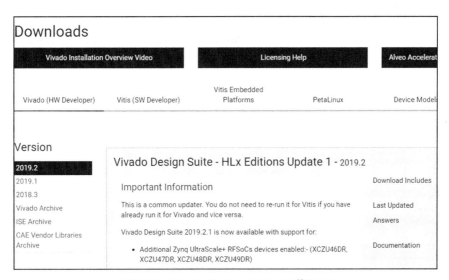

图 B-1 Vivado Design Suite 下载界面

Vivado 设计套件提供支持 Windows 系统和 Linux 系统的在线安装包，以及全系统的本地安装包下载，可以选择相应的版本下载。如图 B-2 所示。

下载需要登录 Xilinx。如果已有 Xilinx 账户，直接填写账号和密码登录；如果没有账户，则点击"创建账号"即可免费创建一个新账号。如图 B-3 所示。

进行相关验证后，就可以选择存放目录进行下载。

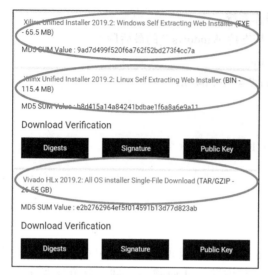

图 B-2　Vivado 2017.1 下载链接界面

图 B-3　Xilinx 登录界面

B.3　Vivado 的本地安装

下载后，将 Vivado 安装包 Xilinx_Vivado_2019.2_1106_2127.tar.gz 解压到不含中文和空格的路径中，注意这个解压到的路径不是 Vivado 软件安装的路径，只是安装文件的暂存路径。如图 B-4 所示。

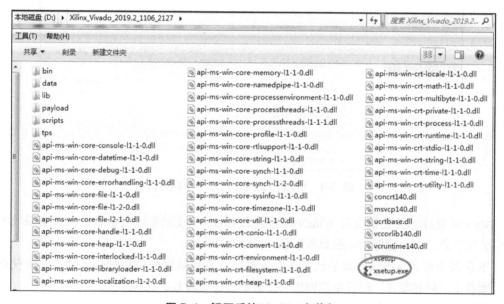

图 B-4　解压后的 Vivado 安装包

双击安装包里的 xsetup.exe，打开安装向导。这时软件可能会提示是否允许应用对设备进行更改，选择"是"。然后出现欢迎界面，点击"Next"，如图 B-5 所示。

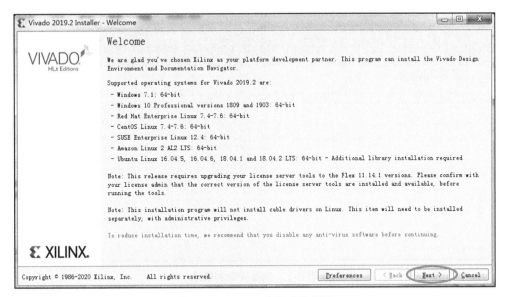

图 B-5　Vivado 安装欢迎界面

在图 B-6 所示的界面中，勾选所有"I Agree"选项，点击"Next"。

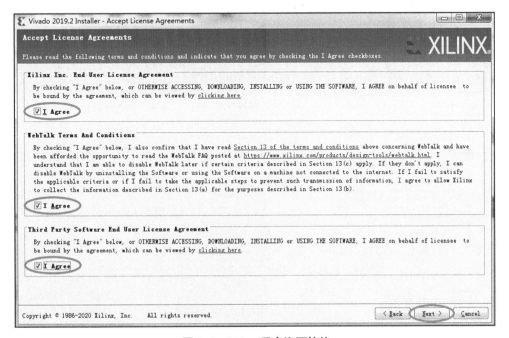

图 B-6　Xilinx 用户许可协议

接下来选择 Vivado 安装版本，这里勾选 Vivado HL WebPACK 版本（Vivado 的免费版本），点击"Next"，如图 B-7 所示。

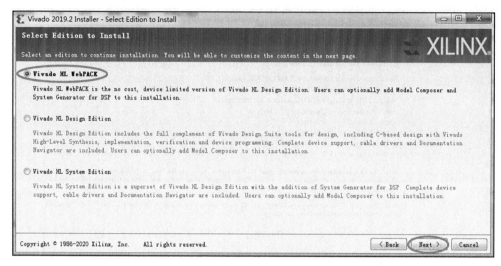

图 B-7　选择安装的版本

选择设计工具、支持的器件。"Design Tools"默认已选择"Design Vivado Suite"和"DocNav"；"Device"需选择"7 Series"，因为实验箱的开发板搭载的 FPGA 是 7 系列的 Artix-7，其他器件可以根据需要进行选择；"Installation Options"按照默认即可，然后点击"Next"，如图 B-8 所示。

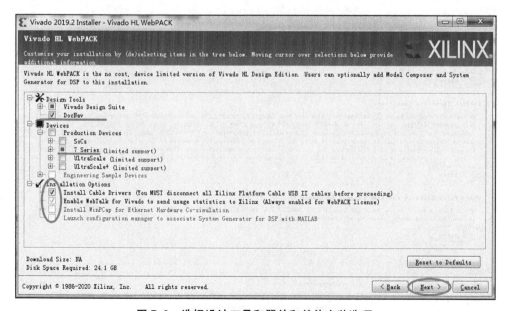

图 B-8　选择设计工具和器件和其他安装选项

接下来选择 Vivado 安装目录，默认安装在 " C:\Xilinx " 下。可以点击浏览选择路径或者直接更改路径，注意安装路径中不能出现中文和空格，然后点击 "Next"，如图 B-9 所示。

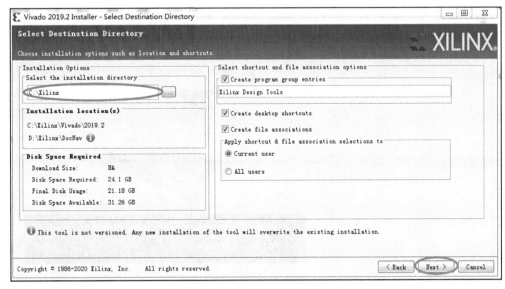

图 B-9　选择安装目录

确认无误后，点击 " Install " 开始安装。如果要修改安装设置，点击 " Back " 返回相应的界面进行修改，如图 B-10 所示。

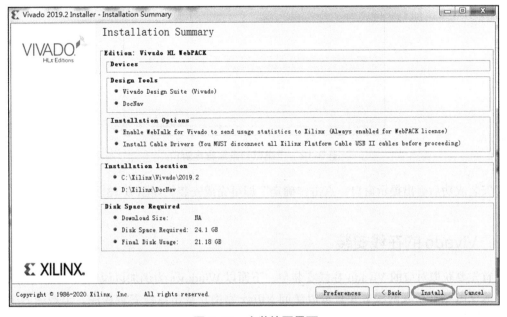

图 B-10　安装摘要界面

之后出现安装进度窗口，等待安装完成，如图 B-11 所示。

图 B-11 安装进度界面

安装过程中如果提示断开所有 Xilinx 电缆的连接，就确认断开并点击"确定"，如图 B-12 所示。

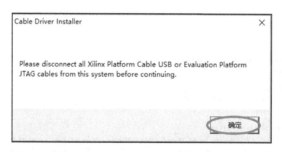

图 B-12 电缆驱动安装程序窗口

安装成功后会出提示窗口，点击"确定"即可完成安装。如图 B-13 所示。

B.4 Vivado 的在线安装

首先要获取对应的 Vivado 在线安装包，下面以 Windows 为例加以说明。

确保电脑处于联网状态并且可以访问 Xilinx 官网，双击在线安装程序，出现图 B-14 所示的欢迎界面，点击"Next"。

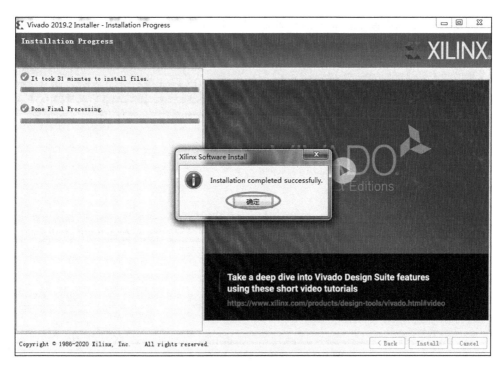

图 B-13　安装成功

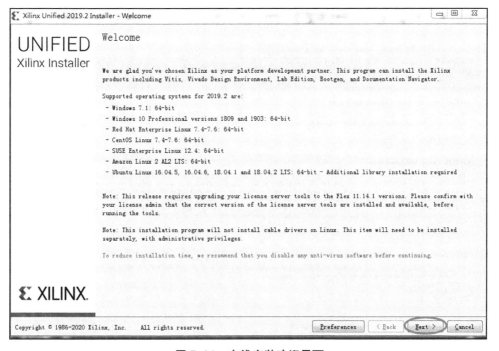

图 B-14　在线安装欢迎界面

在图 B-15 所示的界面中，需要输入 Xilinx 账号。选择"Download and Install Now"，点击"Next"。如果选择"Download Full Image"，会下载独立安装包，后续可以进行本地安装。

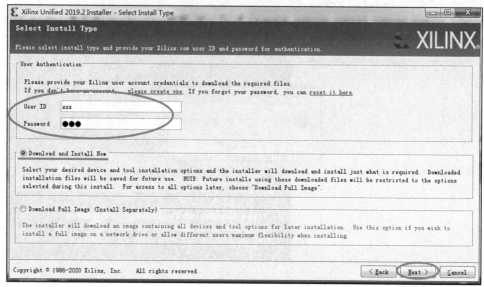

图 B-15　在线安装输入 Xilinx 账号

后续步骤同 B.3 节的本地安装步骤。

勾选所有"I Agree"选项，点击"Next"，如图 B-16 所示。

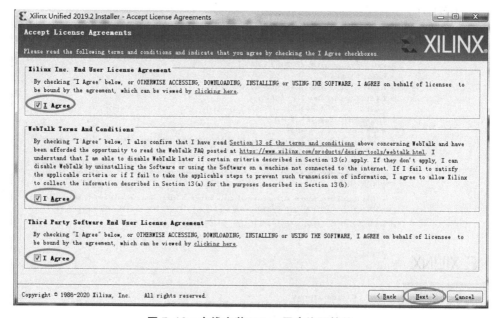

图 B-16　在线安装 Xilinx 用户许可协议

选择安装 Vivado，点击"Next"，如图 B-17 所示。

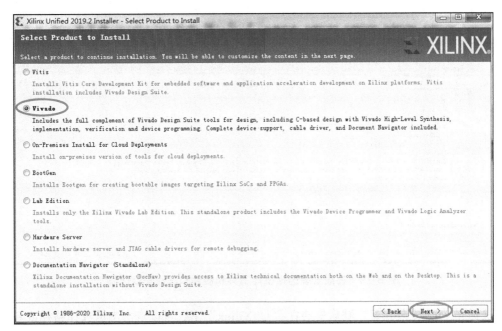

图 B-17　选择安装 Vivado

选择 Vivado 安装版本，这里勾选 Vivado HL WebPACK 版本，点击"Next"，如图 B-18 所示。

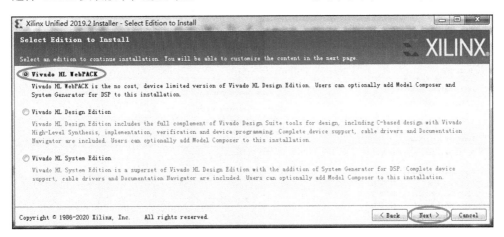

图 B-18　选择安装 WebPACK 版

选择设计工具、支持的器件。"Design Tools"默认已选择"Design Vivado Suite"和"DocNav"；"Device"需选择"7 Series"，因为实验箱的开发板搭载的 FPGA 是 7 系列的 Artix-7，其他器件可以根据需要进行选择；"Installation Options"按照默认即可。如果按图 B-19 选择，则只需要在线下载 11GB 左右的内容。点击"Next"。

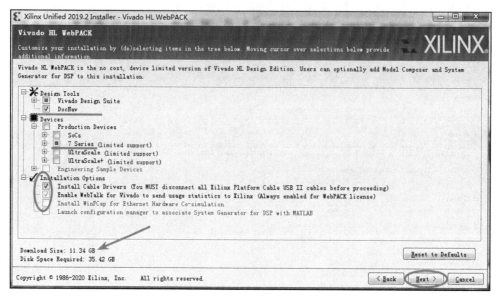

图 B-19   在线安装选择设计工具和器件和其他安装选项

选择 Vivado 安装目录，默认安装在 "C:\Xilinx" 下，可以点击浏览选择路径或者直接更改路径，注意安装路径中不能出现中文和空格，点击 "Next"，如图 B-20 所示。

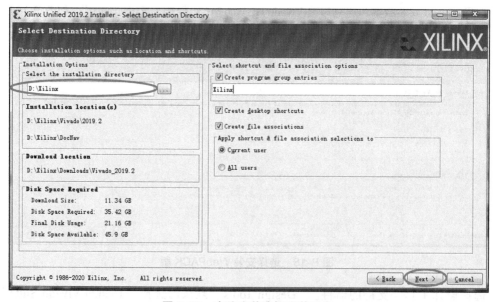

图 B-20   在线安装选择安装目录

确认无误，点击 "Install" 开始安装。如果要修改安装设置，点击 "Back" 返回到相应的界面修改。如图 B-21 所示。

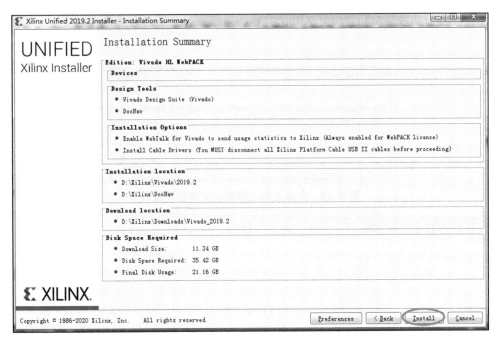

图 B-21　摘要界面

点击"Install"后会出现图 B-22 所示的安装进度窗口，等待安装完成。

图 B-22　在线安装进度界面

安装过程中如果提示断开所有 Xilinx 电缆的连接，确认断开并点击"确定"。如图 B-23 所示。

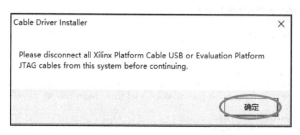

图 B-23   在线安装电缆驱动安装程序窗口

安装成功后会出提示窗口，点击"确定"即可。

附录 **C**

简单 **MIPS** 指令系统规范

简单 MIPS 指令系统是指在 MIPS32 指令系统的基础之上进行一定程度的裁剪,在控制系统设计规模的前提下,保证简单系统的可实现性。简单来说,这套指令系统包含所有非浮点 MIPS I 指令与 MIPS III 中的 ERET、Cache 和 TLB 相关指令,以及少量的 CP0 寄存器以支持中断和系统调用,不实现特权等级,存储管理可实现为简单形式——固定地址映射机制,也可实现为复杂形式——基于 4KB 页的 TLB 机制。

本附录内容基于 MIPS 架构的官方文档而编写。如果觉得本文档中有定义不精确之处,可以查阅官方文档中的相关内容;如两者存在冲突,则以官方文档中的内容为准。

本文档包含如下部分:

第 1 部分　编程模型　对支持的数据类型、软件可见寄存器、大小尾端进行定义。

第 2 部分　操作模式　对处理器需要支持的操作模式进行定义。

第 3 部分　指令定义　对需实现的指令逐条定义。

第 4 部分　存储管理　定义一套线性虚实地址映射机制。

第 5 部分　中断与例外　介绍需实现的中断和例外的相关定义。

第 6 部分　系统控制寄存器　对需实现的系统控制寄存器(俗称 CP0 寄存器)逐个进行定义。

在学习本文档的每个部分前,读者应具备以下基础:

- 阅读第 1 部分前,读者应了解基本的 MIPS 汇编和一些计算机系统的知识。
- 阅读第 2 部分前,读者应理解用户态、核心态。
- 阅读第 3 部分前,读者应明白机器指令和汇编指令的区别,了解基本 MIPS 汇编。
- 阅读第 4 部分前,读者应理解虚实地址翻译的缘由和实现,了解软硬件协同。
- 阅读第 5 部分前,读者应了解中断和例外的区别及用途。
- 阅读第 6 部分前,读者应了解 CPU 操作模式的控制和切换,以及系统控制器寄存器的作用。

第 1 部分　编程模型

1.1　数据格式

处理器可处理的数据格式定义如下：

- 比特（bit, b）
- 字节（Byte, 8bit, B）
- 半字（Halfword, 16bit, H）
- 字（Word, 32bit, W）

1.2　寄存器

处理器包含的软件可见的寄存器种类如下：

- 32 个 32 位通用寄存器 r0 ～ r31。其中有两个被赋予了特殊含义：r0 为 0 号通用寄存器，值永远为 0；r31 为 31 号通用寄存器，被 JAL、BLTZAL 和 BGEZAL 指令隐式地用作目标寄存器，存放返回地址。
- HI/LO 寄存器。HI 寄存器存放乘法指令结果的高半部分或是除法指令结果的余数，LO 寄存器存放乘法指令结果的低半部分或是除法指令结果的商。
- 程序计数器（PC）。这个寄存器软件无法直接访问。
- 控制寄存器（CP0）。一组用于中断、例外控制的寄存器。

1.3　大小尾端

处理器中的字节顺序和比特顺序均采用小尾端模式，即第 0 字节永远是最低有效字节，第 0 比特永远是最低有效比特。

1.4　存储访问类型

处理器至少支持不可缓存（Uncached）这种存储访问类型。属于此类型的访问将直接读、写物理内存（或物理内存地址映射的寄存器），但不会访问或修改各级缓存中的内容。

第 2 部分　操作模式

处理器永远处于核心态模式（Kernel Mode）。该操作模式下处理器可以执行所有指令，访问 32 位全地址空间。

第 3 部分　指令定义

3.1　指令格式

所有指令长度均为 32 比特。

除个别指令外，所有指令的格式均为立即数型（I-Type）、跳转型（J-Type）和寄存器型（R-Type）三种类型中的一种。三类指令格式如图 C-1 所示。

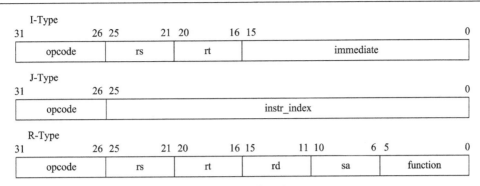

图 C-1 指令格式

3.2 指令功能分类

处理器需要实现的指令包括所有非浮点 MIPS I 指令以及 MIPS32 中的 ERET 指令，有 14 条算术运算指令、8 条逻辑运算指令、6 条移位指令、12 条分支跳转指令、4 条数据移动指令、2 条自陷指令、12 条访存指令、7 条特权指令，共计 65 条。表 C-1 ~ 表 C-8 分类给出各部分指令和简要功能介绍。

表 C-1 算术运算指令

指令名称格式	指令功能简述
ADD rd, rs, rt	加（可产生溢出例外）
ADDI rt, rs, immediate	加立即数（可产生溢出例外）
ADDU rd, rs, rt	加（不产生溢出例外）
ADDIU rt, rs, immediate	加立即数（不产生溢出例外）
SUB rd. rs, rt	减（可产生溢出例外）
SUBU rd, rs, rt	减（不产生溢出例外）
SLT rd, rs, rt	有符号小于置 1
SLTI rt, rs, immediate	有符号小于立即数设置 1
SLTU rd, rs, rt	无符号小于设置 1
SLTIU rt, rs, immediate	无符号小于立即数⊖设置 1
DIV rs, rt	有符号字除
DIVU rs,rt	无符号字除
MULT rs, rt	有符号字乘
MULTU rs, rt	无符号字乘

⊖ 请注意，虽然是无符号比较，但是立即数仍进行有符号扩展。

表 C-2   逻辑运算指令

指令名称格式	指令功能简述
AND rd, rs, rt	位与
ANDI rt, rs, immediate	立即数位与
LUI rt, immediate	寄存器高半部分置立即数
NOR rd, rs, rt	位或非
OR rd, rs, rt	位或
ORI rt, rs, immediate	立即数位或
XOR rd, rs, rt	位异或
XORI rt, rs, immediate	立即数位异或

表 C-3   移位指令

指令名称格式	指令功能简述
SLL rd, rt, sa	立即数逻辑左移
SLLV rd, rt, rs	变量逻辑左移
SRA rd, rt, sa	立即数算术右移
SRAV rd, rt, rs	变量算术右移
SRL rd, rt, sa	立即数逻辑右移
SRLV rd, rt, rs	变量逻辑右移

表 C-4   分支跳转指令

指令名称格式	指令功能简述
BEQ rs, rt, offset	相等转移
BNE rs, rt, offset	不等转移
BGEZ rs, offset	大于等于 0 转移
BGTZ rs, offset	大于 0 转移
BLEZ rs, offset	小于等于 0 转移
BLTZ rs, offset	小于 0 转移
BLTZAL rs, offset	小于 0 调用子程序并保存返回地址
BGEZAL rs, offset	大于等于 0 调用子程序并保存返回地址
J target	无条件直接跳转
JAL target	无条件直接跳转至子程序并保存返回地址
JR rs	无条件寄存器跳转
JALR rd, rs	无条件寄存器跳转至子程序并保存返回地址下

表 C-5   数据移动指令

指令名称格式	指令功能简述
MFHI rd	HI 寄存器至通用寄存器
MFLO rd	LO 寄存器至通用寄存器
MTHI rs	通用寄存器至 HI 寄存器
MTLO rs	通用寄存器至 LO 寄存器

表 C-6 自陷指令

指令名称格式	指令功能简述
BREAK	断点
SYSCALL	系统调用

表 C-7 访存指令

指令名称格式	指令功能简述
LB rt, offset(base)	取字节有符号扩展
LBU rt, offset(base)	取字节无符号扩展
LH rt, offset(base)	取半字有符号扩展
LHU rt, offset(base)	取半字无符号扩展
LW rt, offset(base)	取字
LWL rt, offset(base)	非对齐地址取字至寄存器左部
LWR rt, offset(base)	非对齐地址取字至寄存器右部
SB rt, offset(base)	存字节
SH rt, offset(base)	存半字
SW rt, offset(base)	存字
SWL rt, offset(base)	寄存器左部存入非对齐地址
SWR rt, offset(base)	寄存器右部存入非对齐地址

表 C-8 特权指令

指令名称格式	指令功能简述
ERET	例外处理返回
MFC0	读 CP0 寄存器值至通用寄存器
MTC0	通用寄存器值写入 CP0 寄存器
TLBP	TLB 查询指令
TLBR	TLB 读指令
TLBWI	TLB 写指令
CACHE	Cache 指令

3.3 算术运算指令

3.3.1 ADD

31　　　　　26	25　　　　21	20　　　　16	15　　　　11	10　　　　6	5　　　　　0
000000	rs	rt	rd	00000	100000
6	5	5	5	5	6

汇编格式：ADD rd, rs, rt

功能描述：将寄存器 rs 的值与寄存器 rt 的值相加，结果写入寄存器 rd 中。如果产生溢出，则触发整型溢出例外（IntegerOverflow）。

操作定义：$tmp \leftarrow (GPR[rs]_{31} \| GPR[rs]_{31..0}) + (GPR[rt]_{31} \| GPR[rt]_{31..0})$

if $tmp_{32} \neq tmp_{31}$ then

SignalException(IntegerOverflow)

else

$GPR[rd] \leftarrow tmp_{31..0}$

endif

例外：如果有溢出，则触发整型溢出例外。

3.3.2 ADDI

31 26	25 21	20 16	15 0
001000	rs	rt	imm
6	5	5	16

汇编格式：ADDI rt, rs, imm

功能描述：将寄存器 rs 的值与有符号扩展至 32 位的立即数 imm 相加，结果写入 rt 寄存器中。如果产生溢出，则触发整型溢出例外（IntegerOverflow）。

操作定义：$tmp \leftarrow (GPR[rs]_{31} \| GPR[rs]_{31..0}) + sign\_extend(imm)$

if $tmp_{32} \neq tmp_{31}$ then

SignalException(IntegerOverflow)

else

$GPR[rt] \leftarrow tmp_{31..0}$

endif

例外：如果有溢出，则触发整型溢出例外。

3.3.3 ADDU

31 26	25 21	20 16	15 11	10 6	5 0
000000	rs	rt	rd	00000	100001
6	5	5	5	5	6

汇编格式：ADDU rd, rs, rt

功能描述：将寄存器 rs 的值与寄存器 rt 的值相加，结果写入 rd 寄存器中。

操作定义：$GPR[rd] \leftarrow GPR[rs] + GPR[rt]$

例外：无

3.3.4 ADDIU

31 26	25 21	20 16	15 0
001001	rs	rt	imm
6	5	5	16

汇编格式：ADDIU rt, rs, imm

功能描述：将寄存器 rs 的值与**有符号扩展**至 32 位的立即数 imm 相加，结果写入 rt 寄存器中。

操作定义：$GPR[rt] \leftarrow GPR[rs] + sign\_extend(imm)$

例外：无

3.3.5 SUB

31 26	25 21	20 16	15 11	10 6	5 0
000000	rs	rt	rd	00000	100010
6	5	5	5	5	6

汇编格式：SUB rd, rs, rt

功能描述：将寄存器 rs 的值与寄存器 rt 的值相减，结果写入 rd 寄存器中。如果产生溢出，则触发整型溢出例外（IntegerOverflow）。

操作定义：$tmp \leftarrow (GPR[rs]_{31}\|GPR[rs]_{31..0}) - (GPR[rt]_{31}\|GPR[rt]_{31..0})$

     if $tmp_{32} \neq tmp_{31}$ then

       SignalException(IntegerOverflow)

     else

       $GPR[rd] \leftarrow tmp_{31..0}$

     endif

例外：如果有溢出，则触发整型溢出例外。

3.3.6 SUBU

31 26	25 21	20 16	15 11	10 6	5 0
000000	rs	rt	rd	00000	100011
6	5	5	5	5	6

汇编格式：SUBU rd, rs, rt

功能描述：将寄存器 rs 的值与寄存器 rt 的值相减，结果写入 rd 寄存器中。

操作定义：$GPR[rd] \leftarrow GPR[rs] - GPR[rt]$

例外：无

3.3.7 SLT

31 26	25 21	20 16	15 11	10 6	5 0
000000	rs	rt	rd	00000	101010
6	5	5	5	5	6

汇编格式：SLT rd, rs, rt

功能描述：将寄存器 rs 的值与寄存器 rt 中的值进行有符号数比较，如果寄存器 rs 中的值小，则寄存器 rd 置 1，否则寄存器 rd 置 0。

操作定义：if GPR[rs] < GPR[rt] then

    GPR[rd] ← 1

  else

    GPR[rd] ← 0

  endif

例外：无

3.3.8　SLTI

31	26 25	21 20	16 15	0
001010	rs	rt	imm	
6	5	5	16	

汇编格式：SLTI rt, rs, imm

功能描述：将寄存器 rs 的值与有符号扩展至 32 位的立即数 imm 进行有符号数比较，如果寄存器 rs 中的值小，则寄存器 rt 置 1，否则寄存器 rt 置 0。

操作定义：if GPR[rs] < Sign_extend(imm) then

    GPR[rt] ← 1

  else

    GPR[rt] ← 0

  endif

例外：无

3.3.9　SLTU

31	26 25	21 20	16 15	11 10	6 5	0
000000	rs	rt	rd	00000	101011	
6	5	5	5	5	6	

汇编格式：SLTU rd, rs, rt

功能描述：将寄存器 rs 的值与寄存器 rt 中的值进行无符号数比较，如果寄存器 rs 中的值小，则寄存器 rd 置 1，否则寄存器 rd 置 0。

操作定义：if $(0||GPR[rs]_{31..0}) < (0||GPR[rt]_{31..0})$ then

    GPR[rd] ← 1

  else

    GPR[rd] ← 0

  endif

例外：无

3.3.10 SLTIU

31	26 25	21 20	16 15	0
001011	rs	rt	imm	
6	5	5	16	

汇编格式：SLTIU rt, rs, imm

功能描述：将寄存器 rs 的值与**有符号扩展**至 32 位的立即数 imm 进行无符号数比较，如果寄存器 rs 中的值小，则寄存器 rt 置 1，否则寄存器 rt 置 0。

操作定义：if $(0\|GPR[rs]_{31..0})$ < Sign_extend(imm) then

  $GPR[rt] \leftarrow 1$

else

  $GPR[rt] \leftarrow 0$

endif

例外：无

3.3.11 DIV

31	26 25	21 20	16 15	6 5	0
000000	rs	rt	0000000000	011010	
6	5	5	10	6	

汇编格式：DIV rs, rt

功能描述：有符号除法，寄存器 rs 的值除以寄存器 rt 的值，商写入 LO 寄存器中，余数写入 HI 寄存器中。

操作定义：$q \leftarrow GPR[rs]_{31..0}$ div $GPR[rt]_{31..0}$

  $LO \leftarrow q$

  $r \leftarrow GPR[rs]_{31..0}$ mod $GPR[rt]_{31..0}$

  $HI \leftarrow r$

例外：无

3.3.12 DIVU

31	26 25	21 20	16 15	6 5	0
000000	rs	rt	0000000000	011011	
6	5	5	10	6	

汇编格式：DIVU rs, rt

功能描述：无符号除法，寄存器 rs 的值除以寄存器 rt 的值，商写入 LO 寄存器中，余数写入 HI 寄存器中。

操作定义：$q \leftarrow (0\|GPR[rs]_{31..0})$ div $(0\|GPR[rt]_{31..0})$

$LO \leftarrow q$

$r \leftarrow (0\|GPR[rs]_{31..0})$ mod $(0\|GPR[rt]_{31..0})$

$HI \leftarrow r$

例外：无

3.3.13 MULT

31 26	25 21	20 16	15 6	5 0
000000	rs	rt	00 0000 0000	011000
6	5	5	10	6

汇编格式：MULT rs, rt

功能描述：有符号乘法，寄存器 rs 的值乘以寄存器 rt 的值，乘积的低半部分和高半部分分别写入 LO 寄存器和 HI 寄存器。

操作定义：prod $\leftarrow GPR[rs]_{31..0} \times GPR[rt]_{31..0}$

$LO \leftarrow prod_{31..0}$

$HI \leftarrow prod_{63..32}$

例外：无

3.3.14 MULTU

31 26	25 21	20 16	15 6	5 0
000000	rs	rt	00 0000 0000	011001
6	5	5	10	6

汇编格式：MULTU rs, rt

功能描述：无符号乘法，寄存器 rs 的值乘以寄存器 rt 的值，乘积的低半部分和高半部分分别写入 LO 寄存器和 HI 寄存器。

操作定义：prod $\leftarrow (0\|GPR[rs]_{31..0}) \times (0\|GPR[rt]_{31..0})$

$LO \leftarrow prod_{31..0}$

$HI \leftarrow prod_{63..32}$

例外：无

3.4 逻辑运算指令

3.4.1 AND

31 26	25 21	20 16	15 11	10 6	5 0
000000	rs	rt	rd	00000	100100
6	5	5	5	5	6

汇编格式：AND rd, rs, rt

功能描述：寄存器 rs 中的值与寄存器 rt 中的值按位逻辑与，结果写入寄存器 rd 中。

操作定义：GPR[rd] ← GPR[rs] & GPR[rt]

例外：无

3.4.2 ANDI

31	26 25	21 20	16 15	0
001100	rs	rt	imm	
6	5	5	16	

汇编格式：ANDI rt, rs, imm

功能描述：寄存器 rs 中的值与**零扩展**至 32 位的立即数 imm 按位逻辑与，结果写入寄存器 rt 中。

操作定义：GPR[rt] ← GPR[rs] and Zero_extend(imm)

例外：无

3.4.3 LUI

31	26 25	21 20	16 15	0
001111	00000	rt	imm	
6	5	5	16	

汇编格式：LUI rt, imm

功能描述：将 16 位立即数 imm 写入寄存器 rt 的高 16 位，寄存器 rt 的低 16 位置 0。

操作定义：GPR[rt] ← (imm ∥ 0^{16})

例外：无

3.4.4 NOR

31	26 25	21 20	16 15	11 10	6 5	0
000000	rs	rt	rd	00000	100111	
6	5	5	5	5	6	

汇编格式：NOR rd, rs, rt

功能描述：寄存器 rs 中的值与寄存器 rt 中的值按位逻辑或非，结果写入寄存器 rd 中。

操作定义：GPR[rd] ← GPR[rs] nor GPR[rt]

例外：无

3.4.5 OR

31	26 25	21 20	16 15	11 10	6 5	0
000000	rs	rt	rd	00000	100101	
6	5	5	5	5	6	

汇编格式：OR rd, rs, rt

功能描述：寄存器 rs 中的值与寄存器 rt 中的值按位逻辑或，结果写入寄存器 rd 中。

操作定义：GPR[rd] ← GPR[rs] or GPR[rt]

例外：无

3.4.6 ORI

31	26 25	21 20	16 15	0
001101	rs	rt	imm	
6	5	5	16	

汇编格式：ORI rt, rs, imm

功能描述：寄存器 rs 中的值与**零扩展**至 32 位的立即数 imm 按位逻辑或，结果写入寄存器 rt 中。

操作定义：GPR[rt] ← GPR[rs] or Zero_extend(imm)

例外：无

3.4.7 XOR

31	26 25	21 20	16 15	11 10	6 5	0
000000	rs	rt	rd	00000	100110	
6	5	5	5	5	6	

汇编格式：XOR rd, rs, rt

功能描述：寄存器 rs 中的值与寄存器 rt 中的值按位逻辑异或，结果写入寄存器 rd 中。

操作定义：GPR[rd] ← GPR[rs] xor GPR[rt]

例外：无

3.4.8 XORI

31	26 25	21 20	16 15	0
001110	rs	rt	imm	
6	5	5	16	

汇编格式：XORI rt, rs, imm

功能描述：寄存器 rs 中的值与**零扩展**至 32 位的立即数 imm 按位逻辑异或，结果写入寄存器 rt 中。

操作定义：GPR[rt] ← GPR[rs] xor Zero_extend(imm)

例外：无

3.5 移位指令

3.5.1 SLLV

31	26 25	21 20	16 15	11 10	6 5	0
000000	rs	rt	rd	00000	000100	
6	5	5	5	5	6	

汇编格式：SLLV rd, rt, rs

功能描述：由寄存器 rs 中的值指定移位量，对寄存器 rt 的值进行逻辑左移，结果写入寄存器 rd 中。

操作定义：$s \leftarrow GPR[rs]_{4..0}$

$GPR[rd] \leftarrow GPR[rt]_{(31-s)..0} \| 0^s$

例外：无

3.5.2 SLL

31	26 25	21 20	16 15	11 10	6 5	0
000000	00000	rt	rd	sa	000000
6	5	5	5	5	6

汇编格式：SLL rd, rt, sa

功能描述：由立即数 sa 指定移位量，对寄存器 rt 的值进行逻辑左移，结果写入寄存器 rd 中。

操作定义：$s \leftarrow sa$

$GPR[rd] \leftarrow GPR[rt]_{(31-s)..0} \| 0^s$

例外：无

3.5.3 SRAV

31	26 25	21 20	16 15	11 10	6 5	0
000000	rs	rt	rd	00000	000111
6	5	5	5	5	6

汇编格式：SRAV rd, rt, rs

功能描述：由寄存器 rs 中的值指定移位量，对寄存器 rt 的值进行算术右移，结果写入寄存器 rd 中。

操作定义：$s \leftarrow GPR[rs]_{4..0}$

$GPR[rd] \leftarrow (GPR[rt]_{31})^s \| GPR[rt]_{31..s}$

例外：无

3.5.4 SRA

31	26 25	21 20	16 15	11 10	6 5	0
000000	00000	rt	rd	sa	000011
6	5	5	5	5	6

汇编格式：SRA rd, rt, sa

功能描述：由立即数 sa 指定移位量，对寄存器 rt 的值进行算术右移，结果写入寄存器 rd 中。

操作定义：$s \leftarrow sa$

$GPR[rd] \leftarrow (GPR[rt]_{31})^s \| GPR[rt]_{31..s}$

例外：无

3.5.5 SRLV

31 26	25 21	20 16	15 11	10 6	5 0
000000	rs	rt	rd	00000	000110
6	5	5	5	5	6

汇编格式：SRLV rd, rt, rs

功能描述：由寄存器 rs 中的值指定移位量，对寄存器 rt 的值进行逻辑右移，结果写入寄存器 rd 中。

操作定义：$s \leftarrow GPR[rs]_{4..0}$

$GPR[rd] \leftarrow 0^s \,\|\, GPR[rt]_{31..s}$

例外：无

3.5.6 SRL

31 26	25 21	20 16	15 11	10 6	5 0
000000	00000	rt	rd	sa	000010
6	5	5	5	5	6

汇编格式：SRL rd, rt, sa

功能描述：由立即数 sa 指定移位量，对寄存器 rt 的值进行逻辑右移，结果写入寄存器 rd 中。

操作定义：$s \leftarrow sa$

$GPR[rd] \leftarrow 0^s \,\|\, GPR[rt]_{31..s}$

例外：无

3.6 分支跳转指令

3.6.1 BEQ

31 26	25 21	20 16	15 0
000100	rs	rt	offset
6	5	5	16

汇编格式：BEQ rs, rt, offset

功能描述：如果寄存器 rs 的值等于寄存器 rt 的值则转移，否则顺序执行。转移目标由立即数 offset 左移 2 位并进行有符号扩展的值加上该分支指令对应的延迟槽指令的 PC 计算得到。

操作定义：I: condition $\leftarrow$ GPR[rs] = GPR[rt]

target_offset $\leftarrow$ Sign_extend(offset$\|0^2$)

I+1: if condition then

PC $\leftarrow$ PC+ target_offset

endif

例外：无

3.6.2 BNE

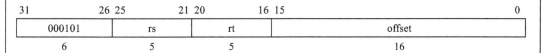

31	26 25	21 20	16 15	0
000101	rs	rt	offset	
6	5	5	16	

汇编格式：BNE rs, rt, offset

功能描述：如果寄存器 rs 的值不等于寄存器 rt 的值则转移，否则顺序执行。转移目标由立即数 offset 左移 2 位并进行有符号扩展的值加上该分支指令对应的延迟槽指令的 PC 计算得到。

操作定义：I: condition $\leftarrow$ GPR[rs] $\neq$ GPR[rt]

　　　　　 target_offset $\leftarrow$ Sign_extend(offset$\|0^2$)

　　　I+1: if condition then

　　　　　　　PC $\leftarrow$ PC+ target_offset

　　　　　 endif

例外：无

3.6.3 BGEZ

31	26 25	21 20	16 15	0
000001	rs	00001	offset	
6	5	5	16	

汇编格式：BGEZ rs, offset

功能描述：如果寄存器 rs 的值大于等于 0 则转移，否则顺序执行。转移目标由立即数 offset 左移 2 位并进行有符号扩展的值加上该分支指令对应的延迟槽指令的 PC 计算得到。

操作定义：I: condition $\leftarrow$ GPR[rs] $\geqslant$ 0

　　　　　 target_offset $\leftarrow$ Sign_extend(offset$\|0^2$)

　　　I+1: if condition then

　　　　　　　PC $\leftarrow$ PC+ target_offset

　　　　　 endif

例外：无

3.6.4 BGTZ

31	26 25	21 20	16 15	0
000111	rs	00000	offset	
6	5	5	16	

汇编格式：BGTZ rs, offset

功能描述：如果寄存器 rs 的值大于 0 则转移，否则顺序执行。转移目标由立即数 offset 左移
2 位并进行有符号扩展的值加上该分支指令对应的延迟槽指令的 PC 计算得到。

操作定义：I: condition ← GPR[rs] > 0

target_offset ← Sign_extend(offset$\|0^2$)

I+1: if condition then

PC ← PC+ target_offset

endif

例外：无

3.6.5 BLEZ

31 26	25 21	20 16	15 0
000110	rs	00000	offset
6	5	5	16

汇编格式：BLEZ rs, offset

功能描述：如果寄存器 rs 的值小于等于 0 则转移，否则顺序执行。转移目标由立即数
offset 左移 2 位并进行有符号扩展的值加上该分支指令对应的延迟槽指令的
PC 计算得到。

操作定义：I: condition ← GPR[rs] ⩽ 0

target_offset ← Sign_extend(offset$\|0^2$)

I+1: if condition then

PC ← PC+ target_offset

endif

例外：无

3.6.6 BLTZ

31 26	25 21	20 16	15 0
000001	rs	00000	offset
6	5	5	16

汇编格式：BLTZ rs, offset

功能描述：如果寄存器 rs 的值小于 0 则转移，否则顺序执行。转移目标由立即数 offset 左移
2 位并进行有符号扩展的值加上该分支指令对应的延迟槽指令的 PC 计算得到。

操作定义：I: condition ← GPR[rs] < 0

target_offset ← Sign_extend(offset$\|0^2$)

I+1: if condition then

PC ← PC+ target_offset

endif

例外：无

3.6.7 BGEZAL

31 26	25 21	20 16	15 0
000001	rs	10001	offset
6	5	5	16

汇编格式：BGEZAL rs, offset

功能描述：如果寄存器 rs 的值大于等于 0 则转移，否则顺序执行。转移目标由立即数 offset 左移 2 位并进行有符号扩展的值加上该分支指令对应的延迟槽指令的 PC 计算得到。无论转移与否，将该分支对应延迟槽指令之后的指令的 PC 值保存至第 31 号通用寄存器中。

操作定义：I: condition ← GPR[rs] ⩾ 0

target_offset ← Sign_extend(offset$\|0^2$)

GPR[31] ← PC + 8

I+1: if condition then

PC ← PC+ target_offset

endif

例外：无

3.6.8 BLTZAL

31 26	25 21	20 16	15 0
000001	rs	10000	offset
6	5	5	16

汇编格式：BLTZAL rs, offset

功能描述：如果寄存器 rs 的值小于 0 则转移，否则顺序执行。转移目标由立即数 offset 左移 2 位并进行有符号扩展的值加上该分支指令对应的延迟槽指令的 PC 计算得到。无论转移与否，将该分支对应延迟槽指令之后的指令的 PC 值保存至第 31 号通用寄存器中。

操作定义：I: condition ← GPR[rs] < 0

target_offset ← Sign_extend(offset$\|0^2$)

GPR[31] ← PC + 8

I+1: if condition then

PC ← PC+ target_offset

endif

例外：无

3.6.9　J

31	26	25	0
000010		instr_index	
6		26	

汇编格式：J target

功能描述：无条件跳转。跳转目标由该分支指令对应的延迟槽指令的 PC 的最高 4 位与立即数 instr_index 左移 2 位后的值拼接得到。

操作定义：I:

　　　　　I+1: PC ← $PC_{31..28}$ ‖ instr_index ‖ 0^2

例外：无

3.6.10　JAL

31	26	25	0
000011		instr_index	
6		26	

汇编格式：JAL target

功能描述：无条件跳转。跳转目标由该分支指令对应的延迟槽指令的 PC 的最高 4 位与立即数 instr_index 左移 2 位后的值拼接得到。同时将该分支对应延迟槽指令之后的指令的 PC 值保存至第 31 号通用寄存器中。

操作定义：I: GPR[31] ← PC + 8

　　　　　I+1: PC ← $PC_{31..28}$ ‖ instr_index ‖ 0^2

例外：无

3.6.11　JR

31	26	25	21	20	11	10	6	5	0
000000		rs		00 0000 0000		00000		001000	
6		5		10		5		6	

汇编格式：JR rs

功能描述：无条件跳转。跳转目标为寄存器 rs 中的值。

操作定义：I: temp ← GPR[rs]

　　　　　I+1: PC　← temp

例外：无

3.6.12　JALR

31	26	25	21	20	16	15	11	10	6	5	0
000000		rs		00000		rd		00000		001001	
6		5		5		5		5		6	

汇编格式：JALR rd, rs

　　　　　JALR rs (rd=31 implied)

功能描述：无条件跳转。跳转目标为寄存器 rs 中的值。同时将该分支对应延迟槽指令之后的指令的 PC 值保存至寄存器 rd 中。

操作定义：I：temp ← GPR[rs]

　　　　　　　GPR[rd] ← PC + 8

　　I+1：PC　← temp

例外：无

3.7 数据移动指令

3.7.1 MFHI

31	26 25	21 20	16 15	11 10	6 5	0
000000		00 0000 0000		rd	00000	010000
6		10		5	5	6

汇编格式：MFHI rd

功能描述：将 HI 寄存器的值写入寄存器 rd 中。

操作定义：GPR[rd] ← HI

例外：无

3.7.2 MFLO

31	26 25	21 20	16 15	11 10	6 5	0
000000		00 0000 0000		rd	00000	010010
6		10		5	5	6

汇编格式：MFLO rd

功能描述：将 LO 寄存器的值写入寄存器 rd 中。

操作定义：GPR[rd] ← LO

例外：无

3.7.3 MTHI

31	26 25	21 20	16 15	6 5	0
000000	rs		000 0000 0000 0000		010001
6	5		15		6

汇编格式：MTHI rs

功能描述：将寄存器 rs 的值写入 HI 寄存器中。

操作定义：HI ← GPR[rs]

例外：无

3.7.4 MTLO

31	26	25	21	20	16	15	6	5	0
000000		rs		000 0000 0000 0000				010011	
6		5			15			6	

汇编格式：MTLO rs

功能描述：将寄存器 rs 的值写入 LO 寄存器中。

操作定义：LO ← GPR[rs]

例外：无

3.8 自陷指令

3.8.1 BREAK

31	26	25	6	5	0
000000		code		001101	
6		20		6	

汇编格式：BREAK

功能描述：触发断点例外。

操作定义：SignalException(Breakpoint)

例外：断点例外

3.8.2 SYSCALL

31	26	25	6	5	0
000000		code		001100	
6		20		6	

汇编格式：SYSCALL

功能描述：触发系统调用例外。

操作定义：SignalException(SystemCall)

例外：系统调用例外

3.9 访存指令

3.9.1 LB

31	26	25	21	20	16	15	0
100000		base		rt		offset	
6		5		5		16	

汇编格式：LB rt, offset(base)

功能描述：将 base 寄存器的值加上符号扩展后的立即数 offset 得到访存的虚地址，据此虚地址从存储器中读取 1 个字节的值并进行符号扩展，写入 rt 寄存器中。

操作定义：vAddr ← GPR[base] + sign_extend(offset)

(pAddr, CCA) ← AddressTranslation(vAddr, DATA, LOAD)

membyte ← LoadMemory(CCA, BYTE, pAddr, vAddr, DATA)

GPR[rt] ← sign_extend($membyte_{7..0}$)

例外：无

3.9.2 LBU

31	26	25	21	20	16	15	0
100100		base		rt		offset	
6		5		5		16	

汇编格式：LBU rt, offset(base)

功能描述：将 base 寄存器的值加上符号扩展后的立即数 offset 得到访存的虚地址，据此虚地址从存储器中读取 1 个字节的值并进行 0 扩展，写入 rt 寄存器中。

操作定义：vAddr ← GPR[base] + sign_extend(offset)

(pAddr, CCA) ← AddressTranslation(vAddr, DATA, LOAD)

membyte ← LoadMemory(CCA, BYTE, pAddr, vAddr, DATA)

GPR[rt] ← zero_extend($membyte_{7..0}$)

例外：无

3.9.3 LH

31	26	25	21	20	16	15	0
100001		base		rt		offset	
6		5		5		16	

汇编格式：LH rt, offset(base)

功能描述：将 base 寄存器的值加上符号扩展后的立即数 offset 得到访存的虚地址，如果地址不是 2 的整数倍则触发地址错例外，否则据此虚地址从存储器中读取连续 2 个字节的值并进行符号扩展，写入 rt 寄存器中。

操作定义：vAddr ← GPR[base] + sign_extend(offset)

if $vAddr_0$ ≠ 0 then

SignalException(AddressError)

endif

(pAddr, CCA) ← AddressTranslation(vAddr, DATA, LOAD)

memhalf ← LoadMemory(CCA, HALFWORD, pAddr, vAddr, DATA)

GPR[rt] ← sign_extend($memhalf_{15..0}$)

例外：地址最低 1 位不为 0，触发地址错例外。

3.9.4   LHU

31　　　　　　26	25　　　　21	20　　　16	15　　　　　　　　　　　　　　　0
100101	base	rt	offset
6	5	5	16

汇编格式：LHU rt, offset(base)

功能描述：将 base 寄存器的值加上符号扩展后的立即数 offset 得到访存的虚地址，如果
　　　　　地址不是 2 的整数倍则触发地址错例外，否则据此虚地址从存储器中读取连
　　　　　续 2 个字节的值并进行 0 扩展，写入 rt 寄存器中。

操作定义：vAddr ← GPR[base] + sign_extend(offset)

　　　　　if $vAddr_0 \neq 0$ then

　　　　　　　　SignalException(AddressError)

　　　　　endif

　　　　　(pAddr, CCA) ← AddressTranslation(vAddr, DATA, LOAD)

　　　　　memhalf ← LoadMemory(CCA, HALFWORD, pAddr, vAddr, DATA)

　　　　　GPR[rt] ← zero_extend($memhalf_{15..0}$)

例外：地址最低 1 位不为 0，触发地址错例外。

3.9.5   LW

31　　　　　　26	25　　　　21	20　　　16	15　　　　　　　　　　　　　　　0
100011	base	rt	offset
6	5	5	16

汇编格式：LW rt, offset(base)

功能描述：将 base 寄存器的值加上符号扩展后的立即数 offset 得到访存的虚地址，如果
　　　　　地址不是 4 的整数倍则触发地址错例外，否则据此虚地址从存储器中读取连
　　　　　续 4 个字节的值，写入 rt 寄存器中。

操作定义：vAddr ← GPR[base] + sign_extend(offset)

　　　　　if $vAddr_{1..0} \neq 0$ then

　　　　　　　　SignalException(AddressError)

　　　　　endif

　　　　　(pAddr, CCA) ← AddressTranslation(vAddr, DATA, LOAD)

　　　　　memword ← LoadMemory(CCA, WORD, pAddr, vAddr, DATA)

　　　　　GPR[rt] ← sign_extend($memword_{31..0}$)

例外：地址最低 2 位不为 0，触发地址错例外。

3.9.6 LWL

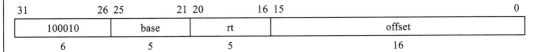

31	26 25	21 20	16 15	0
100010	base	rt	offset	
6	5	5	16	

汇编格式：LWL rt, offset(base)

功能描述：将 base 寄存器的值加上符号扩展后的立即数 offset 得到访存的虚地址，据此虚地址从存储器中读取连续 4 个字节的值，与 rt 寄存器的原值进行拼合后再写入 rt 寄存器中。拼合由地址的最低 2 位决定，具体定义如下。

假设存储器中访存地址所在边界对齐的 word 的内容如下：

I	J	K	L
3	2	1	0

假设 rt 寄存器的原值内容如下：

a	b	c	d
3	2	1	0

则拼合的情况如下：

$vAddr_{1..0}$				
0	L	b	c	d
1	K	L	c	d
2	J	K	L	d
3	I	J	K	L

操作定义：$vAddr \leftarrow GPR[base] + sign\_extend(offset)$

$(pAddr, CCA) \leftarrow AddressTranslation(vAddr, DATA, LOAD)$

$memword \leftarrow LoadMemory(CCA, byte, pAddr, vAddr, DATA)$

$byte \leftarrow vAddr_{1..0}$

$tmp \leftarrow memword_{7+8 \times byte..0} \| GPR[rt]_{23-8 \times byte..0}$

$GPR[rt] \leftarrow tmp_{31..0}$

例外：无

3.9.7 LWR

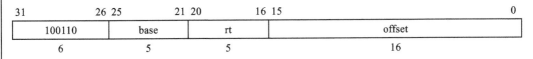

31	26 25	21 20	16 15	0
100110	base	rt	offset	
6	5	5	16	

汇编格式：LWR rt, offset(base)

功能描述：将 base 寄存器的值加上符号扩展后的立即数 offset 得到访存的虚地址，据此虚地址从存储器中读取连续 4 个字节的值，与 rt 寄存器的原值进行拼合后再写入 rt 寄存器中。拼合由地址的最低 2 位决定，具体定义如下。

假设存储器中访存地址所在边界对齐的 word 的内容如下：

I	J	K	L
3	2	1	0

假设 rt 寄存器的原值内容如下：

a	b	c	d
3	2	1	0

则拼合的情况如下：

$vAddr_{1..0}$				
0	I	J	K	L
1	a	I	J	K
2	a	b	I	J
3	a	b	c	I

操作定义：vAddr ← GPR[base] + sign_extend(offset)

(pAddr, CCA) ← AddressTranslation(vAddr, DATA, LOAD)

memword ← LoadMemory(CCA, byte, pAddr, vAddr, DATA)

byte ← $vAddr_{1..0}$

tmp ← $memword_{31..32-8\times byte}$ ∥ $GPR[rt]_{31-8\times byte..0}$

$GPR[rt] ← tmp_{31..0}$

例外：无

3.9.8　SB

31	26 25	21 20	16 15	0
101000	base	rt	offset	
6	5	5	16	

汇编格式：SB　rt, offset(base)

功能描述：将 base 寄存器的值加上符号扩展后的立即数 offset 得到访存的虚地址，据此虚地址将 rt 寄存器的最低字节存入存储器中。

操作定义：vAddr ← GPR[base] + sign_extend(offset)

(pAddr, CCA) ← AddressTranslation(vAddr, DATA, STORE)

databyte ← $GPR[rt]_{7..0}$

StoreMemory(CCA, BYTE, databyte, pAddr, vAddr, DATA)

例外：无

3.9.9 SH

31	26	25	21	20	16	15	0
101001		base		rt		offset	
6		5		5		16	

汇编格式：SH rt, offset(base)

功能描述：将 base 寄存器的值加上符号扩展后的立即数 offset 得到访存的虚地址，如果地址不是 2 的整数倍则触发地址错例外，否则据此虚地址将 rt 寄存器的低半字存入存储器中。

操作定义：vAddr ← GPR[base] + sign_extend(offset)

    if $vAddr_0 \neq 0$ then

        SignalException(AddressError)

    endif

    (pAddr, CCA) ← AddressTranslation(vAddr, DATA, STORE)

    datahalf ← $GPR[rt]_{15..0}$

    StoreMemory(CCA, HALFWORD, datahalf, pAddr, vAddr, DATA)

例外：地址最低 1 位不为 0，触发地址错例外。

3.9.10 SW

31	26	25	21	20	16	15	0
101011		base		rt		offset	
6		5		5		16	

汇编格式：SW rt, offset(base)

功能描述：将 base 寄存器的值加上符号扩展后的立即数 offset 得到访存的虚地址，如果地址不是 4 的整数倍则触发地址错例外，否则据此虚地址将 rt 寄存器存入存储器中。

操作定义：vAddr ← GPR[base] + sign_extend(offset)

    if $vAddr_{1..0} \neq 0$ then

        SignalException(AddressError)

    endif

    (pAddr, CCA) ← AddressTranslation(vAddr, DATA, STORE)

    dataword ← $GPR[rt]_{31..0}$

    StoreMemory(CCA, WORD, dataword, pAddr, vAddr, DATA)

例外：地址最低 2 位不为 0，触发地址错例外。

3.9.11 SWL

31	26 25	21 20	16 15	0
101010	base	rt	offset	
6	5	5	16	

汇编格式：SWL rt, offset(base)

功能描述：将 base 寄存器的值加上符号扩展后的立即数 offset 得到访存的虚地址，据此虚地址将 rt 寄存器的值存入存储器中的相应位置。

假设存储器中访存地址所在边界对齐的 word 的内容如下：

I	J	K	L
3	2	1	0

假设 rt 寄存器的原值内容如下：

a	B	c	d
3	2	1	0

则执行后存储中的情况如下：

vAddr$_{1..0}$				
0	I	J	K	a
1	I	J	a	b
2	I	a	b	c
3	a	b	c	d

操作定义：vAddr ← GPR[base] + sign_extend(offset)

(pAddr, CCA) ← AddressTranslation(vAddr, DATA, STORE)

byte ← vAddr$_{1..0}$

dataword ← $0^{24-8 \times byte}$||GPR[rt]$_{31..24-8 \times byte}$

StoreMemory(CCA, byte, dataword, pAddr, vAddr, DATA)

例外：无

3.9.12 SWR

31	26 25	21 20	16 15	0
101110	base	rt	offset	
6	5	5	16	

汇编格式：SWR rt, offset(base)

功能描述：将 base 寄存器的值加上符号扩展后的立即数 offset 得到访存的虚地址，据此
虚地址将 rt 寄存器的值存入存储器中的相应位置。

假设存储器中访存地址所在边界对齐的 word 的内容如下：

I	J	K	L
3	2	1	0

假设 rt 寄存器的原值内容如下：

a	B	c	d
3	2	1	0

则执行后存储中的情况如下：

vAddr$_{1..0}$				
0	a	b	c	d
1	b	c	d	L
2	c	d	K	L
3	d	J	K	L

操作定义：vAddr ← GPR[base] + sign_extend(offset)

(pAddr, CCA) ← AddressTranslation(vAddr, DATA, STORE)

byte ← vAddr$_{1..0}$

dataword ← GPR[rt]$_{31..-8 \times byte}$||$0^{8 \times byte}$

StoreMemory(CCA, byte, dataword, pAddr, vAddr, DATA)

例外：无

3.10 特权指令

3.10.1 ERET

31	26	25	21	20	16	15	11	10	6	5	0
010000		1		000 0000 0000 0000 0000						011000	
6		1		19						6	

汇编格式：ERET

功能描述：从中断、例外处理返回。注意，ERET 指令没有延迟槽。

操作定义：PC ← EPC，Status.EXL ← 0，刷新流水线。

例外：无

3.10.2 MFC0

31	26	25	21	20	16	15	11	10	3	2	0
010000		00000		rt		rd		00000000		sel	
6		5		5		5		8		3	

汇编格式：MFC0 rt, rd, sel

功能描述：从协处理器 0 的寄存器取值。

操作定义：GPR[rt] ← CP0[rd, sel]

例外：无

3.10.3 MTC0

31	26	25	21	20	16	15	11	10	3	2	0
010000		00100		rt		rd		00000000		sel	
6		5		5		5		8		3	

汇编格式：MTC0 rt, rd, sel

功能描述：向协处理器 0 的寄存器中保存值。

操作定义：CP0[rd, sel] ← GPR[rt]

例外：无

3.10.4 TLBP

31	26	25	21	20	16	15	11	10	6	5	0
010000		1		000 0000 0000 0000 0000						001000	
6		1		19						6	

汇编格式：TLBP

功能描述：完成 TLB 查询操作。使用 EntryHi 里的 VPN2 和 ASID 信息去查询 TLB，如果查找到，则将该项的索引值写入 Index 寄存器的 Index 域中，并将 Index 寄存器的 P 域置为 0；否则将 Index 寄存器的 P 域置为 1，此时 Index 寄存器的 Index 可以置任意值。

操作定义： Index ← 1 || UNPREDICTABLE[31]

        for i in 0...TLBEntries – 1

            if ((TLB[i].VPN2 =EntryHi.VPN2) and

            ((TLB[i].G = 1) or (TLB[i].ASID = EntryHi.ASID))then

            Index ← i

            endif

        endfor

例外：无

3.10.5 TLBR

31	26	25	21	20	16	15	11	10	6	5	0
010000		1		000 0000 0000 0000 0000						000001	

6   1   19   6

汇编格式：TLBR

功能描述：完成 TLB 的读操作。将 TLB 中 Index 寄存器的 Index 域所指的那一项的内容读出来，写入 EntryHi、EntryLo0 和 EntryLo1 寄存器中。

操作定义：i ← Index

    if i > (TLBEntries − 1) then

        UNDEFINED

    endif

    EntryHi ← TLB[i].VPN2 $\|$ 0^5 $\|$ TLB[i].ASID

    EntryLo1 ← 0^6 $\|$ TLB[i].PFN1 $\|$ TLB[i].C1 $\|$ TLB[i].D1 $\|$ TLB[i].V1 $\|$ TLB[i].G

    EntryLo0 ← 0^6 $\|$ TLB[i].PFN0 $\|$ TLB[i].C0 $\|$ TLB[i].D0 $\|$ TLB[i].V0 $\|$ TLB[i].G

例外：无

3.10.6 TLBWI

31	26	25	21	20	16	15	11	10	6	5	0
010000		1		000 0000 0000 0000 0000						000010	

6   1   19   6

汇编格式：TLBWI

功能描述：完成 TLB 的写操作。将 EntryHi、EntryLo0 和 EntryLo1 所记录的页表项内容写入 TLB 中 Index 寄存器的 Index 域所指的那一项。

操作定义：i ← Index

    TLB[i].VPN2 ← EntryHi.VPN2

    TLB[i].ASID ← EntryHi.ASID

    TLB[i].G ← EntryLo1.G and EntryLo0.G

    TLB[i].PFN1 ← EntryLo1.PFN

    TLB[i].C1 ← EntryLo1.C

    TLB[i].D1 ← EntryLo1.D

    TLB[i].V1 ← EntryLo1.V

    TLB[i].PFN0 ← EntryLo0.PFN

    TLB[i].C0 ← EntryLo0.C

    TLB[i].D0 ← EntryLo0.D

    TLB[i].V0 ← EntryLo0.V

例外：无

3.10.7　CACHE

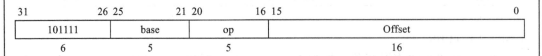

31	26 25	21 20	16 15	0
101111	base	op	Offset	
6	5	5	16	

汇编格式：CACHE　op, offset(base)

功能描述：依据 op 做不同的 Cache 操作，典型需要实现的 op 编码如表 C-9 所示。

表 C-9　典型需要实现的 Cache 操作一览表

Cache 级别	op 编码	操作名称	地址使用方式	功能描述
ICache（一级指令 Cache）	0b00000	Index Invalid	Index	使用地址索引到 Cache 行后，将该行无效掉
	0b01000	Index Store Tag	Index	使用地址索引到 Cache 行后，将 CP0 寄存器 TagLo 指定的 Tag、V 和 D 域更新进该 Cache 行
	0b10000	Hit Invalid	Hit	使用地址查找 ICache，如果命中，则将该行无效掉
DCache（一级数据 Cache）	0b00001	Index Writeback Invalid	Index	使用地址索引到 Cache 行后，将该行无效掉。如果该行是有效且脏的，则需要先写回到系统内存里
	0b01001	Index Store Tag	Index	使用地址索引到 Cache 行后，将 CP0 寄存器 TagLo 指定的 Tag、V 和 D 域更新进该 Cache 行
	0b10001	Hit Invalid	Hit	使用地址查找 DCache，如果命中，则将该行无效掉。即使该行是有效且脏的，也不需要写回到系统内存里
	0b10101	Hit Writeback Invalid	Hit	使用地址查找 DCache，如果命中，则将该行无效掉。如果该行是有效且脏的，则需要先写回到系统内存里
—	其他	—	—	当 op 是其他值时，可以当做空操作或者保留指令

（GPR [base] + sign_extend(offset)）用于计算得到一个地址，该地址依据 op 的不同有以下两类意义：

- 对 Index 类 op，使用图 C-2 展示的 Index 域索引 Cache 组，使用 Way 确定访问该组里的哪路 Cache 行，Tag 域并不使用。
- 对 Hit 类 op，需要将计算后的地址转换为实地址，之后同正常 Load/Store 访问 Cache 一样，使用图 C-2 展示的 Index 和 Tag 域查找 Cache，判断是否命中并进行相应操作。

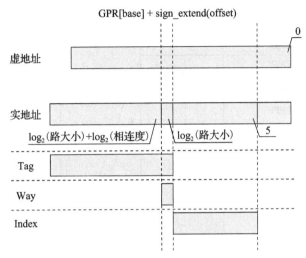

图 C-2　Cache 指令里地址的使用示意

操作定义：见功能描述。

例外：无

第 4 部分　存储管理

本指令系统对操作模式和存储访问类型进行了严格的限定，所以存储管理部分仅对虚实地址映射方式进行定义。具体存储管理机制可从以下两种形式选择其一实现：

1）固定地址映射机制：实现简单，无法支持复杂存储管理，所以也不支持运行 Linux 这样的操作系统。

2）基于 4KB 页的 TLB 机制：实现较复杂，存储管理功能更丰富，支持运行 Linux 这样的操作系统。完整的 TLB 机制是可以支持可变页大小的，但是这里为了实现简单，约束页大小固定为 4KB。

4.1　固定地址映射机制

处理器可访问 32 位虚地址空间。整个 4GB 大小的虚地址空间被划分成 5 个段。处理器采用固定地址映射（FMT）机制，在进行虚实地址映射时，不同段的虚地址以线性方式固定地映射到一段连续的物理地址上。具体映射方式如图 C-3 所示。

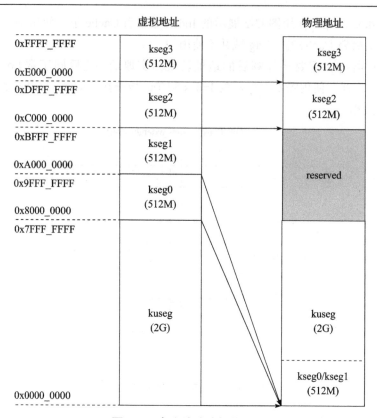

图 C-3 虚实地址映射关系图

4.2 基于 4KB 页的 TLB 机制

处理器可访问的 4GB 大小的虚地址空间被划分成 5 个段：kuseg、kseg0、kseg1、kseg2 和 kseg3。当采用基于 TLB 的地址翻译机制时，这 5 个段的翻译方式如下：

1）kseg0 和 kseg1：和固定地址映射机制一样，这两个段固定映射到物理地址的第 512MB 空间，也就是将虚拟地址的高 3 比特抹成零作为物理地址。Kseg1 段的 Cache 属性固定为 Uncached，kseg0 段的 Cache 属性由 CP0 寄存器 Config1.k0 指定。

2）kuseg、kseg2 和 kseg3：需要使用虚地址和 ASID 查询 TLB 得到对应的物理地址。Cache 属性由 TLB 表项里的 C 域指定。

第 5 部分 中断与例外

5.1 处理器例外

5.1.1 例外优先级

当一条指令同时满足多个例外触发条件时，处理器核将按照表 C-10 所示的例外优先级，优先触发优先级高的例外。

表 C-10 例外优先级

例外	类型
中断	异步
地址错例外—取指	同步
保留指令例外	同步
整型溢出例外、陷阱例外、系统调用例外	同步
地址错例外—数据访问	同步

5.1.2 例外入口向量位置

所有例外（含中断）的例外入口地址统一为 0xBFC0.0380。

5.1.3 处理器硬件响应例外的一般性过程

当开始响应例外时，处理器硬件会进行以下工作：

1）当 CP0.Status.EXL 为 0 时，更新 CP0.EPC：将例外处理返回后重新开始执行的指令 PC 填入 CP0.EPC 寄存器中。如果发生例外的指令不在分支延迟槽中，则重新开始执行的指令 PC 就等于发生例外的指令的 PC，否则重新开始执行的指令 PC 等于发生例外的指令的 PC-4（即该延迟槽对应的分支指令的 PC）。

2）当 EXL 为 0 时，更新 CP0.Cause 寄存器的 BD 位：如果发生例外的指令在分支延迟槽中，则将 CP0.Cause.BD 置为 1，否则将 CP0.Cause.BD 置为 0。

3）更新 CP0.Status.EXL 位：将其置为 1。

4）进入约定的例外入口重新取指，软件开始执行例外处理程序。

当软件完成例外处理程序的执行后，通常会使用 ERET 指令从例外处理程序返回，ERET 指令的作用是：

1）将 CP0.Status.EXL 清零。

2）从 CP0.EPC 寄存器取出重新执行的 PC 值，然后从该 PC 值处继续取指执行。

5.1.4 中断例外

当未屏蔽的中断到来时，触发中断例外。中断的详细描述如下。

● 控制寄存器 Cause 的 ExcCode 域

0x00 (Int)

● 响应例外时的额外硬件状态更新

寄存器	状态更新描述
Cause	IP 域记录待处理的中断

5.1.5 地址错例外

当发生下列条件时触发地址错例外:

1)字 load/store 指令,其访问地址不对齐于字边界。

2)半字 load/store 指令,其访问地址不对齐与半字边界。

3)取指 PC 不对齐于字边界。

* 控制寄存器 Cause 的 ExcCode 域

0x04 (AdEL):取指或读数据

0x05 (AdES):写数据

* 响应例外时的额外硬件状态更新

寄存器	状态更新描述
BadVAddr	记录触发例外的虚地址

5.1.6 整型溢出例外

当一条 ADD、ADDI 或 SUB 指令执行结果溢出时,触发整型溢出例外。

* 控制寄存器 Cause 的 ExcCode 域

0x0c (Ov)

* 响应例外时的额外硬件状态更新

无

5.1.7 系统调用例外

当执行 SYSCALL 指令时,触发系统调用例外。

* 控制寄存器 Cause 的 ExcCode 域

0x08 (Sys)

* 响应例外时的额外硬件状态更新

无

5.1.8 断点例外

当执行一条 BREAK 指令时,触发断点例外。

* 控制寄存器 Cause 的 ExcCode 域

0x09 (Bp)

* 响应例外时的额外硬件状态更新

无

5.1.9 保留指令例外

当执行一条未实现的指令时,触发保留指令例外。

- 控制寄存器 Cause 的 ExcCode 域

0x0a (RI)

- 响应例外时的额外硬件状态更新

无

5.2 中断

本节描述的中断涉及的范围包括硬件中断、软件中断和计时器中断。

5.2.1 中断响应的必要条件

处理器响应中断的必要条件是:

- Status.IE=1,表示全局中断使能开启。
- Status.EXL=0,表示没有例外正在处理。
- 某个中断源产生中断且该中断源未被屏蔽(各中断源的屏蔽位见 Status.IM7 ~ 0)。

5.2.2 中断模式

处理器支持 2 个软件中断(SW0 ~ SW1)、6 个硬件中断(HW0 ~ HW5)和 1 个计时器中断。其中计时器中断复用 HW5 硬件中断。

软件中断的中断源即为 Cause.IP[1:0] 两位,仅可以通过软件对 Cause.IP[1:0] 位写 1 进行触发,软件写 0 进行清除。

计时器中断的中断源记录在 Cause.TI 位中,在 Count[31:0] 等于 Compare[31:0] 的情况下由硬件置 1,软件只可通过写 Compare 寄存器间接清除 Cause.TI 位记录的中断。

硬件中断的中断源来自处理器外部,由硬件逐拍采样处理器接口上的 6 个中断输入引脚,软件需要反向遍历系统的中断路由路径,清除终端设备或路由路径上的中断状态,以此来清除处理器的硬件中断。

除全局中断使能外,每个中断源各自有一个中断屏蔽位。各中断请求生成关系如表 C-11 所示。

表 C-11 各中断请求生成条件

中断类型	中断源	中断请求生成
硬件中断 5 号、计时器中断	HW5	Cause.IP7 & Status.IM7
硬件中断 4 ~ 0 号	HW4	Cause.IP6 & Status.IM6
	HW3	Cause.IP5 & Status.IM5
	HW2	Cause.IP4 & Status.IM4
	HW1	Cause.IP3 & Status.IM3
	HW0	Cause.IP2 & Status.IM2
软件中断	SW1	Cause.IP1 & Status.IM1
	SW0	Cause.IP0 & Status.IM0

所有中断采用相同的例外入口地址，中断例外处理程序需查询 Cause.IP 以及 Status. IM 以确定具体中断源。对于同时出现多个有效中断源的情况，软件可通过对查询次序调控来实现中断处理的优先级。

第 6 部分　系统控制寄存器

6.1　系统控制寄存器概览

系统控制寄存器如表 C-12 所示。

表 C-12　系统控制寄存器一览表

Reg	Sel.	寄存器名称	功能定义
0	0	Index	TLB 索引寄存器
2	0	EntryLo0	TLB 表项物理偶页的内容
3	0	EntryLo1	TLB 表项物理奇页的内容
8	0	BadVAddr	记录最新地址相关例外的出错地址
9	0	Count	处理器时钟计数器
10	0	EntryHi	TLB 表项虚拟页的内容
11	0	Compare	计时器中断控制
12	0	Status	处理器状态与控制寄存器
13	0	Cause	存放上一次例外原因
14	0	EPC	存放上一次发生例外指令的 PC
16	0	Config	存放处理器配置信息的寄存器
16	1	Config1	存放处理器配置信息的寄存器

6.2　Index 寄存器 (CP0 Register 0, Select 0)

只有在存储管理实现为 TLB 机制时，才需要实现该寄存器。

Index 寄存器是一个可读写寄存器，用于指示 TLBR 和 TLBWI 指令需要读写的 TLB 表项，以及 TLBP 查询得到的 TLB 表项。

图 C-4 说明了 Index 寄存器的格式，表 C-13 对 Index 寄存器各域进行了描述。

31 30		n n-1	0
P	0		Index

图 C-4　Index 寄存器的格式

表 C-13 Index 寄存器域的描述

域名称	位	功能描述	读 / 写	复位值
P	31	执行 TLBP 指令时，指示是否在 TLB 中查询到该虚地址 1：未查询到；0：查询到	R	0
0	30..n	只读恒为 0	0	0
Index	n-1..0	当执行 TLBR 或 TLBWI 指令时，指示需要读写的 TLB 表项 当执行 TLBP 指令时，执行查询得到的 TLB 表项，如果未查询到，则该域值不确定	R/W	无

6.3 EnrtyLo0 寄存器 (CP0 Register 2, Select 0)

只有在存储管理实现为 TLB 机制时，才需要实现该寄存器。

EntryLo0 寄存器是一个可读写寄存器，用于指示 TLBR 读出的 TLB 表项中的物理偶页内容，或 TLBWI 指令需要写入 TLB 表现的物理偶页的内容。

图 C-5 说明了 EnrtyLo0 寄存器的格式，表 C-14 对 EntryLo0 寄存器各域进行了描述。

```
31          26 25                                              6 5    3 2 1 0
 ┌────────────┬──────────────────────────────────────────────┬──────┬──┬──┬──┐
 │     0      │                    FPN0                        │  C0  │D0│V0│G0│
 └────────────┴──────────────────────────────────────────────┴──────┴──┴──┴──┘
```

图 C-5 EnrtyLo0 寄存器的格式

表 C-14 EntryLo0 寄存器域的描述

域名称	位	功能描述	读 / 写	复位值
0	30..26	只读恒为 0	0	0
PFN0	25..6	当执行 TLBR 指令时，指示从 TLB 表项中读出的物理偶页的帧号 当执行 TLBWI 指令时，指示写入 TLB 表项的物理偶页的帧号	R/W	无
C0	5	当执行 TLBR 指令时，指示从 TLB 表项中读出的物理偶页的 Cache 属性 当执行 TLBWI 指令时，指示写入 TLB 表项的物理偶页的 Cache 属性 2：Uncached；3：Cached；其他：Uncached	R/W	无
D0	2	当执行 TLBR 指令时，指示从 TLB 表项中读出的物理偶页的脏位 当执行 TLBWI 指令时，指示写入 TLB 表项的物理偶页的脏位 1：该物理页是脏块；0：该物理页非脏块	R/W	无
V0	1	当执行 TLBR 指令时，指示从 TLB 表项中读出的物理偶页的有效位 当执行 TLBWI 指令时，指示写入 TLB 表项的物理偶页的有效位 1：该物理页是有效的；0：该物理页是无效的	R/W	无
G0	0	当执行 TLBR 指令时，指示从 TLB 表项中读出的物理页的全局位 当执行 TLBWI 指令时，指示写入 TLB 表项的物理页的全局位 只有当 G0 和 G1 都为 1 时，真正 TLB 表现里的 G 位才会被写为 1	R/W	无

6.4 EnrtyLo1 寄存器 (CP0 Register 3, Select 0)

只有在存储管理实现为 TLB 机制时，才需要实现该寄存器。

EntryLo1 寄存器是一个可读写寄存器，用于指示 TLBR 读出的 TLB 表项中的物理偶页内容，或 TLBWI 指令需要写入 TLB 表的物理偶页的内容。

图 C-6 说明了 EnrtyLo1 寄存器的格式，表 C-15 对 EntryLo1 寄存器各域进行了描述。

31	26 25			6 5	3 2 1 0
0	FPN1			C1	D1 V1 G1

图 C-6　EnrtyLo1 寄存器的格式

表 C-15　EntryLo1 寄存器域的描述

域名称	位	功能描述	读 / 写	复位值
0	30..26	只读恒为 0	0	0
PFN1	25..6	当执行 TLBR 指令时，指示从 TLB 表项中读出的物理奇页的帧号 当执行 TLBWI 指令时，指示写入 TLB 表项的物理奇页的帧号	R/W	无
C1	5	当执行 TLBR 指令时，指示从 TLB 表项中读出的物理奇页的 Cache 属性 当执行 TLBWI 指令时，指示写入 TLB 表项的物理奇页的 Cache 属性 2：Uncached；3：Cached；其他：Uncached	R/W	无
D1	2	当执行 TLBR 指令时，指示从 TLB 表项中读出的物理奇页的脏位 当执行 TLBWI 指令时，指示写入 TLB 表项的物理奇页的脏位 1：该物理页是脏块；0：该物理页非脏块	R/W	无
V1	1	当执行 TLBR 指令时，指示从 TLB 表项中读出的物理奇页的有效位 当执行 TLBWI 指令时，指示写入 TLB 表项的物理奇页的有效位 1：该物理页是有效的；0：该物理页是无效的	R/W	无
G1	0	当执行 TLBR 指令时，指示从 TLB 表项中读出的物理页的全局位 当执行 TLBWI 指令时，指示写入 TLB 表项的物理页的全局位。只有当 G0 和 G1 都为 1 时，真正 TLB 表现里的 G 位才会被写为 1	R/W	无

6.5 BadVAddr 寄存器 (CP0 Register 8, Select 0)

BadVAddr 寄存器是一个只读寄存器，用于记录最近一次导致发生地址错例外的虚地址。

图 C-7 说明了 BadVAddr 寄存器的格式，表 C-16 对 BadVAddr 寄存器各域进行了描述。

31	0
BadVAddr	

图 C-7　BadVAddr 寄存器的格式

表 C-16　BadVAddr 寄存器域的描述

域名称	位	功能描述	读 / 写	复位值
BadVAddr	31..0	出错的虚地址	R	无

6.6 Count 寄存器 (CP0 Register 9, Select 0)

Count 寄存器与 Compare 寄存器配合,用于实现一个处理器内部的高精度定时器及定时中断。该计时器自增 1 的频率是处理器核流水线时钟的频率的 1/2。在执行过程中,处理器核流水线时钟频率可能被动态调整,因此 Count 的自增频率也随之变化。

为完成某些功能或诊断目的,软件可以配置 Count 寄存器,例如计时器的复位、同步等操作。

图 C-8 说明了 Count 寄存器的格式,表 C-17 对 Count 寄存器各域进行了描述。

```
31                                                                    0
┌──────────────────────────────────────────────────────────────────┐
│                              Count                                  │
└──────────────────────────────────────────────────────────────────┘
```

图 C-8 Count 寄存器的格式

表 C-17 Count 寄存器域的描述

域名称	位	功能描述	读/写	复位值
Count	31..0	内部计数器	R/W	无

6.7 EnrtyHi 寄存器 (CP0 Register 10, Select 0)

只有在存储管理实现为 TLB 机制时,才需要实现该寄存器。

EntryHi 寄存器是一个可读写寄存器,用于指示 TLBR 读出的 TLB 表项中的虚页内容,或 TLBWI 指令需要写入 TLB 表现的虚页的内容。

图 C-9 说明了 EnrtyHi 寄存器的格式,表 C-18 对 EntryHi 寄存器各域进行了描述。

```
31                              13 12      8 7              0
┌────────────────────────────────┬──────────┬──────────────┐
│            VPN2                 │    0     │    ASID      │
└────────────────────────────────┴──────────┴──────────────┘
```

图 C-9 EnrtyHi 寄存器的格式

表 C-18 EntryHi 寄存器域的描述

域名称	位	功能描述	读/写	复位值
VPN2	31..13	当执行 TLBR 指令时,指示从 TLB 表项中读出的虚页号的高 19 位 当执行 TLBWI 指令时,指示写入 TLB 表项的虚页号的高 19 位 VPN2 中 "2" 指示一个虚页映射连续两个奇偶的物理页,所以物理帧号是 20 比特的时候,VPN2 是 19 比特	R/W	无
0	12..8	只读恒为 0	0	0
ASID	7..0	当执行 TLBR 指令时,指示从 TLB 表项中读出的进程号 当执行 TLBWI 指令时,指示写入 TLB 表项的进程号	R/W	无

6.8 Compare 寄存器 (CP0 Register 11, Select 0)

Compare 寄存器与 Count 寄存器配合,用于实现一个处理器内部的高精度定时器及定时中断。Compare 寄存器所存放的值在写入后保持不变，与 Count 寄存器的低 32 位进行比较，当两者相等时触发计时器中断，将 Cause.TI 置 1。计时器中断将连接至中断线 7 上（Cause.IP7，硬中断线 5）。

软件写 Compare 寄存器时，硬件将自动对 Cause.TI 清 0，从而清除计时器中断。

图 C-10 说明了 Compare 寄存器的格式，表 C-19 对 Compare 寄存器各域进行了描述。

31	0
Compare	

图 C-10　Compare 寄存器的格式

表 C-19　Compare 寄存器域的描述

域名称	位	功能描述	读 / 写	复位值
Compare	31..0	计时器计数比较值	R/W	无

6.9　Status 寄存器 (CP0 Register 12, Select 0)

Status 寄存器是一个可读写寄存器，包含处理器操作模式、中断使能以及处理器状态诊断信息。

图 C-11 说明了 Status 寄存器的格式，表 C-20 对 Status 寄存器各域进行了描述。

图 C-11　Status 寄存器的格式

表 C-20　Status 寄存器域的描述

域名称	位	功能描述	读 / 写	复位值
0	31..23	只读恒为 0	0	0
Bev	22	恒设为 1	R	1
0	21..16	只读恒为 0	0	0
IM7..IM0	15..8	中断屏蔽位。每一位分别控制一个外部中断、内部中断或软件中断的使能 1：使能；0：屏蔽	R/W	无
0	7..2	只读恒为 0	0	0
EXL	1	例外级。当发生例外时该位被置 1。0：正常级；1：例外级 当 EXL 位置为 1 时： ● 处理器自动处于核心态 ● 所有硬件与软件中断被屏蔽 ● EPC、Cause$_{BD}$ 在发生新的例外时不做更新	R/W	0x0
IE	0	全局中断使能位 0：屏蔽所有硬件和软件中断 1：使能所有硬件和软件中断	R/W	0x0

6.10 Cause 寄存器 (CP0 Register 13, Select 0)

Cause 寄存器主要用于描述最近一次例外的原因。除此之外还对软件中断进行了控制。除了 IP1 ~ IP0 域外，Cause 寄存器的其他域对于软件均只读。

图 C-12 说明了 Cause 寄存器的格式，表 C-21 对 Cause 寄存器各域进行了描述。

31 30		16 15 14 13 12 11 10 9 8 7 6	2 1 0
BD TI	0	IP7 IP6 IP5 IP4 IP3 IP2 IP1 IP0 0 ExcCode	0

图 C-12 Cause 寄存器的格式

表 C-21 Cause 寄存器域的描述

域名称	位	功能描述	读 / 写	复位值
BD	31	标识最近发生例外的指令是否处于分支延迟槽中。1：在延迟槽中；0：不在延迟槽中	R	0x0
TI	30	计时器中断指示。1：有待处理的计时器中断；0：没有计时器中断	R	0x0
0	29..16	只读恒为 0	0	0
IP7..IP2	15..10	待处理硬件中断标识。每一位对应一个中断线，IP7 ~ IP2 依次对应硬件中断 5 ~ 0 1：该中断线上有待处理的中断；0：该中断线上无中断	R	0x0
IP1..IP0	9..8	待处理软件中断标识。每一位对应一个软件中断，IP1 ~ IP0 依次对应软件中断 1 ~ 0 软件中断标识位可由软件设置和清除	R/W	0x0
0	7	只读恒为 0	0	0
ExcCode	6..2	例外编码。详细描述请见表 C-22	R	0
0	1..0	只读恒为 0	0	0

表 C-22 ExcCode 编码及其对应例外类型

ExcCode	助记符	描述
0x00	Int	中断
0x04	AdEL	地址错例外（读数据或取指令）
0x05	AdES	地址错例外（写数据）
0x08	Sys	系统调用例外
0x09	Bp	断点例外
0x0a	RI	保留指令例外
0x0c	Ov	算出溢出例外

6.11 EPC 寄存器 (CP0 Register 14, Select 0)

EPC 寄存器是一个 32 位可读写寄存器，其包含例外处理完成后继续开始执行的指令的 PC。

在响应精确例外时，处理器向 EPC 寄存器中写入：

1）直接触发例外的指令的 PC。

2）当直接触发例外的指令位于分支延迟槽时，记录该指令前一条分支或跳转指令的 PC，同时 Cause.BD 置为 1。

在响应非精确例外时，处理器向 EPC 寄存器中写入例外处理完成后继续执行的指令的 PC。

当 Status 寄存器的 EXL 位为 1 时，发生例外时不更新 EPC 寄存器。

图 C-13 说明了 EPC 寄存器的格式，表 C-23 对 EPC 寄存器各域进行了描述。

31			0
		EPC	

图 C-13　EPC 寄存器的格式

表 C-23　EPC 寄存器域的描述

域名称	位	功能描述	读 / 写	复位值
EPC	31..0	例外程序计数器	R/W	无

6.12　Config 寄存器 (CP0 Register 16, Select 0)

Config 寄存器中定义了一些处理器的配置信息。Config 寄存器中除 K0 域可通过软件读写外，其他域均由硬件在复位期间予以初始化并保持只读状态不变。

图 C-14 说明了 Config 寄存器的格式，表 C-24 对 Config 寄存器各域进行了描述。

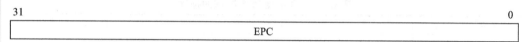

31 30		16 15	14 13 12	10 9	6	3 2	0
M	0	BE	AT	AR	MT	0	K0

图 C-14　Config 寄存器的格式

表 C-24　Config 寄存器域的描述

域名称	位	功能描述	读 / 写	复位值
M	31	值为 1，表示存在 Config1 寄存器	R	0x1
0	30..16	只读恒为 0	0	0
BE	15	值为 0，表示采用小尾端寻址方式	R	0x0
AT	14..13	值为 0，表示实现 MIPS32 结构	R	0x0
AR	12..10	值为 0，兼容 MIPS32 release1 规范，各细节实现的情况，软件可通过读取其他配置寄存器或其他寄存器的配置域获得	R	0x0
MT	9..7	值为 1，MMU 采用标准的 TLB	R	0x1
0	6..3	只读恒为 0	0	0
K0	2..0	指定 Kseg0 段在 Status.ERL=0 时的访存类型。2：Uncached；3：Cached；其他：Uncached	R/W	0x2

6.13   Config1 寄存器 (CP0 Register 16, Select 1)

Config1 寄存器用于提供处理器的一些配置信息。Config1 寄存器中的所有域均为只读。图 C-15 说明了 Config1 寄存器的格式，表 C-25 对 Config1 寄存器各域进行了描述。

31 30	25 24	22 21	19 18	16 15	13 12	10 9	7 6	5	4	3	2	1	0
M	MMU Size-1	IS	IL	IA	DS	DL	DA	C2	MD	PC	WR	CA	EP	FP

图 C-15   Config1 寄存器的格式

表 C-25   Config1 寄存器域的描述

域名称	位	功能描述	读 / 写	复位值
M	31	值为 0，表示不存在 Config2 寄存器	R	0x1
MMUSize-1	30..25	指示了 CPU 里实现的 TLB 大小，值为 0 ~ 63，对应 TLB 项数为 1 ~ 64	R	预置的
IS	24..22	ICache 每路的组数目，等于路大小 /Cache 行大小： 0：64 1：128 2：256 3：512 4：1024 5：2048 6：4096 7：32	R	预置的
IL	21..19	ICache 的 Cache 行大小： 0：没有 ICache 1：4 字节 2：8 字节 3：16 字节 4：32 字节 5：64 字节 6：128 字节 7：保留	R	0x4
IA	18..16	ICache 的相连度： 0：直接相连 1：2 路 2：3 路 3：4 路 4：5 路 5：6 路 6：7 路 7：8 路	R	预置的
DS	15..13	DCache 每路的组数目，等于路大小 /Cache 行大小。编码类似 IS 域	R	预置的

（续）

域名称	位	功能描述	读/写	复位值
DL	12..10	DCache 的 Cache 行大小。编码类似 IL 域	R	0x4
DA	18..16	DCache 的相连度。编码类似 IA 域	R	预置的
C2	6	值为 0，表示没有协处理器 2（COP2）	R	0x0
MD	5	值为 0，表示未实现 MDMX ASE 指令集	R	0x0
PC	4	值为 0，表示未实现性能计数器	R	0x0
WR	3	值为 0，表示未实现 Watch 寄存器	R	0x0
CA	2	值为 0，表示未实现 MIPS16e 指令集	R	0x0
EP	1	值为 0，表示未实现了 EJTAG	R	0x0
FP	0	值为 0，表示未实现浮点协处理器	R	0x0

APPENDIX D

附录 **D**

Vivado 使用进阶

D.1 使用 Chipscope 进行在线调试

在使用 FPGA 开发的过程中，总会遇到"仿真通过，上板不过"的现象。由于上板调试手段薄弱，导致很难定位错误。这时候可以借助 Vivado 里集成的 Chipscope 进行在线调试，在线调试是在 FPGA 上运行的过程中探测设定好的信号，然后通过 USB 编程线缆显示到调试上位机上。

本附录给出使用在线调试的基本方法：在 RTL 里设定需探测的信号，综合并建立 Debug，实现并生产比特流文件，下载比特流和 Debug 文件，上板观察。

D.1.1 抓取需探测的信号

在 RTL 源码中，给想要在 FPGA 上探测的信号声明前增加 (*mark_debug = "true"*)。

比如，我们想要在 FPGA 板上观察 debug 信号、PC 寄存器和数码管寄存器，需要在代码里按图 D-1 进行设置。

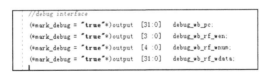

a）抓取写回信息

b）抓取 PC 寄存器   c）抓取数码管寄存器

图 D-1　在 RTL 设定要探测的信号

设定完成后，就可以运行综合了。

D.1.2　综合并建立 Debug

在综合完成后，需建立 Debug。

点击 Vivado 工程左侧的 " synthesis → Open Synthesized Desgin → Set Up Debug", 如图 D-2 所示。

图 D-2   综合后选择 "Set Up Debug"

随后会出现图 D-3 所示界面, 点击 Next。

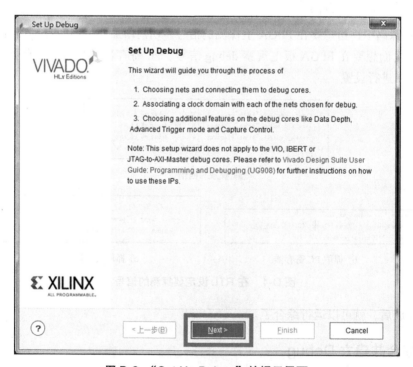

图 D-3   "Set Up Debug" 的提示界面

随后会列出抓取的 Debug 信息，点击 Next，如图 D-4 所示。

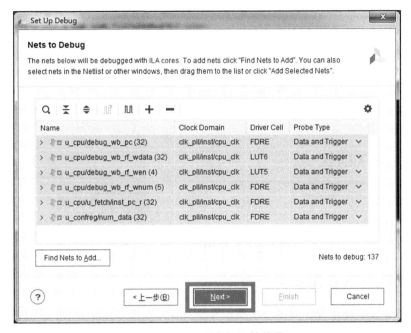

图 D-4 显示所有抓取的信号

选择抓取的深度和触发控制类型，点击 Next（更高级的调试可以勾选"Advanced trigger"），如图 D-5 所示。

图 D-5 设定抓取信号的参数

最后，点击 Finish，如图 D-6 所示。

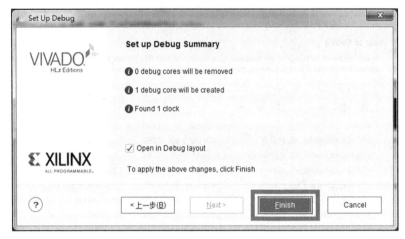

图 D-6 完成"Set Up Debug"

D.1.3 实现并生产比特流文件

在 D.2 节完成后会出现类似图 D-7 所示界面，直接点击 Generate Bitstream。

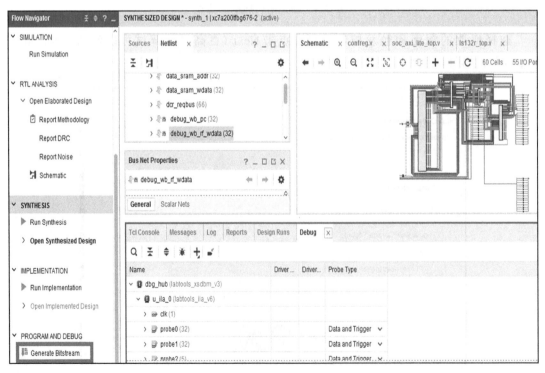

图 D-7 选择"Generate Bitstream"

弹出图 D-8 所示界面，点击 Save。

如果有后续弹出界面，继续点击 OK 或 Yes 即可。这时就进入后续生成比特文件的流程了，此时就可以关闭 Vivado 界面里的 synthesis design 界面了。如果发现图 D-9 所示的错误，是因为路径太深，引用起来名字太长造成的，降低工程目录的路径深度即可：

图 D-8 保存约束文件

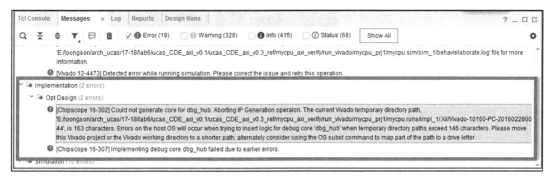

图 D-9 提示工程路径过长

D.1.4 下载比特流文件和 Debug 文件

在完成 D.3 节后，会生成比特流文件和调试使用的 ltx 文件。打开 Open Hardware Manager，连接好 FPGA 开发板后，选择 Program Device，如图 D-10 所示，自动加载比特流文件和调试的 ltx 文件。选择 Program，等待下载完成。

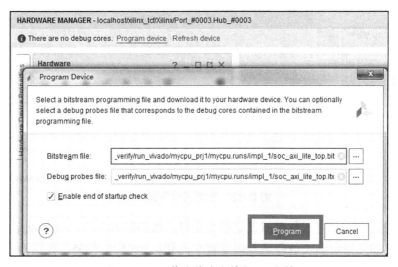

图 D-10 下载比特流文件和 ltx 文件

D.1.5 上板观察

在下载完成后，Vivado 界面如图 D-11 所示，在线调试就是在 hw_ila_1 界面里进行的。

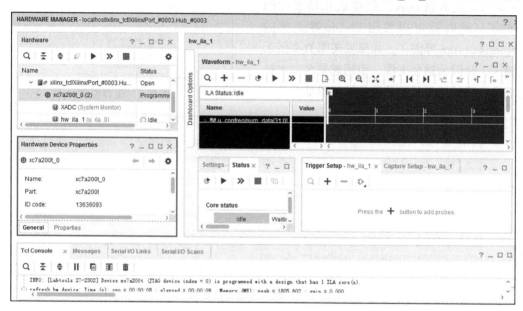

图 D-11　在线调试界面

hw_ila_1 界面主要分为 3 个部分，如图 D-12 所示。

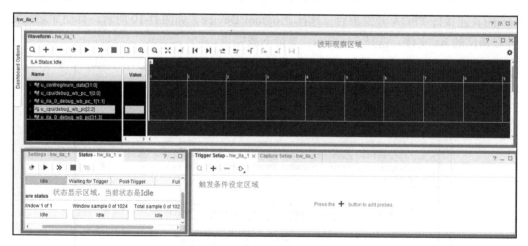

图 D-12　在线调试界面分区

首先，我们需要在右下角区域设定触发条件。所谓触发条件，就是设定该条件满足时获取波形，比如先设定触发条件是数码管寄存器到达 0x0500_0005。在图 D-13 中，先点击"+"，再双击 num_data。

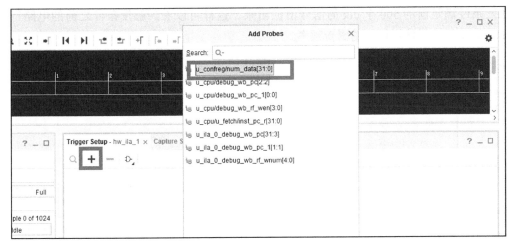

图 D-13 获取待触发的信号

之后会出现图 D-14 所示界面，设定好触发条件。

图 D-14 设定触发条件

可以设定多个触发条件，比如，再加一个除法条件是写回使能为 0xf，可以设定多个触发条件之间的关系，比如是任意一个条件满足、两个条件都满足等等，如图 D-15 所示。

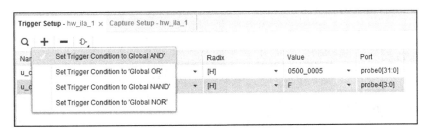

图 D-15 设定多个触发条件

在左下角窗口，选择 settings，可以设定 Capture 选项，经常用到的是 Trigger position in window，它用来设定触发条件满足的时刻在波形窗口的位置。比如，图 D-16 将其设定为 500，表示当触发条件满足时，波形窗口的第 500 个 clk 的位置满足该条件。言下之意，将触发条件满足前的 500 个 clk 的信号值抓出来，这样可以看到触发条件之前的电路行为。
Refresh rate 设定了波形窗口的刷新频率。

图 D-16   设定抓取模式

触发条件建立后，就可以启动波形抓取了，有三个关键的触发按键，即图 D-17 圈出的
3 个按键：

- 左起第一个，设定触发模式，有两个选项：单触发和循环触发。当按下该按键时，
表示循环检测触发，那么只要触发条件满足，波形窗口就会更新。当设置为单触发
时，就是触发一次完成后，就不会再检测触发条件了。比如，如果设定触发条件是
PC=0xbfc00690，那么该 PC 会被多次执行到。如果设定为单触发，那按下 FPGA 板
上的复位键，波形窗口只会展示第一次触发时的情况。如果设定循环触发，那么波形
窗口会以 Refresh rate 不停刷新捕获的触发条件。
- 左起第二个，等待触发条件被满足。点击该按键就是等待除法条件被满足，展示出波形。
- 左起第三个，立即触发。点击该按键，表示不管触发条件，立即抓取一段波形展示到
窗口中。

图 D-17 就是点击第三个按键得到的波形，因为是立即触发，所以 num_data 不是 0x0500_0005，
且有一条标注为 "T" 的红色线，就是触发的时刻。由于触发时刻位于波形窗口的 500 clk 位
置，所以红色的位置正好是 500 clk 处。

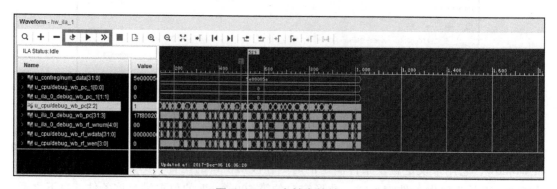

图 D-17   三个触发按键

从上图也能看到，num_data 是 0x5c00_005c，表示一次测试已经完成了。这时候点击第二个触发按键等待触发，会发现波形窗口没有反应。这是因为触发条件没有被满足，按下 FPGA 板上的复位键即可。结果如图 D-18 所示。圈出的就是触发条件：num_data==32'h5c00_005c && rf_wen==4'hf。

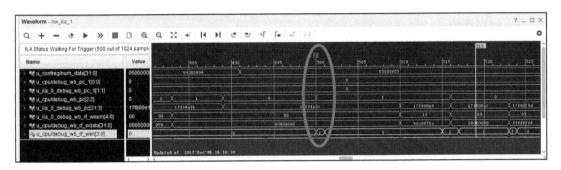

图 D-18　得到触发条件满足时的波形

剩下的 Debug 过程就和仿真 Debug 类似了。但是在线调试时，你无法添加在 D.1.1 节未被添加 debug mark 的信号。在线调试过程中，可能需要不停地更换触发条件，不停地按复位键。

D.1.6　注意事项

在 D.1.1 节中添加要抓取的信号时，注意不要给太多信号标注 debug mark。在线调试时抓取波形是需要消耗电路资源和存储单元的，因此能抓取的波形大小是受限的。应当只给必要的 Debug 信号添加 debug mark。

在 D.1.2 节中抓取波形的深度不宜太深。如果设定得太深，那么会使存储资源不够，导致最后生成比特流和 Debug 文件失败。

抓取的信号数量和抓取的深度是一对矛盾的变量。如果抓取深度较低，那么抓取的信号数量可以相对多些。

在 D.1.5 节中，相对仿真调试，在线调试对调试思想和技巧有更高的要求，请好好整理思路，多多总结技巧。特别强调以下几点：

- 触发条件的设定有很多组合，请根据需求认真考虑，好好设计。
- 通常只需要使用单触发模式，但循环触发有时候也很有用，必要时要好好利用。
- 在线调试界面里有很多按键，请自行学习，可以到网上搜索资料，或到 Xilinx 官网上搜索，查找官方文档等。

最后再提醒一点，遇到"仿真通过，上板不过"的问题，请先重点排查其他问题，最后再使用在线调试的方法。对面本书里的这种小规模的 CPU 设计，根据我们以往经验，很多"仿真通过，上板不过"都是以下问题之一导致的：

1）多驱动。

2）模块的 input/output 端口接入的信号方向不对。

3）时钟复位信号接错。

4）代码不规范，乱用阻塞赋值，随意使用 always 语句。

5）仿真时控制信号有"X"。仿真时，有"X"调"X"，有"Z"调"Z"。

6）时序违约。

7）模块里的控制路径上的信号未进行复位。

D.2　在实验箱开发板上固化设计的方法

本节给出基于实验箱来固化一个 FPGA 设计的方法。

固化后，每次上电时，实验箱上的开发板会自动加载设计到 FPGA 芯片上。因此，断电重新上电后不需要重新下载比特流文件，极大方便了基于硬件设计的软件开发和调试。

固化的流程是先将一个比特流文件转换为 mcs 文件，将 mcs 文件下载到实验箱上开发板的一个 SPI Flash 上。

D.2.1　生成 mcs 文件

首先，需要确保 FPGA 设计的比特流文件已经生成。但比特流文件是用于直接下载到 FPGA 芯片里的文件，不能下载到 Flash 芯片里，因而需要转换为 mcs 文件。

在 ISE 工具里，可以在图形界面下点击选择生成 mcs 文件。但是在 Vivado 工具里，生成 mcs 文件需要在命令控制台（Tcl Console）里输入命令，如图 D-19 所示。

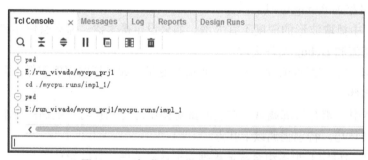

图 D-19　在"tcl console"里输入命令

图 D-19 中蓝色字体为输入的命令，"pwd"用于查看目录。随后使用"cd"命令进入比特流文件所在的目录。

假设生成的比特流文件为 soc_test.bit，则输入命令串"write_cfgmem -format mcs -interface spix1 -size 16 -loadbit "up 0 soc_test.bit" -file soc_test.mcs"即可生成 mcs 文件，如图 D-20 所示。

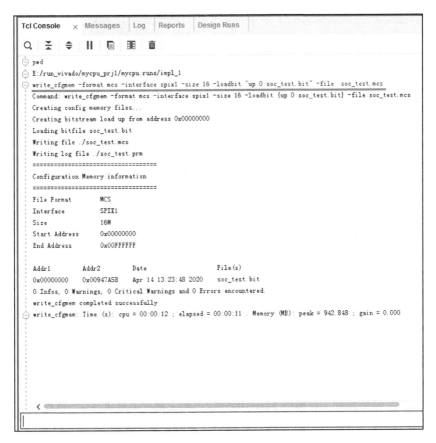

图 D-20 输入生成 mcs 文件的命令

命令里的 soc_test.bit 为待转换的 FPGA 设计的比特文件，soc_test.mcs 为生成的 mcs 文件名，可以自定义。另外，在生成 soc_test.mcs 文件的同时，也会生成 soc_test.prm 文件。

上述命令的作用是先输入"cd"命令将目录切换到比特流文件的目录，再使用"write_cfgmem"命令将比特流文件转换为 mcs 文件。这两步可以使用命令"write_cfgmem -format mcs -interface spix1 -size 16 -loadbit "up 0 E:/run_vivado/mycpu_prj1/mycpu.runs/impl_1/soc_test.bit" -file E:/run_vivado/mycpu_prj1/mycpu.runs/impl_1/soc_test.mcs"一次完成。这一命令中明确指定了比特流文件的目录和生成的 mcs 文件的保存目录。比特流文件的目录和文件名必须正确，但 mcs 文件的目录和文件名可以自定义。

D.2.2 下载 mcs 文件

生成好 mcs 文件后，就需要将其下载到实验箱上开发板里的 SPI Flash 上。和下载比特流文件一样，打开 Vivado 工具里的"Open Hardware Target"，连接设备。左键选中 xc7a200t后，右键选择"Add Configuration Memory Device"，如图 D-21 所示。

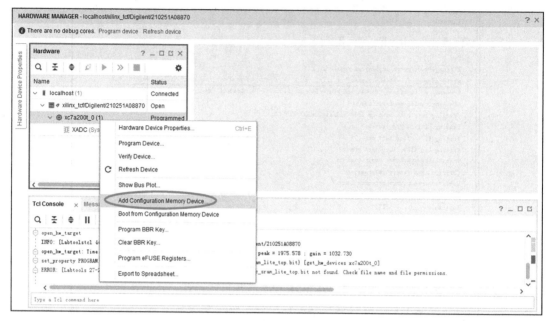

图 D-21　下载界面选择"Add Configuration Memory Device"

出现如图 D-22 所示界面，在 search 栏输入 s25fl128s，出现两个可选的芯片型号：s25fl128sxxxxxx0-spi-x1_x2_x4 和 s25fl128sxxxxxx1-spi-x1_x2_x4。选择的型号，需要与板上固定的 Flash 芯片型号相同（看板上 Flash 型号标识的末尾是 0 还是 1）。也可以在两者中先任选一个，如果后续编程 Flash 失败，再回来选另一个型号的。选好 Flash 型号后，点击 OK。

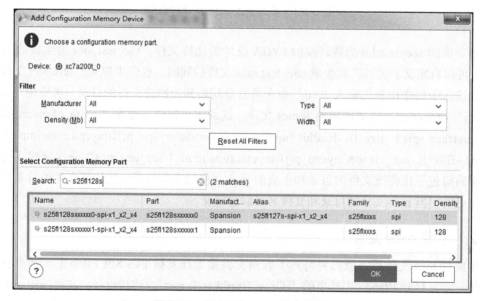

图 D-22　设置 Memory 设备配置

弹出如图 D-23 所示的窗口，询问是否现在编程 Flash，点击 OK。

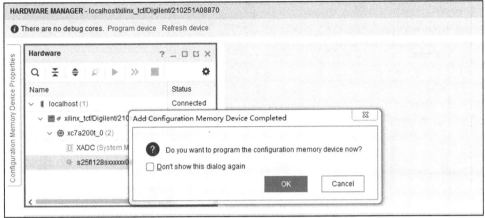

图 D-23　询问是否编程 Flash

出现图 D-23 所示的编程 Flash 的界面后，在"Configuration file"栏选择 D.2.1 节生成的 mcs 文件，在"PRM file"栏选择 D.2.1 节生成的 prm 文件，点击 OK，如图 D-24 所示。

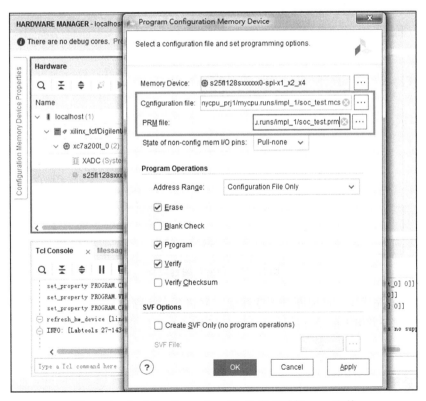

图 D-24　在"Configuration file"栏里选择 mcs 文件

后续等待下载 mcs 到 Flash 芯片完成即可，如图 D-25 所示。

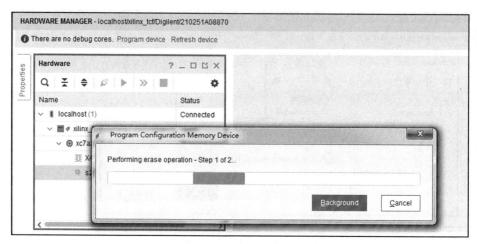

图 D-25　等待编程 Flash 结束

Flash 芯片会先进行擦除，再进行编写，完成后会提示 "Flash programming completed successfully"，如图 D-26 所示。

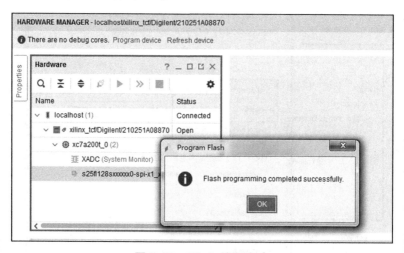

图 D-26　Flash 编程成功

此时烧写就完成了，需要断开下载线缆，并将开发板断电重新上电，等待一段时间（约 30 秒），固化到开发板上的设计就被自动加载到 FPGA 芯片并开始运行了。

推荐阅读

计算机体系结构基础 第3版

作者：胡伟武 等 书号：978-7-111-69162-4 定价：79.00元

我国学者在如何用计算机的某些领域的研究已走到世界前列，例如最近很红火的机器学习领域，中国学者发表的论文数和引用数都已超过美国，位居世界第一。但在如何造计算机的领域，参与研究的科研人员较少，科研水平与国际上还有较大差距。

摆在读者面前的这本《计算机体系结构基础》就是为满足本科教育而编著的……希望经过几年的完善修改，本书能真正成为受到众多大学普遍欢迎的精品教材。

—— 李国杰 中国工程院院士

· 采用龙芯团队推出的LoongArch指令系统，全面展现指令系统设计的发展趋势。
· 从硬件工程师的角度理解软件，从软件工程师的角度理解硬件。
· 优化篇章结构与教学体验，全书开源且配有丰富的教学资源 。

数字逻辑与计算机组成

作者: 袁春风 主编 武港山 吴海军 余子濠 编著 ISBN: 978-7-111-66555-7

本书涵盖计算机系统层次结构中从数字逻辑电路到指令集体系结构（ISA）之间的抽象层，重点是数字逻辑电路设计、ISA设计和微体系结构设计，包括数字逻辑电路、整数和浮点数运算、指令系统、中央处理器、存储器和输入/输出等方面的设计思路和具体结构。本书选择开放的RISC-V指令集架构作为模型机，顺应计算机组成相关课程教学与CPU实验设计方面的发展趋势，丰富了国内教材在指令集架构方面的多样性，有助于读者进行对比学习。

现代操作系统: 原理与实现

作者: 陈海波 夏虞斌 等 ISBN: 978-7-111-66607-3

本书面向经典基础理论与方法、面向国际前沿研究、面向先进的工业界实践，深入浅出地介绍操作系统的理论、架构、设计方法与具体实现。本书结合作者在工业界带领团队研发操作系统的经验，介绍了操作系统在典型场景下的实践，试图将实践中遇到的一些问题以多种形式展现给读者。同时，本书介绍了常见操作系统问题的前沿研究，从而为使用本书的实践人员解决一些真实场景问题提供参考。

智能计算系统

作者: 陈云霁 李玲 李威 郭崎 杜子东 ISBN: 978-7-111-64623-5

本书全面贯穿人工智能整个软硬件技术栈，以应用驱动，有助于形成智能领域的系统思维。同时，将前沿研究与产业实践结合，快速提升智能计算系统能力。通过学习本书，学生能深入理解智能计算完整软硬件技术栈（包括基础智能算法、智能计算编程框架、智能计算编程语言、智能芯片体系结构等），成为智能计算系统（子系统）的设计者和开发者。